土木工程本科应用型系列教材

施工项目管理

主　编　张立群　崔宏环

中国建材工业出版社

图书在版编目（CIP）数据

施工项目管理/张立群，崔宏环主编．—北京：中国建材工业出版社，2009.9

（土木工程本科应用型系列教材）

ISBN 978-7-80227-441-9

Ⅰ．施… Ⅱ．①张…②崔… Ⅲ．建筑工程-工程施工-项目管理-高等学校-教材 Ⅳ．TU71

中国版本图书馆 CIP 数据核字（2009）第 163017 号

内 容 简 介

本书以《建设工程项目管理规范》（GB/T 50326—2006）及其他有关的法律、法规、部门规章为指导，以培养学生具有工程项目管理的能力为目标，全面、系统地讲述了工程项目管理的理论、方法和实例。全书共九章，内容包括施工项目管理概述、施工项目管理组织、施工项目经理、施工项目管理规划、施工项目目标控制、施工项目现场管理、生产要素管理、施工项目收尾管理、建设工程施工监理等。书中重点内容附注了与之相关的规范条文和法规规定等，附录了工程项目管理中应用到的重要法规规章，便于读者深入了解相关内容并在管理实践中参考。

本书吸收了国内外工程项目管理的科学内容和最新成果，紧密结合我国建筑业和工程建设的改革实际，内容丰富，实用性强，是土木工程本科专业的主干教材，也可作为土建类其他专业学习工程项目管理知识的教材，还可供建造师、建设工程项目经理以及建筑业企业、建设单位、监理单位等从事项目管理的其他相关人员参考使用。

施工项目管理

主　编　张立群　崔宏环

出版发行：	中国建材工业出版社
地　　址：	北京市西城区车公庄大街 6 号
邮　　编：	100044
经　　销：	全国各地新华书店
印　　刷：	北京鑫正大印刷有限公司
开　　本：	787mm×1092mm　1/16
印　　张：	21.5
字　　数：	544 千字
版　　次：	2009 年 9 月第 1 版
印　　次：	2009 年 9 月第 1 次
书　　号：	ISBN 978-7-80227-441-9
定　　价：	**39.00 元**

本社网址：www.jccbs.com.cn

本书如出现印装质量问题，由我社发行部负责调换。联系电话：(010)88386906

前　　言

《施工项目管理》是依据教育部颁布的《普通高等学校本科专业目录和专业介绍》及高等学校土木工程专业指导委员会制订的《工程项目管理》课程教学大纲编写的，目的是为土木工程专业提供一部专业主干课程教材，使学生掌握工程项目管理的理论和方法，具有进行施工企业项目管理的能力以及从事建设工程项目管理的初步能力。

本书在编写过程中，以《建设工程项目管理规范》(GB/T 50326—2006)及其他有关的建筑法律、法规、建筑部门规章为指导，以规范建设工程项目管理行为为目标，以工程项目周期为主线，以合同管理为纽带，以动态管理为龙头，从建设工程项目管理实施过程，包括施工管理及项目后期管理，直至竣工验收与项目后评价等阶段对相关内容进行了较为全面、系统的阐述。本书把工程项目管理中应用到的建筑法律、法规、建筑部门规章和有关规范尽量附注在文中，让读者在学习本教材的同时，迅速了解和掌握相关规范的要求，这是本书的一大特点。

本书在坚持主要为施工项目管理服务的前提下，具备了工程项目管理学科内容的全面性、基本理论的先进性、专业方法的适用性、应用范围的系统性、学科发展的前瞻性、与经济体制改革结合的紧密性、基本框架和内容的稳定性等特点，从而使它在较长时期内，既能满足在校学生学习专业性课程的需要，又能满足工程项目管理专业人员继续教育的需要。

本书由河北建筑工程学院张立群、崔宏环主编，全书由张立群统稿。具体编写分工为：郭涛编写第一章、第二章；李鹏飞编写第三章、第四章；张立群编写第五章、第九章；王治平(张家口市房地产开发有限公司)编写第六章；崔宏环编写第七章；孙思忠编写第八章。

在此，谨对在本书编写过程中给予我们大力支持、帮助的有关单位和个人，以及本书参考的有关文献、书籍和资料的作者表示衷心感谢！

鉴于作者水平有限，书中难免有谬误之处，恳请同行专家批评指正。

张立群
2009 年 6 月

目　录

第一章　施工项目管理概述 1
第一节　基本概念 1
第二节　施工项目管理程序及内容 5
第三节　项目管理的产生与发展 11
附录1-1　实施工程建设强制性标准监督规定 25

第二章　施工项目管理组织 28
第一节　施工项目管理组织概述 28
第二节　施工项目管理组织设计与形式 31
第三节　施工项目经理部 40
第四节　施工项目管理制度建立与项目经理部解体 43

第三章　施工项目经理 48
第一节　施工项目经理概述 48
第二节　建造师和施工项目经理的关系 54
第三节　施工项目经理的责权利 59
第四节　施工项目经理责任制 61
第五节　项目管理目标责任书 65
附录3-1　关于印发《建造师执业资格制度暂行规定》的通知 68
附录3-2　建造师执业资格考试实施办法 72
附录3-3　建造师执业资格考核认定办法 73

第四章　施工项目管理规划 76
第一节　施工项目管理规划概述 76
第二节　施工项目管理规划大纲 81
第三节　施工项目管理实施规划 86

第五章　施工项目目标控制 96
第一节　施工项目目标控制概述 96
第二节　施工项目风险管理 100
第三节　工程施工索赔 115
第四节　项目沟通管理 137
第五节　工程项目信息管理 157

第六章　施工项目现场管理和生产要素管理　174

第一节　施工项目现场管理 …………………………………… 174
第二节　施工项目劳动力管理 ………………………………… 177
第三节　施工项目材料管理 …………………………………… 180
第四节　施工项目机械设备管理 ……………………………… 185
第五节　施工项目技术管理 …………………………………… 190
第六节　施工项目资金管理 …………………………………… 194

第七章　施工项目收尾管理　198

第一节　项目收尾管理概述 …………………………………… 198
第二节　项目竣工收尾 ………………………………………… 201
第三节　项目竣工验收 ………………………………………… 208
第四节　项目竣工结算 ………………………………………… 224
第五节　项目竣工决算 ………………………………………… 231
第六节　项目回访保修 ………………………………………… 236
第七节　项目考核评价 ………………………………………… 244
附录 7-1　建设工程质量管理条例 …………………………… 253
附录 7-2　房屋建筑工程质量保修办法 ……………………… 261
附录 7-3　房屋建筑工程质量保修书 ………………………… 263

第八章　建设工程施工监理　265

第一节　建设工程监理概述 …………………………………… 265
第二节　施工准备阶段的监理工作及工地例会 ……………… 272
第三节　监理机构的目标控制 ………………………………… 277
第四节　施工合同管理 ………………………………………… 292

第九章　施工项目管理内容概述　297

第一节　施工项目进度管理 …………………………………… 297
第二节　施工项目质量管理 …………………………………… 301
第三节　施工项目安全管理 …………………………………… 314
第四节　施工项目环境管理 …………………………………… 325
第五节　施工项目成本管理 …………………………………… 327

参考文献　336

第一章 施工项目管理概述

第一节 基本概念

一、施工项目的概念

(一) 项目

项目是由一组有起止时间的、相互协调的受控活动所组成的独特过程,该过程要达到符合包括时间、成本和资源等约束条件在内的规定要求的目标。

"项目"的范围非常广泛,它包括了很多内容,最常见的有:科学研究项目,如基础科学研究项目、应用科学研究项目、科技攻关项目等;开发项目,如资源开发项目、新产品开发项目、小区开发项目等;建设项目,如工业与民用建筑工程、交通工程、水利工程等。作为项目,它们都具有以下共同特征:

1. 项目的独特性

项目的独特性也可称为单件性或一次性,这是项目最主要的特征。每个项目都有自己的独特过程,都有自己的目标和内容,因此也只能对它进行单件处置(或生产),不能批量生产,它不具有重复性。只有认识到项目的独特性,才能有针对性地根据项目的具体特点和要求进行科学的管理,以保证项目一次成功。这里所说的"过程",是指"一组将输入转化为输出的相互关联或相互作用的活动"。

2. 项目具有明确的目标和一定的约束条件

项目的目标有成果性目标和约束性目标。成果性目标指项目应达到的功能性要求,如兴建一所学校可容纳的学生人数、医院的床位数、宾馆的房间数等;约束性目标是指项目的约束条件。凡是项目都有自己的约束条件,项目只有满足约束条件才能成功,因而约束条件是项目目标完成的前提。一般项目的约束条件包括限定的时间、限定的资源(包括人员、资金、设施、设备、技术和信息等)和限定的质量标准。目标不明确的过程不能称作"项目"。

3. 项目具有独特的生命周期

项目过程的一次性决定了每个项目都具有自己的生命周期,任何项目都有其产生时间、发展时间和结束时间,在不同的阶段都有特定的任务、程序和工作内容。如建设项目的生命周期包括项目建议书、可行性研究、设计工作、建设准备、建设实施、竣工验收与交付使用;施工项目的生命周期包括投标与签订合同、施工准备、施工、交工验收、用后服务。尤其是项目管理是将项目作为一个整体系统,进行全过程的管理和控制,是对整个生命周期的有系统的管理。

4. 项目作为管理对象的整体性

一个项目,是一个整体管理对象,在按其需要配置生产要素时,必须以总体效益的提高为标准,做到数量、质量、结构的总体优化。由于内外环境是变化的,所以管理和生产要素的配置是动态的。项目中的一切活动都是相关的,构成一个整体。缺少某些活动必将损害项目目标的实现,但多余的活动也没有必要。

5. 项目的不可逆性

项目按照一定的程序进行,其过程不可逆转,必须一次成功,失败了便不可挽回,因而项目的风险很大,与批量生产过程（重复的过程）有着本质的差别。

(二) 建设项目

建设项目是项目中最重要的一类。一个建设项目就是一项固定资产投资项目,既有基本建设项目（新建、扩建等扩大生产能力的建设项目）,又有技术改造项目（以节约、增加产品品种、提高质量、治理"三废"、加强劳动安全为主要目的的项目）。建设项目也称建设工程项目,是指为完成依法立项的新建、扩建、改建等各类工程而进行的、有起止日期的、达到规定要求的一组相互关联的受控活动组成的特定过程,包括策划、勘察、设计、采购、施工、试运行、竣工验收和考核评价等❶。建设项目有以下基本特征：

1. 在一个总体设计或初步设计范围内,由一个或若干个互相有内在联系的单项工程所组成,建设中实行统一核算、统一管理。

2. 在一定的约束条件下,以形成固定资产为特定目标。约束条件一是时间的约束,即一个建设项目有合理的建设工期目标；二是资源的约束,即一个建设项目有一定的投资总量目标；三是质量约束,即一个建设项目有预期的生产能力、技术水平或使用效益目标。

3. 需要遵循必要的建设程序和经过特定的建设过程。即一个建设项目从提出建设的设想、建议、方案选择、评估、决策、勘察、设计、施工一直到竣工、投产或投入使用,有一个有序的全过程。

4. 按照特定的任务,具有一次性特点的组织方式。表现为建设组织的一次性,资金的一次性投入,建设地点的一次性固定,设计单一,施工单件。

5. 具有投资限额标准。只有达到一定限额投资的才作为建设项目,不满限额标准的称为零星固定资产购置。

(三) 施工项目

施工项目是由"建筑业企业自施工承包投标开始到保修期满为止的全过程中完成的项目"。这就是说,施工项目是由建筑业企业完成的项目,它可能以建设项目为过程产出物,也可能产出其中的一个单项工程或单位工程。过程的起点是投标,终点是保修期满。

施工项目除了具有一般项目的特征外,还具有自己的特征：

1. 它是建设项目或其中的单项工程、单位工程的施工活动过程；
2. 以建筑业企业为管理主体；
3. 项目的任务范围是由施工合同界定的；
4. 产品具有多样性、固定性、体积庞大的特点。

只有单位工程、单项工程和建设项目的施工活动过程才称得上施工项目,因为它们才是建筑业企业的最终产品。由于分部工程、分项工程不是建筑业企业的最终产品,故其活动过程不能称作施工项目,而是施工项目的组成部分。

这里所说的"建筑业企业",是指"从事土木工程、建筑工程、线路管道安装工程、装修工程的新建、扩建、改建活动的企业"。这是一个规范用词,不再使用"建筑企业"、"建筑施工企业"、"施工企业"等非规范用词。

---

❶《建设工程项目管理规范》(GB/T 50326—2006)中第2.0.1条规定。

二、施工项目管理的概念

（一）项目管理

项目管理是指为了达到项目目标，对项目的策划（规划、计划）、组织、控制、协调、监督等活动进行管理的过程的总称。

项目管理的对象是项目。项目管理者应是项目中各项活动主体本身。项目管理的职能同所有管理的职能均是相同的。项目的特殊性带来了项目管理的复杂性和艰巨性，要按照科学的理论、方法和手段进行管理，特别是要用系统工程的观念、理论和方法进行管理。项目管理的目的就是保证项目目标的顺利完成。项目管理有以下特征：

1. 每个项目的管理都有自己特定的管理程序和管理步骤。项目管理的特点决定了每个项目都有自己特定的目标，项目管理的内容和方法要针对项目目标而定，项目目标的不同决定了每个项目都有自己的管理程序和步骤。

2. 项目管理是以项目经理为中心的管理。由于项目管理具有较大的责任和风险，其管理涉及人力、技术、设备、资金、信息、设计、施工、验收等多方面因素和多元化关系，为更好地进行项目策划、计划、组织、指挥、协调和控制，必须实施以项目经理为核心的项目管理体制。在项目管理过程中应授予项目经理必要的权力，以使其及时处理项目实施过程中发生的各种问题。

3. 项目管理应使用现代管理方法和技术手段。现代项目大多数是先进科学的产物或是一种涉及多学科、多领域的系统工程，要圆满地完成项目就必须综合运用现代管理方法和科学技术，如决策技术、预测技术、网络与信息技术、网络计划技术、系统工程、价值工程、目标管理等。

4. 项目管理应实施动态管理。为了保证项目目标的实现，在项目实施过程中要采用动态控制方法，即阶段性地检查实际值与计划目标值的差异，采取措施，纠正偏差，制订新的计划目标值，使项目能实现最终目标。

（二）建设项目管理

建设项目管理是项目管理的一类，其管理对象是建设项目。它可以定义为：建设单位在建设项目的生命周期内，用系统工程的理论、观点和方法，进行有效的规划、决策、组织、协调、控制等系统性的、科学的管理活动，从而按项目既定的质量要求、所用时间、投资总额、资源限制和环境条件，科学地实现建设项目目标。建设项目管理的职能如下：

1. 决策职能。建设项目的建设过程是一个系统的决策过程，每一建设阶段的启动都依靠决策。前期决策对设计阶段、施工阶段及项目建成后的运行，均产生重要影响。

2. 计划职能。这一职能可以把项目的全过程、全部目标和全部活动都纳入计划轨道，用动态的计划系统协调与控制整个项目，使建设活动协调有序地实现预期目标。正因为有了计划职能，各项工作都是可预见的，是可控制的。

3. 组织职能。这一职能是通过建立以项目经理为中心的组织保证系统实现的。给这个系统确定职责，授予权力，实行合同制，健全规章制度，可以进行有效的运转，确保项目目标的实现。

4. 协调职能。由于建设项目实施的各阶段、相关的层次、相关的部门之间，存在着大量的结合部，在结合部内存在着复杂的关系和矛盾，处理不好，便会形成协作配合的障碍，影响项目目标的实现。故应通过项目管理的协调职能进行沟通，排除障碍，确保系统的正常运转。

5. 控制职能。建设项目的主要目标的实现，是以控制职能为保证手段的。这是因为，偏离预定目标的可能性是经常存在的，必须通过决策、计划、协调、信息反馈等手段，采用科学的管理方法，纠正偏差，确保目标的实现。目标有总体的，也有分目标和阶段目标，各项目标组成一个体系，因此，目标的控制也必须是系统的、连续的。建设项目管理的主要任务就是进行目标控制。控制的主要目标是投资、进度和质量。

（三）施工项目管理

施工项目管理是建筑业企业运用系统的观点、理论和方法，对施工项目进行的计划、组织、监督、控制、协调等全过程、全面的管理。

施工项目管理是项目管理的一个分支，其管理对象是施工项目，管理者是建筑业企业。施工项目管理有以下特征：

1. 施工项目的管理者是建筑业企业。建设单位和设计单位都不进行施工项目管理。一般地，建筑业企业也不委托咨询公司进行施工项目管理。由建设单位或监理单位进行的工程项目管理中涉及的施工阶段管理仍属于建设项目管理，不能算作施工项目管理。监理单位将施工单位作为监督对象，虽与施工项目管理有关，但不能算作施工项目管理。

2. 施工项目管理的对象是施工项目。施工项目管理的周期包括工程投标、签订工程项目承包合同、施工准备、施工、交工验收及保修等阶段。施工项目的特点给施工项目管理带来了特殊性。施工项目的特点是多样性、固定性及庞大性。施工项目管理的主要特点是：(1) 生产活动与市场交易活动同时进行；(2) 先有交易活动，后有"产成品"（工程项目）；(3) 买卖双方都投入生产管理，生产活动和交易活动，很难分开。所以，施工项目管理是对特殊的商品、特殊的生产活动在特殊的市场上进行的特殊的交易活动的管理，其复杂性和艰难性都是其他生产管理所不能比拟的。

3. 施工项目管理的内容是按阶段变化的。每个施工项目都按建设程序进行，也按施工程序进行，从开始到结束，要经过几年乃至十几年时间。进行施工项目管理，时间的推移带来了施工内容的变化，因而也要求管理内容随着发生变化。准备阶段、基础施工阶段、结构施工阶段、装饰装修施工阶段、安装施工阶段、验收交工阶段，管理的内容差异很大。因此，管理者必须作出设计、签订合同、提出措施、进行有针对性的动态管理，并使资源优化组合，以提高施工效率和施工效益。

施工项目管理与建设项目管理是不同的。首先是管理的任务不同，其次是管理内容不同，第三是管理范围不同。施工项目管理与建设项目管理的主要区别如表1-1所示。

表1-1 施工项目管理与建设项目管理的区别

区别特征	施工项目管理	建设项目管理
管理主体	建筑企业或其授权的项目经理部	建设单位或其委托的工程咨询（监理）单位
管理任务	生产出符合需要的建筑产品，获得预期利润	取得符合要求的能发挥应有效益的固定资产
管理内容	涉及从工程投标开始到交工与保修期满为止的全部生产组织与管理、维修	涉及投资周转和建设全过程的管理
管理范围	由工程承包合同规定的承包范围，可以是建设项目，也可以是单项（位）工程	由可行性研究报告评估审定的所有工程，是一个建设项目

建设项目管理、工程设计项目管理、施工项目管理、工程咨询项目管理等都属于工程项目管理范畴。施工项目管理也不同于企业管理，它要求建筑业企业（承包人）以施工项目作为管理对象，以施工合同确定的内容为最终管理目标，在实施项目经理责任制和项目成本核算制的前提下，以项目经理和项目经理部为管理主体，对施工项目实施管理。

第二节　施工项目管理程序及内容

一、我国的基本建设程序

习惯上，我们把建设项目的建设程序称为"基本建设程序"。建设项目按照建设程序进行建设是社会经济规律的要求，是建设项目的技术经济规律要求的，也是建设项目的复杂性（环境复杂、涉及面广、相关环节多、多行业多部门配合）决定的。我国的基本建设程序分为六个阶段，即项目建议书阶段、可行性研究阶段、设计工作阶段、建设准备阶段、建设实施阶段和竣工验收阶段。

（一）项目建议书阶段

项目建议书是业主单位向国家提出的要求建设某一建设项目的建议文件，是对建设项目的轮廓设想，是从拟建项目的必要性及大方面的可能性加以考虑的。在客观上，建设项目要符合国民经济长远规划，符合部门、行业和地区规划的要求。

（二）可行性研究阶段

项目建议书经批准后，应紧接着进行可行性研究。可行性研究是对建设项目在技术上和经济上（包括微观效益和宏观效益）是否可行进行科学分析的论证工作，经过技术经济深入论证阶段，为项目决定提供依据。

可行性研究的主要任务是通过多方案比较，提出评价意见，推荐最佳方案。

可行性研究的内容可概括为市场（供需）研究、技术研究和经济研究三项。具体说来，工业项目的可行性研究的内容是：项目提出的背景、必要性、经济意义、工作依据与范围，需要预测和拟建规模，资源材料和公用设施情况，建厂条件和厂址方案，环境保护，企业组织定员及培训，实际进度建议，投资估算数和资金筹措，社会效益及经济效益。在可行性研究的基础上，编制可行性研究报告。

可行性研究报告经批准后，项目决策便完成，可立项进入实施阶段。可行性研究报告是初步设计的依据，不得随意修改和变更。如果在建设规模、产品方案、建设地区、主要协作关系等方面有变动以及突破投资控制数时，应经原批准机关同意。

按照现行规定，大中型和限额以上项目的可行性研究报告经批准之后，项目可根据实际需要组成筹建机构，即组织建设单位。但一般改、扩建项目不单独设筹建机构，仍由原企业负责筹建。

（三）设计工作阶段

一般项目进行两阶段设计，即初步设计和施工图设计。技术上比较复杂而又缺乏设计经验的项目，在初步设计阶段后增加技术设计。

1. 初步设计

初步设计是根据可行性研究报告的要求所做的具体实施方案，目的是为了阐明在指定的地点、时间和投资控制数额内，拟建项目在技术上的可能性和经济上的合理性，并通过对工程项目所作出的基本技术经济规定,编制项目总概算。

初步设计不得随意改变被批准的可行性研究报告所确定的建设规模、产品方案、工程标准、建设地址和总投资等控制指标。如果初步设计提出的总概算超过可行性研究报告中的投资额的10%以上,或其他主要指标需要变更时,应说明原因和计算依据,并报可行性研究报告原审批单位同意。

2. 技术设计

技术设计是根据初步设计和更详细的调查研究资料编制的,进一步解决初步设计中的重大技术问题,如工艺流程、建筑结构、设备选型及数量确定等,以使建设项目的设计更具体、更完善,技术经济指标更好。

3. 施工图设计

施工图设计完整地表现建筑物外形、内部空间分割、结构体系、构造状况以及建筑群的组成与周围环境的配合,具有详细的构造尺寸。

在施工图设计阶段应编制施工图预算。

(四) 建设准备阶段

1. 预备项目。初步设计已经批准的项目,可列为预备项目。国家的预备项目计划,是对列入部门、地方编报的年度建设预备项目计划中的大中型和限额以上项目,经过从建设总规模、生产力总布局、资源优化配置以及外部协作条件等方面进行综合平衡后安排和下达的。预备项目在进行建设准备过程中的投资活动,不计算建设工期,统计上单独反映。

2. 建设准备的内容。建设准备的主要工作内容包括:(1) 征地、拆迁和场地平整;(2) 完成施工用水、电、路等工程;(3) 组织设备、材料订货;(4) 准备必要的施工图纸;(5) 组织施工招标,择优选定施工单位。

3. 报批开工报告❶。按规定进行了建设准备和具备了开工条件以后,建设单位要求批准新开工要经国家发改委统一审核后编制年度大中型和限额以上建设项目新开工计划报国务院

---

❶ 《中华人民共和国建筑法》规定:

第七条 建筑工程开工前,建设单位应当按照国家有关规定向工程所在地县级以上人民政府建设行政主管部门申请领取施工许可证;但是,国务院建设行政主管部门确定的限额以下的小型工程除外。按照国务院规定的权限和程序批准开工报告的建筑工程,不再领取施工许可证。

第八条 申请领取施工许可证,应当具备下列条件:

(一) 已经办理该建筑工程用地批准手续;

(二) 在城市规划区的建筑工程,已经取得规划许可证;

(三) 需要拆迁的,其拆迁进度符合施工要求;

(四) 已经确定建筑施工企业;

(五) 有满足施工需要的施工图纸及技术资料;

(六) 有保证工程质量和安全的具体措施;

(七) 建设资金已经落实;

(八) 法律、行政法规规定的其他条件。

建设行政主管部门应当自收到申请之日起十五日内,对符合条件的申请颁发施工许可证。

第九条 建设单位应当自领取施工许可证之日起三个月内开工。因故不能按期开工的,应当向发证机关申请延期;延期以两次为限,每次不超过三个月。既不开工又不申请延期或者超过延期时限的,施工许可证自行废止。

第十条 在建的建筑工程因故中止施工的,建设单位应当自中止施工之日起一个月内,向发证机关报告,并按照规定做好建筑工程的维护管理工作。建筑工程恢复施工时,应当向发证机关报告;中止施工满一年的工程恢复施工前,建设单位应当报发证机关核验施工许可证。

第十一条 按照国务院有关规定批准开工报告的建筑工程,因故不能按期开工或者中止施工的,应当及时向批准机关报告情况。因故不能按期开工超过六个月的,应当重新办理开工报告的批准手续。

批准。部门和地方政府无权自行审批大中型和限额以上建设项目的开工报告。年度大中型和限额以上新开工项目经国务院批准，国家发改委下达项目计划。

（五）建设实施阶段

建设项目经批准新开工建设，项目便进入了建设实施阶段。这是项目决策的实施、建成投产发挥投资效益的关键环节。新开工建设的时间，是指建设项目设计文件中规定的任何一项永久性工程第一次破土开槽开始施工的日期。不需要开槽的，正式开始打桩日期就是开工日期。铁道、公路、水库等需要进行大量土、石方工程的，以开始进行土、石方工程日期作为正式开工日期。分期建设的项目，分别按各期工程开工的日期计算。施工活动应按设计要求、合同条款、预算投资、施工程序和顺序、施工组织设计，在保证质量、工期、成本计划等目标的前提下进行，达到竣工标准要求，经过验收后，移交给建设单位。

在实施阶段还要进行生产准备。生产准备是项目投产前由建设单位进行的一项重要工作。它是衔接建设和生产的桥梁，是建设阶段转入生产经营的必要条件。建设单位应适时组成专门班子或机构做好生产准备工作。

生产准备工作的内容根据企业的不同而异，总的来说，一般包括下列内容：

1. 组织管理机构，制定管理制度和有关规定；
2. 招收并培训生产人员，组织生产人员参加设备的安装、调试和工程验收；
3. 签订原料、材料、协作产品、燃料、水、电等供应及运输的协议；
4. 进行工具、器具、备品、备件等的制造或订货；
5. 其他必须的生产准备。

（六）竣工验收交付使用阶段

当建设项目按设计文件的规定内容全部施工完成以后，便可组织验收。它是建设全过程的最后一道程序，是投资成果转入生产或作用的标志，是建设单位、设计单位和施工单位向国家汇报建设项目的生产能力或效益、质量、成本、收益等全面情况及交付新增固定资产的过程。竣工验收对促进建设项目及时投产，发挥投资效益及积累建设经验都有重要作用。通过竣工验收，可以检查建设项目实际形成的生产能力或效益，也可避免项目建成后继续消耗建设费用。竣工验收以后，建设项目便可以交付使用，完成建设单位和使用单位的交易过程。

二、建筑施工项目管理的有关程序

建筑施工项目管理的程序一般为：编制项目管理规划大纲；编制投标书并进行投标；签订施工合同；选定项目经理；项目经理接受企业法定代表人的委托组建项目经理部；企业法定代表人与项目经理签订《项目管理目标责任书》；项目经理部编制《项目管理实施规划》；进行项目开工前的准备；施工期间按《项目管理实施规划》进行管理；在项目竣工验收阶段进行竣工结算、清理各种债权债务、移交资料和工程；进行经济分析；作出项目管理总结报告，并送企业管理层有关职能部门；企业管理层组织考核委员会对项目管理工作进行考核评价，并兑现《项目管理目标责任书》中的奖惩承诺，项目经理部解体；在保修期满前，企业管理层根据《工程质量保修书》的约定进行项目回访保修。

上述施工项目管理程序可划分为以下阶段：

（一）投标❶与签订合同阶段

建设单位对建设项目进行设计和建设准备、具备了招标条件以后，便发出招标公告（或邀请函），施工单位见到招标公告或接到邀请函后，从作出投标决策至中标签约，实质上是在进行该施工项目的管理工作。本工作的最终目标就是签订工程承包合同，为此须进行以下工作：

1. 建筑业企业从经营战略的高度作出是否投标争取承包该项目的决策；
2. 决定投标以后，从多方面（企业自身、相关单位、市场、现场等）掌握大量信息；
3. 编制切合工程实际的施工项目管理规划大纲；
4. 编制既能使企业盈利，又有竞争力，可望中标的投标书；
5. 如果中标，则与招标方进行谈判，依法签订工程承包合同，使合同符合国家法律、法规和国家计划，符合平等互利的原则。

（二）施工准备阶段❷

施工单位与招标单位签订了工程承包合同、交易关系正式确立以后，便应组建项目经理部，然后在项目经理的领导下，与企业管理层、建设单位、监理单位密切配合，进行施工准备，使工程具备开工和连续施工的基本条件，以便开工。这一阶段主要进行以下工作：

1. 成立项目经理部，根据工程管理的需要建立机构，配备管理人员；
2. 制定施工项目管理实施规划，以指导施工项目管理活动；
3. 进行施工现场准备，使现场具备施工条件，利于进行文明施工；
4. 编写开工申请报告，待批开工。

（三）施工阶段

这是一个自开工至竣工的实施过程。在这一过程中，项目经理部既是决策机构，又是责

---

❶ 《工程建设项目施工招标投标办法》第八条规定：
依法必须招标的工程建设项目，应当具备下列条件才能进行施工招标：
（一）招标人已经依法成立；
（二）初步设计及概算应当履行审批手续的，已经批准；
（三）招标范围、招标方式和招标组织形式等应当履行核准手续的，已经核准；
（四）有相应资金或资金来源已经落实；
（五）有招标所需的设计图纸及技术资料。

❷ 《建筑工程施工许可管理办法》第四条规定：
建设单位申请领取施工许可证，应当具备下列条件，并提交相应的证明文件：
（一）已经办理该建筑工程用地批准手续。
（二）在城市规划区的建筑工程，已经取得建设工程规划许可证。
（三）施工场地已经基本具备施工条件，需要拆迁的，其拆迁进度符合施工要求。
（四）已经确定施工企业。按照规定应该招标的工程没有招标，应该公开招标的工程没有公开招标，或者肢解发包工程，以及将工程发包给不具备相应资质条件的，所确定的施工企业无效。
（五）已满足施工需要的施工图纸及技术资料，施工图设计文件已按规定进行了审查。
（六）有保证工程质量和安全的具体措施。施工企业编制的施工组织设计中有根据建筑工程特点制定的相应质量、安全技术措施，专业性较强的工程项目编制的专项质量、安全施工组织设计，并按照规定办理了工程质量、安全监督手续。
（七）按照规定应该委托监理的工程已委托监理。
（八）建设资金已经落实，建设工期不足一年的，到位资金原则上不得少于工程合同价的50%，建设工期超过一年的，到位资金原则上不得少于工程合同价的30%。建设单位应当提供银行出具的到位资金证明，有条件的可以实行银行付款保函或者其他第三方担保。
（九）法律、行政法规规定的其他条件。

任机构、管理实施机构。该阶段的最终目标是完成合同规定的全部施工任务，达到验收、交工的条件，为此，需要进行以下主要工作：

1. 进行施工；
2. 在施工中努力做好动态控制工作，保证质量目标、进度目标、造价目标、安全目标、节约目标的实现；
3. 管好施工现场，实行文明施工；
4. 严格履行施工合同，处理好内外关系，管好合同变更及索赔；
5. 做好记录、协调、检查、分析工作。

（四）验收、交工与结算阶段

这一阶段可称作"结束阶段"，与建设项目的竣工验收阶段协调同步进行，其目标是对项目成果进行总结、评价，对外结清债权债务，结束交易关系。本阶段主要进行以下工作：

1. 工程收尾；
2. 进行生产试运转；
3. 接受正式验收；
4. 整理、移交竣工文件，进行工程款结算，总结工作，编制竣工总结报告；
5. 办理工程交付手续；
6. 项目经理部解体。

（五）用后服务阶段

这是施工项目管理的最后阶段，即在竣工验收后，按合同规定的责任期进行用后服务、回访与保修，其目的是保证使用单位正常使用，发挥效益。在该阶段中主要进行以下工作：

1. 为保证工程正常使用而作必要的技术咨询和服务；
2. 进行工程回访，听取使用单位意见，总结经验教训，观察使用中的问题，进行必要的维护、修理和保修；
3. 进行沉陷、抗震等性能观察。

施工项目管理程序和建设程序各有自己的开始时间与完成时间，各有自己的全寿命周期和阶段划分，因此它们是各自独立的。然而两者之间仍有密切关系。从投标以后至竣工验收的一段时间，建设项目管理与施工项目管理同步进行，相互交叉、相互依存、相互制约。这就对发包、承包双方都按照各自的管理程序办事以相互促进提出了更高要求，并应避免出现相互掣肘的现象发生。

三、建筑施工项目管理的内容

在工程实践中，施工项目的具体管理内容一般由建筑业企业法人代表根据签订的施工合同和该企业的管理模式，向项目经理下达《项目管理目标责任书》来确定；在项目管理期间，由发包人或其委托的监理工程师或施工企业管理层按规定程序提出的、以施工指令形式下达的工程变更而导致的额外施工任务或工作，均应列入项目管理范围。不同的建筑业企业与施工项目经理签订的责任书不同，其管理的权力和内容也稍有变化。在施工项目管理的全过程中，施工项目管理的主体是以施工项目经理为首的项目经理部，管理的客体是具体的施工过程。为了取得各阶段目标和最终目标的实现，在进行各项活动中，必须加强管理工作。施工项目管理的内容如下：

（一）建立施工项目管理组织

1. 由建筑业企业派出投标时选派的施工项目经理。

2. 根据施工项目组织原则，选用适当的组织形式，组建施工项目管理机构，明确责任、权限和义务。

3. 在遵守企业规章制度的前提下，根据施工项目管理的需要，制定施工项目管理制度。

（二）编制施工项目管理规划

施工项目管理规划是对施工项目管理目标、组织、内容、方法、步骤和重点进行预测和决策，作出具体安排的文件。施工项目管理规划的内容详见本书第四章"施工项目管理规划"部分内容。

（三）进行施工项目的目标控制

施工项目的目标有阶段性目标和最终目标。实现各项目标是施工项目管理的目的所在，因此应当坚持以控制论原理和理论为指导，进行全过程的科学控制。施工项目的控制目标主要包括：进度控制目标、质量控制目标、成本控制目标、安全控制目标、文明施工目标等。

由于在施工项目目标的控制过程中，会不断受到各种客观因素的干扰，各种风险因素有随时发生的可能性，故应通过组织协调和风险管理，对施工项目目标进行动态控制。

（四）对施工项目施工现场的生产要素进行优化配置和动态管理

施工项目的生产要素是施工项目目标得以实现的有力保证，主要包括：人力资源、材料、机械设备、资金和技术。生产要素管理的内容包括三项：

1. 分析各项生产要素的特点；

2. 按照一定原则、方法对施工项目生产要素进行优化配置，并对配置状况进行评价；

3. 对施工项目的各项生产要素进行动态管理。

（五）施工项目的合同管理

由于建筑施工项目管理是在市场条件下进行的特殊交易活动的管理，这种交易活动从招投标开始，并持续于项目管理的全过程，因此必须依法签订合同，进行履约经营。合同管理的好坏直接涉及项目管理及工程施工的技术经济效果和目标实现。因此，要从招投标开始，加强工程施工合同的签订、履行和管理。合同管理是一项执法、守法活动，市场有国内市场和国际市场，因此合同管理势必涉及国内和国际上有关法规和合同文本、合同条件，在合同管理中应予高度重视。为了取得经济效益，还必须注意做好索赔工作，讲究方法和技巧，提供充分的证据。

（六）施工项目的信息管理

现代化管理要依靠信息。施工项目管理是一项复杂的现代化的管理活动，更要依靠大量信息及对大量信息的管理。施工项目目标控制、动态管理必须依靠信息管理，并应用计算机进行辅助管理。

（七）组织协调

组织协调指以一定的组织形式、手段和方法，对项目管理中产生的关系不畅进行疏通，对产生的干扰和障碍予以排除的活动。在控制与管理的过程中，由于各种条件和环境的变化，必然形成不同程度的干扰，使原计划的实施产生困难，这就必须协调。协调要依托一定的组织、形式和手段，并针对干扰的种类和关系的不同而分别对待。除努力寻求规律以外，协调还要靠应变能力，靠处理偶然事件的机制和能力。协调是为顺利地"控制"服务，协调与控制的目的都是为了保证目标的实现。

（八）施工项目现场管理

建筑施工在现场进行，就必然有施工现场管理问题。施工现场是指进行工业和民用项目的房屋建筑、设备安装、管线敷设等施工活动经批准所占用的施工场地。所谓施工现场管理，就是运用科学的管理思想、管理组织、管理方法和管理手段，对施工现场的各种生产要素，如人（操作者、管理者）、机（设备）、料（原材料）、法（工艺、检测）、环境、资金、能源、信息等，进行合理配置和优化组合，通过计划、组织、控制、协调、激励等管理职能，以保证现场按预定的目标，实现优质、高效、低耗、按期、安全、文明的生产。

（九）施工项目竣工验收

施工项目竣工验收是指整个项目的完成验收。建筑施工项目竣工验收是建设项目竣工验收的一个组成部分，其含义是建筑业企业完成承建的单项工程后，接受建设单位及有关单位的检验，合格后向建设单位交工。它与建设项目竣工验收不同，建设项目竣工验收是动用验收。

（十）施工项目考核评价

施工项目考核评价的目的是规范项目管理行为，鉴定项目管理水平，确认项目管理成果，对项目管理进行全面考核和评价。

（十一）项目回访保修

工程项目的质量回访与保修是在工程项目竣工后一定时间内（在质量保修期内）由施工单位派人到建设单位或用户了解工程项目的运行情况和存在问题，并对因施工单位的施工责任而造成的工程质量问题实施保修，不留隐患。

第三节 项目管理的产生与发展

一、项目管理的产生

理论上的不断突破，管理技术方法的开发和运用，生产实践的需要，为项目管理概念的产生提供了条件，进而发展为一门学科。

有建设就有项目，有项目当然会有项目管理，故项目管理是古老的人类生产实践活动。然而项目管理成为一门学科却是 20 世纪 60 年代以后的事。当时特大型建设项目、复杂的科研项目、军事项目（尤其是北极星导弹研制项目）和航天项目（如阿波罗登月计划等）大量出现，国际承包事业大发展，竞争非常激烈，这使人们认识到，由于项目的一次性和约束条件的确定性，要取得成功，必须加强管理，引入科学的管理方法，于是项目管理学科作为一种客观需要被提出来了。

另外，从第二次世界大战以后，科学管理方法大量出现，逐渐形成了管理科学体系，并被广泛应用于生产和管理实践如系统论、控制论、信息论、组织论、行为科学、价值工程、预测技术、决策技术、网络计划技术、数理统计等均已发展成熟，并应用于生产管理实践获得成功，产生巨大效益。网络计划在 20 世纪 50 年代末的产生、应用和迅速推广，在管理理论和方法上是一个突破，它特别适用于项目管理，并已有极为成功的应用范例，引起世界性的轰动。

于是，由于项目管理实践的需要，人们便把成功的管理理论和方法引进到了项目管理之中，作为动力，使项目管理越来越具有科学性。项目管理作为一门学科迅速发展起来，并跻身于管理科学的殿堂。项目管理学科是一门综合学科，应用性强，很有发展潜力。现在，与计算机的结合，更使这门新兴的学科充满了勃勃生机。世界各国的科学家在这个领域进行了大量研究和试验。20世纪70年代，在美国出现了CM（Construction Management），它在国际上得到广泛的承认。它的特点是，业主委派项目经理并授予其领导权；项目经理有丰富的管理经验并能熟练地掌握和运用各种管理技术；承包商早期进入项目的准备工作，在设计阶段承包商就介入了；业主、设计单位、承包商有能力共同改善设计和施工，以降低成本；进行快速施工（Fast Track），以缩短工期。CM服务公司可以提供进度控制、预算、价值分析、质量和投资优化估价，材料和劳动力估价，项目财务服务，决算跟踪等系列服务。在英国发展起来的QS（Quality Safety）可以进行多种项目管理咨询服务，如投资估算、投资规划、价值分析、合同管理咨询、索赔处理、编制招标文件、评标咨询、投资控制、竣工决算审核、付款审核等。随着投资方式的变化，项目管理方式也在发生变化。20世纪80年代中期首先在土耳其产生的BOT投资方式，就是一种新项目融资方式。BOT是"Build-Operate-Transfer"的缩写，是建设、经营、转让的意思。建设项目由承包商和银行投资团体发起，并筹集资金、组织实施以及经营管理。这种方式的实质是将国家的基础设施建设和经营私有化，建设成功后，项目由建设者经营，向用户收取费用，回收投资，还贷，盈利，达到特许权期限时，再把项目无偿转交给政府经营管理。

二、项目管理理论在我国的应用和发展

（一）背景

我国进行建设工程项目管理的活动源远流长，至今有两千多年的历史。我国许多伟大的工程，如都江堰水利工程、宋朝丁渭修复皇宫工程、北京故宫工程等都是名垂史册的工程项目管理实践活动，其中许多工程运用了科学的思想和组织方法，反映了我国古代建设工程项目管理的水平和成就。

新中国成立以来，随着我国经济发展和人民需求的日益增长，建设事业得到了迅猛的发展，因此进行了数量更多、规模更大、成就更辉煌的建设工程项目管理实践活动。如第一个五年计划的156项重点工程项目管理实践；第二个五年计划十大国庆工程项目管理的实践；大庆油田建设的实践；还有南京长江大桥工程、长江葛洲坝水电站工程、宝钢工程等都进行了成功的项目管理实践活动。这说明，我国的建设工程项目管理有能力、有水平、有速度、有效率。

然而，我国长期以来大规模的建设工程项目管理实践活动并没有上升为系统的建设工程项目管理理论和科学方法。相反，在计划经济体制影响下，许多做法违背了经济规律和科学道理，如违反建设程序、盲目抢工而忽视质量和节约，不按合同进行管理，施工协调的主观随意性等。在相当长的一段时间里，我国在建设工程项目管理科学理论上仍是一片盲区，更谈不上按建设工程项目管理规律组织建设了。

随着我国改革开放形势的发展和社会主义市场经济的逐步建立，工程建设管理体制中的许多弊端逐渐显露出来，并影响着投资效益的发挥和建筑业的发展。我国传统的建设管理体制主要存在三大特征：

第一，在产品经济的思想和建筑业没有独立产品的思想指导下，否认建筑产品是商品，把建筑业看作基本建设的附属消费部门，因而建筑产品不是独立的产品而是基本建设的构成部分。

第二，建筑业企业缺乏独立的主体地位，具有双重依附性：一是依附于国家行政管理部门，二是依附于业主和建设单位。

第三，建筑业企业缺乏自主活动的客观环境。由于建筑业企业的双重依附性，无法形成建筑市场，建筑业企业的工程任务和生产要素都要由行政管理部门和建设单位分派，不按市场原则进行交易活动，故建筑业企业的效益不取决于自身努力，而更多地取决于环境条件，企业既无自主经营的动力，也无自负盈亏的压力。

以上三项特征派生出下列问题：

第一，建筑业企业无法根据施工项目的需要配置生产要素，因为施工所需要的资金、物资是随投资分配给建设单位的。

第二，建筑业企业不能根据自身的经营需要选择施工项目，也不能根据施工项目的需要在部门、地区、企业间合理地调配生产要素，而是靠指令性计划。建筑业企业所处的环境是非竞争性的、封闭性的，因此必然造成资源配置的盲目性和巨大浪费。

第三，建筑业企业既没有独立的经济主体地位，当然也不会有独立的利润和经济效益目标。国家只偏重于考核建筑业企业完成的产值，使建筑业企业只能盲目地追求产值，无能力按项目组织施工。

第四，以固定的建制完成变化的施工任务，无法根据施工项目对不同数量、质量、品种的资源需要进行配置，造成了生产要素的浪费或短缺，人事上矛盾重重，工作效率低下。

第五，由于没有形成建筑市场，工程产品的价格与价值背离，造成核算不实、考核评价无据可依、平均主义分配，致使企业吃国家的大锅饭、工人吃企业的大锅饭。

第六，管理体制无法，也不能适应建设活动自身的经济规律，它割裂了项目自身的规律性和系统性。项目的设计、施工、物资供应，分别受控于归属、立场、目标等各不相同甚至相互矛盾的不同部门，而缺乏对项目全过程、全系统和全部目标进行高效管理、组织、协调和控制的管理保证体系。

第七，项目前期决策活动存在着主观盲目的倾向，盲目投资、乱上项目、决策失控。在实施过程中忽视经济效益，设计与施工脱节，行政命令代替科学管理，致使项目拖期、质量低劣、造价超支等。

因此，摆在建筑业面前的任务，一是进行管理体制改革，二是按科学的理论组织项目建设，且应当将两者结合起来，互为条件，走出误区。

（二）引进和试验

在改革开放的大潮中，作为市场经济条件下适用的工程项目管理理论，根据我国建设领域改革的需要从国外传入我国，是十分自然而合乎情理的事。1984年以前，工程项目管理理论首先分别从联邦德国和日本引进到我国，之后其他发达国家，特别是美国，以及世界银行的项目管理理论和实践经验随着文化交流和工程建设，也陆续传入我国。结合建筑业企业管理体制改革和招投标制度的推行，我国在全国许多建筑业企业和建设单位中开展了工程项目管理的试验。有关高等院校也陆续开展了工程项目管理研究和教学活动。

以工程项目为对象的招标承包制从1984年开始推广并迅速普及，使建筑业管理体制产生明显的变化：一是建筑业企业的任务揽取方式发生了变化，由过去按企业固有规模、专业类别和企业组织结构状况分配任务，转变为企业通过市场竞争揽取任务，并按工程项目的状况调整组织结构和管理方式，以适应工程项目管理的需要；二是建筑业企业的责任关系发生了明显变化，由过去企业注重与上级行政主管部门的竖向关系，转变为更加注重对建设单位

(用户）的责任关系；三是建筑业企业的经营环境发生了明显的变化，由封闭于本地区、本企业的闭塞环境，转变为跨地区、跨部门、远离基地和公司本部揽取并完成施工任务。这三项变化表示，建筑市场已开始形成，工程项目管理模式的推选有了"土壤"（市场）。

（三）鲁布革工程的项目管理经验

鲁布革水电站引水系统工程是我国第一个利用世界银行贷款，并按世界银行规定进行国际竞争性招标和项目管理的工程。1982年国际招标，1984年11月正式开工，1988年7月竣工。在四年多的时间里，创造了著名的"鲁布革工程项目管理经验"，受到中央领导同志的重视，号召建筑业企业进行学习。原国家计委等五单位于1987年7月28日以"计施(1987)2002号"发布《关于批准第一批推广鲁布革工程管理经验试点企业有关问题的通知》之后，于1988年8月17日发布"(88)建施综字第7号"通知，确定了15个试点企业共66个项目。1990年10月23日，原建设部和原国家计委等五单位以"(90)建施字第511号"发出通知，将试点企业调整为50家。在试点过程中，原建设部先后五次召开座谈会并进行了检查、推动。1991年9月，原建设部提出了《关于加强分类指导、专题突破、分步实施、全面深化施工管理体制综合改革试点工作的指导意见》，把试点工作转变为全行业推进的综合改革。

鲁布革工程的经验主要有以下几点：

1. 最核心的是把竞争机制引入工程建设领域，实行铁面无私的招标投标；
2. 工程建设实行全过程总承包方式和项目管理；
3. 施工现场的管理机构和作业队伍精干灵活，真正能战斗；
4. 科学组织施工，讲求综合经济效益。

（四）项目法施工与工程项目管理

1987年，在推广鲁布革工程经验活动中，原建设部提出了以在全国推行"项目法施工"为突破口，进行建筑施工企业管理体制改革的理论，并展开了广泛的实践活动。"项目法施工"的内涵包括两个方面：一是转换建筑施工企业的经营机制，围绕项目管理进行生产方式的变革和企业内部配套改革；二是推行工程项目管理，在项目上按照建筑产品的特性及其内在规律组织施工。为了加强对这一工作的推动力度，原建设部于1992年8月成立了中国项目法施工研究工作委员会（后改为工程项目管理专业委员会）。1994年9月中旬，原建设部建筑业司召开了"工程项目管理工作会议"，明确提出，要把"项目法施工"包含的两方面内容的工作向前推进一步，坚持以工程项目管理为核心，继续推进和深化项目管理体制改革，并要求围绕建立现代企业制度加强"两制"建设和加快企业"两个转变"：一是完善"项目经理责任制"，解决和处理好项目经理与企业法人之间、项目层次与企业层次之间的责任和责任关系；二是完善"项目成本核算制"，明确企业是利益中心、项目是成本中心的关系，切实把企业的成本核算工作的重心落到工程项目上；三是加快企业经营体制从传统的计划经济向社会主义市场经济转变，把经济增长方式从粗放型向集约型转变。

（五）进行持久的、大规模的项目经理培训

原建设部自1992年开始进行项目经理培训。截止到2005年年底，已培训项目经理100万人以上，其中有95％以上的人获得了《全国建筑施工企业项目经理培训合格证书》和《工程总承包项目经理培训证书》。培训所使用的教材，是由建设部统一组织编写的项目经理培训教材。

为了加快我国建设工程项目管理人才与国际的接轨，自2000年开始，原建设部统一部

署了项目经理继续教育工作,并明确提出,取得《全国建筑施工企业项目经理资质证书》的项目经理,必须接受按统一的培训大纲进行的继续教育培训,特别是国际工程项目管理方面的培训,并把接受继续教育列入对项目经理资质进行检查的内容。

(六) 大力推进施工项目管理规范化

为了不断丰富和完善工程建设项目管理的理论,以指导项目管理实践的进一步深化和发展,原建设部以"建建工〔1996〕27号"文发布《关于进一步推行建筑业企业工程建设项目管理的指导意见》,总结八年实践中的经验和教训,提出了19条规范性的意见,对统一认识,端正方向,促进工程项目管理产生了重大作用。

1999年初,中国建筑业协会工程项目管理专业委员会召开了"工程项目管理专题研讨会"并发布会议纪要。在贯彻19条规范性指导意见的基础上,对项目经理部的组建,企业层、项目层和劳务层的关系,项目经理责任制,项目成本核算制,项目经理的地位与合法权利,完善项目经理资质认证管理等问题提出了规范性意见。

从2000年3月开始,根据原建设部建筑管理司和标准定额司的指示,由中国建筑业协会工程项目管理专业委员会组成了《建设工程项目管理规范》编写委员会,着手编写《建设工程项目管理规范》,该《建设工程项目管理规范》于2002年5月1日开始实施。它不但使我国的施工项目管理走上了规范化的道路,而且作为建设工程项目管理在中国实践运用和理论创新发展的重要标志,使我国工程项目管理提高到一个新的水平。为了适应中国加入WTO后工程总承包模式与国际接轨,2003年,原建设部又制订、颁发了《关于进一步培育和发展工程总承包企业和项目管理公司的指导意见》,随后又出台了《建设工程项目管理试行办法》。从政策法规上明确了要尽快培育和发展工程总承包企业和项目管理公司,全面推进工程总承包和工程项目管理。

随着项目管理国际化的不断发展以及政府主管部门对项目管理实施过程的新要求,2002年颁布的《建设工程项目管理规范》虽然对建筑业企业施工阶段的项目管理起到了巨大的规范和提升作用,但同时也面临一些新的情况和问题,需要经过认真研究和分析后及时修订已不适宜的条款,增补适合新形势的内容,以进一步规范各利益相关者的项目管理行为,适应新时期建设工程项目管理理论研究和实践应用迅猛发展的需要。《建设工程项目管理规范》(GB/T 50326—2006)就是在这种形势下诞生的。

三、我国推进工程项目管理制度的特点

我国的建设工程施工项目管理已经成为一项在全国范围内推行的重要建设管理制度。与国际上的工程项目管理相比较,体现了以下重要特点:

(一) 向国际惯例学习

我国实行计划经济30年,工程管理的做法与进行工程项目管理的国际惯例大相径庭。20世纪80年代初改革开放后,我国既要出国进行工程承包和综合输出,又要与在我国的投资商和承包商协作,因此必须实施工程项目管理。所以说,我国的工程项目管理是走出去同时向请进来的客人学习的。在这方面,学习世行投资的"鲁布革水电站工程"的建设经验是最典型的体现。正是在这个工程上,我国学习了工程建设监理和施工项目管理,并在1988~1993年中进行了工程试点,为全国全面推行这两种项目管理打下了基础。至于项目管理专家和学者在国际上的往来、学习和学术引进就更为频繁,受益更大。

（二）在改革中发展

在计划经济向市场经济的转化中学习和推行工程项目管理，必须进行深层次的管理体制改革。在计划经济下，依靠政府的权力进行集中管理，企业没有管理自主权，管理层和作业层合一，建制固定，项目上的管理力量十分软弱，建设效果和经济效益长期在低水平上徘徊。这样的管理体制与工程项目管理需要的条件是不相容的。实行工程项目管理本身是一项重大改革，而不进行相应体制的配套改革，工程项目管理也就不具备条件。所以，我国推行工程项目管理是与管理体制改革同步实行的。1987～1993年的七年中，原建设部为了推进施工项目管理，选择两批共68家企业进行改革试点，先后召开了三次研讨会，试点的成果和研讨的观点都及时推向广大施工企业，为我国施工企业的体制改革奠定了基础，为施工项目管理的发展指明了方向。与此同时，工程建设监理体制也已建成，形成了建设市场中买方、卖方和中介方完备的主体系统，改变了业主自营的和政府直接指挥的建设方式。

（三）政府大力推进

我国是在计划经济体制向市场经济体制转化过程中推行建设工程项目管理的，是在政府的领导和政策强有力的推动下进行的。因此，有规划、有步骤、有法规、有制度、有号召、力度大，既轰轰烈烈，又扎扎实实，使变革的速度加快，建设工程项目管理水平提高得也很快，形成了有特色的发展模式、理论体系和方法体系。我国建设工程项目管理的政府推进作用主要表现如下：

1. 政府主管部委行文号召学习鲁布革工程的项目管理经验，形成了"鲁布革冲击波"，以此启动了中国的建设工程项目管理。

2. 政府作出了工程项目管理的发展计划。对建设工程监理来说，1988～1993年进行试点；1993～1996年稳步推广；至2000年达到行业化、科学化、制度化、国际化的水平。对施工项目管理来说，从1984～1986年进行研究探索；1987～1993年试点；1994～1997年颁发指导意见，号召学习全国优秀项目经理范玉恕，进入全面推广阶段；2003年和2004年连续制定出台了一系列政策法规，提出培养和发展一批工程总承包企业和项目管理公司，大力推行工程咨询业全过程服务。

3. 政府制定法规和发出指示。为实施工程建设监理和工程项目管理，国家和地方建设行政主管部门均设置了专门的主管机构，根据发展的需要，不断制定和发布部门规章及指示。目前，建设工程监理与工程项目管理已经纳入《中华人民共和国建筑法》（以下简称《建筑法》），并已发布了相应的规范。特别是2006年《建设工程项目管理规范》的修订颁布，使我国的工程项目管理进入全面深化和规范发展阶段。

（四）教育与培训先导

成功的管理依靠高素质的人才。习惯了计划经济体制的我国工程管理人员对施工项目管理知识的了解基本是从零开始的，所以岗前教育与培训必须摆在先导的位置。国家建设行政管理部门作出决定，工程建设监理人员和项目经理必须首先接受培训，取得培训合格证后方准进入该项管理岗位。为此，国家统一编写了系列教材，培训了师资，认定了培训学校，在培训中实行了"两个坚持"、"三个结合"、"四个统一"、"五个严格"，即坚持教师授课满学时，坚持学员听课出满勤；与国际惯例结合，与实践结合，与市场及企业的需要结合；统一教材，统一师资，统一教学大纲，统一考试题库；严格组织教学，严格培训质量，严格教学时间，严格考试发证，严格收费标准。经过1992年至今的培训，已经由接受培训的人员组成了以百万人计的工程建设监理人员和施工项目经理这两支庞大的专业队伍，构成了工程项目管理的坚实支柱。

(五)学术活动十分活跃

对施工项目管理知识、理论方法的学习、研究、交流和实践,需要具有良好的学术氛围,从 20 世纪 80 年代开始,我国就开展了十分活跃的施工项目管理学术活动,具体主要表现在以下方面:

1. 请留学归来的专家讲学,派出留学人员学习;
2. 频繁邀请境外专家来国内讲学;
3. 组织或参与国际间的工程项目管理交流活动;
4. 在大学里设立工程管理专业,在工程专业中广泛设立项目管理课程;
5. 设立专项研究课题进行学术研究和攻关;
6. 大量编著施工项目管理书籍、教材和手册,翻译境外的施工项目管理书籍和教材,目前已有几十种此类书籍;
7. 出版工程项目管理学术杂志,设立论坛、经验交流、专家风采、工作指导等众多栏目,作为工程项目管理的学术传媒;
8. 成立工程项目管理学术团体,团结业内人士进行学术研究,传播学术知识,组织学术活动,培训项目经理,成为工程项目管理事业发展的纽带和桥梁。

四、促进我国建设工程项目管理科学化、规范化和法制化

1. 项目管理科学化

工程项目管理是一门科学,这门科学产生于 20 世纪 60 年代,是由理论上的成熟、新技术方法的开发和运用、生产实践的需要而催生的。40 多年来,项目管理以磅礴的气势发展着,至今已经成为世界各项一次性事业的共同科学管理模式。也就是说,各项一次性事业和科学管理模式就是项目管理。之所以说它是科学的,因为它符合管理的规律,有科学的理论、科学的内容、科学的方法和科学的手段。制订了《建设工程项目管理规范》,实际上就是制定了建设工程项目管理科学化的纲领和方向,按照《建设工程项目管理规范》执行,必能促进我国工程项目管理科学化。

2. 项目管理规范化

"规范化"的定义是,"在经济、技术、科学及管理等社会实践中,对重复性事物和概念,通过制定、发布和实施标准(规范、规程、制度等)达到统一,以获得最佳秩序和社会效益"。这就是说,规范化的范围是"经济、技术、科学、管理等社会实践",其中当然包括了工程项目管理。规范化的对象是"重复性的事物和概念",工程项目管理作为一类管理实践,必然是重复性的(PDCA 循环)。规范化的本质是"统一",这个"统一"是科学、合理、有效的,而不是简单命令或盲目规定,不是"一刀切"。规范化的目的是"获得最佳秩序和社会效益",这也是规范化的基本出发点,是工程项目管理规范化的根本目的。规范化的内容是"标准、规范、规程的制定、发布和实施"。

在工程项目管理引进、试点、推行的过程中,我国各地、各企业(组织)一面学习,一面创新,固然不乏先进,不乏经验,但总的说来发展是不平衡的,有许多做法缺乏科学性,导致不良后果。"规范化"有利于总结经验,倡导科学精华,统一管理模式。这就可以形成合力,促进发展,在规范的平台上取得最佳秩序和效益。

3. 项目管理法制化

自 1988 年我国试点推行施工项目管理以来的 20 多年中，一系列与工程项目管理有关的法律、行政法规和部门规章（后两者中包括中央和地方的）已经发布，它们当然是在工程项目管理中必须遵守的，然而由于没有统一的规范，在理解法规条文和用它来指导工作方面出现了巨大差异，产生了许多与工程项目管理初衷相违背的不良后果，甚至影响项目管理科学的应用声誉和事业发展。我们通过制定规范，正确理解和应用法律法规条文，既体现了守法，又可综合应用法律法规推进施工项目管理事业，这是一项重大的基础性工作，必须做好。

在《建设工程项目管理规范》中主要执行的法律、法规有《建筑法》、《招标投标法》、《合同法》、《环境保护法》、《建设工程质量管理条例》、《建设工程安全生产管理条例》等。由于工程项目管理的专业性特点，在《建设工程项目管理规范》中应特别注意更多地贯彻国家建设行政主管部门颁发的众多建设部门规章。规范是过程和活动的标准，法律、法规和部门规章是政府或政府部门对活动和过程提出的行政约束指令，两者有机结合能够有效促进工程项目管理的发展。

五、适应市场经济发展的需要

（一）项目管理是市场经济下工程建设进行科学管理的最佳方式

项目管理是 20 世纪初兴起并于 60 年代日臻完善的一门学科，符合建筑业社会化大生产和建筑施工的特点，具有将企业导向适应社会主义市场经济的作用和功能。我国引进项目管理，是在改革开放以后，实行第一个贷款项目——鲁布革工程推行招标承包制开始的，招标承包的对象就是工程项目。而项目管理的第一步，就是项目的设计施工招投标。随着建筑市场的逐步发展和完善，施工项目管理方式也从引进、试点、应用、推广到逐步完善提高。结论是明显的：没有建筑市场，就没有建设工程施工项目管理的应用推广；没有建筑市场的发展，就没有今天建设工程项目管理的体制深层次的改革，更不可能有勘察设计施工企业结构的进一步调整。所以工程项目管理是市场经济下最适合工程建设的生产组织管理方式。

（二）建筑市场的运行机制主要表现在施工项目上

建筑市场具有三大机制：竞争机制、价格机制和供求机制。这三大机制是互相联系和互相制约的，且主要体现在项目上。建筑业企业进行一个施工项目的投标，它追求的就是中标，即同发包人建立供求关系，自己是供方，发包人是求方。该企业要想确立这种关系，就要同参加投标的其他企业进行竞争，也要和发包人进行竞争。企业要想竞争取胜，就要正确运用价格机制，投好商务标，使自己既能取胜中标，又能盈利。所以我们说，建筑市场的运行机制主要表现在工程项目上。进行工程项目管理、营造项目产品，是建筑业企业的主业，建筑业企业必须充分利用市场运行机制，取得事业的成功和企业的发展。

（三）项目管理的全过程始终与建筑市场相联通

工程项目管理从设计准备开始，中间经过设计、采购、施工、竣工验收，直到回访保修，全部与建筑市场相通。这里所指的"与建筑市场相通"，具有较广泛的含义。首先，企业为进行项目管理，要与建设工程交易中心沟通；其次，要与设计单位、建设单位、监理单位等中介组织、供应单位等建筑市场主体之间沟通；第三，要利用建筑市场作为优化配置生产要素的基础；第四，要利用建筑市场提供的各种资源和各种机制进行项目管理。因此，在《建设工程项目管理规范》的每一章节中，都体现并做到了尊重市场规律、利用市场进行管理、依靠市场实现项目过程管理。其中部分章节与建筑市场的关系则更为密切，如项目经理责任制、项目合同管理、项目采购管理、项目资源管理、项目信息管理、项目风险管理、项目沟通管理、项目收尾管理等。

六、推行工程项目管理体制改革的基本经验和主要成效

实践证明，从"项目法施工"到"工程项目管理"，有着坚实的理论基础，符合马克思主义关于生产力理论和"三个代表"重要思想，具有解放和发展先进生产力、把企业导向适应社会主义市场经济的实践意义，既能吸取国际先进管理经验，又能启动建筑行业结构调整，并在实践中取得了丰硕的成果。

1. 从实践创造和理论探讨上把"项目法施工"初期设想变为可操作内容的一种新型的施工管理模式，并在理论上有较大的突破和成熟的阐述，初步形成一套具有中国特色并与国际惯例接轨、符合项目生产力理论、适应市场经济要求、操作性强、比较系统的工程项目管理理论和方法。

工程项目管理作为企业在社会主义市场经济条件下实施的一种先进、科学的新型管理模式，有着丰富的内涵，是一项复杂的社会系统工程，具有很强的理论性和实践操作性。因此，工程项目管理的运行从开始就急需一套科学的理论来指导。20多年来，政府主管部门、广大企业、热心项目管理的有识之士以及大专院校专家学者满腔热情进行着潜心致志的探讨和研究。他们解放思想，各抒己见，展开不同意见的讨论，坚持真理，解决问题，发扬理论联系实际的学风，不断从理论和实践的结合上充实项目管理的内涵。基本形成了一套行之有效、具有中国特色、适应市场经济、操作性强的、比较系统的项目管理理论和方法。这些理论改变了建筑业是劳务密集型行业的观念和状况，是对项目生产力理论的发展和创新。这些理论包括：关于项目管理必须进行企业内部配套改革的理论；项目管理是加快企业经营机制转换有效途径的理论；项目管理的基本特征是动态管理和生产要素优化组合的理论；推行项目管理必须实行企业两层分离，而两层分离又有不同内涵的理论；项目管理必须以"两制"建设为中心，建立以项目经理部为主要形式的施工生产组织管理责任系统的理论；项目管理必须实行业务工作系统化管理的理论；项目管理要着力创造企业层次、项目层次和作业层次新型关系的理论；项目管理必须把培养造就一支项目经理队伍作为战略任务的理论；项目管理必须创造发展内外部市场环境的理论；项目管理必须体现职业健康、安全生产、环境保护、节约资源等一体化管理的理论；项目管理必须加强企业全面建设，坚持党政工团协同作战的理论等等。总结巩固这些已经形成并通过实践又行之有效、具有一定可操作性的理论和做法，无疑对我国进一步深化工程项目管理理论研究起到非常重要的奠基作用。

2. 由于政府主管部门不失时机地抓住企业管理体制改革当中的矛盾并及时地进行政策指导，制定和建立了以资质管理为手段的三个层次的企业资质管理体系，逐步形成了以智力密集型的工程总承包公司为龙头，以专业施工企业为骨干，劳务作业队伍为依托，国有与民营（多种经济成分并举），总包与分包，前方与后方，分工协作，互为补充，具有中国特色的企业组织结构。

这个组织结构可以简单地归结为三个层次，第一个层次是工程项目总承包企业，这类企业数量不多，但能量很大，处于整个组织结构的龙头地位，所以称为"龙头企业"。第二个层次是具有独立承包能力的建筑施工专业承包企业，这类企业数量大、门类多，既是第一个层次的依靠力量，又是第三个层次的带动力量，处于整个组织结构的主体地位。第三个层次是为第一、第二层次提供劳务，既可面向企业又可面向社会的劳务分包企业，是工程建设项

目实施过程成功的重要保证,处于整个组织结构的关键地位。企业管理体制综合改革试点很重要的一项内容就是要探索解决这个问题的路子和办法。从总体上讲,原有中国建筑业企业大多处于第二个层次,要把组织结构从劳务密集型的单一层次调整为三个层次,就要培育和发展第一个层次,巩固和提高第二个层次,完善和健全第三个层次。实现这个调整目标要抓好两个方面:一是造就一批科研设计、融资开发、施工管理、建材采购一体化的智力密集型工程总承包企业或企业集团,这类企业不仅具有较强的科研开发能力、设计能力、投资能力,而且具有很强的技术水平和管理能力,真正起到"龙头"作用,带动全行业的发展。通过试点推广,已达到这个目标的企业全国已有200余家,比如:中国建筑工程总公司、中国铁路工程总公司、中国铁道建筑总公司、中国化学工程(集团)总公司、中国石化工程公司、中冶京城工程有限公司、北京城建集团总公司、上海建工集团总公司、广州市建总、四川华西集团总公司等都具有这样的特色。另一方面,抓好建筑劳务基地的建设。从长远发展情况看,建筑业的劳务,特别是大、中城市的建筑业劳动力将主要来自农村。目前大多数省、市、自治区都建立了自己的建筑劳务基地,尤其是北京市建委近几年来在劳务基地的建设和管理方面进行了有益的尝试并取得了很好的经验。他们和劳务单位所在地地方政府结合起来共同开展这项工作,签订长期合同、定点定向输出,先培训再上岗,成建制择优选用。随着劳务企业资质的进一步发展和就位,一大批既能为建设工程总承包企业提供分包劳务,又可全面向社会提供全方位劳务服务,具有独立法人资格的企业会像雨后春笋一样涌现出来。

  3. 进行了建筑业企业内部两层分离的实践和模拟市场的建立,有力地促进了企业经营机制的转换和行业结构的调整,创造了企业从管理理念的高度来规划多种经营,实行多元化发展战略的经验。

  20多年来,广大建筑业企业按照国家对建筑业管理体制综合改革试点要求,紧密联系本地区和本系统实际,解放思想,转变观念,研究市场,适应竞争,积极改革旧的管理体制和经营模式,努力探求一条使国有建筑业企业既精于施工,又多元开拓,符合市场经济发展规律的企业经营战略,并能够全面进入市场的创新之路。就是说,建筑业一业为主,要多种经营。建筑业企业不但可以搞施工,而且要向纵向、横向延伸,全面实行企业资源的充分开发,坚持主营与二产、三产并进。从1987年开始,经过20多年的艰苦创业,我国建筑业企业在多元化经营中取得了重大突破。目前,上海建总、北京建工集团、广州市建总等国有独资公司均已形成了经营规模过百亿元甚至几百亿元的以工程总承包、房地产开发、工业制造、境外业务四大块为主骨架的大型建筑企业,并建立起包括科研、设计、教育培训、商贸实业等在内的多元化经营结构,实现了跨行业、跨地区、跨国界、跨所有制的集约化集团式经营发展。再如葛洲坝集团公司,原有正式职工5万人,在进行工程项目管理体制改革后,通过两层分离,企业实行了多种经营,形成了"二二一"的发展战略格局,即从事建筑主业的人员2万人,从事机械制造、化工、修理、水泥生产的副业人员2万人,从事服务性行业等三产的约1万人,使企业年产值由过去的不到30亿元,提高到上百亿元。除了以上这些大型企业集团的例子外,还有不少中小型企业的经营格局也发生了重大变化。比如,浙江一家建筑公司竟把绍兴一家电厂买下来;四川成都一家建筑公司在郊区办起了工业园区等等。与此同时,我国勘察设计企业也开始由传统的事业单位向企业转型。特别是1999年底,国务院批转原建设部等六部委提出的《关于加快勘察设计单位体制改革的若干意见》,明确提出了我国勘察设计单位体制改革的指导思想、基本思路和改革目标后,勘察设计单位不但结束了事业单位体制的历史，更重要的是率先在石油化工等建设项目上实行工程总承包，由过去单一功能的设计向为建设项目全过程管理承包提供咨询服务，从而加快了我国工程咨询业与国际工程承包的接轨步伐。根据中国勘察设计协会调查结果，2003年完成工程总承包合同额超过亿元的勘察设计企业近70家，企业完成工程总承包合同额最高达39亿元。2003年实现项目管理营业收入超过1000万元的勘察设计企业已有40家，企业项目管理营业收入最高达2.7亿元。2004年评出工程总承包金钥匙奖5项，银钥匙奖14项，工程总承包优秀奖24项，工程项目管理优秀奖10项。像这样的例子还很多，这些都是广大建筑业企业推行工程项目管理体制改革、实行多元化经营战略所取得的辉煌成就。

随着世界经济一体化和我国市场经济体制的深入发展，今后建筑业实现勘察设计、施工采购集成管理和实现项目管理社会化全方位服务以及工程总承包的大力发展，将成为建设管理体制改革的主方向。

4. 为企业培养和造就一大批懂法律、会经营、善管理、敢负责、作风硬、具有一定专业技术水平的工程项目管理人才队伍，明确了项目经理在企业中具有重要的地位和作用，加速了项目经理职业化建设。

项目经理素质的高低直接影响到项目的成败和企业的社会效益。项目经理在项目管理中处于举足轻重的地位，他承担的责任很重。原有体制没有培养造就这样人才的土壤，因此，企业必须在项目管理人才的培训上狠下工夫。原建设部从1991年就提出要加强企业经理和项目经理的培训工作，并将项目经理资格认证工作纳入企业资质就位管理，这一举措具有重要的战略意义。自20世纪90年代初原建设部委托中国建筑业协会工程项目管理专业委员会和中国勘察设计协会建设项目管理和总承包分会负责组织项目经理培训以来，项目经理资质认证工作已全面制度化、科学化和规范化。截止目前，全国已有近60万人取得政府颁发的项目经理资质证书，其中由两会培训的工程总承包项目经理已有近2万人，这批人员在工程总承包中发挥了重要作用。除此之外，原建设部和中国建筑业协会还于1991年开始评选"全国优秀项目经理"，到2006年共评选了8期，共评选出1611名"全国优秀项目经理"。2002年，由中建协工程项目管理委员会倡导，国际工程项目管理合作联盟组织推出了"国际杰出项目经理"评选活动，到目前共进行了四届评选，已有35人取得此项殊荣。这些工作的开展有力地确立和发挥了项目经理的地位和主导作用，加速了项目经理职业化建设的步伐。

5. 中国工程项目管理的理论研究和实践应用与创新，加速了建筑业企业与国际惯例接轨的步伐，为企业走向国际市场奠定了基础。

我国接触国际工程项目管理模式是从鲁布革水电站工程开始的。《人民日报》发表了《鲁布革的冲击》一文后，对我国传统的工程管理模式是一次巨大冲击，在原建设部等国家部委有力的指导和广大建筑业企业的努力下，我国建筑业开始学习和借鉴国际上先进的项目管理方法，这项工作也因此取得了突破性的发展，成绩显著。在认真总结推广鲁布革经验的基础上，概括出我国项目管理的基本架构和模式有五大特征：第一，项目法人责任制；第二，招投标责任制；第三，建设工程监理制；第四，合同管理制；第五，项目经理责任制。

我国在推行工程项目管理方面特别注意强调以下经验：一是学习借鉴，坚持"洋为中用"。如果没有当年鲁布革工程管理经验，也就不可能有今天建筑行业深层次的工程项目管理体制改革；二是广开思路，学以致用。国外好多东西，对我们很实用，比如FIDIC条件对建筑业企业走向国际市场、开展国际工程承包很有用。企业在谈判中发生争端，马上就可以参照 FIDIC 条件解决；三是结合实际，开拓创新。学习国际惯例，贵在结合实际，吸取其精华并有所创新。《建设工程项目管理规范》在学习美国项目管理学会（PMI）和欧洲国际项目管理协会（IPMA）两大体系的知识领域和认证标准的同时，重点突出了我国建筑业企业推行项目管理体制改革的经验，既是我国实践经验的总结，又是项目管理国际化发展理论研究的提升。

6. 工程项目管理理论和方法在实践运用中经受了考验，取得了丰硕成果，建设和完成了一批高质量、高速度、高效益、充分展示建筑行业科技水平和管理实力、具有国际水准的代表工程。

工程项目管理在解放和发展建筑业生产力，指导企业走向市场等方面越来越显示了强大的生命力。据统计，目前全国国有大中型建筑业企业推行工程项目管理覆盖面已达到 90% 以上，其中绝大多数企业运作比较顺利，并取得了良好的效果，充分发挥了国民经济支柱产业的重要作用。由于建筑业工程项目管理体制改革的深化，建筑业的施工生产方式发生了深刻的变化，经营规模不断扩大，在国民经济中的地位更加突出。据有关统计资料，改革开放以来，以 1989～2005 年为例，中国（不包括港、澳、台地区，以下同）建筑业增加值年均增长 12.6%（扣除物价上涨因素），占 GDP 的比重由 4.7% 提高到 7% 以上；2005 年建筑业总产值达 34746 亿元。建筑业的从业人数从 1989 年的 2407 万人增加到 2005 年的 4000 万人，占全社会从业人数的 5.3%。在对外工程承包、劳务合作与设计咨询方面也取得了可喜成绩。对外承包合同额从 1989 年的 22.12 亿美元增加到 2005 年的 217.6 亿美元，年均递增 17% 以上。据美国《工程新闻纪录》（ENR）评选出的"2005 年全球最大 225 家国际承包商"中，中国已有 49 家入围排行榜。此外，20 多年来，建筑业以人们看得见的建设工程项目的高质量完成，也为社会做出了巨大的贡献。20 多年来，建筑业企业运用工程项目管理新的管理模式和方法，先后完成和建成各类工业、能源、交通、邮电、水利、军工等项目数百万个；新建和扩建了北京、上海、天津、深圳等数十个大中城市铁路新客站和航空港，还有葛洲坝水电站、龙羊峡水电站、大亚湾核电站、秦山核电站、二滩水电站、黄河小浪底水利枢纽工程、扬子石化、上海金茂大厦、榕穗光缆工程、兰西拉光纤通讯电缆工程、江阴长江大桥、国家体育场（鸟巢）、上海翔殷路过江隧道等不能尽数的工程，为我国的经济发展、人民生活水平的提高都起到一定的作用。尤其是举世瞩目的三峡工程、西电东送、西气东输、青藏铁路、南水北调等一批技术先进、管理科学的高、大、新工程项目相继开工或完成，充分显示了建筑业企业 20 多年来通过工程项目管理改革奠定的雄厚实力和取得的丰硕成果。

七、我国建设工程项目管理规范化的基本框架体系

一个工程项目的生命周期通常分为四个阶段：分析决策阶段、规划设计阶段、施工实施阶段和竣工收尾阶段。我国建设工程项目管理规范化的主要依据就是结合工程项目的特点，在认真总结推广鲁布革工程管理经验的基础上，通过不断探索，努力实践，形成一套具有中国特色并能与国际接轨的建设工程项目管理基本框架体系。

（一）具有中国特色的建设工程项目管理基本框架体系

1. 主要特征是：动态管理，优化配置，目标控制，节点考核。
2. 运行机制是：总部宏观调控，项目委托管理，专业施工保障，社会力量协调。
3. 组织结构是："两层分离，三层关系"，即管理层与作业层分离；项目层次与企业层

次的关系，项目经理与企业法人代表的关系，项目经理部与劳务作业层的关系。

4. 推行主体是："两制建设，三个升级"，即项目经理责任制和项目成本核算制；技术进步、科学管理升级，总承包管理能力升级，智力结构和资本运营升级。

5. 基本内容是："四控制，三管理，一协调"，即进度、质量、成本、安全控制，合同、生产要素、信息管理和组织协调。

6. 管理目标是："四个一"，即一套新方法、一支新队伍、一代新技术、一批好工程。

（二）与国际惯例接轨

如前所述，工程项目管理是一门学科，有其规律性。在国际上，它被广泛用来进行一次性任务（即特殊过程）的管理，已经形成为国际惯例。欧洲的国际项目管理协会（IPMA）和美国项目管理学会（PMI）形成两大项目管理体系。它涉及和涵盖了九大知识领域，即范围管理、沟通管理、时间管理、成本管理、质量管理、人力资源管理、采购管理、风险管理和综合管理；建立了项目管理标准，即《质量管理项目管理质量指南》ISO 10006：1997（我国已等同采用，编号为GB/T 19016—2000），其中规定了10种项目管理过程的质量管理标准。这10种过程是：战略策划过程，配合管理过程，与范围有关的过程，与时间有关的过程，与成本有关的过程，与资源有关的过程，与人员有关的过程，与沟通有关的过程，与风险有关的过程，与采购有关的过程。

这里有必要指出的是，国际上的项目管理体系属于广义上的项目管理，对中国建筑业企业来说，缺乏专业适用性。而我国建设工程项目管理规范化标准不但吸收了国际项目管理的通用标准，具有国际通用性和先进性，而且最重要的一点是结合我国建设工程项目管理体制改革的经验，比较注重专业管理活动的实践性和系统性，与国际上有关项目管理比较，更加具体化、专业化，具有适用性和可操作性。所以说，它是目前我国极有权威性的一部管理型的工程项目管理规范。

八、工程项目管理应遵循的法律、法规和标准

（一）工程项目管理有关的法律、法规和部门规章

《建设工程项目管理规范》第1.0.6条规定："建设工程项目管理除遵循本规范外，还应符合国家法律、法规及有关技术标准的规定。"

1. 工程项目管理有关的法律

与建设工程项目管理有关的法律指由全国人民代表大会及其常委会审议，由国家主席签署发布的有关建设工程的各项法律。主要有：《中华人民共和国城乡规划法》、《中华人民共和国房地产管理法》、《中华人民共和国环境保护法》、《中华人民共和国土地管理法》、《中华人民共和国合同法》、《中华人民共和国建筑法》、《中华人民共和国招标投标法》、《中华人民共和国价格法》等。

2. 工程项目管理有关的行政法规

与建设工程项目管理有关的行政法规指由国务院依法制定并由国务院总理签署发布的有关建设工程的各项法规。主要有：《建设工程质量管理条例》、《建设工程安全生产管理条例》、《建设工程勘察设计管理条例》、《城市房地产开发经营管理条例》、《国务院特别重大事故调查程序暂行规定》等。

3. 建设部门规章

建设部门规章是建设法律体系的第三个层次，指建设部门根据国务院规定的职责范围，

依法制定并以部长令发布的规章。与建设工程项目管理有关的建设部门规章数量比较多，例如《建设工程施工现场管理规定》（建设部令第 15 号）、《建筑安全生产监督管理规定》（建设部令第 13 号）、《建筑工程施工许可管理办法》（建设部令第 71 号）、《房屋建筑工程质量保修办法》（建设部令第 80 号）、《实施建设工程强制性标准监督规定》（建设部令第 81 号）、《建设工程监理范围和规模标准规定》（建设部令第 86 号）、《建筑业企业资质管理规定》（建设部令第 87 号）、《工程监理企业资质管理规定》（建设部令第 102 号）、《建筑工程发包与承包计价管理办法》（建设部令第 107 号）、《建设工程项目管理试行办法》（建市［2004］200 号）等。

（二）工程建设有关技术标准

工程建设有关技术标准中的强制性条文是指直接涉及工程质量、安全、卫生及环境保护等方面的条文标准。2000 年 8 月 25 日，原建设部以第 81 号令发布了《实施工程建设强制性标准监督规定》，提出了 24 条规定，强调了"在中华人民共和国境内从事新建、扩建、改建等工程建设活动必须执行工程建设强制性标准"（见附录 1-1），其作用如下：

1. 作为进一步加强房屋建筑工程质量的保证

近几年来，重大、恶性工程质量事故时有发生。对此，党中央、国务院领导十分重视，许多领导同志曾做过专门的重要指示和讲话。实践证明，凡是出现工程质量事故的，都是没有认真执行标准、规范、规程的结果，只要按标准去设计、施工、验收，就完全可以保证工程质量。为什么标准没有得到很好执行呢？除了宣传不够外，主要是监督不到位，力度不够，重点不突出，而导致这种现象的直接原因是强制性标准数量过多、内容庞杂。众所周知，由于长期受计划经济体制的影响，现行工程建设强制性标准始终没有摆脱过去几十年形成的模式和框框，虽然在《标准化法》发布实施后，曾对标准进行过清理整顿，但强制性标准仍然占到了现行工程建设标准总量的 85% 以上，有 2700 多项，总条目达 15 万之多。就其内容而言，在每一项强制性标准中，必须执行的，可以由执行者根据工程实际进行选择，是和推荐采用的技术要求混杂在一起的。众多的标准数量、混杂的标准内容无疑给实施监督带来很大困难，从组织机构到方法手段再到重点监督内容都不可能满足建设工程质量的要求。因此，把真正涉及人民生命财产安全、人身健康、环境保护和其他公众利益的工程质量条款突出出来，把政府真正需要管并要管好的工程质量条款独立出来，才能从根本上解决实施监督问题，从而确保工程质量。强制性条文正是基于这一目的而编制的，它的出台无疑将使建设工程质量进一步得到保证和提高。

2. 作为实行处罚的依据

2000 年 1 月 30 日，国务院发布了《建设工程质量管理条例》（第 279 号令），这是国务院在市场经济条件下建立新的建设工程质量监督管理制度所作出的重大决定，为强化建设工程质量管理、保证工程质量提供了法律武器。《建设工程质量管理条例》中规定，不执行工程建设强制性技术标准就是违法，就要给予相应的处罚，这是迄今为止，国家对不执行强制性技术标准作出的最为严格的规定。为了更好地贯彻《建设工程质量管理条例》中有关强制性标准实施监督的规定，真正体现处罚的目的，把真正的强制性条款抽出来是客观的需要，是必须要走的一步。强制性条文就是按《建设工程质量管理条例》进行处罚的操作依据。

3. 作为工程建设标准体制深化改革的起点

我国现行的工程建设标准体制是强制性与推荐性相结合的体制，但在市场经济不断发展、完善的今天，越发显现出这种体制的局限性。目前，世界上大多数国家对建设市场的控制是通过技术法规与技术标准来实现的。技术法规是强制性的，是把那些涉及建设工程安全、人身安全、环境保护和公共利益的技术要求，用法规的形式规定下来，严格贯彻在工程建设工作中。不执行技术法规就是违法，就要受到处罚，而技术标准是自愿采用的。这种管理体制，由于技术法规的数量相对较少，是政府需要管的内容，重点突出，因而便于监督，不仅能够满足建设市场运行管理的需要，同时也不会给工程建设的发展、技术的进步造成障碍。工程建设标准管理体制与国际惯例接轨是客观的要求，改革目前的工程建设标准化管理模式，建立起技术法规与技术标准相结合的管理体制十分迫切。

附录 1-1

实施工程建设强制性标准监督规定

（2000年8月21日建设部令第81号发布）

第一条 为加强工程建设强制性标准实施的监督工作，保证建设工程质量，保障人民的生命、财产安全，维护社会公共利益，根据《中华人民共和国标准化法》、《中华人民共和国标准化法实施条例》和《建设工程质量管理条例》，制定本规定。

第二条 在中华人民共和国境内从事新建、扩建、改建等工程建设活动，必须执行工程建设强制性标准。

第三条 本规定所称工程建设强制性标准是指直接涉及工程质量、安全、卫生及环境保护等方面的工程建设标准强制性条文。

国家工程建设标准强制性条文由国务院建设行政主管部门会同国务院有关行政主管部门确定。

第四条 国务院建设行政主管部门负责全国实施工程建设强制性标准的监督管理工作。

国务院有关行政主管部门按照国务院的职能分工负责实施工程建设强制性标准的监督管理工作。

县级以上地方人民政府建设行政主管部门负责本行政区域内实施工程建设强制性标准的监督管理工作。

第五条 工程建设中拟采用的新技术、新工艺、新材料，不符合现行强制性标准规定的，应当由拟采用单位提请建设单位组织专题技术论证，报批准标准的建设行政主管部门或者国务院有关主管部门审定。

工程建设中采用国际标准或者国外标准，现行强制性标准未作规定的，建设单位应当向国务院建设行政主管部门或者国务院有关行政主管部门备案。

第六条 建设项目规划审查机构应当对工程建设规划阶段执行强制性标准的情况实施监督。

施工图设计文件审查单位应当对工程建设勘察、设计阶段执行强制性标准的情况实施监督。

建筑安全监督管理机构应当对工程建设施工阶段执行施工安全强制性标准的情况实施监督。

工程质量监督机构应当对工程建设施工、监理、验收等阶段执行强制性标准的情况实施监督。

第七条 建设项目规划审查机关、施工设计图设计文件审查单位、建筑安全监督管理机构、工程质量监督机构的技术人员必须熟悉、掌握工程建设强制性标准。

第八条 工程建设标准批准部门应当定期对建设项目规划审查机关、施工图设计文件审查单位、建筑安全监督管理机构、工程质量监督机构实施强制性标准的监督进行检查，对监督不力的单位和个人，给予通报批评，建议有关部门处理。

第九条 工程建设标准批准部门应当对工程项目执行强制性标准情况进行监督检查。监督检查可以采取重点检查、抽查和专项检查的方式。

第十条 强制性标准监督检查的内容包括：

（一）有关工程技术人员是否熟悉、掌握强制性标准；

（二）工程项目的规划、勘察、设计、施工、验收等是否符合强制性标准的规定；

（三）工程项目采用的材料、设备是否符合强制性标准的规定；

（四）工程项目的安全、质量是否符合强制性标准的规定；

（五）工程中采用的导则、指南、手册、计算机软件的内容是否符合强制性标准的规定。

第十一条 工程建设标准批准部门应当将强制性标准监督检查结果在一定范围内公告。

第十二条 工程建设强制性标准的解释由工程建设标准批准部门负责。

有关标准具体技术内容的解释，工程建设标准批准部门可以委托该标准的编制管理单位负责。

第十三条 工程技术人员应当参加有关工程建设强制性标准的培训，并可以计入继续教育学时。

第十四条 建设行政主管部门或者有关行政主管部门在处理重大工程事故时，应当有工程建设标准方面的专家参加；工程事故报告应当包括是否符合工程建设强制性标准的意见。

第十五条 任何单位和个人对违反工程建设强制性标准的行为有权向建设行政主管部门或者有关部门检举、控告、投诉。

第十六条 建设单位有下列行为之一的，责令改正，并处以20万元以上50万元以下的罚款：

（一）明示或者暗示施工单位使用不合格的建筑材料、建筑构配件和设备的；

（二）明示或者暗示设计单位或者施工单位违反工程建设强制性标准，降低工程质量的。

第十七条 勘察、设计单位违反工程建设强制性标准进行勘察、设计的，责令改正，并处以10万元以上30万元以下的罚款。

有前款行为，造成工程质量事故的，责令停业整顿，降低资质等级；情节严重的，吊销资质证书；造成损失的，依法承担赔偿责任。

第十八条 施工单位违反工程建设强制性标准的，责令改正，处工程合同价款2%以上4%以下的罚款；造成建设工程质量不符合规定的质量标准的，负责返工、修理，并赔偿因此造成的损失；情节严重的，责令停业整顿，降低资质等级或者吊销资质证书。

第十九条 工程监理单位违反强制性标准规定，将不合格的建设工程以及建筑材料、建筑构配件和设备按照合格签字的，责令改正，处50万元以上100万元以下的罚款，降低资质等级或者吊销资质证书；有违法所得的，予以没收；造成损失的，承担连带赔偿责任。

第二十条 违反工程建设强制性标准造成工程质量、安全隐患或者工程事故的，按照

《建设工程质量管理条例》有关规定，对事故责任单位和责任人进行处罚。

第二十一条 有关责令停业整顿、降低资质等级和吊销资质证书的行政处罚，由颁发资质证书的机关决定；其他行政处罚，由建设行政主管部门或者有关部门依照法定职权决定。

第二十二条 建设行政主管部门和有关行政部门工作人员，玩忽职守、滥用职权、徇私舞弊的，给予行政处分；构成犯罪的，依法追究刑事责任。

第二十三条 本规定由国务院建设行政主管部门负责解释。

第二十四条 本规定自发布之日起施行。

第二章 施工项目管理组织

第一节 施工项目管理组织概述

一、施工项目管理组织概念

（一）组织的概念

组织是按照一定的宗旨和系统建立起来的集体，它是构成整个社会经济系统的基本单位。在管理学中，组织有两层含义：一是作为名词出现的，指组织机构，组织机构是一定领导体制、部门设置、层次划分、职责分工、规章制度和信息系统等构成的有机整体，可以完成一定的任务，并为此处理人和人、人和事、人和物的关系；二是作为动词出现的，指组织行为，即通过一定权利和影响力，为达到一定目标，对所需资源进行合理配置，处理人和人、人和事、人和物关系的行为。其管理职能是通过两层含义的有机结合而产生和起作用的。所以为加强管理，不仅要建立适合要求的管理组织机构，而且要采取行之有效的管理手段。

施工项目管理的组织，是指为进行施工项目管理、实现组织职能而进行组织系统的设计与建立、组织运行和组织调整三个方面。组织系统的设计与建立是指经过策划、设计，建成一个可以完成施工项目管理任务的组织机构，建立必要的规章制度，划分并明确岗位、层次、部门的责任和权力，建立和形成管理信息系统及责任分担系统，并通过一定岗位和部门内人员的规范化的活动和信息流通实现组织目标。高效率的组织体系的建立是施工项目管理取得成功的组织保证。组织运行是指在组织系统形成后，按照组织要求，由各岗位和部门实施组织行为的过程。组织调整是指在组织运行过程中，对照组织目标，检验组织系统的各个环节，并对不适应组织运行和发展的方面进行改进和完善。

（二）组织的职能

组织职能是项目管理基本职能之一，其目的是通过合理设计和责权关系结构来使各方面的工作协同一致。项目管理的组织职能包括五个方面：

1. 组织设计。包括选定一个合理的组织系统，划分各部门的权限和职责，确立各种基本的规章制度。包括生产指挥系统组织设计、职能部门组织设计等。

2. 组织联系。就是规定组织机构中各部门的相互关系，明确信息流通和信息反馈的渠道，以及它们之间的协调原则和方法。

3. 组织运行。就是按分担的责任完成各自的工作，规定各组织体的工作顺序和业务管理活动的运行过程。组织运行要抓好三个关键性问题：一是人员配置；二是业务接口；三是信息反馈。

4. 组织行为。就是指应用行为科学、社会学及社会心理学原理来研究、理解和影响组织中人们的行为、言语、组织过程、管理风格以及组织变更等。

5. 组织调整。组织调整是指根据工作的需要，环境的变化，分析原有的项目组织系统的缺陷、适应性和效率性，对原组织系统进行调整和重新组合，包括组织形式的变化、人员的变动、规章制度的修订或废止、责任系统的调整以及信息流通系统的调整等。

二、施工项目管理组织机构

（一）施工项目管理组织机构的作用

1. 组织机构是施工项目管理的组织保证

项目经理在启动项目实施之前，首先要做组织准备，建立一个能完成管理任务、令项目经理指挥灵便、运转自如、效率很高的项目组织机构——项目经理部，其目的就是为了提供进行施工项目管理的组织保证。一个好的组织机构，可以有效地完成施工项目管理目标，有效地应付环境的变化，有效地供给组织成员生理、心理和社会需要，形成组织力，使组织系统正常运转，产生集体思想和集体意识，完成项目管理任务。

2. 形成一定的权力系统以便进行集中统一指挥

权力由法定和拥戴产生。"法定"来自于授权，"拥戴"来自于信赖。法定或拥戴都会产生权力和组织力。组织机构的建立，首先是以法定的形式产生权力。权力是工作的需要，是管理地位形成的前提，是组织活动的反映。没有组织机构，便没有权力，也没有权力的运用。权力取决于组织机构内部是否团结一致，越团结，组织就越有权力、越有组织力，所以施工项目组织机构的建立要伴随着授权，以便使权力的使用能够实现施工项目管理的目标。要合理分层，层次多，权力分散；层次少，权力集中。所以要在规章制度中把施工项目管理组织的权力阐述明白，固定下来。

3. 形成责任制和信息沟通体系

责任制是施工项目组织中的核心问题。没有责任也就不成其为项目管理机构，也就不存在项目管理。一个项目组织能否有效地运转，取决于是否有健全的岗位责任制。施工项目组织的每个成员都应肩负一定责任，责任是项目组织对每个成员规定的一部分管理活动和生产活动的具体内容。

信息沟通是组织力形成的重要因素。信息产生的根源在组织活动之中，下级（下层）以报告的形式或其他形式向上级（上层）传递信息；同级不同部门之间为了相互协作而横向传递信息。越是高层领导，越需要信息，越要深入下层获得信息。原因就是领导离不开信息，有了充分的信息才能进行有效决策。

综上所述，可以看出组织机构非常重要，在项目管理中是一个焦点。一个项目经理建立了理想有效的组织系统，他的项目管理就成功了一半。项目组织一直是各国项目管理专家普遍重视的问题。据国际项目管理协会统计，各国项目管理专家的论文，有1/3是有关项目组织的。我国建筑业体制的改革及推行、施工项目管理的研究等，说到底就是个组织问题。

（二）建立适应项目管理需要的组织机构必须考虑的几个问题

1. 能适应建筑产品单件性和施工项目特殊性的特点，使生产要素的配置按项目的需要处于动态组织状态，有利于项目目标合理实现。

2. 有利于国家对建筑业企业体制改革战略决策和总体思路的实施。面对复杂的市场环境，组织机构应有利于企业在市场中有竞争以及提高项目估计和投标决策的能力。

3. 有利于企业内部多项目之间的协调和企业对各项目的有效控制。

4. 有利于合同管理，强化履约责任，有效地处理和避免经济纠纷。

5. 有利于减少管理层次，精干人员，提高办事效率，强化业务系统化管理。

三、施工项目管理组织机构设置的原则

1. 目的性的原则

施工项目组织机构设置的根本目的,是为了产生组织功能,实现施工项目管理的总目标。从这一根本目标出发,就会因目标设事、因事设机构定编制,按编制设岗位定人员,以职责定制度授权力。组织机构设置程序如图2-1所示。

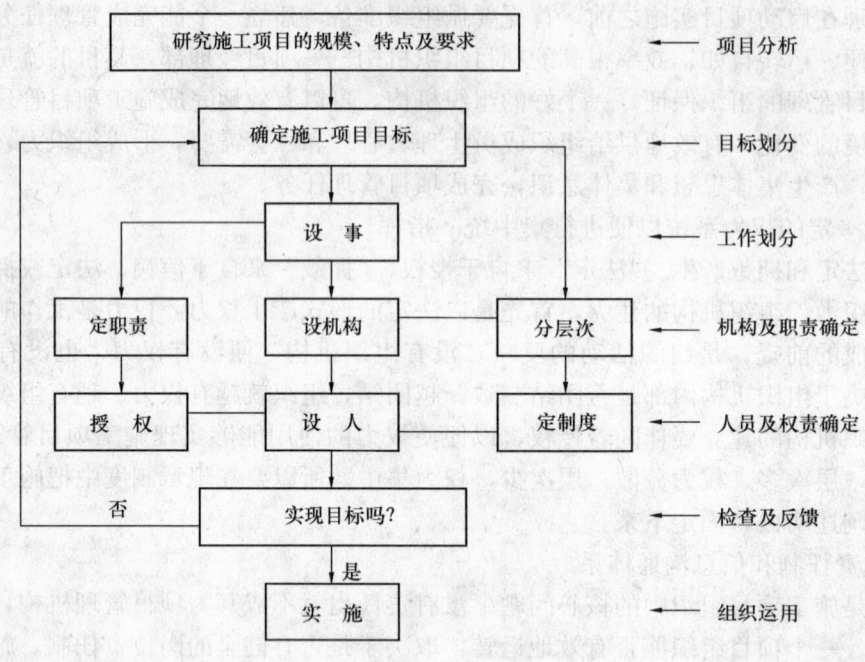

图 2-1 组织机构设置程序图

2. 精干高效原则

施工项目组织机构的人员设置,以能实现施工项目所要求的工作任务(事)为原则,尽量简化机构,做到精干高效。人员配置要从严控制二三线人员,力求一专多能,一人多职。同时还要增加项目管理班子人员的知识含量,着眼于使用和学习锻炼相结合,以提高人员素质。

3. 管理跨度和分层统一的原则

管理跨度亦称管理幅度,是指一个主管人员直接管理的下属人员数量。跨度大,管理人员的接触关系增多,处理人与人之间关系的数量随之增大。跨度(N)与工作接触关系数(C)的关系公式是:

$$C = N(2^{n-1} + N - 1)$$

这是有名的邱格纳斯公式,是个几何级数,当 $N=10$ 时,$C=5210$。故跨度太大时,领导者及下属常会出现应接不暇之烦。组织机构设计时,必须使管理跨度适当。然而跨度大小又与分层多少有关。不难理解,层次多,跨度会小;层次少,跨度会大。这就要根据领导者的能力和施工项目的大小进行权衡。美国管理学家戴尔曾调查41家大企业,管理跨度的中位数是6~7人。对施工项目管理层来说,管理跨度更应尽量少些,以集中精力于施工管理。在鲁布革工程中,项目经理下属33人,分成了所长、课长、系长、工长四个层次,项目经理的跨度是5。项目经理在组建组织机构时,必须认真设计切实可行的跨度和层次,画出机构系统图,以便讨论、修正,按设计组建。

4. 业务系统化管理原则

由于施工项目是一个开放的系统，由众多子系统组成一个大系统，各子系统之间，子系统内部各单位工程之间，不同组织、工种、工序之间，存在着大量结合部，这就要求项目组织也必须是一个完整的组织结构系统，恰当分层和设置部门，以便在结合部上能形成一个相互制约、相互联系的有机整体，防止产生职能分工、权限划分和信息沟通上相互矛盾或重叠。要求在设计组织机构时以业务工作系统化原则作指导，周密考虑层间关系、分层与跨度关系、部门划分、授权范围、人员配备及信息沟通等；使组织机构自身成为一个严密的、封闭的组织系统，能够为完成项目管理总目标而实行合理分工及协作。

5. 弹性和流动性原则

工程建设项目的单件性、阶段性、露天性和流动性是施工项目生产活动的主要特点，必然带来生产对象数量、质量和地点的变化，带来资源配置的品种和数量变化。于是要求管理工作和组织机构随之进行调整，以使组织机构适应施工任务的变化。这就是说，要按照弹性和流动性的原则建立组织机构，不能一成不变。要准备调整人员及部门设置，以适应工程任务变动对管理机构流动性的要求。

6. 项目组织与企业组织一体化原则

项目组织是企业组织的有机组成部分，企业是它的母体，归根结底，项目组织是由企业组建的。从管理方面来看，企业是项目管理的外部环境，项目管理的人员全部来自企业，项目管理组织解体后，其人员仍回企业。即使进行组织机构调整，人员也是进出于企业人才市场的。施工项目的组织形式与企业的组织形式有关，不能离开企业的组织形式去谈项目的组织形式。

第二节　施工项目管理组织设计与形式

一、常见的组织实施模式

工程建设项目投资大，建设周期长，参与项目的单位众多，社会性强，因此，工程项目实施模式具有复杂性。工程项目的实施组织方式是通过研究工程项目的承发包模式，确定工程的合同结构。合同结构的确立也就决定了工程项目的管理组织，决定了参与工程项目各方的项目管理的工作内容和任务。

建筑市场的市场体系主要由三方面构成，即以发包人为主体的发包体系；以设计、施工、供货方为主体的承建体系；以工程咨询、评估、监理方为主体的咨询体系。市场主体三方的不同关系就会形成不同的工程项目组织系统，构成不同的项目实施组织形式，对工程管理的方式和内容产生不同的影响。

（一）平行承发包模式

平行承发包模式是发包人将工程项目分解后，分别委托多个承建单位分别进行建造的方式。采用平行承发包形式，对发包人而言，将直接面对多个施工单位、多个材料设备供应单位和多个设计单位，而这些单位之间的关系是平行的，各自对发包人负责。

1. 平行承发包形式的合同结构

平行承发包形式是发包人将工程项目分解后，分别进行发包，分别与各承建单位签订工程合同。因为工程是采取切块平行发包，如将工程设计切为几项，则发包人将要签订几个设计合同；若将施工切成几块，同样，发包人将要签订几个施工合同，工程任务切块越多，发包人的合同数量也就越多。

2. 平行承发包形式对发包方项目管理的影响

（1）采用平行承发包形式，合同乙方的数量多，发包人对合同各方的协调和组织工作量大，管理比较困难。发包人需管理协调设计与设计、施工与施工、设计与施工等各方相互之间出现的矛盾和问题，因此，发包人需建立一个强有力的项目管理班子，对工程实施管理，协调各方关系。

（2）对投资控制有利的一面：因发包人是直接与各专业承建方签约，层层分包的情况少，发包人一般可以得到较有利的竞争报价，合同价相对较低。不利的一面是：整个工程总的合同价款必须在所有合同签订以后才能得知，总合同价不宜在短期内确定，在某种程度上会影响投资控制的实施，总投资事先控制不住。

（3）有利于工程的质量控制。由于工程分别发包给各承建单位，合同间的相互制约使各发包的工程内容的质量要求得到保证，各承包单位能够形成相互检查与监督的他人控制的约束力。

（4）合同管理的工作量大。工程招标的组织管理工作量大，且平行切块的发包数越多，发包人的合同数也越多，管理工作量越大。

采用平行承发包形式的关键是要合理确定每一发包合同标的物的界面，合同交接面不清，发包人合同管理的工作量、对各承建单位的协调组织工作量将大大增加，管理难度也会增加。如图2-2所示为平行承发包模式的管理组织结构，其中，发包人法人任命项目经理或委托工程咨询单位担任项目经理，组建项目管理班子。项目经理接受发包人的工作指令，对工程项目实施的规划和控制负责，并代表发包人的利益对项目各承建单位进行管理。

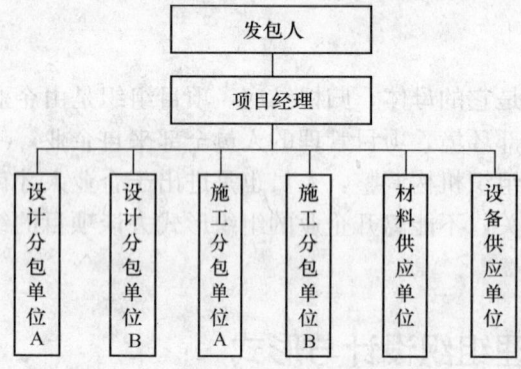

图 2-2 平行承发包模式的管理组织结构

（二）施工总承包模式❶

施工总承包的承发包模式是发包人将工程的施工任务委托一家施工单位进行承建的方式。采用施工总承包模式，发包人直接面对施工总承包单位。

1. 施工总承包形式的合同结构

采用施工总承包形式，发包人仅与施工单位签订施工总承包合同。总承包单位与发包人签订总承包合同后，可以将其总承包任务的一部分再分包给其他承包单位，形成工程总承包与分包的关系。总承包单位与分包单位分别签订工程分包合同，分包单位对总承包单位负责，发包人与分包单位没有直接的承发包关系。

2. 施工总承包形式对发包人方项目管理的影响

---

❶ 《建设项目工程总承包管理规范》（GB/T 50358—2005）规定：

2.0.3 工程总承包指工程总承包企业受业主委托，按照合同约定对工程建设项目的设计、采购、施工、试运行（竣工验收）等实行全过程或若干阶段的承包。通常，工程总承包企业在总价合同条件下，对所承包工程的质量、安全、费用和进度负责。

（1）发包人方对承建单位的协调管理工作量较小。从合同关系上，发包人只需处理设计总承包和施工总承包之间出现的矛盾和问题，总承包单位是向发包人负责，分包单位的责任将被发包人看做是总承包单位的责任。由此，施工总承包的形式有利于项目的组织管理，可以充分发挥总承包单位的专业协调能力，减少发包人的协调工作量，使其能专注于项目的总体控制与管理。

（2）施工总承包的合同价格可以较早地确定，宜于对投资进行控制。但由于总承包单位需对分承包单位实施管理，并需承担包括分包单位在内的工程总承包风险，因此，总承包合同价款相对平行承发包要高，发包人工程款的支出要大一些。

（3）采用施工总承包的形式，一般需在工程设计全部完成后进行工程的施工招标，设计与施工不能搭接进行，但另一方面，总承包单位需对工程总进度负责，需协调各分包工程的进度，因而有利于总体进度的协调控制。

（三）设计、施工总承包模式

设计、施工总承包模式指工程总承包企业按照合同约定，承担工程项目设计与施工，并对承担工程的质量、安全、工期、造价全面负责的方式。这一承建单位就称项目总承包单位，由其进行从工程设计、材料设备订购、工程施工、设备安装调试，至试车生产、交付使用等一系列实质性工作。

1. 项目设计、施工总承包形式的合同结构

采用项目总承包形式，发包人与项目总承包单位签订总承包合同，只与其发生合同关系。项目总承包单位拥有设计和施工力量，具备较强的综合管理能力，项目总承包单位也可以是由设计单位和施工单位组成的项目总承包联合体，两家单位就某一项目与发包人签订总承包合同，在这个项目上共同对发包人负责。对于总承包的工程，项目总承包单位可以将部分工程任务分包给分包单位完成，总承包单位负责对分包单位的协调和管理，发包人与分包单位不存在直接的承发包关系。

2. 项目设计、施工总承包形式对发包方项目管理的影响

（1）项目总承包形式对发包人而言，只需签订一份总承包合同，合同结构简单。由于发包人只有一个主合同，相应的协调组织工作量较小，项目总承包单位内部以及设计、施工、供货单位等方面的关系由总承包单位协调和管理，相当于发包人将对项目总体的协调工作转移给了项目总承包单位。

（2）对形成总投资的控制有利。总承包合同一经签订，项目总造价也就确定。但项目总承包的合同总价会因总承包单位的总承包管理费以及项目总承包的风险费而较高。

（3）项目总工期明确，项目总承包单位对总进度负责，并需协调控制各分包单位的分进度。实行项目总承包，一般能做到设计阶段与施工阶段的相互搭接，对进度目标控制有利。

（4）项目总承包的时间范围一般是从初步设计开始直到形成交付使用，项目总承包合同的签订在设计之前。因此项目总承包需按功能招标，招标发包工作及合同谈判与合同管理的难度就比较大。

（5）对工程实体质量的控制，由项目总承包单位实施，并可以对各分包单位进行质量的专业化管理。但发包人对项目的质量标准、功能和使用要求的控制比较困难，主要是在招标时对项目的功能与标准等质量要求难以明确、全面、具体地进行描述，因而质量控制的难度大。所以，采用项目总承包形式，质量控制的关键是做好设计准备阶段的项目管理工作。如图2-3所示为项目总承包模式的管理组织结构，其中，项目经理及其项目管理班子代表发包

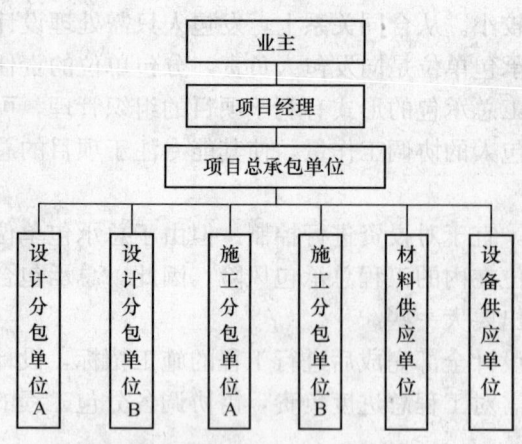

图 2-3 工程总承包模式的管理组织结构

人的利益实施工程项目管理，项目总承包单位接受项目经理发出的工作指令，并对各分包单位的工作进行管理和协调。

（四）项目管理公司运作模式

项目管理公司运作模式指政府通过招标的方式，选择专业化的项目管理单位负责项目的投资管理和建设组织实施工作，项目建成后交付使用单位的制度。项目管理公司按照合同约定代行项目建设的投资主体职责。

（五）项目管理模式

项目管理模式是项目管理公司（一般为具备相当实力的工程公司或咨询公司）受项目发包人委托，根据合同约定，代表发包人对工程项目的组织实施进行全过程或若干阶段的管理和服务。项目管理公司作为发包人的代表，帮助发包人作项目前期的策划、可行性研究、项目定义、项目计划以及工程实施的设计、采购、施工等工作。

根据项目管理公司的服务内容、合同中规定的权限和承担的责任不同，项目管理模式一般分为两种类型：

1. 项目管理承包型（PMC，即 Project Management Contract）

在该类型中，项目管理公司与项目发包人签订项目管理承包合同，代表发包人管理项目，而将项目所有的设计、施工任务发包出去，承包商与项目管理公司签订承包合同。但在一些项目上，项目管理公司也可能承担一些外界及公用设施的设计、采购、施工工作。这种管理模式中，项目管理公司要承担费用超支的风险，若管理得好，利润回报也高。

2. 项目管理服务型（PM，即 Project Management）

在该类型中，项目管理公司按照合同约定，在工程项目决策阶段，为发包人编制可行性研究报告，进行可行性分析和项目策划；在工程项目实施阶段，为发包人提供招标代理、设计管理、采购管理、施工管理和试运行（竣工验收）等服务，代表发包人对工程质量、安全、进度、费用、合同、信息等管理。这种项目管理模式风险较低，项目管理公司根据合同承担相应的管理责任，并得到相对固定的服务费。

（六）施工联合体与施工合作体模式

1. 施工联合体

施工联合体是由多个承建单位为承包某项工程而成立的一种联合机构。它是以施工联合体的名义与发包人签订一份工程承包合同，共同对发包人负责。因此，施工联合体的承包方式是由多个承建单位联合共同承包一个工程的方式。多个承建单位只是针对某一个工程而联合，各单位仍是各自独立的企业，这一工程完成以后，联合体就不复存在。

施工联合体统一与发包人签约，联合体成员单位以投入联合体的资金、机械设备以及人员等对承包工程共同承担义务，并按各自投入的比例风险分享收益。

采用施工联合体的工程承包方式，联合体单位在资金、技术、管理等方面可以集中各自的优势，各取所长，使联合体有能力承包大型工程，同时也可以增强抗风险的能力。在合同关系上是以发包人为一方、施工联合体为另一方的施工总承包关系。对发包人而言，组织管理、协调都比较简单。在工程进展过程中，若联合体中某一成员单位破产，则其他成员仍需负责工程的实施，发包人不会因此而造成损失。

2. 施工合作体

施工合作体也是由多个承建单位为承建某项工程而采取的合作施工的形式。一般情况下，参加合作体的各方都没有足够的力量，不具备与所承包工程相当的总承包能力，各方都希望通过组织成合作伙伴，增强总体实力，但是，合作体各方又出于各自的目的和要求，成员之间互不信任，不愿采用施工联合体的模式。由此建立的施工合作体形式上同施工联合体，但实质上却完全不同。施工合作体与发包人签订基本合同，由合作体统一组织、管理与协调整个工程的实施。合作体成员单位各自均有包括人员、施工机械和资金的完整施工力量，它们在合作体的统一规划和协调下，各自独立完成整个项目中某一部分的工程任务，各自独立核算、自负盈亏、自担风险。施工合作体中如果某一成员单位破产，其他成员则不予承担相应的经济责任，这一风险由发包人承担。对发包人而言，采用施工合作体的形式，组织协调工作量可以减小，但项目实施的风险要大于施工联合体。

二、施工项目管理组织的主要形式

施工项目管理组织的形式是指在施工项目管理组织中处理管理层次、管理跨度、部门设置和上下级关系的组织结构的类型。主要的管理组织形式有工作队式、部门控制式、矩阵式、事业部式等。

（一）工作队式的施工项目管理组织

工作队式的施工项目管理组织是指主要由企业中有关部门抽出管理力量组成施工项目经理部的方式。

1. 特征

如图2-4所示为工作队式施工项目管理组织形式示意，虚线内表示项目组织，其人员与原部门脱离。

该组织结构类型的特征为以下几个方面：

（1）项目经理在企业内招聘或抽调职能人员组成管理机构（工作队），由项目经理指挥，独立性大；

（2）项目管理班子成员在工程建设期间与原所在部门脱离领导与被领导关系。原单位负责人负责业务指导及考察，但不能随意干预工作或调回人员；

（3）项目管理组织与项目同寿命。项目结束后机构撤销，项目管理组织成员仍回原来所在的部门和岗位。

2. 适用范围

工作队式施工项目组织是遵循对象原则的项目管理机构，可独立地完

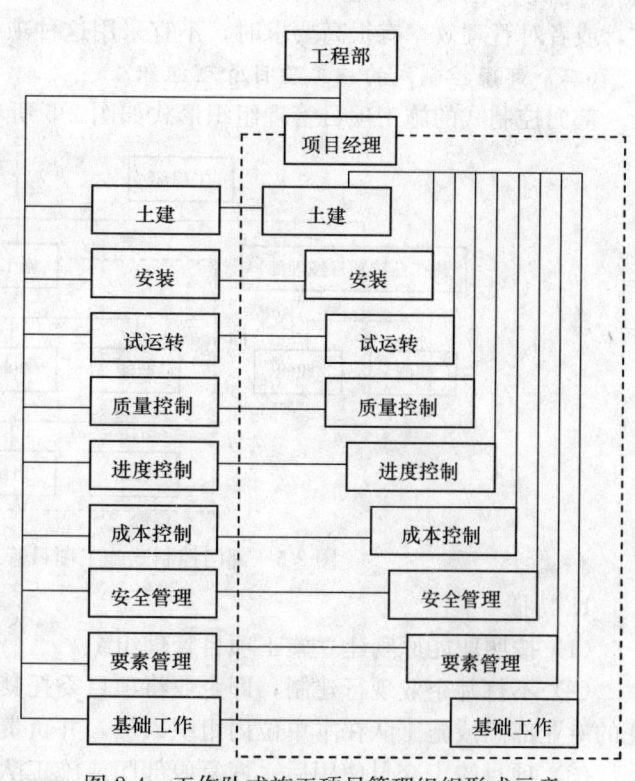

图2-4 工作队式施工项目管理组织形式示意

成任务，企业职能部门只提供一些服务。这种施工项目管理组织形式适用于大型项目，工期要求紧迫的项目，要求多工种、多部门密切配合的项目。因此，它要求项目经理素质要高，指挥能力要强，有快速组织队伍及善于指挥来自各方人员的能力。

3. 优点

（1）项目经理从企业各职能部门和单位抽调或招聘一批熟悉业务、各有专长的专家，他们在项目管理中相互配合、协同工作，可以取长补短，有利于培养一专多能的人才，并充分发挥其作用。

（2）各专业人才集中在现场办公，减少了扯皮和等待时间，办事效率高，解决问题快。

（3）项目经理权力集中，故决策及时，干扰少，指挥灵便。

（4）由于减少了项目与职能部门的结合部，项目与企业的结合部关系弱化，故易于协调关系，减少了行政干预，使项目经理的工作易于展开。

（5）不打乱企业的原建制，传统的直线职能制组织仍可以保留。

4. 缺点

（1）组建之初各类人员来自不同的部门，具有不同的专业背景，彼此之间不够熟悉，可能会配合不力。

（2）各类人员在同一时期内所担负的管理工作任务可能有很大差别，因此很容易产生忙闲不均，导致人力浪费的现象发生，特别是对稀缺专业人才，难以在企业内调剂使用。

（3）来自企业的职工长期离开原部门，即离开了自己熟悉的环境和工作合作对象，容易影响其积极性的发挥，而且由于环境变化，容易产生临时观点和不满情绪。

（4）职能部门的优势无法发挥。由于同一部门人员分散，交流困难，也难以进行有效的培养、指导，削弱了职能部门的工作。当人才紧缺而同时又有多个项目需要按这一形式组织时，或者对管理效率有很高要求时，不宜采用这种项目管理组织形式。

（二）部门控制式的施工项目管理组织

部门控制式的施工项目管理组织形式如图2-5所示。

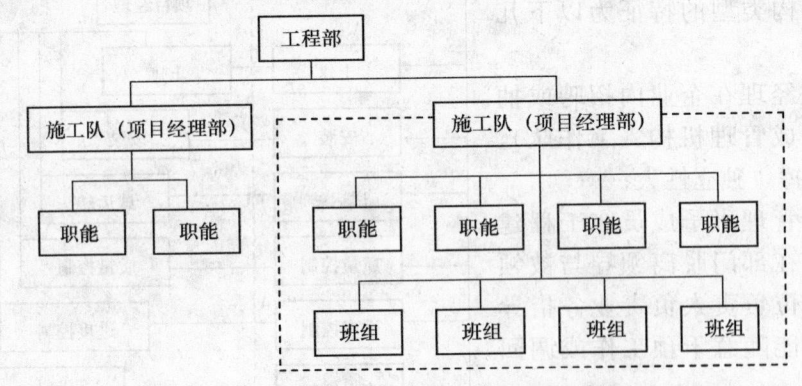

图2-5 部门控制式施工项目管理组织形式示意

1. 特征

（1）按照职能原则建立施工项目管理组织。

（2）不打乱企业现行建制，即企业将项目委托其下属某一专业部门或某一施工队。被委托的专业部门或施工队在本单位内组织人员，并负责实施项目管理。

（3）项目竣工交付使用后，恢复原部门或施工队建制。

2. 适用范围

这种形式的项目组织一般适于小型的、专业性较强，不涉及众多部门的施工项目或小型施工项目。

3. 优点

（1）人才作用发挥较充分。这是因为相互熟悉的人组合办熟悉的事，人事关系容易协调。

（2）从接受任务到组织运转启动时间短。

（3）职责明确，职能专一，关系简单。

（4）项目经理无需专业训练便容易进入状态。

4. 缺点

（1）不适应大型项目管理的需要，而真正需要进行施工项目管理的工程正是大型项目。

（2）不利于对计划体系下的组织体制（固定建制）进行调整。

（3）不利于精简机构。

（三）矩阵式的施工项目管理组织

这是一般施工项目典型的组织形式。它是指在企业承揽到综合性施工项目或大型专业化施工项目的情况下，由各种生产要素管理部门和专业职能部门抽出施工力量组成项目经理部，把职能原则和对象原则有机地结合起来，充分发挥了职能部门的纵向优势和项目管理组织的横向优势，多个项目组织的横向系统与职能部门的纵向系统形成了矩阵结构。矩阵式的施工项目管理组织形式如图 2-6 所示。

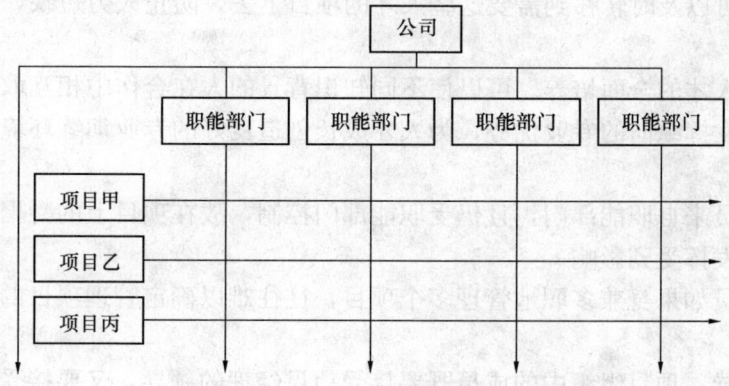

图 2-6 矩阵式施工项目管理组织形式示意

1. 特征

（1）项目组织机构与职能部门的结合部与现职能部门数相同。多个项目与职能部门的结合部呈现矩阵状。

（2）把职能原则和对象原则结合起来，既发挥职能部门的纵向优势，又发挥项目组织的横向优势。

（3）专业职能部门是永久性的，项目组织是临时性的。职能部门负责人对参与项目组织的人员有组织调配、业务指导和管理考察的责任。项目经理将参与项目组织的职能人员在横向上有效地组织在一起，为实现项目目标协同工作。

（4）矩阵中的每个成员或部门接受原部门负责人和项目经理的双重领导，但部门的控制力大于项目的控制力。部门负责人有权根据不同项目的需要和忙闲程度，在项目之间调配本部门人员。一个专业人员可能同时为几个项目服务，特殊人才可充分发挥作用，避免人才在一个项目中闲置而另一个项目中出现人才短缺的现象，故可大大提高人才利用率。

（5）项目经理对"借"到本项目经理部来的成员，有权控制和使用权。当感到人力不足或某些成员不得力时，可以向职能部门求援或要求调换，将成员辞退回原部门。

（6）项目经理部的工作有多个职能部门支持，项目经理没有人员包袱。但要求在水平方向和垂直方向有良好的信息沟通及良好的协调配合，对整个企业组织和项目组织的管理水平和组织渠道畅通提出了较高的要求。

2. 适用范围

（1）适用于同时承担多个需要进行项目管理工程的企业。在这种情况下，各项目对专业技术人才和管理人员都有需求，加在一起数量较大。采用矩阵式组织可以充分利用有限的人力对多个项目进行管理，特别有利于发挥稀缺人才的作用。

（2）适用于大型、复杂的施工项目。因为大型、复杂的施工项目要求多部门、多技术、多工种配合实施，在不同阶段，对不同人员有不同数量和搭配的需求。显然，工作队式的组织因人员固定而难以调配，人员使用固定化，不能满足多个项目管理的人才需求。

3. 优点

（1）矩阵式兼有部门控制式和工作队式两种组织的优点，即解决了传统模式中企业组织和项目组织相互矛盾的状况，把职能原则和对象原则融为一体，协调了企业长期例行性管理和项目一次性管理的矛盾。

（2）能以尽可能少的人力，实现多个项目管理的高效率。通过职能部门的协调，一些项目上的闲置人才可以及时转移到需要这些人才的项目上去，防止人力短缺，项目组织因此具有弹性和应变力。

（3）有利于人才的全面培养。可以使不同知识背景的人在合作中相互取长补短，在实践中拓宽知识面，发挥纵向的专业优势，为人才成长创造良好的专业训练环境。

4. 缺点

（1）由于人员来自职能部门，且仍受职能部门控制，故在项目上的凝聚力减弱，往往使项目组织的作用发挥受到影响。

（2）管理人员如果身兼多职地管理多个项目，往往难以确定管理项目的优先顺序，有时难免顾此失彼。

（3）双重领导。项目组织中的成员既要接受项目经理的领导，又要接受企业中原职能部门的领导。在这种情况下，如果领导双方意见和目标不一致，甚至有矛盾时，当事人便无所适从。要防止这一问题产生，必须加强项目经理和部门负责人之间的沟通，项目组织成员要明确首先应服从项目经理。除此之外，还要有严格的规章制度和详细的计划，使工作人员尽可能明确在不同时间内应当干什么工作。

（4）矩阵式组织对企业管理水平、项目管理水平、领导者的素质、组织机构的办事效率、信息沟通渠道的畅通等，均有较高要求。因此要精干组织，分层授权，疏通渠道，理顺关系。由于矩阵式组织的复杂性和结合部多，造成信息沟通量膨胀和沟通渠道复杂化，致使信息梗阻和失真，所以，在协调组织内部的关系时，必须要有强有力的组织措施和协调办法来排除障碍。因此，层次、职责、权限要明确划分。有意见分歧难以统一时，企业领导要出面及时协调。

(四) 事业部式的施工项目管理组织

事业部式的施工项目管理组织形式如图 2-7 所示。

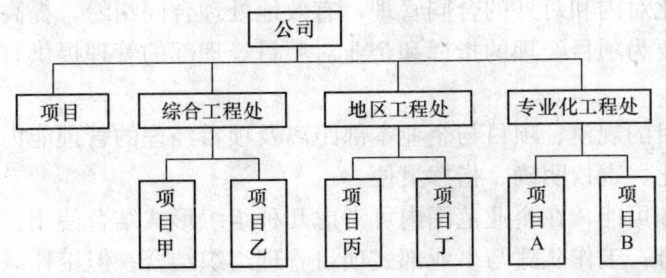

图 2-7 事业部式施工项目管理组织形式示意

1. 特征

事业部式的施工项目管理组织的特征是企业成立事业部，事业部对企业来说是职能部门，对企业外来说享有相对独立的经营权，可以是一个独立单位。事业部可按地区设置，也可以按工程类型或经营内容设置。事业部能较迅速地适应环境变化，提高企业的应变能力，调动部门积极性。当企业向大型化、智能化发展，并实行作业层和经营管理层分离时，事业部式是一种很受欢迎的选择，既可以加强经营战略管理，又可以加强项目管理。事业部中的工程部或开发部或工程公司的海外部下面设置项目经理部。项目经理由事业部委派，一般对事业部负责，经特殊授权时，也可直接对业主负责，是根据其授权程度决定的。

2. 适用范围

事业部式的施工项目管理组织适用于大型经营性企业施工项目的承包，特别是适用于远离企业本部的施工项目及海外工程项目的承包，适宜于在一个地区内有长期市场或有多种专业化施工力量的企业采用。而一个地区只有一个项目，没有后续工程项目时，不宜在该地区设立事业部。事业部与一个地区的市场同寿命，地区没有工程项目时，该事业部应予以撤销。

3. 优点

(1) 事业部式的施工项目管理组织能充分调动发挥各事业部的积极性和独立经营作用，便于延伸企业的经营职能，有利于开拓企业的经营业务领域。

(2) 事业部式的施工项目管理组织形式，能迅速适应环境变化，提高企业的应变能力，既可加强企业的经营战略管理，又可以加强项目管理。

4. 缺点

(1) 企业对项目经理部的约束力减弱，协调指导机会减少，以致有时会造成企业结构松散。

(2) 事业部的独立性强，企业的综合协调难度加大，必须加强制度约束和规范化管理。

三、施工项目管理组织形式的选择

选择什么样的项目管理组织形式，应由企业作出决策。企业作决策时应将本企业的人员素质、任务、条件、基础、管理水平，同施工项目的规模、性质、内容、要求等诸多因素综合考虑，选择最适宜的项目管理组织形式，不能生搬硬套某一种形式，更不能不加分析地盲目作出决策。一般说来，可按下列思路选择项目组织形式：

(1) 适应施工项目的一次性特点，使项目的资源配置需求可以进行动态的优化组合，能够连续、均衡地施工。

（2）有利于施工项目管理依靠企业的正确战略决策及决策的实施能力，适应复杂多变的市场竞争环境和社会环境，以加强施工项目的管理，取得综合效益。

（3）有利于强化对内和对外的合同管理，有效地处理合同纠纷，提高企业的信誉。

（4）组织形式要为项目经理的指挥和企业对项目经理部的管理提供有利条件，提高管理效率。

（5）要根据项目的规模、项目与企业本部距离及项目经理的管理能力确定施工项目的组织形式，使层次简化、责权明确、指挥灵便。

（6）根据需要和可能，在企业范围内可考虑几种组织形式结合使用。如事业部式与矩阵式项目管理组织结合；工作队式与事业部式项目管理组织结合；但工作队式与矩阵式不可同时采用，否则会造成管理渠道和管理秩序的混乱。表2-1可供选择项目组织形式时参考。

表2-1 选择项目组织形式时的参考因素

项目组织形式	项目性质	施工企业类型	企业人员素质	企业管理水平
工作队式	大型施工项目；复杂施工项目；工期紧的施工项目	大型综合建筑企业；项目经理能力强的建筑企业	人员素质较高；专业人才多；技术素质较高	管理水平较高；管理经验丰富；基础工作较强
部门控制式	小型施工项目；简单施工项目；只涉及个别部门的施工项目	小型建筑施工企业；工程任务单一的企业；大中型直线职能制企业	人员素质较高；技术力量较弱；专业构成单一	管理水平较低；基础工作较差；缺乏项目经理人员
矩阵式	需多工种、多部门、多技术配合的项目；管理效率要求高的项目	大型综合建筑企业；经营范围广的企业；实力强的企业	人员素质较高；专业人员紧缺；人员一专多能	管理水平高；管理经验丰富；管理渠道畅通、信息流通
事业部式	大型施工项目；远离企业本部的项目；事业部制企业承揽的项目	大型综合建筑企业；经营能力强的企业；跨地区承包企业；海外承包企业	人员素质高；专业人才多；项目经理能力强	经营能力强；管理水平高；管理经验丰富；资金实力雄厚；信息管理先进

第三节　施工项目经理部

一、项目经理部的概念及性质

（一）项目经理部❶的概念

项目经理部是项目管理组织必备的项目管理层，由项目经理领导，接受组织职能部门的

---

❶ 《建设工程项目管理规范》（GB/T 50326—2006）规定：

2.0.11 项目经理部：由项目经理在企业法定代表人授权和职能部门的支持下按照企业的相关规定组建的、进行项目管理的一次性的现场组织机构。

条文说明：项目经理部是由项目经理组建并经组织管理层批准的，由项目经理领导的工程项目管理组织机构，负责发包人或上级组织通过合同约定或其他方式规定的全过程管理工作，也是承包人履行工程合同的主体机构。项目经理部作为项目管理组织，应具有计划、组织、指挥、协调和控制等职能，且应是一次性的组织，随着项目的开始实施而组建，随着项目的完成而解体。按照不同组织的管理特性，项目经理部也可以叫项目部。

指导、监督、检查、服务和考核,并加强对现场资源的合理使用和动态管理。项目经理部自项目启动前建立,在项目竣工验收、审计完成后解体。

项目经理部居于整个项目组织的中心位置,以项目经理为核心,在项目实施过程中起决定作用。建设项目能否顺利进行,取决于项目经理部及项目经理的管理水平。项目经理部应按项目管理职能设置部门,按项目管理流程进行工作,一般由项目经理、项目副经理以及其他技术和管理人员组成。项目经理部各类人员的选聘,先由项目经理或组织人事部门推荐,或由本人自荐,经项目经理与组织法定代表人或组织管理组织协商同意后按组织程序聘任。中型以上项目应配备专职技术、财务、合同、预算、材料等业务人员。

(二)项目经理部的性质

项目经理部是由项目经理在组织职能部门的支持下组建的,直属于项目经理领导,在项目实施过程中其管理行为应接受组织职能部门的管理,要承担现场项目管理的日常工作。其性质可归纳如下:

1. 项目经理部的相对独立性。项目经理部的相对独立性是指项目经理部与企业有着双层关系。一方面,项目经理部要接受组织职能部门的领导、监督和检查,要服从组织管理层对项目进行的宏观管理和综合管理;另一方面,它又是一个建设项目机构独立利益的代表,同企业形成一种经济责任关系。

2. 项目经理部的综合性。项目经理部是一个经济组织,主要职责是管理项目实施过程中的各种经济活动,其综合性主要表现在:其管理业务是综合性的,从纵向看包括了项目实施全过程的管理;其管理职能是综合的,包括计划、组织、控制、协调、指挥等多方面。

3. 项目经理部的临时性。项目经理部是一次性组织机构,在项目启动前组建,在项目竣工验收、审计完成后解体。

二、项目经理部的地位和作用

(一)地位

项目经理部是项目管理的中枢,是项目责权利的落脚点。确立项目经理部的地位,关键在于正确处理项目经理和项目经理部之间的关系。项目经理是项目经理部的一个成员,更是项目经理部的核心。项目经理与项目经理部的关系是:项目经理部是在项目经理领导下的机构,要服从项目经理的统一指挥;项目经理是项目利益的代表和全权负责人,其行为必须符合项目经理部的整体利益。

(二)作用

为了充分发挥项目经理部在项目管理中的主体作用,必须对项目经理部的机构设置特别重视,设计好、组建好、运转好,从而发挥好其应有的作用。具体来说,有以下几方面作用:

1. 负责自项目开工到竣工的全过程项目管理;

2. 为项目经理决策提供信息依据,当好参谋,同时又要执行项目经理的决策意图,向项目经理全面负责;

3. 完成组织管理层赋予的基本任务。项目经理部作为项目组织的必备部分,应完成组织所赋予的项目管理任务。项目经理部作为一个项目团队,要凝聚管理人员的力量,调动其积极性,促进管理人员的合作,协调部门之间、管理人之间的关系,发挥每个人的岗位作用,为共同目标进行工作。

三、项目经理部的建立

（一）项目经理部建立的原则

1. 要根据所设计的项目组织设置项目经理部。不同的组织形式对项目经理部的设置要求不同。同时，项目经理部的建设还受建设项目管理模式的影响。
2. 要根据建设项目的规模、复杂程度和专业特点设置项目经理部。例如大型建设项目经理部可设置技术部、计划部、财务部、供应部、合同部、办公室等部门。
3. 项目经理部是一个具有弹性的一次性管理组织，在项目启动前建立，在项目竣工验收、审计完成后解体，不能搞成一级固定性组织。
4. 项目经理部的组织结构可繁可简，规模可大可小，其复杂程度和职能范围完全取决于企业管理体制、项目本身和人员素质。

（二）项目经理部建立的步骤

建立项目经理部应遵循的下列步骤❶：

1. 根据项目管理规划大纲确定项目经理部的管理任务和组织结构；
2. 细化项目过程识别，根据项目管理目标责任书进行目标分解和责任划分；
3. 确定项目经理的组织设置；
4. 确定人员的责任、分工和权限（特别是针对分包的管理职责）；
5. 制定工作制度、考核制度与奖励措施。

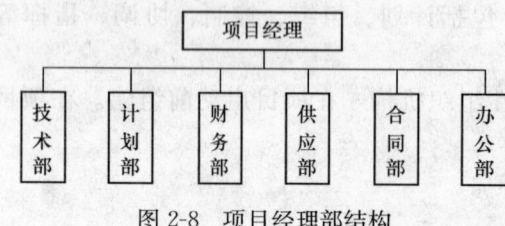

图 2-8 项目经理部结构

（三）项目经理部的结构

对于小型项目来说，项目经理部一般要设置项目经理、专业工程师（土建、安装、各专业设置等方面的技术人员）、合同管理人员、成本管理人员、信息管理人员、库存管理人员、计划人员等。

对于大型的或特大型的项目，常常在项目经理下设置计划部、技术部、合同部、财务部、供应部、办公室等。例如，某大型项目项目经理部结构如图 2-8 所示。

四、施工项目经理部的设置规模

目前，国家没有具体规定施工项目经理部的设置规模等级。结合有关企业推行施工项目管理的实际，按一般项目的性质和规模划分。通常只有当施工项目的规模达到以下要求时才实行施工项目管理：5000m² 以上的公共建筑、工业建筑、住宅建设小区及其他工程项目投资在 500 万元以上的，均实行项目管理。有些试点单位将项目经理部分为三个等级：

1. 一级项目经理部

建筑面积为 15 万 m² 以上（含 15 万 m²）的群体工程；建筑面积在 10 万 m² 以上（含 10 万 m²）的单体工程；投资在 8000 万元以上（含 8000 万元）的各类工程项目。

2. 二级项目经理部

建筑面积在 15 万 m² 以下，10 万 m² 以上（含 10 万 m²）的群体工程；建筑面积在 10 万 m² 以下，5 万 m²（含 5 万 m²）以上的单体工程；投资在 8000 万元以下，3000 万元以

---

❶ 《建设工程项目管理规范》（GB/T 50326—2006）中第 5.2.4 条规定内容。

上（含3000万元）的各类工程项目。

3. 三级项目经理部

建筑面积在10万 m² 以下，2万 m² 以上（含2万 m²）的群体工程；建筑面积在5万 m² 以下，1万 m² 以上（含1万 m²）的单体工程；投资在3000万元以下，500万元以上（含500万元）的各类工程项目。

项目建筑总面积在1万 m² 以下的群体工程，建筑面积在5000m² 以下的单体工程，可实行栋号承包，以栋号长为承包人，直接与公司（或工程部）经理签订承包合同；也可委托某项目经理部兼任。

五、项目经理部的部门设置[1]和人员配备

施工项目是市场竞争的核心、企业管理的重心、成本管理的中心。因此，施工项目经理部的部门设置和人员配备必须根据项目任务的具体情况而定，做到部门及人员职责分工明确，组织运转灵活，精干高效，机构之内可以实行一职多岗，全部岗位职责覆盖项目管理的全过程、全方位，不留死角，但又要避免职责交叉。

人员规模可按下述岗位及比例配备：由项目经理、总工程师、总经济师、总会计师、政工师和技术、预算、劳资、定额、计划、质量、保卫、测试、计量以及辅助生产人员15~45人组成。一级项目经理部30~45人，二级项目经理部20~30人，三级项目经理部15~20人，其中：专业职称设岗为：高级3%~8%，中级30%~40%，初级37%~42%，其他10%，实行一职多岗，全部岗位职责覆盖项目施工全过程的全面管理，不留死角，也避免职责重叠交叉。

一般项目经理部领导成员有：项目经理、项目副经理、总工程师、总会计师、总经济师等。常设置以下几个部门：

1. 经营核算部门。主要负责工程项目的财务经济工作，工程项目的成本计划、成本支出和工程款的收入预算、决算、合同与索赔等工作；

2. 技术管理部门。主要负责生产调度、施工组织设计（施工方案）、进度控制、技术管理、劳动力配置计划、统计等工作；

3. 物资设备供应部门。主要负责材料的询价、采购、计划供应、管理、运输、工具管理、机械设备的租赁配套使用等工作；

4. 监控管理部门。主要负责工程质量、安全管理、文明施工、环境保护、消防等工作；

5. 测试计量部门。主要负责工程计量、测量、试验等工作；

6. 生活服务部门。主要负责施工项目的治安保卫、生活保障、后勤管理等工作。

第四节 施工项目管理制度建立与项目经理部解体

一、项目经理部管理制度的建立

项目经理部管理制度是建筑业组织或项目经理部制定的针对项目实施所必需的工作规定

---

[1] 《建设项目工程总承包管理规范》（GB/T 50358—2005）规定：
4.4.2 根据工程总承包合同范围和工程总承包企业的有关规定，项目部可在项目经理以下设置控制经理、设计经理、采购经理、施工经理、试运行经理、财务经理、进度控制工程师、质量工程师、合同管理工程师、费用估算、费用控制工程师、设备材料控制工程师、安全工程师、信息管理工程师等管理岗位。

和条例的总称，是项目经理部进行项目管理工作的标准和依据，是在组织管理制度的前提下，针对项目的具体要求而制定的，是规范项目管理行为、约束项目实施活动、保证项目目标实现的前提和基础。

（一）项目经理部管理制度的作用

管理制度是组织为保证其任务的完成和目标的实现，对例行性活动应遵循的方法、程序、要求及标准所作的规定，是根据国家和地方法规及上级部门（单位）的规定，制定的内部法规。项目管理制度是由建筑业组织或项目经理部制定的，对项目经理部及项目成员有约束力。项目管理制度的作用主要体现在以下两点：一是贯彻国家和组织与项目有关的法律、法规、方针、政策、标准、规程等，指导项目的管理；二是规范项目组织及项目成员的行为，使之按规定的方法、程序、要求、标准进行项目管理活动，从而保证项目组织按正常秩序运转，避免发生混乱，保证各项工程的质量和效率，防止出现事故和纰漏，从而确保施工项目目标的顺利实现。

（二）项目经理部管理制度的制定原则

项目经理部组建以后，作为组织建设内容之一的管理制度应立即着手制定。制定管理制度必须遵循以下原则：

1. 制定项目管理制度必须贯彻国家法律、法规、方针、政策以及部门规章，且不得有抵触和矛盾，不得危害公众利益。

2. 制定项目管理制度必须实事求是，即符合本项目的需要。项目最需要的管理制度是有关工程技术、计划、统计、经营、核算、分配以及各项业务管理等的制度，它们应是制定管理制度的重点。

3. 管理制度要配套，不留漏洞，形成完整的管理制度和业务体系。

4. 各种管理制度之间不能产生矛盾，以免职工无所适从。

5. 管理制度的制定要有针对性，任何一项条款都必须具体明确，有针对性，词语表达要简洁、准确。

6. 管理制度的颁布、修改和废除要有严格程序。项目经理是总决策者。凡不涉及组织的管理制度，由项目经理签字决定，报公司备案；凡涉及组织的管理制度，应由组织法定代表人批准方可生效。

二、项目经理部管理制度的内容

项目经理部的管理制度应包括以下各项：

（一）项目管理人员的岗位责任制度

项目管理人员的岗位责任制度是规定项目经理部各层次管理人员的职责、权限以及工作内容和要求的文件。具体包括项目经理岗位责任制度、经济、财务、经营、安全和材料、设备等管理人员的岗位责任制度。通过各项制度做到分工明确、责任具体、标准一致，便于管理。

（二）项目技术管理制度

项目技术管理制度是规定项目技术管理的系列文件。

（三）项目质量管理制度

项目质量管理制度是保证项目质量的管理文件，其具体内容包括质量管理规定、质量检查制度、质量事故处理制度以及质量管理体系等。

（四）项目安全管理制度

项目安全管理制度是规定和保证项目安全生产的管理文件，其主要内容有安全教育制度、安全保证措施、安全生产制度以及安全事故处理制度等。

（五）项目计划、统计与进度管理制度

项目计划、统计与进度管理制度是规定项目资源计划、统计与进度控制工作的管理文件。其内容包括生产计划和劳务、资金等的使用计划和统计工作制度，进度计划和进度控制制度等。

（六）项目成本核算制度

项目成本核算制度是规定项目成本核算的原则、范围、程序、方法、内容责任及要求的管理文件。

（七）项目材料、机械设备管理制度

项目材料、机械设备管理制度是规定项目材料和机械设备的采购、运输、仓储保管、保修保养以及使用和回收等工作的管理文件。

（八）项目分配与奖励制度

项目分配与奖励制度是规定项目分配与奖励的标准、依据以及实施兑现等工作的管理文件。

（九）项目分包及劳务管理制度

项目分包管理制度是规定项目分包类型、模式、范围以及合同签订和履行等工作的管理文件。劳务管理制度是规定项目劳务的组织方式、渠道、待遇、要求等工作的管理文件。对分包的各种管理要求应该在常规要求的基础上，包括社会责任方面（如：劳务人员的工作、生活条件保障，劳动报酬的及时发放）的系统要求。

（十）项目组织协调制度

项目组织协调制度是规定项目内部组织关系、近外层关系和远外层关系等的沟通原则、方法以及关系处理标准等的管理文件。

（十一）项目信息管理制度

项目信息管理制度是规定项目信息的采集、分析、归纳、总结和应用等工作的程序、方法、原则和标准的管理文件。

三、项目经理部管理制度的执行

项目经理部管理制度的建立应围绕计划、责任、监理、核算、奖惩等内容。计划是为了使各方面都能协调一致地为施工项目总目标服务，它必须覆盖项目施工的全过程和所有方面；计划的制定必须有科学的依据，计划的执行和检查必须落实到人。责任制度建立的基本要求是：一个独立的职责，必须由一个人全权负责，应做到人人有责可负、事事有人负责。监理制度和奖惩制度的目的是保证计划制度和责任制度贯彻落实，对项目任务完成进行控制和激励；它应具备的条件是有一套公平的绩效评价标准和评价方法，有健全的信息管理制度，有完整的监督和奖惩体系。核算制度的目的是为给上述四项制度提供基础，了解各种制度执行的情况和效果，并进行相应的控制。要求核算必须落实到最小的可控单位，即班组中。要把按人员职责落实的核算与按生产要素落实的核算、经济效益和经济消耗结合起来，建立完整的核算工作体系。项目经理部执行组织的管理制度，同时根据本项目管理的特殊需要建立自己的制度，主要是目标管理、核算、现场管理、对作业层管理、信息管理、资料管理等方面的制度。

项目管理制度一经制定,就应严格实施,项目经理和项目经理部成员应带头执行,在项目实施过程中应严格对照各项制度,检查执行情况,并对制度进行及时的修改、补充和完善,以便于更好地规范项目实施行为。

四、项目经理部的运行

(一) 项目经理部的运行机制

项目经理部的工作应按制度运行,项目经理应加强与下属的沟通。项目经理部的运行应实行岗位责任制,明确各成员的责、权、利,设立岗位考核指标。项目经理应根据项目管理人员岗位责任制度对管理人员的责任目标进行检查、考核和奖惩。项目经理部应对作业队伍和分包人实行合同管理,并应加强目标控制与工作协调。项目经理是管理机制有效运行的核心,应做好协调工作,并能够严格检查和考核责任目标的实施状况,有效调动全员积极性。

项目经理应组织项目经理部成员认真学习项目的规章制度,及时检查执行情况和执行效果,同时应根据各方面的信息反馈而对规章制度、管理方式等及时地进行改进和提高。

(二) 项目经理部的工作内容

项目经理部的工作内容主要有如下几个方面:

1. 在项目经理领导下制定《项目管理实施规划》及项目管理的各项规章制度;
2. 对进入项目的资源和生产要素进行优化配置和动态管理;
3. 有效控制项目工期、质量、成本和安全等目标;
4. 协调企业内部、项目内部以及项目与外部各系统之间的关系,增进项目有关各部门之间的沟通,提高工作效率;
5. 对项目目标和管理行为进行分析、考核和评价,并对各类责任制度执行结果实施奖罚。

(三) 项目经理部的动态管理

项目经理部是一次性组织,是项目特色和管理模式的具体反映。项目经理部的组织和人员构成不应是一成不变的,而应随项目的进展、变化以及管理需求的改变而及时进行优化调整,从而使其更能适应项目管理新的需求,使得部门的设置始终与目标的实现相统一,这就是所谓的动态管理。项目经理部动态管理的决策者是项目经理,项目经理可根据项目的实施情况及时调整经理部构成,更换或任免项目经理部成员,甚至改变其工作职能,总的原则应确保项目经理部运行的高效化。例如在项目施工初期可加大经理部职能配置,而在后期应逐渐减少人员,合并职能,同时在实施过程中也可及时地更换不称职的管理人员或补充新需要的人才。

五、项目经理部的解体

(一) 项目经理部解体的必要性❶

项目经理部作为一次性组织在工程项目目标实现后应及时解体,其解体的必要性主要体

---

❶ 《建设工程项目管理规范》(GB/T 50326—2006) 规定:

5.2.3 项目经理部应在项目启动前建立,并在项目竣工验收、审计完成后或按合同约定解体。

条文说明:项目经理部应为一次性组织机构,其设立应严格按照组织管理制度和项目特点,随项目的开始而产生,随项目的完成而解体,在项目竣工验收后,即应对其职能进行弱化,并经经济审计后予以解体。

现在以下几个方面：

1. 有利于组织公平公正地评价项目管理的实施效果。项目经理部如果不及时解体，组织就不能对项目管理水平进行单独评价，如果一个项目经理部连续承担工程项目的管理工作，那么就很难评价出哪一个项目管理得好，哪一个项目管理得差，而且组织也不便于进行经济核算和审计，不能正确反映项目经理部的管理水平，也不便于项目管理人员正确地总结经验、吸取教训；

2. 有利于适应不同类型项目对管理层的需求，便于项目管理层的重组和匹配；

3. 有利于打破传统的管理模式，改变传统的思想观念。传统的固定建制式管理模式在很大程度上体现了因人设岗，甚至于因人设事，从而使得管理工作效率低、人浮于事。如果项目经理部不及时解体就会形成固定式组织，使得项目管理工作失去活力，使经理部成员缺乏竞争意识，更谈不上进取，久而久之，其管理行为就逐渐背离了项目管理初衷；

4. 有利于促进项目管理的发展和项目管理人才的职业化。项目经理部的解体，规范了项目管理活动，提高了项目管理效率，使得管理工作从无形到有形，管理绩效的表现由模糊变得更加清晰，从总体上促进了项目管理的发展。同时，由于项目经理部的一次性，使得管理人才改变了一贯制的工作性质和工作方法，提高了其项目管理的全面性和适应性，有利于我国项目管理人才逐渐向职业化方向发展。

（二）项目经理部解体的基本条件

项目经理部的解体必须具备以下基本条件后才能具体运行。

1. 工程项目已经竣工验收，已经验收单位确认并形成书面材料。

2. 与各分包单位已经结算完毕。在工程实施过程中，涉及许许多多的分包和外层关系单位，如分包商及材料供应、劳务、设备租赁、技术转让、科技服务等单位。在项目经理部解体之前，必须做好与这些单位的债权债务清结工作，使得项目及时终结，避免出现遗留问题。

3. 已协助组织管理层与发包人签订了《工程质量保修书》。工程质量的保修工作既是一项比较单一的工作，同时又是一项带有不确定性和职责范围模糊性的工作。因此，为了确保施工组织的信誉和发包人的项目利益，双方应以公正、客观、实事求是的原则签订《工程质量保修书》。该文件既是常规性文件，同时也是特征单一性文件，它与工程竣工验收期间的有关现象认定有着密切的联系，因此，必须由项目组织负责代表企业与发包人做好保修书的签订工作。

4. 《项目管理目标责任书》已经履行完成，经过审计合格。《项目管理目标责任书》是项目经理部的项目管理责任状，项目经理部必须按照《项目管理目标责任书》所确定的各项目标标准完成各项目标要求，并由企业管理层对其实施效果进行综合评定，尤其是对其经济效果进行严密的审计认定后才能进行解体工作。

5. 项目经理部在解体之前应与组织职能部门和相关管理机构办妥各种交接手续，例如在各种终结性文件上签字，工程档案资料的封存移交，财会账目的清结，资金、原材料、设备等的回收，人事手续的办理以及其他善后工作的处理。

6. 项目经理部在解体之前应做好现场清理工作。现场清理工作主要包括临时设施的撤回，材料的清点分类和回收，设备的清洗、润滑保养及收回，人员的遣散，现场管理手续的移交以及现场环境卫生工作。

项目经理部在做好以上工作后，即可进一步办理解体手续。

第三章 施工项目经理

第一节 施工项目经理概述

一、项目经理概述

（一）项目经理[1]的定义

项目经理应由法定代表人任命，并根据法定代表人授权的范围、期限和内容，履行管理职责，并对项目实施全过程、全面的管理，是建设工程项目管理的责任主体[2]。

项目经理是组织的法定代表人在项目上的一次性授权管理者和责任主体。项目经理通过实行项目经理责任制履行岗位职责，在授权范围内行使权力，并接受组织的监督考核。项目经理的聘用决定，是一种行业规范化管理的组织行为。

（二）项目经理的分类

1. 业主的项目经理

业主的项目经理是指受项目法人的委托和授权，领导和组织一个完整工程项目建设的总负责人。对于一些规模大、工期长且技术复杂的工程项目，是由工程总负责人、工程投资控制者、进度控制者及合同管理者等人组成项目经理部，对项目建设进行全过程的管理。对于一些规模小、技术简单的小型项目的项目经理可由一个人承担，负责全过程的项目管理。

2. 施工单位的项目经理

施工单位的项目经理是指受建筑业企业法定代表人委托和授权，在建设工程项目施工中担任项目经理岗位职务，直接负责工程项目施工的组织实施者，对建设工程项目施工全过程全面负责的项目管理者。

3. 设计单位的项目经理

设计单位的项目经理是指受设计单位法定代表人委托和授权，领导和组织一个完整工程项目设计的总负责人。设计单位的项目经理对业主的项目经理负责，从设计角度控制工程项目的总目标。

4. 咨询单位的项目经理

咨询单位的项目经理是指受咨询单位法定代表人委托和授权，根据业主需要进行全过程或其中某一阶段的咨询管理服务的总负责人。这种情况一般发生在项目比较复杂，而业主又没有足够能胜任的人员组建管理班子，因此委托咨询机构来进行项目管理，向业主提供咨询

---

[1] 《建设工程项目管理规范》（GB/T 50326—2006）规定：

2.0.10 项目经理是企业法定代表人在建设工程项目上的授权委托代理人。

条文说明：项目经理是企业法定代表人在承包的建设工程项目上的授权委托代理人，从事项目管理工作的各个组织均可设置项目经理。项目经理是一种工作岗位，既不是技术职称，也不是执业资格。

[2] 此条为《建设工程项目管理规范》（GB/T 50326—2006）6.2.1规定。

条文说明：项目经理的责任和权力范围应依据法定代表人的委托和授权确定，但其管理工作应对项目全面负责，实施项目正常运行的全过程、全面管理。

服务。

5. 其他部门的项目经理

其他部门的项目经理指受企业委托和授权,对项目实行指导、监督等职能的总负责人。如政府派出的项目经理,银行派出的项目经理等。

本章主要介绍施工项目经理。

二、施工项目经理应具备的素质❶

选择什么样的人担任项目经理,取决于两个方面:一是看施工项目的需要,不同的项目需要不同素质的人才;二是看施工企业具备人选的素质。建筑施工企业应该培养一批合格的项目经理,以便根据工程的需要进行选择。施工项目经理应具备的基本素质如下:

(一) 政治素质

施工项目经理是建筑业企业的重要管理者,故应具备较高的政治素质。首先必须是一个社会主义的建设者,坚持"一个中心,两个基本点",全心全意为人民服务;同时具有思想觉悟高、政策观念强的道德品质,在施工项目管理中能自觉地坚持社会主义经营方向,认真执行党和国家的方针、政策,遵守国家的法律和地方法规,执行上级主管部门的有关决定,自觉维护国家的利益,保护国家财产,正确处理国家、企业和职工三者的利益关系,并具有坚持原则、善于管理、勇于负责、不怕吃苦、认真从事社会主义建设事业的高度责任感。

(二) 领导素质

施工项目经理是一名领导者,因此应具有较高的组织领导工作能力,应满足下列要求:

1. 博学多识,通情达理。即具有马列主义、现代管理、科学技术、心理学等基础知识,见多识广,眼光开阔。

2. 多谋善断,灵活机变。即具有独立解决问题和与外界洽谈业务的能力,主意多,点子多,办法多,善于选择最佳的主意和办法,能当机立断,坚决果断地去实行。当情况发生变化时,能够随机应变地追踪决策,见机处理。

3. 知人善任、善与人同。即要知人所长,知人所短,用其所长,避其所短,尊贤爱才,大公无私,不任人唯亲,不任人唯资,不任人为顺,不任人唯全、宽容大度,有容人之量。善于与人求同存异,与大家同心同德。与下属共享荣誉与利益,劳苦在先,享受在后,关心别人胜于关心自己。

4. 公道正直,以身作则,即要求下属的,自己首先做到,定下的制度、纪律,自己首先遵守。

5. 铁面无私,赏罚严明。即对被领导者赏功罚过,不讲情面,以此建立管理权威,提高管理效率。赏要从严,罚要谨慎。

6. 在哲学素养方面,项目经理必须有讲求效率的"时间观",能取得人际关系主动权的

---

❶ 《建设工程项目管理规范》(GB/T 50326—2006) 规定:
6.2.3 项目经理应具备下列素质:
1. 符合项目管理要求的能力,善于进行组织协调与沟通。
2. 相应的项目管理经验和业绩。
3. 项目管理需要的专业技术、管理、经济、法律和法规知识。
4. 良好的职业道德和团队协作精神,遵纪守法、爱岗敬业、诚信尽责。
5. 身体健康。

"思维观",有处理问题注意目标和方向、构成因素、相互关系的"系统观"。

(三)知识素质

施工项目经历要具有管理的基本技能、良好的知识结构。

1. 具备项目管理的基础知识

施工项目经理应具备项目管理的基础知识,如项目管理的特点、规律,管理思想、管理体制、管理程序等,进行项目管理的技能训练,既要有管理意识,还要有管理的基本技能,要"心有余且力也足",并且懂得经济、法律、法规等相关知识,具备良好的知识结构。

(1)人力资源管理知识。施工项目管理的核心是人的管理,人是项目管理中最活跃、最重要的因素,因此,项目经理必须具备人力资源管理的相关知识,如项目部成员的选择与培养,激励的策略和方式,项目成员冲突的处理方法及人际处理关系技巧等。

(2)成本管理知识。现代工程项目需要项目经理必须具有过硬的成本管理和控制的能力。施工项目经理应该具有丰富的成本管理知识与经营技巧,包括项目成本估算、项目运行成本控制、项目资源优化组合、财务核算及资金使用等方面的综合能力。

(3)质量管理知识。施工项目经理应掌握项目质量的技术标准和规范,熟练运用基本的质量管理方法,严格地进行质量检查把关,确保项目的质量。

(4)合同管理知识。施工项目经理应掌握合同签约中的关键法律法规及原则,具备合同管理知识和技巧。

(5)风险管理知识。项目管理过程中,一定存在着风险,施工项目经理应掌握一定的风险管理知识,能够确定风险高低、分析风险的冲击力,掌握风险应对和应变的措施和方法。

此外还包括进度管理知识、安全管理知识、资源管理知识等。

2. 相应的项目管理经验和业绩

施工项目经理应具有相应的工程管理经验和业绩,特别有同类相似项目的成功经验,对项目工作有成熟的判断能力和思维能力。

(四)能力全面

1. 组织协调能力。项目的相关方是很多的,同项目的相关方联系、协调工作是施工项目经理必不可少的工作内容之一,项目经理要在此过程中不断解决矛盾,处理冲突,尽量减少不利因素,争取项目相关方最大的支持。如果组织协调不到位,处理不及时,将直接或间接地影响到项目的工期、质量、成本、安全、合同等最终目标的实现。

2. 联系交际能力。所谓联系交际能力即与人打交道的能力,只有处理好与各项目相关方的关系,才能保证项目的顺利实施。施工项目经理必须运用娴熟的交际技巧,营造融洽的工作氛围,如果交际能力不高,就会给各方的协调工作带来很大的难度。

3. 沟通协商能力。施工项目经理应积极与团队人员进行沟通交流,协商安排,真诚地听取他们的意见和建议,掌握他们的思想动态和做事风格,消除不必要的误解和矛盾。施工项目经理不应高高在上,摆架子,认为自己高人一等,而应具有亲和力,平易近人。在沟通过程中,项目经理应善于提问,并做到有效聆听,换位思考,并善于激励成员。

4. 团队精神、合作能力。施工项目经理应具备团队合作精神,善于处理各种工作关系,心往一处想,劲往一起使,同舟共济,维护建设项目相关者的利益,保守商业机密,通过运用自己的管理技能造就一个团结协作、充满活力、积极向上的团队。

5. 表达能力和谈判技巧。施工项目经理要善于把自己的意图、想法向项目团队表述清楚,这是项目顺利实施的决定因素。所以,表达能力对项目经理是非常重要的。在涉外项目或国际工程项目管理中,还要求项目经理具有应用外语的能力。项目经理应不断积累谈判涉外经验,提高谈判技巧。

6. 分析与决策能力。作为一个项目经理,通常拥有很多信息。信息本身并无法发挥作用,"信息的主人越聪明,信息的作用就越大",因此施工项目经理必须具备敏锐的眼光和善于分析能力。当碰到问题的时候,项目经理应该从拥有的信息中"去其糟粕,取其精华",抓住本质,迅速决策。

7. 应急应变能力。要跟上时代和行业发展,甚至于站在前列,必须有适应变化的能力,变化的因素太多,突发的事情也很多,如果没有应急应变能力,将可能导致项目陷入困境,因此施工项目经理应该能够根据项目的性质,灵活运用自己的经验和技能,善于变通,具有敏锐、灵活的应急应变能力,能够从细微的先兆去感知未来的变化,做到对变化的预先准备,防微杜渐,确保变化对项目的影响最小、风险最小。

8. 开拓创新能力。由于一次性是项目最显著的特点,项目的开展不可能有完全一样的资料、经验可以照搬,项目经理必须根据本项目的特点运用创新的思维、开拓新的领域使项目的计划付诸于实践。因此施工项目经理应有高度的学习意愿与创新意识,发挥其营造团队内部创新环境、推动创新观念的关键作用。随着市场的发展和时代的进步,项目经理还应注重学习和研究适应工程总承包、代建制和国际工程项目管理要求的新理念、新技术、新方法,以不断提高自身管理水平,加快与国际接轨的步伐。

9. 系统思维能力。施工项目经理要把一个项目作为一个系统、一个整体来分析,既要考虑项目中各部分的相互联系和相互制约的因素,又要考虑各部分之间的协调配合,以达到整体优化的目的。

(五) 实践经验

每个项目经理,必须具有一定的施工实践经历和按规定经过一段实践锻炼。只有具备了实践经验,他才会处理各种可能遇到的实际问题。

(六) 身体素质

由于施工项目经理不但要担当繁重的工作,而且工作条件和生活条件都因现场性强而相当艰苦。因此,必须年富力强,拥有健康的身体,以便保持充沛的精力和旺盛的意志。

美国项目管理专家约翰·宾认为项目经理应具备的素质有六条:一是具有本专业技术知识;二是有工作干劲,主动承担责任;三是具有成熟而客观的判断能力,成熟是指有经验,能够看出问题来,客观是指他能看到最终目标,而不是只顾眼前;四是具有管理能力;五是诚实可靠与言行一致,答应的事就一定做到;六是机警、精力充沛、能够吃苦耐劳,随时都准备着处理可能发生的事情。

三、施工项目经理的地位❶

项目经理是根据组织法定代表人授权的范围、时间和内容,对项目实施全过程、全面的

---

❶ 《建设工程项目管理规范》(GB/T 50326—2006)规定:
6.2.5 在项目运行正常的情况下,组织不得随意撤换项目经理。特殊原因需要撤换项目经理时,应进行审计并按有关合同规定报告相关方。
条文说明:为了确保项目实施的可持续性和项目经理责任、权力和利益的连贯性和可追溯性,应尽量保持项目经理工作的稳定,不得随意撤换,但在项目发生重大安全、质量事故或项目经理违法、违纪时,组织可撤换项目经理,而且必须进行效绩审计,并按合同规定报告有关合作单位。

管理，是组织法定代表人在该项目上的全权委托代理人。项目经理是项目管理的直接组织实施者，是工程项目管理的核心和灵魂，在项目管理中起到决定性的作用。实践证明，项目管理的成败，与项目经理关系极大。一个好的工程项目背后，必定有一个好的项目经理，只有好的项目经理才能完成好的项目。

（一）合同履约的负责人

项目合同是规定承、发包双方责、权、利具有法律约束力的契约文件，是处理双方关系的主要依据，也是市场经济条件下规范双方行为的准则。项目经理是公司在合同项目上的全权委托代理人，代表公司处理执行合同中的一切重大事宜，包括执行合同条款、变更合同内容、处理合同纠纷且对合同负主要责任。

（二）项目计划的制定和执行的监督人

为了做好项目工作、达到预定的目标，项目经理需要事前制定周全而且符合实际情况的计划，包括工作的目标、原则、程序和方法，使项目组全体成员围绕共同的目标、执行统一的原则、遵循规范的程序、按照科学的方法协调一致地工作，取得最好的效果。项目经理还应在计划实施中进行监督。

（三）项目组织的指挥员

项目管理涉及众多的项目相关方，是一项庞大的系统工程。为了提高项目管理的工作效率并节省项目的管理费用，要进行良好的组织和分工。项目经理要确定项目的组织原则和形式，为项目组人员提出明确的目标和要求，充分发挥每个成员的作用。

（四）项目协调工作的纽带

项目建设的成功不仅依靠项目相关方的协作配合，甚至还具有政府及社会各方面的指导与支持。项目经理处在上下各方的核心地位，是负责沟通、协调、解决各种矛盾、冲突、纠纷的关键人物，应该充分考虑各方面的合理的潜在的利益，建立良好的关系。因此项目经理是协调各方面关系，使之相互紧密协作配合的桥梁与纽带。

（五）项目信息的集散中心

自上、自下、自外而来的信息，通过各种渠道汇集到项目经理处，项目经理又通过报告、指令、计划和协议等形式，对上反馈信息，对下、对外发布信息，通过信息的集散达到控制的目的，使项目管理取得成功。

四、施工项目经理的培养

项目经理的培养主要靠工作实践，这是由项目经理的成长规律决定的。成熟的项目经理都是从项目管理的实际工作中选拔、培养而成长起来的。

（一）项目经理的选拔

项目经理首先应从参加过项目的工程师中选拔，通过考察其个人的详细信息，包括个人简历、学术成就、工作成绩评估、心理素质、领导能力的测试等，发现那些不但专业技术水平较高，而且组织管理能力、社会交际能力较强等综合素质较高、能力全面的人，他们可作为项目经理的候选人来进行有目的的培养。在他们取得一定的工作经验之后，分配具有一定难度和挑战的任务，在实践中进一步锻炼其独立工作的能力。

一般来说，作为项目经理候选人，应具备基层实际工作的阅历，以打下坚实的实践经验基础。没有足够深度和广度的项目管理实际阅历，将给项目管理工作的开展埋下隐患。

(二) 项目经理的培养

1. 增强实际管理能力，积累经验。取得了基本技能训练之后，对符合项目经理条件的候选人，应在经验丰富的项目经理带领下，委任其以助理的身份协助项目经理工作，或者令其独立主持单项专业项目或小项目的项目管理，并给予适时的指导。这是锻炼项目经理才干和考察其项目管理能力的重要阶段，要想成为项目经理，必须过好这一关。对在小项目经理或助理岗位上表现出较强组织管理能力者，可让其挑起大型项目经理的重担。

2. 参加组织或有关协会举办的培训。给项目经理提供足够的机会去参加组织内部和行业有关协会举办的正规培训。项目经理也要争取每一个难得的机会，吸收最新专业信息，不断丰富项目管理知识，提高项目管理理论修养，进而理论联系实际，更好地指导工作实践。组织内部和行业有关协会还有大量的非正规训练的机会，包括观摩他人作业、聆听别人的经验介绍等，项目经理也应尽量参与交流，学人之所长，不断充实和提高自己。

3. 自我学习和改进。有人说，一个人的成就关键看他的业余时间用来做什么。自我学习是项目经理提高自身能力的重要途径。自我学习的目的应是自我的改进。自我学习的方式有：阅读相关书籍、专业杂志、报刊，并认真学习有关领导的重要讲话；主动向其他经验丰富的项目经理或前辈请教，虚心学习，聆听教诲，寻找工作技巧和捷径，少走弯路；有效利用网络资源，因为它突破了人们交流方面的时间和空间束缚，使大量信息在很小的空间中聚集，可以在更大范围内直接互动、讨论和交流，有利于拓展想象力，从他人的发言中获得启发，及时克服谬误和思维惯性，并相互提供心理支持。如经常登陆行业相关网站，了解行业发展动态，寻找新知识、新技术，利用电子邮件向其他专业人士请教、沟通、交换意见，或在相关 BBS 上交流，寻求帮助。通过以上途径将有助于项目经理的自我改进和提升。

这样，通过多种方式的合理搭配和交叉，使其逐渐成长为优秀的项目经理。

五、项目经理的选聘

(一) 项目经理的考评与聘任

组织按照项目经理岗位职业等级标准和工程项目的规模及实际情况，从取得建设工程类执业资格或《建设工程项目经理岗位职业资质证书》的人员中，选择聘任具有相应资质的项目经理。工程项目完成后，要将项目经理工程项目管理的业绩和最终考评结果计入《建设工程项目经理岗位职业资质管理档案》。

(二) 项目经理的选聘与任用

1. 自荐上岗。由本人提出申请，经企业项目经理管理部门考核，领导办公会议研究同意，由法定代表人签发项目经理聘任书聘任上岗。

2. 委任上岗。企业项目经理管理部门推荐，本人同意，由法定代表人签发项目经理聘任书聘任上岗。

3. 竞聘上岗。企业根据工程项目合同条件和内部招标管理与有关规定程序进行公开竞聘，中选后由法定代表人签发项目经理聘任书后上岗。有必要说明的是，虽然项目经理走职业化、专业化和社会化管理将是今后的发展趋势，但目前行业协会推行的这种项目经理岗位职业资质管理还有待进一步通过试行和实践后逐步加以完善。

六、项目经理的基本工作与经常性工作

(一)施工项目经理应做好的基本工作

1. 规划施工项目管理目标。施工项目经理应当对质量、工期、成本目标作出规划;应当组织项目经理班子成员对目标系统作出详细规划,进行目标管理。目标规划工作,从根本上决定了项目管理的效能。再者,确定了项目管理目标,就可以使群众的活动有了中心,把群众的活动拧到一股绳上。

2. 制定制度和规范。就是建立合理而有效的项目管理组织机构及制定重要规章制度和规范(规程),从而保证规划目标的实现。规章制度和规范必须符合现代管理基本原理,必须面向全体职工,使他们乐于接受,以有利于推进规划目标的实现。规章制度和规范由项目经理组织执行机构制定,项目经理给予审批、督促和效果考核。

3. 选用人才。一个优秀的项目经理,必须下一番工夫去选择好项目经理班子成员及主要的业务人员。一个项目经理在选人时,应坚持精干高效原则,要选得其才,用得其能,置得其所。

(二)施工项目经理的经常性工作

1. 决策。项目经理对重大决策必须按照完整的科学方法进行。项目经理不需要包揽一切决策,只有如下两种情况要项目经理作出及时明确的决断:一是出现了非规范事件,即例外性事件。例如特别的合同变更,对某种特殊材料的购买,领导重要指示的执行决策等;二是下级请示的重大问题,即涉及项目目标的全局性问题,项目经理要明确、及时作出决断,不要模棱两可,更不可遇到问题绕着走。

2. 深入实际。项目经理必须经常深入实际,密切联系群众,这样才能体察下情,了解实际,能够发现问题,便于开展领导工作,把问题解决在群众面前,把关键工作做在最恰当的时候。

3. 继续学习。项目管理涉及现代生产、科学技术、经营管理,它往往集中了这三者的最新成就。故项目经理必须接受继续教育,事先学习,工作中学习。事实上,群众的水平是在不断提高的。项目经理如果不学习提高,就不能很好地领导水平提高了的下属,也不能很好地解决出现的新问题。项目经理必须不断抛弃老化了的知识,及时地学习新知识、新思想和新方法,要跟上改革的形势,推进管理改革,适应国内、国际市场的需求。

4. 实施合同。对合同中确定的各项目标的实现进行有效的协调与控制,协调各种关系,组织全体职工实现工期、质量、成本、安全、文明施工目标,提高经济效益。

第二节 建造师和施工项目经理的关系

一、项目经理岗位职业资质管理概述

(一)项目经理岗位职业资质等级划分

按照国家对企业经营管理人员实行社会化评价和市场认可的原则,七家协会在行业内推行的建设工程项目经理岗位职业资质管理把项目经理岗位职业分为A、B、C、D四个等级:A级为建设工程总承包项目经理;B级为大型建设工程项目经理;C级为中型建设工程项目的施工项目经理;D级为小型建设工程项目的施工项目经理。建设工程项目等级划分如

表 3-1 和表 3-2 所示。

表 3-1 建设工程项目等级按规模划分

工程类别	总承包（A级）	大型（B级）	中型（C级）	小型（D级）
房屋建筑工程	大中型建设工程总承包项目	单体建筑面积在 3 万 m² 以上；群体工程 10 万 m² 以上	单体建筑面积在 3 万 m² 及其以下，1 万 m² 及其以上；群体工程 10 万 m² 及其以下，5 万 m² 及其以上	单体建筑面积在 1 万 m² 以下；群体工程 5 万 m² 以下

表 3-2 建设工程项目等级按承包范围的投资额度划分

工程类别	总承包（A级）	大型（B级）	中型（C级）	小型（D级）
各类工程	大中型建设工程总承包项目	投资在 1 亿元以上	投资在 1 亿元及其以下，且在 3000 万元及其以上	投资在 3000 万元以下

（二）项目经理岗位职业资质等级标准

1. A 级项目经理标准

（1）具有大学本科以上文化程度、工程项目管理经历 8 年以上，或具有大专以上文化程度、工程项目管理经历 10 年以上。

（2）具有建设部认定的原一级项目经理资质，或建设工程类相关注册执业资格（一级建造师、建筑师、结构工程师、造价工程师、监理工程师），或取得过国际（工程）项目管理专业资质认证 C 级以上证书，并参加过工程总承包项目经理岗位职业资质标准培训。

（3）具有大型工程项目管理经验，近 5 年内至少承担过两个以上承包范围投资在 1 亿元以上的建设工程项目的主要管理任务。

（4）能够根据工程项目特点，采取不同项目管理方法，圆满地完成建设工程项目各项任务。

（5）具有一定的外语水平和计算机应用能力。

2. B 级项目经理标准

（1）具有大学本科以上文化程度、工程项目管理经历 6 年以上，或具有大专以上文化程度、工程项目管理经历 8 年以上。

（2）具有建设部认定的原一级项目经理资质或建设工程类相关注册执业资格或取得国际（工程）项目管理专业资质 C 级以上证书。

（3）具有大型工程项目管理经验，近 3 年内至少承担过一个承包范围投资在 1 亿元以上的工程项目的主要管理任务。

（4）具有一定的外语知识和计算机应用能力。

3. C 级项目经理标准

（1）具有大专以上文化程度、施工管理经历 4 年以上，或具有中专以上文化程度、施工管理经历 6 年以上。

（2）具有省（市）、行业原认定的地方性或行业性项目经理资质，或相应专业的执业资格。

（3）具有中型以上工程项目管理经验，近 3 年内至少承担过一个承包范围投资在 3000 万元以上的工程项目的主要管理任务。

4. D级项目经理标准

（1）具有大专以上文化程度、施工管理经历2年以上，或具有中专及以上文化程度、施工管理经历3年以上。

（2）经过小型项目经理岗位职业资质标准培训并取得培训证书，或国际（工程）项目管理专业资质认证培训并取得培训证书。

（3）具有小型工程项目管理经验。

（三）项目经理的岗位职业范围

A级项目经理：可以承担国际、国内各类建设工程总承包项目或受业主委托进行工程项目管理承包的各项任务。

B级项目经理：可以承担大型建设工程的施工总承包项目或受业主委托进行工程项目管理服务的各项任务。

C级项目经理：可以承担中型建设工程的施工项目管理的任务。

D级项目经理：可以承担小型建设工程的施工项目管理的任务。

二、项目经理的培训与考核

（一）项目经理的培训

1. 培训目的。为加强项目经理职业化建设，提高项目经理整体素质和工程项目管理水平，规范岗位职业资质管理，对项目经理必须进行岗位职业资质培训。重点加强对A级和D级项目经理申请人的培训。

2. 培训机构。由各省、自治区、直辖市建筑业协会或有关行业建设协会推荐并在中国建筑业协会工程项目管理专业委员会备案的培训机构承担。

3. 培训师资。由培训机构聘任从事工程项目管理理论研究、教学实践经验丰富的专家或参加过中国建筑业协会工程项目管理专业委员会举办的项目经理师资培训班的教师担任。

4. 培训证书。培训机构按照《建设工程项目经理培训大纲》进行培训，经考核合格后，颁发《建设工程（总承包）项目经理岗位职业资质培训证书》或《建设工程项目经理岗位职业资质培训证书》。

（二）项目经理的申报与认证

1.《建设工程项目经理岗位职业资质证书》采取自愿申报的原则。

2. 符合申报条件的申请人员向其人事关系所在企业提交《建设工程项目经理岗位职业资质申报备案表》和相关申报证明材料，经企业初审合格后，统一报送所在省、自治区、直辖市建筑业协会或有关行业建设协会指定的项目经理职业化建设推进与管理机构进行审核。A级和D级项目经理的申请人员还须提供《建设工程（总承包）项目经理岗位职业资质培训证书》或《建设工程项目经理岗位职业资质培训证书》。

3. 企业对项目经理申请人员进行初审时，可参照下列内容进行量化考核：考核内容包括：

（1）知识能力。学历，专业，其他教育，语言文字表达能力，项目管理知识，法律知识，计算机应用能力，外语水平；（2）综合素质。领导艺术，管理理念，沟通协调能力，业务谈判技巧，风险识别与创新能力，解决突发问题能力；（3）工程业绩。工作经历，此前负责的工程项目主要业绩贡献；（4）职业道德。思想觉悟，遵纪守法，爱岗敬业，诚信尽责，服务意识；（5）身体条件。身体健康，精力充沛。

考核总分数在 70 分（含 70 分）以上即可推荐申报。

4. 各省、自治区、直辖市建筑业协会或有关行业建设协会指定的项目经理职业化建设推进与管理机构依据本导则和本地区、本行业的《建设工程项目经理岗位职业资质管理实施细则》对申报人员进行审核，审核通过后向中国建筑业协会工程项目管理专业委员会领取《建设工程项目经理岗位职业资质证书》。

5. 《建设工程项目经理岗位职业资质证书》由中国建筑业协会统一印刷，统一编号，备案登记，联网公示，全国建设行业通用。

（三）项目经理证书的使用

1. 建筑业企业在招投标时，可按有关规定和需要向发包人出示《建设工程项目经理岗位职业资质证书》原件并提供复印件。

2. 业主或发包人在考核建设工程承包人或工程项目管理公司及项目经理的资质和能力时，也可检验其岗位职业资质情况。

（四）项目经理证书的管理

1. 《建设工程项目经理岗位职业资质证书》由各省、自治区、直辖市建筑业协会或有关行业建设协会项目经理职业化推进与管理机构负责。

2. 对已取得《建设工程项目经理岗位职业资质证书》者，每 3 年须进行一次不少于 40 学时的继续教育，由各省、自治区、直辖市建筑业协会或有关行业建设协会推荐并备案的培训机构负责组织实施，并将培训考核结果记录于《建设工程项目经理岗位职业资质证书》继续教育一栏中。

3. 各省、自治区、直辖市建筑业协会或有关行业建设协会的项目经理职业化推进与管理机构每 5 年对本地区、本行业的建设工程项目经理岗位职业资质证书可持有者复查一次。

4. 为切实加强行业自律，严肃和规范证书管理，根据需要中国建筑业协会工程项目管理专业委员会将协同有关行业协会对《建设工程项目经理岗位职业资质证书》的核发、使用以及项目经理继续教育等情况，不定期地进行调研和检查。

三、建造师与项目经理的关系

（一）项目经理与建造师的不同定位

项目经理是建筑业企业实施工程项目管理设置的一个岗位职务，项目经理根据企业法定代表人的授权，对工程项目自开工准备至竣工验收实施全面组织管理。项目经理的资质由行政审批获得，在国家规定的过渡期满后，其资质证书将停止使用，但项目经理作为一个企业设定的岗位职务将继续存在。

建造师是从事建设工程管理包括工程项目管理的专业技术人员的执业资格，按照规定具备一定条件，并参加考试合格的人员，才能获得这个资格。建造师注册受聘后，可以建造师的名义担任建设工程项目的项目经理，也可从事其他施工活动的管理，以及法律、行政法规或国务院建设行政主管部门规定的其他业务。在国家规定的过渡期满后，大中型项目施工的项目经理必须由取得注册建造师资格的人员担任。

建造师与项目经理定位不同，但所从事的都是建设工程的管理。建造师执业的覆盖面较大，可涉及工程建设项目管理的许多方面，担任项目经理只是建造师执业中的一项；项目经理则限于企业内某一特定工程的项目管理。建造师选择工作的权力相对自主，可在社会市场上有序流动，有较大的活动空间；项目经理岗位则是企业设定的，项目经理是企业法人代表授权或聘用的、一次性的工程项目施工管理者。

(二) 项目经理资质管理制度向建造师执业资格制度的过渡

根据2003年2月27日《国务院关于取消第二批行政审批项目和改变一批行政审批项目管理方式的决定》（国发 [2003] 5号）的规定，原建设部于2003年4月23日发布了《关于建筑业企业项目经理资质管理制度向建造师执业资格制度过渡有关问题的通知》（建市 [2003] 86号）。《通知》明确规定："建筑业企业项目经理资质管理制度向建造师执业资格制度过渡的时间定为五年，即从国发 [2003] 5号文印发之日起至2008年2月27日止。在过渡期内，原项目经理资质证书继续有效。对于具有建筑业企业项目经理资质证书的人员，在取得建造师注册证书后，其项目经理资质证书应缴回原发证机关。过渡期满后，项目经理资质证书停止使用。""过渡期内，凡持有项目经理资质证书或者建造师注册证书的人员，经其所在企业聘用后均可担任工程项目施工的项目经理。过渡期满后，大、中型工程项目施工的项目经理必须由取得建造师注册证书的人员担任；但取得建造师注册证书的人员是否担任工程项目施工的项目经理，由企业自主决定。"（详见附录3-1）

根据《关于建筑业企业项目经理资质管理制度向建造师执业资格制度过渡有关问题的补充通知》（建办市 [2007] 54号）的规定：

具有统一颁发的建筑业企业一级项目经理资质证书，且未取得建造师资格证书的人员，符合下述条件之一的，可申请一级建造师临时执业证书：

（一）2007年度担任大型工程施工项目经理的；

（二）2007年度未担任大型工程施工项目经理的，应当同时满足下列条件：

1. 年龄不超过55周岁；

2. 符合《建造师执业资格考核认定办法》（国人部发 [2004] 16号）和《关于印发〈一级建造师注册实施办法〉的通知》（建市 [2007] 101号）中业绩规模、数量和专业要求，年龄、业绩计算时间截止到2007年12月31日。

符合上述（一）、（二）条件的，由申请人通过受聘建筑业企业按照属地化原则向省、自治区、直辖市建设主管部门申报。2008年2月27日前，经建设部审批后，委托各省级建设主管部门向符合条件者颁发一级建造师临时执业证书。证书有效期为5年，于2013年2月27日废止。

据此，在过渡期内项目经理资格证书与注册建造师制度将共存，过渡期满后，项目经理将改为岗位职务，大中型项目施工的项目经理必须由取得注册建造师资格的人员担任。

过渡期内，将采取免试部分科目，积极组织培训等办法，积极鼓励具备条件的项目经理参加建造师考试；对符合建造师考核认定条件的一级项目经理，通过考核认定的办法使其取得建造师执业资格。过渡期满后，项目经理资质证书停止使用。

(三) 项目经理负责制与建造师执业资格制度的关系

项目经理负责制与建造师执业资格制度是两个不同的制度，但是两者有联系。项目经理责任制是我国施工管理体制上一个重大的改革，对加强工程项目管理，提高工程质量起到了很好的作用。建造师执业资格制度建立以后，项目经理责任制仍然要继续坚持，国发 [2003] 5号文是取消项目经理资质的行政审批，而不是取消项目经理。项目经理仍然是施工企业某一具体工程项目施工的主要负责人，他的职责是根据企业法定代表人的授权，对工程项目自开工准备至竣工验收，实施全面的组织管理。

有变化的是，过渡期满后，大中型工程项目的项目经理必须由取得建造师执业资格的建造师担任。注册建造师资格是担任大中型工程项目经理的一项必要性条件，是国家的强制性要求。但具体选聘哪位建造师担任项目经理，则由企业自主决定，是企业行为。小型工程项目的项目经理可以由不是建造师的人员担任。

四、注册建造师如何担任项目经理

原建设部《关于建筑业企业项目经理资质管理制度向建造师执业资格制度过渡有关问题的通知》（建市［2003］86号）明确规定："在全面实施建造师执业资格制度后仍然要坚持落实项目经理岗位责任制。"

在国家规定的过渡期满后，承担建设工程项目施工的项目经理仍是施工企业所承包某一具体工程的主要负责人。建造师需按人发［2002］111号文件的规定，经统一考试和注册后才能从事担任项目经理等相关活动。大中型工程项目的项目经理必须由取得建造师执业资格的建造师担任，即建造师在所承担的具体工程项目中行使项目经理职权。注册建造师资格是担任大中型工程项目的项目经理之必要条件。但具体选聘哪位取得建造师执业资格的人员担任大中型工程项目的项目经理，则由建筑业企业自主决定。

建造师注册受聘后，可以建造师的名义担任建设工程项目施工的项目经理。按照规定，建造师分为一级建造师和二级建造师。这主要是从我国的国情和工程的特点出发而规定的。因为我国各地的经济发展和管理水平不同，大中小型工程项目对管理的要求差异也很大。

在行使项目经理职责时，一级注册建造师可以担任《建筑业企业资质等级标准》中规定的特级、一级建筑业企业资质的建设工程项目施工的项目经理；二级注册建造师只能担任二级及以下建筑业企业资质的建设工程项目施工的项目经理。

这样规定，有利于保证一级注册建造师具有较高的专业素质和管理水平，以逐步取得国际互认；而设立二级注册建造师，则可满足我国量大面广的工程项目施工管理的实际需求。

第三节 施工项目经理的责权利

责任是实现项目经理责任制的核心，它构成了项目经理的工作压力，是确定项目经理权力和利益的依据。权力是确保项目经理能够承担起责任的条件与手段，权力的范围必须视项目经理责任的要求而定。没有必要的权力，项目经理就无法对工作负责。为了履行项目经理的职责，项目经理必须具有一定的权限，这些权限应由企业法定代表人授予，并以制度和项目管理目标责任书的形式具体确定下来。利益是项目经理工作的动力，是因项目经理负有相应的责任而得到的报酬，所以利益的形式及利益的多少也应该视项目经理的责任而定。如果没有一定的利益，项目经理就不予承担相应的责任，也不会认真行使相应的权力。

一、项目经理的职责

项目经理应履行下列职责：
1. 项目管理目标责任书规定的职责；
2. 主持编制项目管理实施规划，并对项目目标进行系统管理；
3. 对资源进行动态管理；
4. 建立各种专业管理体系并组织实施；
5. 进行授权范围内的利益分配；

6. 收集工程资料，准备结算资料，参与工程竣工验收；
7. 接受审计，处理项目经理部解体后的善后工作；
8. 协助组织进行项目的检查、鉴定和评奖申报工作。

二、项目经理的权力❶

1. 参与项目招标投标和合同签订。为了工程项目的顺利实施，项目经理有权参与项目的投标和合同的签订过程。

2. 参与组建项目经理部。项目经理在企业的领导和支持下组建项目经理部，并把项目部成员组织起来共同实现项目目标，项目经理应创造条件使项目部成员经常沟通交流，营造和谐、融洽的工作氛围。

3. 主持项目经理部工作。项目经理有权对项目组的组成人员进行选择、分配任务、考核、聘任和解聘，有权根据项目需要对项目组成员进行调配、指挥，并且有权根据项目组成员在项目过程中的表现进行奖励和惩罚。

4. 决定授权范围内资金的投入和使用。在财务制度允许的范围内，项目经理根据工作需要和计划安排，有权对项目预算内的款项进行安排和支配，决定项目资金的投入和使用。

5. 制定内部计酬办法。项目经理是项目管理的直接组织实施者，有权制定内部的计酬方式、分配方法、分配原则，进行合理的经济分配。

6. 参与选择并使用具有相应资质的分包人。项目经理参与选择分包人是配合企业进行工作的。使用分包人则是自主进行的。

7. 参与选择物资供应单位。

8. 在授权范围内协调与项目有关的内外部关系。

9. 其他权力。组织的法定代表人授予项目经理的其他权力。

三、项目经理的利益❷

1. 为了确保项目实施的可持续性和项目经理责任、权利和利益的连贯性和可追溯性，在项目运作正常的情况下，应尽量保持项目经理工作的稳定性，组织不得随意撤换项目经理，特殊原因需要撤换项目经理时，如项目发生重大安全、质量事故或项目经理违法、违纪等，必须进行审计。

2. 按照组织规定获得基本工资、岗位工资和项目分阶段奖励。

3. 项目完成后，按照项目管理目标责任书中确定的效益分配条款经审计后给予受益或经济处罚。

4. 如果项目的各项指标和整个项目都达到既定的要求，应该在项目终审盈余时按利润比例提成予以奖励。

---

❶ 此条为《建设工程项目管理规范》（GB/T 50326—2006）第 6.4.2 条规定。
条文说明：组织对项目经理授权应根据项目管理的需要、项目的地域与环境以及项目经理的综合素质与管理能力，实行有限授权。

❷ 此条为《建设工程项目管理规范》（GB/T 50326—2006）第 6.4.3 条规定。
条文说明：组织应确立和维护项目经理的地位及正当权益，应采取各种形式对项目经理予以表彰、奖励。对未完成责任书要求或有违规、违纪行为应给予严格的处罚，做到赏罚分明，以最大限度调动项目经理积极性为原则，确保其各项利益。

5. 在获得物质奖励之外，可获得评优表彰、记功、优秀项目经理荣誉称号等精神奖励。

6. 项目经理所负责项目未按合同要求完成，可根据项目具体的情况，扣发全部项目奖金。如属个人责任，致使项目工期拖延、成本亏损或造成重大事故的，除扣发全部项目奖金外，可处以一次性罚款并下浮工资，性质严重者要按有关规定追究责任。

7. 建协〔2005〕10号文《建设工程项目经理岗位职业资质管理导则》对项目经理的利益作了以下规定：

（1）按照组织有关规定获得基本工资、岗位工资和绩效工资及工程项目管理责任目标兑现奖，其具体实施办法由企业确定，或按工程项目管理目标责任书的有关条款执行；

（2）建设工程项目被评为国家鲁班奖及省部级和行业协会优质工程奖或相当于省部级和行业协会颁发的工程项目管理奖项者，项目经理所在单位可推荐其参评全国建筑业企业优秀项目经理、国际（工程）杰出项目经理；

（3）凡担任过五个以上大型建设工程项目的项目经理，且在工程项目管理中作出突出贡献并无重大质量安全事故，工程项目管理年限在20年（含20年）以上，经企业推荐，可由中国建筑业协会工程项目管理专业委员会颁发优秀工程项目管理者荣誉证书。

8. 精神奖励。值得着重指出的是，从行为科学的理论观点来看，对施工项目经理的利益兑现应在分析的基础上区别对待，满足其最迫切的需要，以真正通过激励调动其积极性。行为科学认为，人的需要由低层次到高层次分别有：物质的、安全的、社会的、自尊的和理想的。把前两种需要称为"物质的"，则其他三种需要为"精神的"，因此在进行激励之前，应分析该项目经理的最迫切需要，不能盲目地只讲物质激励。一定意义上说，精神激励的面要大，作用会更显著。精神激励如何兑现，应不断进行研究，积累经验。

第四节 施工项目经理责任制

一、项目经理责任制的定义

项目经理责任制是"企业制定的、以项目经理为责任主体，确保项目管理目标实现的责任制度"❶。

项目管理工作的核心是实施项目经理责任制，项目经理责任制是项目管理工作的保证，是项目管理目标实现的具体保障和基本条件，是项目经理的工作原则，也是评价项目经理管理绩效的依据和基础，同时是项目管理区别于其他管理模式的显著特点。

项目经理与项目经理部在项目管理工作中应严格实行项目经理责任制，确保项目目标顺利实现。

项目经理责任制是通过项目经理和项目经理部履行项目管理目标责任书，层层落实目标的责任权限、利益，从而实现项目管理责任目标。

---

❶ 此条为《建设工程项目管理规范》（GB/T 50326—2006）第2.0.12条规定。

条文说明：项目经理责任制是建设工程项目的重要管理制度，其构成应包括项目经理部在企业中的管理定位，项目经理应具备的条件，项目经理部的管理运作机制，项目经理的责任、权限和利益及项目管理目标责任书的内容构成等内容。企业应在有关项目管理制度中对以上内容予以明确。

二、项目经理责任制的特点

1. 对象终一性。不管项目经理属于哪一类别，项目经理都是以项目为对象，实行项目产品形成过程的一次性全面负责，具有对象终一性的特点。
2. 主体直接性。项目经理是项目的责任主体、权利主体、利益主体，是项目管理的直接组织实施者，具有主体直接性的特点。
3. 内容全面性。只要在企业法人授权范围内，项目经理将对项目全面负责，具有内容全面性的特点。
4. 责任风险性。项目经理是项目的第一责任人，项目实施成功与否的风险将由项目经理承担，具有责任风险性的特点。

三、项目经理责任制的作用

1. 有利于明确项目经理、企业、职工三者之间的责、权、利、效关系。
2. 有利于运用经济手段强化项目的法制管理。
3. 有利于项目的规范化、科学化管理和提高工程质量。
4. 有利于促进和提高企业项目管理的经济效益和社会效益，不断提高社会生产力。

四、确立项目经理责任目标的原则

（一）实事求是的原则

《项目管理目标责任书》制定形式和指标确定是责任制的重要内容，组织应力求从项目管理实际出发，做到以下几点：

1. 具有先进性，不搞"保险承包"，在指标的确定上，应以先进水平为标准，应避免"不费力、无风险、稳收入"的现象出现。
2. 具有合理性，不搞"一刀切"，不同的工程项目类型，采取不同的经济技术指标，不同的职能人员实行不同的岗位责任制，力争做到大家在同一起跑线上的平等竞争，减少分配不公现象。
3. 具有可行性，不追求形式，对因不可抗力而导致项目管理目标责任难以实施的，应及时调整，以使每个责任人既要感到有风险压力，又能充满必胜的信念，避免"以包代保"、"以包代管"等现象。

（二）兼顾组织、项目经理和职工三者利益的原则

在项目经理责任制中，组织、项目经理和职工三者的根本利益是一致的。一方面项目经理责任制应把保证组织的利益放在首位；另一方面，也应维护项目经理和职工的正当利益，特别是在确定个人收入基数时，切实贯彻按劳分配、多劳多得的原则。

（三）责、权、利、效统一的原则

责、权、利、效的统一，是项目经理责任制的一项基本原则，且必须把效（即企业的经济效益和社会效益）放在重要地位。因为虽尽到了责任，获得相应的权利和利益，不一定就必然产生好的效益，责、权、利的结合应最终围绕组织的整体利益来进行。

五、项目经理责任制的主体和重点

1. 项目经理责任制的主体是项目经理个人全面负责，项目管理班子集体全员管理。项

目管理的成果不仅仅是项目经理个人的功劳。项目管理班子是一个集体，没有集体的团结协作就不会取得成功。由于项目经理明确了分工，使每个成员都分担了一定的责任，大家一致对国家和组织负责，共同享受企业的利益。但是由于责任不同、承担风险也不同。所以，项目经理责任制的主体必然是项目经理。

2. 项目经理责任制的重点在于管理。管理是科学，是规律性的活动。项目经理责任制的重点必须放在管理上。如果说组织的经理应当是战略家，那么项目经理就应当是战术家。组织经理决定打不打这一仗，是决策者的责任；而项目经理研究如何打好这一仗，是管理者的责任。因此，项目经理责任制要注重现代化管理的内涵和运用。

六、落实项目经理责任制的基本条件

（一）素质

项目经理必须具备果断、冷静、乐观的性格和健康的体魄，良好的项目管理知识结构，丰富的项目管理经验，较强的组织管理、协调、交际、应变、决策能力，才能胜任如此重要的工作，甚至项目经理的工作方式、领导艺术、个性魅力也是项目成败的关键因素。

（二）授权

权责对等是项目管理一条基本的原则，没有适当范围大小的权力就不能承担好相应的责任。凡是项目经理需要负责管理的方面，首先就应授予其相应的权限。授权过多，会导致项目经理自主权过大，有时会导致项目经理太自以为是，增加项目的风险；授权过小，又会限制项目经理行动和决策的自由度，使项目经理趋于保守甚至会影响其工作的积极性和高度的热情，尤其在重大的突发事件前，有时会因权限所制，无法决策，最终导致错失良机。因此授权要根据项目管理的需要、项目的地域与环境、项目经理的综合素质与能力等，实行优先授权。授权应遵循以下原则：

1. 根据项目经理本人授权。不同的项目经理，授权大小应有所区别。如果项目经理本人管理水平较高、协调交际能力较强、管理经验颇为丰富，则应授予其足够的权限，以便其能充分发挥他的才干。如果项目经理管理水平不太高，管理经验还不够丰富，各方面的能力还有较大的提升空间，则授予项目经理的权力可以适当减少。

2. 根据项目部成员授权。如果项目经理部成员较多、知识储备丰富，综合素质较高，则应授予项目经理较大的权限，有效采取激励等措施充分发挥他们的积极性、发挥聚变的效应，提高整个队伍的工作效率。如果项目部成员较少，综合素质较低，则授予项目经理的权力可以适当减少。

3. 根据项目特点授权。如果项目合同周期长，程序复杂，牵扯的项目相关方多，项目结构复杂，项目地点较远，环境较差，则应授予项目经理较大的权力，游刃有余地与各个项目相关方协商，确保项目按计划执行。如果项目合同周期较短，项目结构简单、比较常见，则授予项目经理的权力可以适当地减少。

4. 根据项目目标的要求授权。如果项目目标要求较高，则应授予项目经理较大的权力，给项目经理足够的空间和权力去消除项目开展过程中出现的各种各样的纠纷和冲突。如果项目的目标要求不高，目标比较容易实现，则授予项目经理的权力可以适当减少。

5. 根据项目风险程度授权。项目风险较大，意味着项目经理承担的责任较大，则应授予项目经理较大的权力，保证项目经理拥有充分的权限，能在风云变幻的项目环境中及时地作出决策，有效规避风险或把风险降到最低。如果项目的风险程度较低，则授予项目经理的

权力可以适当减小。

（三）机制

组织内部要用完善的市场机制、用人机制、分配机制、服务机制和监督机制等有效机制来保证项目经理责任制的落实。

（四）组织

即建立项目管理的组织体系。有效灵活的项目管理组织体系是实现项目目标的必要条件。

七、建立和形成以项目经理责任制为核心的项目全过程管理责任体系

实践证明，实行项目经理责任制是我国建设工程管理体制的一项重大改革，对加强工程项目管理，搞好项目的质量、安全、进度和费用控制起到了十分重要的作用。应该说，项目经理是高速度、高质量、高效益地实现建设工程项目管理目标的责任主体，因此要建立和形成以项目经理责任制为核心的项目全过程管理责任体系。

（一）建立以项目经理责任制为核心的项目管理责任体系，首先应突出质量安全工作的重点

质量是组织的生命，安全是企业永恒的主题。工程项目的质量、安全是项目管理的重中之重，是保障人民群众生命和财产安全、促进经济发展、建立和谐社会的基础。

1. 作为项目经理，首先要牢固树立"安全质量大于'天'，岗位责任重于'山'"的思想。特别是要依据《建筑法》、《安全生产法》、《建设工程质量管理条例》、《建设工程安全生产管理条例》和《安全生产许可证条例》等有关法律法规，把工程质量安全责任作为项目经理责任制的核心内容，明确并突出项目经理的责任主体地位，制定安全质量指标体系，通过指标控制使安全质量工作目标明晰化、指标具体化，发挥安全质量指标的约束、激励和评价作用。

2. 要结合工程特点和容易发生安全质量事故的重点部位、关键工序，在抓好危险源的辨识和评价基础上，制定和编写通俗易懂、容易记忆的规章制度和防范措施，加强项目管理全过程控制。

3. 加大安全质量科技投入与管理力度，特别是要把分包队伍的管理纳入总包项目整体安全质量管理的责任保证体系。对工程项目出现重大质量安全事故问题的，要严格按"质量终身责任制"和"四不放过"的原则，不仅要追究事故直接责任人的责任，还要严厉追究项目经理的责任，触犯刑律的要依法追究刑事责任。

（二）建立以项目经理责任制为核心的项目管理责任体系，要充分体现责权利相统一的原则

项目经理的责任，就是对工程全过程的进度、质量、安全、成本控制等负全责。一方面，项目经理是由企业法定代表人任命授权的，因此首先要对组织负责，项目经理又是组织法定代表人在项目上的全权委托代理人，因此项目经理又要对业主负责。在某种意义上讲，项目经理具有双重身份。在明确项目经理责任的同时，要按照责权利相统一的原则，赋予项目经理相应的权利，使其真正做到有责、有权、有利，便于项目经理在自己的岗位上充分履行职责。要通过建立以项目经理责任制为核心的项目管理责任体系，切实解决好过去有的项目经理有责无权、责权利相脱节的现象。

（三）建立以项目经理责任制为核心的项目管理责任体系，必须增强和加大项目经理的

风险责任

项目经理既是项目责任制的主体，又是项目管理风险的第一责任人。为充分调动项目经理的积极性，必须建立有效的激励和约束机制，增强他们的风险意识。要通过组织与项目经理签订目标责任书的方式，明确工期、质量、安全、成本、上缴款、文明施工等方面的指标以及奖罚规定，并由项目经理交纳风险抵押金。项目完工后，要通过组织严格考核和项目审计，切实做好兑现奖罚。但在项目实施过程中，组织要采取定期和不定期地检查、考核等措施，加强项目的过程控制和有效监督，确保项目运作始终处于受控之中，保持工程项目的良性运作。

（四）建立以项目经理责任制为核心的项目管理责任体系，必须注重加强项目文化建设

文化能够改变人的思维，而人的思维将影响决策。所以，如何建立和加强项目文化建设，项目文化又如何融合项目管理全过程，是组织和项目经理不可回避的问题。在项目文化中，项目价值如何？推崇什么？反对什么？鼓励什么？追求什么？组织对推行项目管理的理念和观点如何，无不反映在丰富的项目文化中。项目文化的目标就"诚信形象，创新进取"，它的形成必将营造出组织应用项目管理的大环境，在推进项目经理责任制、改善项目管理、优化项目资源等方面都将起到事半功倍的效果。这是因为：

1. 项目文化是显形文化。在每一个工程项目上，有业主、有监理，有管理层次、有作业层次，多方行为主体各自履行项目建设的职责，但其行为都必须通过项目统一的管理制度、项目文化来约束、沟通和协调。项目文化最能体现的是CI形象统一现场标志和制度的显形文化，具有统帅项目多方行为主体的作用。

2. 项目文化是露天文化。与工业生产比起来，我们建筑业工程项目绝大多数是户外露天作业，产品固定，队伍分散，建设周期长。这就决定了工程项目施工现场管理必然成为向社会公众展示企业形象的重要窗口，体现着企业和项目经理的综合管理实力，能够放大项目管理的社会影响面，因而具有十分明显的广告作用。所以现场文明施工的好坏是体现项目管理责任体系成功与否及项目文化的重要标志。

3. 项目文化是劳动文化。建设工程项目是劳动密集的场所，成百上千的劳动者聚集在一起，作业环境艰苦，各种作业队伍人员素质、文化取向千差万别，而项目是操作出来的，激发工人干劲，调动工人情绪，确保质量安全，做好文明施工管理，就是依靠这种融合了作业层次的劳动文化的力量来运筹的。从这个角度讲，项目管理责任保证体系的成功建立，充分体现了项目文化建设"以人为本"的管理思想。

4. 项目文化是管理文化。建设工程项目是组织各项管理的集成载体，其水平反映了组织的管理能力和层次。一方面，项目管理的实质是一个组织的文化演变、提升和形成的过程，组织的各种制度、程序、要求最终是依靠项目的文化成为惯例的。另一方面，惯例是项目文化的突出表现，项目管理只有将各种要求成为员工的惯例，才能使项目管理的成效达到高端形式。因此项目文化集中展现了组织管理文化的精髓。

第五节　项目管理目标责任书

一、《项目管理目标责任书》的定义

《项目管理目标责任书》是企业的管理层与项目经理部签订的明确项目经理部应达到的

成本、质量、进度、安全和环境等管理目标及其承担的责任,并作为项目完成后审核评价依据的文件。[1]

《项目管理目标责任书》是项目目标的具体体现,是约束组织和项目经理部各自行为的规范,是组织考核项目经理和项目经理部成员业绩的标准和依据,是项目经理工作的目标。

项目经理责任制是通过项目经理和项目经理部履行《项目管理目标责任书》,层层落实目标的责任权限、利益,从而实现项目管理责任目标。

《项目管理目标责任书》是明确项目经理管理责任的内部文件,而并非法律意义上的合同,因此,双方之间的关系是组织内部的上、下级关系,而不是平等的合同法律主体双方之间的关系。其核心是为了完成项目管理目标。

二、《项目管理目标责任书》的依据

1. 项目的合同文件。
2. 组织的项目管理制度。
3. 项目管理规划大纲。
4. 组织的经营方针和目标。

三、《项目管理目标责任书》的内容[2]

1. 项目的进度、质量、成本、职业健康安全与环境目标。
2. 组织与项目经理部之间的责任、权限和利益的分配。
3. 项目需用资源的供应方式。
4. 项目经理部应承担的风险。
5. 项目管理目标评价的原则、内容和方法。
6. 对项目经理部进行奖惩的依据、标准和办法。
7. 项目经理解职和项目经理部解体的条件和办法。
8. 法定代表人向项目经理委托的特殊事项。

四、确定项目管理目标的原则

1. 满足管理目标的要求和合同的要求。组织会与业主就工程项目签订合同,明确规定此工程将达到的各项目标和具体要求。项目经理是组织法定代表人在项目上的授权管理者、组织实施者,因此项目经理与组织法定代表人所签订的《项目管理目标责任书》应首先满足合同要求。
2. 考虑相关风险。项目在实施过程中存在各种不确定性的因素,导致了冲突、矛盾和

---

[1] 此条为《建设工程项目管理规范》(GB/T 50326—2006)第2.0.8条规定。
　　条文说明:项目管理目标责任书一般指企业管理层与项目经理部所签订的文件。但其他组织也可采用项目管理目标责任书的方式对现场管理组织进行任务的分配、目标的确定和项目完成后的考核。对一个具体项目而言,其项目管理目标责任书是根据企业的项目管理制度、工程合同及项目经营管理目标要求制定的。由项目承包人法定代表人与其任命的项目经理签署,并作为项目完成后考核评价及奖罚的依据。
[2] 此条为《建设工程项目管理规范》(GB/T 50326—2006)第6.3.3条规定。
　　条文说明:项目管理目标责任书重点是明确项目经理工作内容,其核心是为了完成项目管理目标,是组织考核项目经理和项目经理部成员业绩的标准和依据。

纠纷，并产生一定的风险性，因此项目管理目标责任书定的目标不能太高、太苛刻，必须考虑一定的风险。

3. 具体且操作性强。《项目管理目标责任书》规定了项目经理部应达到的各项指标，又是考核的重要依据，因此需具备较强的可操作性，充分发挥项目管理目标责任书的作用。

4. 便于考核。《项目管理目标责任书》是项目经理工作的目标，是考核项目经理与项目经理部成员业绩的标准和依据，因此项目管理目标责任书的各项考核指标应尽量量化，并且明确具体，便于工作的考核。

五、项目管理目标责任书的作用

《项目管理目标责任书》在项目管理中起着决定性和指导性的作用。

1. 明确组织主管部门和各业务职能部门与项目经理部之间的工作关系，包括指令、信息、责任以及指导和协助等方面的关系。通过目标责任书的明确，使得各方在处理工作关系有据可依，同时也是制定各自工作责任的标准。

2. 明确项目经理部的组织形式。在《项目管理目标责任书》中，应根据项目的性质、规模以及管理特点等要求确定项目经理部的机构设置、人员构成以及管理模式。

3. 明确项目的各项目标，为项目经理部提供工作标准。

4. 满足组织细部管理的需求，全面、具体地规定项目管理行为。

5. 为项目管理的效果评定以及奖罚兑现提供标准，进一步明确项目经理及项目经理部成员的责任、权力和利益，并对其离任和解体所要达到的目标要求作出明确的规定。

六、项目管理目标责任书的签订

《项目管理目标责任书》首先由组织管理部门根据项目特点和企业在项目上的目标要求，按照《项目管理目标责任书》的内容体系起草制定，然后会同项目经理，甚至可以扩大到项目经理部成员，进行协商，达成一致意见，最后双方签字认可，作为项目管理工作的约束标准。

《项目管理目标责任书》的签订应注意以下几点：

1.《项目管理目标责任书》内容要具体，责任明确，各项目标的制定要详细、全面，尽量用量化的概念表达，做到所指明确、可操作性强。

2.《项目管理目标责任书》中的各项目标水平应适中，制定目标时应考虑组织经营的实际，考虑组织的项目管理水平实际，避免目标定得过高、可望而不可即、失去目标的意义；同时也要避免目标定得太低，违背了项目管理的初衷。具体项目水平的高低应综合考虑历史上完成的项目的各项指标和其他相关组织的目标水平。

3.《项目管理目标责任书》是项目实施水平的标尺，是对项目经理和项目经理部成员工作绩效评定的直接依据。因此，目标的制定应坚持方法科学、体系完整、标准得当、措辞严密、逻辑性强等原则。

4.《项目管理目标责任书》的签订，应体现民主和过程方法的原则。责任目标虽然由企业制定，但应与项目经理和项目经理部成员磋商达成共识，避免一味地强加、不符合现实的现象。此外，目标制定应体现过程方法，即目标体系应由粗到细，尽量细分，指标越细、越具体越好，项目总体目标越可靠、越科学越好。

七、《项目管理目标责任书》的实施

《项目管理目标责任书》一经制定，就在项目管理工作中起强制性作用，因此在实施《项目管理目标责任书》工作中应做到如下几点：

1. 树立正确观点，正确对待《项目管理目标责任书》，加强目标观念，强化责任意识。在目标责任书制定后，项目经理应组织项目经理部成员及各层次人员认真学习、明确分工、制定措施、及时监督实施，确保目标的顺利实现。

2. 在日常的项目管理工作中，各管理层应经常检查目标责任的兑现情况，及时发现问题，并及时地找出解决办法。

3. 《项目管理目标责任书》在实施过程中，应进一步完善和提高，对于某些目标可根据需求进一步细化，对于某些明显不符合实际的目标也可进行适当调整，这些工作都应由组织管理层组织完成。

4. 项目完成之后，组织管理层应对项目管理目标责任书的完成情况进行考核，《项目管理目标责任书》实施效果的评定工作应客观、实事求是，根据考核结果和项目管理目标责任书的奖惩规定，提出考核意见，应充分体现公平、公正的原则，确保目标责任书行为的约束性和管理的有效性。

附录 3-1
关于印发《建造师执业资格制度暂行规定》的通知
人发［2002］111 号

各省、自治区、直辖市人事厅（局）、建设厅（委），国务院各部委、各直属机构人事（干部）部门，中央管理的企业：

为了加强建设工程项目总承包与施工管理，保证工程质量和施工安全，根据《中华人民共和国建筑法》和《建设工程质量管理条例》的有关规定，人事部、建设部决定对建设工程项目总承包及施工管理的专业技术人员实行建造师执业资格制度。现将《建造师执业资格制度暂行规定》印发给你们，请遵照执行。

中华人民共和国人事部
中华人民共和国建设部
二〇〇二年十二月五日

建造师执业资格制度暂行规定

第一章 总 则

第一条 为了加强建设工程项目管理，提高工程项目总承包及施工管理专业技术人员素质，规范施工管理行为，保证工程质量和施工安全，根据《中华人民共和国建筑法》、《建设

工程质量管理条例》和国家有关职业资格证书制度的规定，制定本规定。

第二条 本规定适用于从事建设工程项目总承包、施工管理的专业技术人员。

第三条 国家对建设工程项目总承包和施工管理关键岗位的专业技术人员实行执业资格制度，纳入全国专业技术人员执业资格制度统一规划。

第四条 建造师分为一级建造师和二级建造师。英文分别译为：Constructor 和 Associate Constructor。

第五条 人事部、建设部共同负责国家建造师执业资格制度的实施工作。

第二章 考 试

第六条 一级建造师执业资格实行统一大纲、统一命题、统一组织的考试制度，由人事部、建设部共同组织实施，原则上每年举行一次考试。

第七条 建设部负责编制一级建造师执业资格考试大纲和组织命题工作，统一规划建造师执业资格的培训等有关工作。

培训工作按照培训与考试分开、自愿参加的原则进行。

第八条 人事部负责审定一级建造师执业资格考试科目、考试大纲和考试试题，组织实施考务工作；会同建设部对考试考务工作进行检查、监督、指导和确定合格标准。

第九条 一级建造师执业资格考试，分综合知识与能力和专业知识与能力两个部分。其中，专业知识与能力部分的考试，按照建设工程的专业要求进行，具体专业划分由建设部另行规定。

第十条 凡遵守国家法律、法规，具备下列条件之一者，可以申请参加一级建造师执业资格考试：

（一）取得工程类或工程经济类大学专科学历，工作满6年，其中从事建设工程项目施工管理工作满4年。

（二）取得工程类或工程经济类大学本科学历，工作满4年，其中从事建设工程项目施工管理工作满3年。

（三）取得工程类或工程经济类双学士学位或研究生班毕业，工作满3年，其中从事建设工程项目施工管理工作满2年。

（四）取得工程类或工程经济类硕士学位，工作满2年，其中从事建设工程项目施工管理工作满1年。

（五）取得工程类或工程经济类博士学位，从事建设工程项目施工管理工作满1年。

第十一条 参加一级建造师执业资格考试合格，由各省、自治区、直辖市人事部门颁发人事部统一印制，人事部、建设部用印的《中华人民共和国一级建造师执业资格证书》。该证书在全国范围内有效。

第十二条 二级建造师执业资格实行全国统一大纲，各省、自治区、直辖市命题并组织考试的制度。

第十三条 建设部负责拟定二级建造师执业资格考试大纲，人事部负责审定考试大纲。

各省、自治区、直辖市人事厅（局），建设厅（委）按照国家确定的考试大纲和有关规定，在本地区组织实施二级建造师执业资格考试。

第十四条 凡遵纪守法并具备工程类或工程经济类中等专科以上学历并从事建设工程项目施工管理工作满2年，可报名参加二级建造师执业资格考试。

第十五条 二级建造师执业资格考试合格者，由省、自治区、直辖市人事部门颁发由人事部、建设部统一格式的《中华人民共和国二级建造师执业资格证书》。该证书在所在行政区域内有效。

第三章 注 册

第十六条 取得建造师执业资格证书的人员，必须经过注册登记，方可以建造师名义执业。

第十七条 建设部或其授权的机构为一级建造师执业资格的注册管理机构。省、自治区、直辖市建设行政主管部门或其授权的机构为二级建造师执业资格的注册管理机构。

第十八条 申请注册的人员必须同时具备以下条件：
（一）取得建造师执业资格证书；
（二）无犯罪记录；
（三）身体健康，能坚持在建造师岗位上工作；
（四）经所在单位考核合格。

第十九条 一级建造师执业资格注册，由本人提出申请，由各省、自治区、直辖市建设行政主管部门或其授权的机构初审合格后，报建设部或其授权的机构注册。准予注册的申请人，由建设部或其授权的注册管理机构发放由建设部统一印制的《中华人民共和国一级建造师注册证》。

二级建造师执业资格的注册办法，由省、自治区、直辖市建设行政主管部门制定，颁发辖区内有效的《中华人民共和国二级建造师注册证》，并报建设部或其授权的注册管理机构备案。

第二十条 人事部和各级地方人事部门对建造师执业资格注册和使用情况有检查、监督的责任。

第二十一条 建造师执业资格注册有效期一般为3年，有效期满前3个月，持证者应到原注册管理机构办理再次注册手续。在注册有效期内，变更执业单位者，应当及时办理变更手续。

再次注册者，除应符合本规定第十八条规定外，还须提供接受继续教育的证明。

第二十二条 经注册的建造师有下列情况之一的，由原注册管理机构注销注册：
（一）不具有完全民事行为能力的。
（二）受刑事处罚的。
（三）因过错发生工程建设重大质量安全事故或有建筑市场违法违规行为的。
（四）脱离建设工程施工管理及其相关工作岗位连续2年（含2年）以上的。
（五）同时在2个及以上建筑业企业执业的。
（六）严重违反职业道德的。

第二十三条 建设部和省、自治区、直辖市建设行政主管部门应当定期公布建造师执业资格的注册和注销情况。

第四章 职 责

第二十四条 建造师经注册后，有权以建造师名义担任建设工程项目施工的项目经理及从事其他施工活动的管理。

第二十五条 建造师在工作中，必须严格遵守法律、法规和行业管理的各项规定，恪守职业道德。

第二十六条 建造师的执业范围：

（一）担任建设工程项目施工的项目经理。

（二）从事其他施工活动的管理工作。

（三）法律、行政法规或国务院建设行政主管部门规定的其他业务。

第二十七条 一级建造师的执业技术能力：

（一）具有一定的工程技术、工程管理理论和相关经济理论水平，并具有丰富的施工管理专业知识。

（二）能够熟练掌握和运用与施工管理业务相关的法律、法规、工程建设强制性标准和行业管理的各项规定。

（三）具有丰富的施工管理实践经验和资历，有较强的施工组织能力，能保证工程质量和安全生产。

（四）有一定的外语水平。

第二十八条 二级建造师的执业技术能力：

（一）了解工程建设的法律、法规、工程建设强制性标准及有关行业管理的规定。

（二）具有一定的施工管理专业知识。

（三）具有一定的施工管理实践经验和资历，有一定的施工组织能力，能保证工程质量和安全生产。

第二十九条 按照建设部颁布的《建筑业企业资质等级标准》，一级建造师可以担任特级、一级建筑业企业资质的建设工程项目施工的项目经理；二级建造师可以担任二级及以下建筑业企业资质的建设工程项目施工的项目经理。

第三十条 建造师必须接受继续教育，更新知识，不断提高业务水平。

第五章 附 则

第三十一条 国家在实施一级建造师执业资格考试之前，对长期在建设工程项目总承包及施工管理岗位上工作，具有较高理论水平与丰富实践经验，并受聘高级专业技术职务的人员，可通过考核认定办法取得建造师执业资格证书。考核认定办法由人事部、建设部另行制定。

第三十二条 建造师的专业划分、建设工程项目施工管理关键岗位的确定和具体执业要求由建设部另行规定。

第三十三条 二级建造师执业资格的管理，由省、自治区、直辖市人事部门、建设行政主管部门根据国家有关规定，制定具体办法，组织实施，并分别报人事部、建设部备案。

第三十四条 经国务院有关部门同意，获准在中华人民共和国境内从事建设工程项目施工管理的外籍及港、澳、台地区的专业人员，符合本规定要求的，也可报名参加建造师执业资格考试以及申请注册。

第三十五条 本规定由人事部和建设部按职责分工负责解释。

第三十六条 本规定自发布之日30日后施行。

附录 3-2

建造师执业资格考试实施办法

(国人部发〔2004〕16号,2004年2月19日)

第一条 根据《建造师执业资格制度暂行规定》(人发〔2002〕111号,以下简称《暂行规定》),为做好建造师执业资格考试工作,制定本办法。

第二条 建设部组织成立建造师执业资格考试专家委员会,负责一级、二级建造师执业资格考试大纲的拟定和一级建造师考试的命题工作。建设部、人事部共同成立建造师执业资格考试办公室(办公室设在建设部),负责研究建造师执业资格考试相关政策。一级建造师执业资格考试的具体考务工作由人事部人事考试中心负责。

各地考试工作由当地人事行政部门会同建设行政部门组织实施,具体职责分工由各地协商确定。

第三条 一级建造师执业资格考试时间定于每年的第三季度。

第四条 一级建造师执业资格考试设《建设工程经济》、《建设工程法规及相关知识》、《建设工程项目管理》和《专业工程管理与实务》4个科目。《专业工程管理与实务》科目分为:房屋建筑、公路、铁路、民航机场、港口与航道、水利水电、电力、矿山、冶炼、石油化工、市政公用、通信与广电、机电安装和装饰装修14个专业类别,考生在报名时可根据实际工作需要选择其一。

第五条 一级建造师执业资格考试分4个半天,以纸笔作答方式进行。《建设工程经济》科目的考试时间为2小时,《建设工程法规及相关知识》和《建设工程项目管理》科目的考试时间均为3小时,《专业工程管理与实务》科目的考试时间为4小时。

第六条 二级建造师执业资格考试设《建设工程施工管理》、《建设工程法规及相关知识》、《专业工程管理与实务》3个科目。

按照《暂行规定》有关要求,各省、自治区、直辖市人事厅(局)、建设厅(委),根据全国统一的二级建造师执业资格考试大纲,负责本地区考试命题和组织实施考试工作,人事部、建设部负责指导和监督。

第七条 符合《暂行规定》有关报名条件,于2003年12月31日前,取得建设部颁发的《建筑业企业一级项目经理资质证书》,并符合下列条件之一的人员,可免试《建设工程经济》和《建设工程项目管理》2个科目,只参加《建设工程法规及相关知识》和《专业工程管理与实务》2个科目的考试:

(一)受聘担任工程或工程经济类高级专业技术职务。

(二)具有工程类或工程经济类大学专科以上学历并从事建设项目施工管理工作满20年。

第八条 已取得一级建造师执业资格证书的人员,也可根据实际工作需要,选择《专业工程管理与实务》科目的相应专业,报名参加考试。考试合格后核发国家统一印制的相应专业合格证明。该证明作为注册时增加执业专业类别的依据。

第九条 考试成绩实行2年为一个周期的滚动管理办法,参加全部4个科目考试的人员必须在连续的两个考试年度内通过全部科目;免试部分科目的人员必须在一个考试年度内通过应试科目。

第十条 一级建造师执业资格考试的考点设在地级以上城市的大、中专院校或高考定点学校。

第十一条 参加考试由本人提出申请，携带所在单位出具的有关证明及相关材料到当地考试管理机构报名。考试管理机构按规定程序和报名条件审查合格后，发给准考证。考生凭准考证在指定的时间、地点参加考试。

中央管理的企业和国务院各部门及其所属单位的人员按属地原则报名参加考试。

第十二条 建造师执业资格考试大纲由建设部组织编制、出版和发行。任何单位和个人不得盗用建设部或以参与有关建造师工作的专家和人员的名义编写、出版、发行各种考试用书和复习资料。

第十三条 坚持考试与培训分开、应考人员自愿参加培训的原则。凡参与考试工作的人员，不得参加考试和与考试有关的培训工作。

第十四条 一级建造师执业资格考试、培训及有关项目的收费标准，须经当地价格行政部门批准，并公布于众，接受群众监督。

第十五条 考务管理工作要严格执行考试工作的有关规章和制度，遵守保密制度，严防泄密，切实做好试卷的命制、印刷、发送和保管过程中的保密工作。

第十六条 加强对考试工作的组织管理，认真执行考试回避制度，严肃考试工作纪律和考场纪律。对弄虚作假等违反考试工作规定的，要依法处理，并追究当事人和有关领导的责任。

附录 3-3

建造师执业资格考核认定办法

（国人部发〔2004〕16号，2004年2月19日）

根据人事部、建设部《建造师执业资格制度暂行规定》（人发〔2002〕111号），制定本办法。

一、考核认定申报条件

长期从事建设工程总承包及施工管理工作，业绩突出，无工程质量责任事故，职业道德行为良好，身体健康，并符合下列条件的在职在编人员。

（一）一级建造师：受聘为工程或工程经济类高级专业技术职务，取得全国工程总承包项目经理岗位培训证书或建筑业企业一级项目经理资质证书，现担任工程总承包或施工项目经理，并同时具备下列条件1和条件2中的各一项条件。

1. 学历和职业年限：

（1）取得本专业（见附件1，下同）中专学历，累计从事建设工程项目管理或施工管理工作满25年；或取得相近专业（见附件1，下同）中专学历，累计从事建设工程项目管理或施工管理工作满28年。

（2）取得本专业大学专科学历，累计从事建设工程项目管理或施工管理工作满20年；或取得相近专业大学专科学历，累计从事建设工程项目管理或施工管理工作满23年。

（3）取得本专业大学本科学历，累计从事建设工程项目管理或施工管理工作满15年；

或取得相近专业大学本科学历，累计从事建设工程项目管理或施工管理工作满18年；或取得其他专业（见附件1）大学本科及以上学历或学位，累计从事建设工程项目管理或施工管理工作满20年。

2．业绩：

（1）主持完成大型工程总承包1项或大型工程施工总承包2项及以上。

（2）主持完成大型工程施工总承包1项和大型工程施工承包2项及以上。

（3）主持完成大型工程施工承包4项及以上。

（4）已发布实施的国家或行业工程建设标准的主要技术负责人。

（二）二级建造师执业资格有关考核认定工作，由各省、自治区、直辖市人事和建设行政部门制定具体办法并组织实施，考核认定办法和考核认定结果报人事部、建设部备案。

二、一级建造师考核认定申报材料

（一）各省、自治区、直辖市和国务院有关部门、中央管理企业的人事部门推荐意见函。

（二）《建造师执业资格考核认定申报表》一式两份（附件2）。

（三）学历或学位证书、工程或工程经济类高级专业技术职务证书、全国工程总承包岗位培训合格证书或一级项目经理资质证书和已发布实施的国家或行业工程建设标准主要技术负责人证明的复印件。

（四）所在单位出具的职业道德证明、省级建设行政部门认可的建设工程业绩、项目经理证明。

三、考核认定组织

人事部、建设部共同成立"一级建造师执业资格考核认定工作领导小组"（以下简称领导小组，名单见附件3），负责一级建造师执业资格的考核认定工作。领导小组办公室设在建设部。

四、考核认定程序

（一）符合考核认定条件的专业技术人员，向所在单位提出申请，经单位审核同意后，由所在单位向单位工商注册所在地的省、自治区、直辖市建设行政部门推荐。

国务院有关部门管理的企业，由本部门工程业务管理单位推荐；中央管理的企业，由本企业工程业务管理部门推荐；军队所属单位由总后基建营房部推荐。

（二）各省、自治区、直辖市建设行政部门和国务院有关部门，对本地区、本部门的申报人员进行审核，经本地区、本部门人事行政部门复核后，提出推荐名单送领导小组办公室。

中央管理的企业专业技术人员的申报，由中央管理的企业工程业务管理部门审核，经同级人事部门复核后提出推荐名单送领导小组办公室。

总后基建营房部对军队系统申报人员材料进行审核，经总政干部部复核后提出推荐名单送领导小组办公室。

地方所属或中央管理企业在申报中涉及铁路、交通、水利、通信和民航专业的业绩材料，应由省级建设行政部门或建设部会同同级相应专业行政部门，提出审核意见。

（三）领导小组办公室组织有关专家对各地区、各有关部门、中央管理的企业和军队推荐人员的材料进行初审，提出拟认定人员的名单，报领导小组审核。

（四）领导小组召开会议，对经初审合格人员的材料进行审核。对领导小组审核合格的人员，经公示无异议后，报人事部、建设部批准，并向社会公布。

五、申报时间及要求

（一）各省、自治区、直辖市建设行政部门和人事行政部门，国务院有关部门工程业务管理和人事部门，总后基建营房部和总政干部部，中央管理企业工程业务管理和人事部门，应于 2004 年 4 月 30 日前，将推荐人员材料汇总排序后送领导小组办公室。

（二）国家对考核认定人员实行总量控制。各地、各有关部门、军队及中央管理的企业应推荐具备申报条件且在第一线从事总承包和施工管理工作的专业技术人员。实施考试后不再进行认定工作。

（三）各地区、各有关部门、军队和中央管理的企业在审核、复核工作中，须核查各类证书及相关证明材料的原件。向领导小组办公室报送的各类证书、业绩材料及相关证明材料的复印件，应由所在单位业务技术部门和人事部门负责人对其真实性签署意见并加盖单位印章。

（四）已通过特许或考核认定的方式取得其他专业执业资格证书和在公务员岗位工作的人员，一律不得申报。

（五）各地区、各有关部门、军队和中央管理的企业要切实加强领导，坚持标准，严格要求，认真按程序做好申报、审核、复核等各环节工作。凡不认真把关或弄虚作假的，一经发现，停止其申报权和取消个人申报资格，并追究当事人和领导责任。

第四章 施工项目管理规划

第一节 施工项目管理规划概述

一、编制项目管理规划的目的和作用

(一)编制项目管理规划的目的

按照管理学的定义,规划是一个综合性的、完整的、全面的、总体的计划,它包括目标、政策、程序、任务的分配,要采取的步骤,要使用的资源,以及为完成既定的行动方针所需要的其他因素。

项目管理规划是对项目全过程中的各种管理职能工作、各种管理过程以及各种管理要素,进行完整的、全面的、整体的计划。

因此,项目管理规划的目的是确定项目管理的目标、依据、内容、组织、资源、方法、程序和控制措施,以保证项目管理的正常进行和项目成功。

(二)项目管理规划的作用和必要性

1. 项目管理规划研究和制定项目管理目标

项目管理规划首要目的是确定项目管理目标,项目管理采用目标管理方法,因此,目标对项目管理的各个方面具有规定性。有了目标,就有了行动的方向、追求结果和管理的灵魂。

2. 规划实施项目目标管理的组织、程序和方法,落实组织责任

(1)组织是项目管理机能的源泉,项目管理的载体。用项目管理规划做好组织规划,便为项目管理的成功提供了最基本的保证。

(2)程序是工作的步骤,是规律,是使项目管理有秩序进行的保证。项目管理规划必须把项目管理的程序规划得科学、合理、有效。

(3)项目管理方法的重要性如同工具对于生产,武器对于战争,关系着管理的实施和成败。项目管理规划要从大量可用方法中进行优选,以便选用最适用的、最有效的方法。不同的项目管理专业任务,需要使用不同的适用专业管理方法,例如,质量管理、进度管理、安全管理、成本管理、风险管理等,都有各自的适用方法,都需要用项目管理规划进行选择和决策。

(4)项目管理责任的落实是为了使项目管理者明确任务、程序和方法。项目管理规划要落实主要管理人员的责任,包括项目经理、项目副经理、技术负责人,以及各种专业管理任务(包括进度、质量、成本、安全、沟通、风险、人力资源、采购与合同、信息等)的管理组织的管理责任。

3. 项目管理规划相当于相应项目的管理规范,在项目管理过程中落实执行

项目管理规划制定后,在整个的项目管理过程中就要严格遵照执行,项目经理依靠它进行组织指挥,管理人员按照它进行管理,就相当于这个项目的管理规范一样的重要,必须落实执行,不得束之高阁,更不能违背。

4. 作为对项目经理部考核的依据之一

由于项目管理规划的重要性、上述项目管理不可缺少的作用、对项目管理成败命运的决定性,因而,它必须作为项目经理部的考核依据,从而给项目管理规划的执行者以强有力的促进和激励作用。

根据以上对项目管理规划作用的认识,可以得出这样的结论:项目管理规划是进行项目管理所必需的。它不是可有可无的,不论是哪个组织、哪个项目、什么样的项目管理难度,都必须编制项目管理规划以指导项目管理工作,不能变相取消或削弱这项工作。

二、项目管理规划的种类

(一)按项目管理组织分类

按项目管理组织分类,项目管理规划分为建设单位的项目管理规划、设计单位的项目管理规划、监理单位的项目管理规划、施工单位的项目管理规划、咨询单位的项目管理规划、项目管理单位的项目管理规划等。

(二)按编制目的不同分类

按编制目的不同分类,项目管理规划可分为项目管理规划大纲和项目管理实施规划❶。

1. 项目管理规划大纲。它是项目管理工作中具有战略性、全局性和宏观性的指导文件,它由组织的管理层或组织委托的项目管理单位编制,目的是满足战略上、总体控制上和经营上的需要。例如,建设单位为了实现全过程的项目管理,需要编制建设工程项目管理规划;咨询单位为了投标揽取项目管理咨询任务、设计单位为了投标揽取设计任务、施工单位为了揽取施工任务、项目管理公司为了取得项目管理任务,都要编制项目管理规划大纲。

2. 项目管理实施规划。项目管理实施规划具有作业性或可操作性。它由项目经理组织编制。编制中除了对项目管理规划大纲进行细化外,还根据实施项目管理的需要补充更具体的内容。除了建设单位之外,其他各单位在中标并签订合同之后都要编制项目管理实施规划。建设单位之所以不编制项目管理实施规划,原因是在实施过程中,建设单位主要任务是进行审查和监督,从而实现自身的项目管理规划大纲(建设工程项目管理规划)。

(三)按编制项目管理规划的范围分类

按编制项目管理规划的范围分类,项目管理规划可分为局部项目管理规划和全面项目管理规划。

1. 局部项目管理规划。它是针对项目管理中的某个部分或某个专业的问题进行规划的,例如设计单位进行建筑设计或设备设计的项目管理规划;项目管理公司进行组织管理规划或目标管理规划等。由于项目管理规划的范围很大,花费的时间很长,消耗的资源较多,故局部项目管理规划有着针对性强和立竿见影的效果。

2. 全面项目管理规划。它是针对一个项目的全部规划范围和全部的规划内容进行的完整的、系统的项目管理规划。每个项目都必须有一个全面的项目管理规划大纲和全面的项目管理实施规划。

---

❶ 此条为《建设工程项目管理规范》(GB/T 50326—2006)第 4.1.2 条规定。
条文说明:根据项目管理的需要,项目管理规划文件可分为项目管理规划大纲和项目管理实施规划两类。项目管理规划大纲的作用是作为投标人的项目管理总体构想或项目管理宏观方案,指导项目投标和签订施工合同;项目管理实施规划是项目管理规划大纲的具体化和深化,作为项目经理部实施项目管理的依据。

三、对相关单位编制项目管理规划的要求

（一）对建设单位编制项目管理规划的要求

1. 建设单位编制的建设工程项目管理规划大纲，应当以实现建设工程项目策划、指导全过程项目管理的成功为目的。

2. 建设工程项目管理规划大纲主要是规划建设单位自身的项目管理行为。

3. 由于建设单位是建设工程项目管理的核心组织，故建设工程项目管理规划大纲应能对各相关单位的项目管理规划起指导作用。

4. 无论是否委托咨询单位或委托监理，建设单位都必须编制建设工程项目管理规划。不过，该规划除了由建设单位自己编制以外，也可委托咨询单位进行编制。

（二）对施工单位、设计单位、监理单位和咨询单位编制项目管理规划的基本要求

对这些单位编制项目管理规划的要求具有以下共性：

1. 符合顾客的要求（包括符合建设工程项目管理规划的要求）；
2. 编制的过程中必须全面研究项目的招标文件和合同文件；
3. 项目管理实施规划必须满足自身项目管理规划大纲的要求；
4. 符合国家（和地方）的法律、法规、政策、规范、规程和标准；
5. 符合现代管理理论，采用新的管理方法、手段和工具；
6. 编制项目管理规划的过程就是一个策划、创新、预测和决策的过程，因此编制人员必须树立科学发展观，以相应的科学理论和科学方法作指导，并通过论证再作决策；
7. 项目是个系统，项目管理也是个系统，系统的规模很大，必须用系统观点编制项目管理规划，采用系统的方法，取得系统的全面理想效果。

四、施工项目管理实施规划与施工组织设计和质量计划的关系

《建设工程项目管理规范》（GB/T 50326—2006）第 4.1.5 条规定："大中型项目应单独编制项目管理实施规划；承包人的项目管理实施规划可以用施工组织设计或质量计划代替，但应能够满足项目管理实施规划的要求。"❶ 这就要求注意三者的相容性，避免重复性的工作。

具体可按以下几点操作：

1. 不论称为施工组织设计或质量计划，都应按项目管理规划的内容要求进行编制，而不能要求项目管理规划按照原来项目施工组织设计和质量计划编制。因为，施工组织设计的内容，主旨是满足施工的要求，质量计划主要是为质量管理服务的，它们的内容设定，都不能像项目管理规划那样满足项目管理的全面要求。为了使施工组织设计和质量计划满足项目管理规划的要求，必须对他们的内容进行改革、扩展，而不能盲目相互代替。

2. 项目管理实施规划是企业内部文件，不应外传，但是如果监理机构要审查施工组织

---

❶ 《建设工程项目管理规范》（GB/T 50326—2006）中第 4.1.5 条文说明：施工组织设计是传统的指导施工准备和施工的全面性技术经济文件；质量计划是进行全面质量管理和贯彻质量管理体系标准中提倡使用的计划性文件；施工项目管理实施规划是项目经理部实施项目的管理文件。由于三者在内容和作用上具有一定的共性，故在本规范中提出承包人的项目管理实施规划可以用施工组织设计代替，但由于施工组织设计中管理内容的不足，质量计划又是主要为质量管理服务，因此本条指出，两者应补充项目管理的内容，使之能满足项目管理实施规划的要求。但是，大型项目则应单独编制项目实施规划，以便于管理工作的规范。

设计和质量计划,可从项目管理规划中摘录。

3. 由于承包人在计划经济时代一直使用施工组织设计,因此进行项目管理以后,绝大多数企业始终使用施工组织设计进行项目管理,对项目管理规划的重要性还没有足够的认识,甚至认为是重复施工组织设计的工作,想用施工组织设计代替项目管理规划。进入20世纪80年代以后,又产生了编制质量计划的要求,承包人更感到不堪重负,难以处理三者的关系。因此第4.1.5条规定解除了承包人的思想负担。除了承包人建立项目管理规划制度以外,还要求有关部门在相关规定上和配套标准(规范)上加以调整、补充或改变,不能有多套模式或各有一套的做法,更不能在规定和政策上产生矛盾而使业界无所适从的情况。

4. 在实际工程中,我国的发包人常常在招标文件中要求承包人编制施工组织设计,或要求编制质量计划,对此应注意它们的一致性和相容性,避免重复性的工作。

若需按发包人的要求在投标文件中提供施工组织设计,施工项目管理大纲的内容应考虑发包人对施工组织设计的内容要求、评标的指标和评标方法。施工项目管理规划的编制应贯彻部门规章中有关施工组织设计的规定。

因为全面地完成施工合同是承包人的最重要的任务,也是施工项目管理规划的目的,所以在相应的投标文件的编制中,应按照施工项目管理规划大纲编制施工组织设计,施工项目管理规划大纲的许多内容可以直接,或经过细化、修改、调整、补充后,在施工组织设计中使用。

按照施工合同的规定(如我国的《建设工程施工合同(示范文本)》和FIDIC条件),承包人在中标后的一段时间内(通常为28天)向发包人(或监理工程师)提供详细的工程实施计划,这个详细的工程实施计划应按照施工项目管理实施规划编制,施工项目管理实施规划的内容可以直接、或经过细化、修改、调整、补充后在该工程实施计划中应用。

5. 在有些施工项目中,要求提供质量计划,例如按照FIDIC条件的规定,监理工程师有权审查承包人的质量管理体系。施工项目管理规划是编制质量计划的依据。在现代工程中承包人的施工质量计划的内容在很大程度上与施工项目管理规划的内容是一致的,所以施工项目管理规划(规划大纲或实施规划)的许多内容可以直接,或经过细化、修改、调整、补充后在质量计划编制时使用。质量管理体系的规划也是施工项目管理规划的重要的组成部分之一。

五、项目范围管理[1]的确定和工作结构分解

项目范围管理的确定和工作结构分解工作的主要目的是确定项目管理对象的范围。项目管理规划是为了解决如何完成合同中规定的组织的责任问题,所以必须以项目范围内的工程或工作为依据。

项目管理规划必须对发包人的招标文件和合同文件完全响应,必须对合同确定的范围和承包人的合同责任作出应答。

---

[1] 《建设工程项目管理规范》(GB/T 50326—2006)规定:
2.0.7 项目范围管理指对合同中约定的项目工作范围进行的定义、计划、控制和变更等活动。
条文说明:项目范围管理是项目管理初始阶段应首先进行的基础工作,并贯穿管理全过程。项目范围管理的主要工作包括对项目范围进行归类,并逐级分解至可管理的子项目,对子项目加以定义、编码,明确责任人,同时对各级子项目之间的逻辑关系进行系统界面分析,形成用树状图或其他方式组成的文件。项目范围是指为完成工程项目建设目标所需的全部工作,包括最终交付工程的范围,合同条件约定的承包人的工作和活动以及因环境和法律法规制约而需要完成的工作和活动。范围管理应对项目实施全过程中范围的变更所引起的成本、进度及资源计划的变化进行检查、跟踪、控制和调整。

所以，在项目管理规划编制之前，必须分析合同的工程范围和合同责任，并将它们分解到具体的工程活动中。实质上这是项目管理规划的一项重要工作。项目工作结构分解是为了解决由招标文件（合同条件）所规定的工程目标和工程范围到具体的可控制、可执行、可考核的管理活动的过程。这项工作是项目管理规划的基础，对整个项目管理目标和责任体系有决定性作用。

项目工作结构分解的结果有项目结构图、项目管理工作结构图等。不同的项目（规模、性质、工作范围）的分解结果的差异很大，没有统一的分解方法，但有下面一些基本原则应抓住：

1. 项目结构图主要是通过对工程进行分解而形成的。工程分解有多种方法：

一是按照工程的系统功能分解：按照工程运行中所提供的产品或服务，将工程分解为独立的单项工程（如分厂、车间）；按照平面位置分解为栋号或区段；对在整个工程中有独立作用的工程系统也可以作为功能对待。

二是按照专业要素分解为建筑、结构、水电、设备安装等；结构又可分为基础、主体框架、墙体、楼地面等；水电又可分为水、电、卫生；设备又可分为电梯、控制系统、通信系统、生产设备等。

三是按照项目过程分解。它受合同所定义的合同责任约束。

对项目管理实施规划，在上述分解的基础上还应该进一步分解。

项目工作结构分解后应进行工作编码设计，并在项目管理规划中描述编码规则。

2. 项目管理工作结构图。项目管理工作结构图可按项目管理任务逐层分解，例如，将项目管理的任务分解为编制项目管理规划、建立项目管理组织、进行目标管理、进行其他管理等，还可以进一步进行分解，如图4-1所示；也可以按照负责不同项目管理任务的项目管理部门进行分解，如图4-2所示。

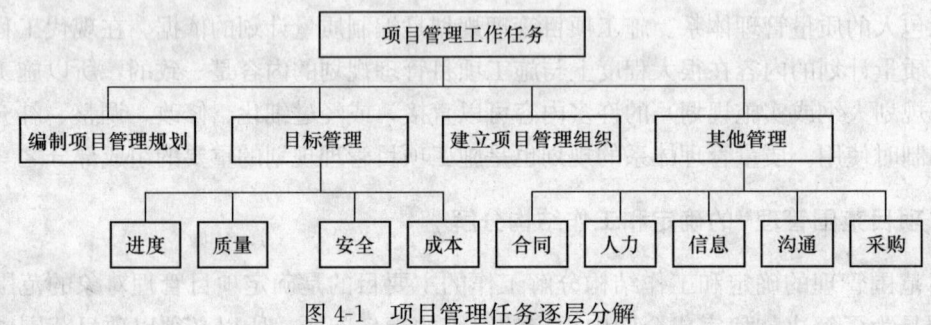

图4-1 项目管理任务逐层分解

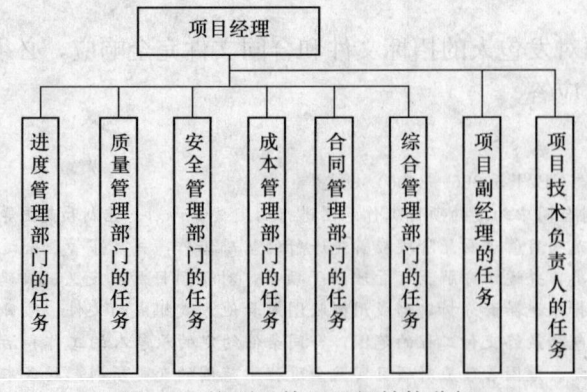

图4-2 按项目管理组织结构分解

第二节 施工项目管理规划大纲

一、项目管理规划大纲的性质和作用

（一）项目管理规划大纲的性质

《建设工程项目管理规范》（GB/T 50326—2006）第 4.2.1 条规定："项目管理规划大纲是项目管理工作中具有战略性、全局性和宏观性的指导文件。"❶ 所谓战略性，主要指其内容高屋建瓴，具有原则、长期、长效的指导作用。所谓全局性，是指它所考虑的是项目管理的整体，而不是某一部分或局部；是全过程，而不是某个阶段。所谓宏观性，是指该规划涉及客观环境、内部管理、相关组织的关系、项目实施等，都是重要的、关键的、大范围的，而不是微观的。

（二）项目管理规划大纲的作用

项目管理规划大纲的作用如下：

1. 对项目管理的全过程进行规划，为全过程的项目管理提出方向和纲领；
2. 作为承揽业务、编制投标文件的依据；
3. 作为中标后签订合同的依据；
4. 作为编制项目管理实施规划的依据；
5. 建设单位的建设工程项目管理规划还对各相关单位的项目管理和项目管理规划起指导作用。

综合上面的 5 项作用可以看出，项目管理规划大纲的作用既有对内的，也有对外的，它不但是管理性文件，也是经营性文件，所以编制者要站得高，想得宽，看得远。只有企业管理层所具有的地位才能担当此任，项目经理部地位较低，基本不对外经营，因此，不能把这项任务放到项目经理部身上。

（三）项目管理规划大纲的编制依据

1. 《建设工程项目管理规范》（GB/T 50326—2006）的规定

《建设工程项目管理规范》（GB/T 50326—2006）第 4.2.3 条❷规定项目管理规划大纲的编制依据如下：可行性研究报告；设计文件、标准、规范与有关规定；招标文件及有关合同文件；相关市场信息与环境信息。

2. 几点说明

（1）不同的项目管理组织编制项目管理规划大纲的依据不完全相同。建设单位和设计单位编制项目管理规划大纲需要可行性研究报告，而施工单位编制项目管理规划大纲则不一定需要可行性研究报告；设计单位和施工单位编制项目管理规划大纲需要上述其他依据，但是建设单位编制项目管理规划时尚不具备设计文件、招标文件和有关合同文件，也没有必要。

---

❶《建设工程项目管理规范》（GB/T 50326—2006）中第 4.2.1 条文说明：项目管理规划大纲具有战略性、全局性和宏观性，显示投标人的技术和管理方案的可行性与先进性，利于投标竞争，因此需要依靠组织管理层的智慧与经验，取得充分依据，发挥综合优势进行编制。

❷《建设工程项目管理规范》（GB/T 50326—2006）中第 4.2.3 条文说明：项目管理规划大纲应与招标文件的要求相一致，为编制投标文件提供资料，为签订合同提供依据。

因此究竟是用哪些依据，要由编制组织在上述范围内具体选定，必要时，还应该寻求其他依据。

（2）招标文件及发包人对招标文件的解释是除建设单位外其他各单位编制项目管理规划大纲的最重要依据。在招标过程中，发包人常会以补充、说明的形式修改、补充招标文件的内容；在标前会议上，发包人也会对承包人提出的问题、对招标文件不理解的地方进行解释，承包人在项目管理规划大纲的编写过程中一定要注意这些修改、变更和解释。

（3）在编制规划大纲前应进行招标文件的分析：①通过对投标人须知的分析，了解投标条件和招标人的招标程序安排，进一步分析投标风险。②通过对合同条件的审查，分析它的完备性、合法性、单方面约束性的条款和合同风险，确定承包人总体的合同责任。③对技术文件进行分析、会审，以确定招标人的工程要求、进行项目管理的工程范围、技术规范、工作量等。④对在招标文件分析中发现的问题、矛盾、错误和不理解的地方，应及早向发包人提出，请给予解释。这对正确地编制规划大纲和投标文件是十分重要的。

（4）相关市场信息与环境信息。相关市场信息主要是供求信息、价格信息和竞争信息，这对于各编制项目管理规划大纲的单位来说都是相当重要的。环境信息范围较广，包括政策环境、经济环境、管理环境、国际环境、政治环境、自然环境、现场环境，乃至发包人提供的信息等，在项目管理规划大纲起草前应进行有针对性的调查。调查应有计划、有系统地进行，在调查前可以列出调查提纲。由于投标过程中时间和费用的限制，应主要着眼于调查对工作方案、合同的执行、实施合同和成本有重大影响的环境因素。应充分利用企业的信息网络系统和以前获得的信息。

（5）本组织对承揽任务的投标总体战略、中标后的经营方针和策略，必须体现在项目管理规划大纲中。因此，这些也应该是项目管理规划大纲的编制依据，包括：企业在项目所在地以及项目所涉及的领域的发展战略；该项目在企业经营中的地位，项目的成败对将来经营的影响，如是否是创品牌工程、是否是形象工程；发包人的基本情况，如信用、管理能力和水平，发包人取得后续任务的可能性等。

二、项目管理规划大纲的编制程序

《建设工程项目管理规范》（GB/T 50326—2006）第4.2.2条❶规定了项目管理规划大纲的7步编制程序：①明确项目目标；②分析项目环境和条件；③收集项目的有关资料和信息；④确定项目管理组织模式、结构和职责；⑤明确项目管理内容；⑥编制项目目标计划和资源计划；⑦汇总整理，报送审批。

这个程序中，关键程序是第⑥步。前面的5步都是为它服务的，最后一步是例行管理手续。不论哪个组织编制项目管理规划，都应该遵照这个程序。

---

❶ 《建设工程项目管理规范》（GB/T 50326—2006）中第4.2.2条文说明：编制项目管理规划大纲从明确项目目标到形成文件并上报审批全过程，反映了其形成过程的客观规律性。

三、项目管理规划大纲的内容❶

《建设工程项目管理规范》(GB/T 50326—2006)第4.2.4条规定了项目管理规划大纲包括的13项内容:项目概况;项目范围管理规划;项目管理目标规划;项目管理组织规划;项目成本管理规划;项目进度管理规划;项目质量管理规划;项目职业健康安全与环境管理规划;项目采购与资源管理规划;项目信息管理规划;项目沟通管理规划;项目风险管理规划;项目收尾管理规划。

(一)项目概况

项目概况包括项目范围描述、项目实施条件分析和项目管理基本要求等。

1. 项目基本情况描述包括:投资规模,工程规模,使用功能,工程结构与构造,建设地点,基本的建设条件(合同条件,场地条件,法规条件,资源条件)等。项目的基本情况可以用一些数据指标描述。

2. 项目实施条件分析包括:发包人条件,相关市场条件,自然条件,政治、法律和社会条件,现场条件,招标条件等。这些资料来自于环境调查和发包人在招标过程中可能提供的资料。

3. 项目管理基本要求包括:法规要求,政治要求,政策要求,组织要求,管理模式要求,管理条件要求,管理理念要求,管理环境要求,有关支持性要求等。

(二)项目范围管理规划

项目范围管理规划要通过工作分解结构图实现,并对分解的各单元进行编码及编码说明。既要对项目的过程范围进行描述,又要对项目的最终可交付成果进行描述。项目管理规划大纲的项目工作结构分解可以粗略一些。

(三)项目管理目标规划

1. 项目管理的目标通常包括两个部分:一是合同要求的目标。合同规定的项目目标是必须实现的,否则投标就不能中标,中标后必须接受合同或法律规定的处罚;二是对组织自身要完成的目标。项目管理目标规划应明确进度、质量、职业健康安全与环境、成本等的总目标,并进行可能的分解。这些目标是项目管理的努力方向,也是管理成果的体现,故必须进行可行性论证,提出纲领性的措施。

2. 有时组织的总体经营战略和本项目的实施策略会产生一些项目的目标,应一并加以

---

❶ 《建设工程项目管理规范》(GB/T 50326—2006)中第4.2.4条文说明:项目管理规划大纲的内容应包括下列方面:
1. 项目概况应包括项目的功能、投资、设计、环境、建设要求、实施条件(合同条件、现场条件、法规条件、资源条件)等,不同的项目管理者可根据各自管理的要求确定内容。
2. 项目范围管理规划应对项目的过程范围和最终可交付工程的范围进行描述。
3. 项目管理目标规划应明确质量、成本、进度和职业健康安全的总目标并进行可能的目标分解。
4. 项目管理组织规划应包括组织结构形式、组织构架、确定项目经理和职能部门、主要成员人选及拟建立的规章制度等。
5. 项目成本管理规划、项目进度管理规划、项目质量管理规划、项目职业健康安全与环境管理规划、项目采购与资源管理规划的内容应包括管理依据、程序、计划、实施、控制和协调等方面。
10. 项目信息管理规划主要指信息管理体系的总体思路、内容框架和信息流设计等规划。
11. 项目沟通管理规划主要指项目管理组织就项目所涉及的各有关组织及个人相互之间的信息沟通、关系协调等工作的规划。
12. 项目风险管理规划主要是对重大风险因素进行预测、估计风险量、进行风险控制、转移或自留的规划。
13. 项目收尾管理规划包括工程收尾、管理收尾、行政收尾等方面的规划。

规划。

3. 项目管理的目标应尽可能定量描述，是可执行的、可分解的，在项目实施过程中可以用目标进行控制，在项目结束后可以用目标对项目经理部进行考核。

4. 项目的目标水平应通过努力能够实现，不切实际的过高目标会使项目经理部失去努力的信心；过低会使项目失去优化的可能，企业经营效益会降低。

5. 项目管理目标规划应满足顾客的要求，赢得顾客的信任。这里的顾客主要是发包人，也可能是分包的总包人或其他项目管理任务的提供人。

（四）项目管理组织规划

项目管理组织规划应包括组织结构形式，组织构架图，项目经理、职能部门、主要成员人选，拟建立的规章制度等。

项目的组织规划应符合本组织的项目组织策略，有利于项目管理的运作。

在项目管理规划大纲中不需详细地描述项目经理部的组成状况，仅需原则性地确定项目经理、总工程师等的人选。按照发包人招标的要求，项目经理或技术负责人需要在发包人的澄清会议上进行答辩，所以项目经理或技术负责人必须尽早任命，并尽早介入项目的投标过程。这不仅是为了中标的要求，而且能够保证项目管理的连续性。

（五）项目成本管理规划

1. 组织应提出完成任务的预算和成本计划。成本计划应包括项目的总成本目标，按照主要成本项目进行成本分解的子目标，保证成本目标实现的技术、组织、经济和合同措施。

2. 成本计划目标应留有一定的余地，并有一定的浮动区间，以便激发生产和管理者的积极性。

3. 成本目标的确定应反映如下因素的要求：任务的范围、特点、性质；招标文件规定的责任；环境条件；完成任务的实施方案。

4. 成本目标是组织投标报价的基础，将来又会作为对项目经理部的成本目标责任和考核奖励的依据。它应反映实际开支，所以在确定成本目标时不应考虑组织的经营战略。

（六）项目进度管理规划

1. 项目进度管理规划应包括进度的管理体系、管理依据、管理程序、管理计划、管理实施和控制、管理协调等内容的规划。

2. 应说明招标文件要求的总工期目标，总工期目标的分解，主要的里程碑事件及主要工程活动的进度计划安排，进度计划表。应规划出保证进度目标实现的组织、经济、技术、合同措施。

3. 项目管理规划大纲中的工期目标与总进度计划不仅应符合招标人在招标文件中提出的总工期要求，而且应考虑到各种环境条件的制约、工程的规模和复杂程度、组织可能有的资源投入强度。在制定总进度计划时应参考已完成的当地同类项目的实际进度状况。

4. 进度计划宜主要采用横道图的形式，并注明主要的里程碑事件。

（七）项目质量管理规划

1. 项目管理规划大纲确定的质量目标应符合招标文件规定的质量标准，应符合法律、法规、规范的要求，应体现组织的质量追求。

2. 项目管理工作方案、质量管理体系、质量保证措施、质量控制活动等都要进行规划，都要保证该质量目标的实现。

（八）项目职业健康安全与环境管理规划

1. 要对职业健康和安全管理体系的建立和运行进行规划，也要对环境管理体系的建立和运行进行规划。

2. 要对危险源进行预测，对其控制方法进行粗略规划。

3. 要编制有战略性和针对性的安全技术措施计划和环境保护措施计划。

4. 对于施工项目管理组织、过程的职业健康安全和环境保护显得尤为重要。建设工程项目管理规划大纲和设计项目管理规划大纲还应特别重视项目产品的职业健康安全性和环境保护性。

（九）项目采购与资源管理规划

项目采购规划要识别与采购有关的资源和过程，包括采购什么，何时采购，询价，评价并确定参加投标的分包人，分包合同结构策划，采购文件的内容和编写等。

项目资源管理规划包括识别、估算、分配相关资源，安排资源使用进度，进行资源控制的策划等。

（十）项目信息管理规划

项目信息管理规划的内容包括：信息管理体系的建立，信息流的设计，信息收集、处理、储存、调用等的构思，软件和硬件的获得及投资等。它服务于项目的过程管理。

（十一）项目沟通管理规划

项目沟通管理规划的内容包括：项目的沟通关系，项目沟通体系，项目沟通网络，项目的沟通方式和渠道，项目沟通计划，项目沟通依据，项目沟通障碍与冲突管理方式，项目协调组织、原则和方式等。

（十二）项目风险管理规划

1. 应根据工程的实际情况对项目的主要风险因素作出预测，并提出相应的对策措施，提出风险管理的主要原则。

2. 项目管理规划大纲阶段对风险的考虑较为宏观，着眼于市场、宏观经济、政治、竞争对手、合同、发包人资信等。

3. 在项目管理规划大纲中可选择的风险对策措施可能有如下一些：（1）回避风险大的项目，选择风险小或适中的项目。对于风险超过自己的承受能力、成功把握不大的项目，不参与投标。（2）技术措施。如选择有弹性的、抗风险能力强的技术方案，而不用新的、未经过工程实用的、不成熟的方案；对地理、地质情况进行详细勘察或鉴定，预先进行技术试验、模拟，准备多套备选方案，采用各种保护措施和安全保障措施。（3）组织措施。对风险很大的项目加强计划工作，选派最得力的技术和管理人员，特别是项目经理；在同期实施的项目中提高它优先级别，在实施过程中严密地控制。（4）购买保险。例如常见的工程损坏、第三方责任、人身伤亡、机械设备的损坏等，可以通过购买保险的办法解决。（5）要求对方提供担保（或反担保），出具资信证明。（6）在投标报价中，根据风险的大小以及发生可能性（概率）在报价中加上一笔不可预见风险费作为风险准备金。（7）采取合作方式共同承担风险，例如通过分包、联营承包，与分包人共同承担风险。（8）通过合同条款的约定分配有关风险。

（十三）项目收尾管理规划

项目的收尾管理规划包括工作成果验收和移交，费用的决算和结算，合同终结，项目审计，售后服务，项目管理组织解体和项目经理解职，文件归档，项目管理总结等。项目管理规划大纲应作出预测和原则性安排。这个阶段涉及问题较多，不能面面俱到，但是重点问题不能忽略。

第三节　施工项目管理实施规划

一、项目管理实施规划的性质

项目管理实施规划与项目管理规划大纲不同，它编制在项目实施前，为指导项目实施而编制。因此，项目管理实施规划是项目管理规划大纲的细化，应具有操作性。它以项目管理规划大纲的总体构想和决策意图为指导，具体规定各项管理业务的目标要求、职责分工和管理方法，为履行合同和项目管理目标责任书的任务作出精细的安排。它可能以整个项目为对象，也可能以某一阶段或某一部分为对象。它是项目管理的执行规划，也是项目管理的"规范"。

二、项目管理实施规划[1]的作用

项目管理实施规划的主要作用如下：

1. 执行并细化项目管理规划大纲。项目管理规划大纲毕竟是企业管理层编制的、战略性的、控制性的、粗线条的、时间较早的规划，所以要通过项目管理实施规划进行贯彻，加以细化，为项目管理提供具体的指导文件。

2. 指导项目的过程管理。项目的过程管理需要目标、组织、职责、依据、计划、程序、过程、标准、方法、资源、措施、评价、认定、考核等要素，需要项目管理实施规划予以提供。

3. 将项目管理目标责任书落实到项目经理部，形成规划性文件，以便实现组织管理层给予的任务。项目管理目标责任书是组织管理层根据合同和经营管理目标要求，明确规定项目经理部应达到的控制目标的文件，是项目经理部任务的来源。项目经理部如何实现目标完成任务呢？必须通过编制项目管理实施规划作出安排，然后才能按规划实施。

4. 为项目经理指导项目管理提供依据。规划成功了的项目管理实施规划可以告诉项目经理，在项目管理中做什么、怎么做、何时做、谁来做、依据什么做、用什么方法做、如何应对风险、怎样沟通与协调、得出什么结果、等等。所以它是项目经理可靠的管理工作依据，像项目经理的《管理手册》那样可靠和有用。

5. 项目管理实施规划是项目管理的重要档案资料，存档后就是可贵的管理储备。

三、项目管理实施规划的编制过程和要求

（一）项目管理实施规划的编制程序[2]

1. 进行合同和实施条件分析。

---

[1]《建设工程项目管理规范》（GB/T 50326—2006）规定：
　4.3.1　项目管理实施规划应对项目管理规划大纲进行细化，使其具有可操作性。
　条文说明：项目管理实施规划应以项目管理规划大纲的总体构想和决策意图为指导，具体规定各项管理业务的目标要求、职责分工和管理方法，把履行合同和落实项目管理目标责任书的任务，贯彻在实施规划中，是项目管理人员的行为指南。

[2] 此条为《建设工程项目管理规范》（GB/T 50326—2006）第4.3.2条规定。
　条文说明：项目管理实施规划编制的主要内容是组织编制。在具体编制时，各项内容仍存在先后顺序关系，需要统一协调和全面审查，以保证各项内容的关联性。

2. 确定项目管理实施规划的目录及框架。

3. 分工编写。项目管理实施规划必须按照专业和管理职能分别由项目经理部的各部门（或各职能人员）编写。有时需要组织管理层的一些职能部门参与。

4. 汇总协调。由项目经理协调上述各部门（人员）的编写工作，给他们以指导，最后由项目经理定人汇总编写内容，形成初稿。

5. 统一审查。组织管理层出于对项目控制的需要，必须对项目管理实施规划进行审查，并在执行过程中进行监督和跟踪。审查、监督和跟踪的具体工作可由组织管理层的职能部门负责。

6. 修改定稿。由原编写人修改，由汇总人定稿。

7. 报批。由项目经理部上报给组织的领导批准项目管理实施规划。它将作为一份有约束力的项目管理文件，不仅对项目经理部有效，而且对组织各个相关职能部门进行服务和监督也有效。

（二）项目管理实施规划编制的要求

1. 项目管理实施规划应在组织管理层的领导下由项目经理组织编写，并监督其执行。在编写中应体现并符合现代项目管理的要求。

2. 它的编制应符合合同和项目管理规划大纲的要求。

从获得招标文件到签订合同、项目实施启动，组织所掌握的信息量不断扩大，经营战略、策略也可能有修改。项目管理实施规划应反映这些变化。但是如果项目管理实施规划对项目管理规划大纲有重大的或原则性的修改，应报请企业相关权力部门（人员）批准。

四、项目管理实施规划的编制依据❶

《建设工程项目管理规范》（GB/T 50326—2006）第4.3.3条规定，项目管理实施规划的编制依据有4项，包括：项目管理规划大纲；项目条件和环境分析资料；工程合同及相关文件；同类项目的相关资料。

1. 依据项目管理规划大纲。从原则上讲，项目管理实施规划是规划大纲的细化和具体化，但在依据规划大纲时应注意在做标、投标、开标后的澄清，以及合同谈判过程中获得的新信息、过去所掌握信息的错误、不完备的地方，招标人新的要求，组织本身提出的新的优惠条件等。因此，项目管理实施规划肯定比项目管理规划大纲会多一些新的内容。

2. 依据项目条件和环境分析资料。编制项目管理实施规划的时候，项目条件和环境应当比较清晰，因此要获得这两方面的详细信息。这些信息越清楚、可靠，据以编制的项目管理实施规划越有用。因此，一是通过广泛收集和调查以获得项目条件和环境的资料；二是进行科学的去粗取精的分析，使资料和信息可用、适用、有效。

3. 依据合同及相关文件。合同内容是项目管理任务的源头，是项目管理实施规划编制的背景和任务的来源，也是实施项目管理实施规划结果是否有用的判别标准，因此这项依据更具有规定性乃至强制性。

所谓相关文件是指法规文件、设计文件、标准文件、政策文件、指令文件、定额文件等，都是编制项目管理实施规划不可或缺的。

---

❶ 《建设工程项目管理规范》（GB/T 50326—2006）中第4.3.3条文说明：编制项目管理实施规划的依据中，最主要的是项目管理规划大纲，应保持两者的一致性和连贯性，其次是同类项目的相关资料。

4. 依据同类项目的相关资料。同类项目的相关资料具有可模仿性，因为项目具有相近性。积累资料的作用此时也得到了印证。

5. 组织管理层与项目经理之间签订的项目管理目标责任书规定了项目经理的权力、责任和利益、项目的目标管理过程、在项目实施过程中组织管理层与项目经理部之间的工作关系等，编制项目管理实施规划也应作为依据。《项目管理目标责任书》体现组织的总体经营战略，符合组织的根本利益，保证组织对项目的有力控制，防止项目失控，能够充分发挥项目经理和项目经理部各部门（人员）的积极性和创造性，保证在项目上能够利用组织的资源和组织的总体优势，对项目管理实施规划成功编制和发挥作用很有用。组织也应将《项目管理目标责任书》作为组织管理系统的一部分，进行专门设计，并标准化。

6. 其他。其他依据还有：项目经理部的自身条件及管理水平；项目经理部掌握的新的其他信息；组织的项目管理体系；项目实施中项目经理部的各个职能部门（或人员）与组织的其他职能部门的关系，工作职责的划分等。

五、项目管理实施规划的编制内容❶

《建设工程项目管理规范》（GB/T 50326—2006）第 4.3.4 条规定，项目管理实施规划应包括下列 16 项内容：项目概况；总体工作计划；组织方案；技术方案；进度计划；质量计划；职业健康安全与环境管理计划；成本计划；资源需求计划；风险管理计划；信息管理计划；项目沟通管理计划；项目收尾管理计划；项目现场平面布置图；项目目标控制措施；技术经济指标。现详述如下。

（一）项目概况

应在项目管理规划大纲项目概况的基础上，根据项目实施的需要进一步细化。由于此时临近项目实施，项目各方面的情况进一步明朗化，故对项目管理规划大纲中项目概况是有条件细化的，也只有细化了，实施者才能真正了解项目。项目管理实施规划的项目概况具体如下：项目特点具体描述；项目预算费用和合同费用；项目规模及主要任务量；项目用途及具体使用要求；工程结构与构造；地上、地下层数；具体建设地点和占地面积；合同结构图、

---

❶ 《建设工程项目管理规范》（GB/T 50326—2006）中第 4.3.4 条文说明：项目管理实施规划应包括的内容有：

1. 项目概况应在项目管理规划大纲的基础上根据项目实施的需要进一步细化。
2. 总体工作计划应将项目管理目标、项目实施的总时间和阶段划分具体明确，对各种资源的总投入作出安排，提出技术路线、组织路线和管理路线。
3. 组织方案应编制出项目的项目结构图、组织结构图、合同结构图、编码结构图、重点工作流程图、任务分工表、职能分工表并进行必要的说明。
4. 技术方案主要是技术性或专业性的实施方案，应辅以构造图、流程图和各种表格。
5. 进度计划应编制出能反映工艺关系和组织关系的计划、可反映时间计划、反映相应进程的资源（人力、材料、机械设备和大型工具等）需用量计划以及相应的说明。
6～13. 质量计划、职业健康安全与环境管理计划、成本计划、资源需求计划、风险管理计划、信息管理计划、项目沟通管理计划和项目收尾管理计划，均应按相应章节的条文及说明编制。为了满足项目实施的需求，应尽量细化，尽可能利用图表表示。各种管理计划（规划）应保存编制的依据和基础数据，以备查询和满足持续改进的需要。在资源需求计划编制前应与供应单位协商，编制后将计划提交供应单位。
14. 项目现场平面布置图按施工总平面图和单位工程施工平面图设计和布置的常规要求进行编制，须符合国家有关标准。
15. 项目目标控制措施应针对目标需要进行制定，具体包括技术措施、经济措施、组织措施及合同措施等。
16. 技术经济指标应根据项目的特点选定有代表性的指标，且应突出实施难点和对策，以满足分析评价和持续改进的需要。

主要合同目标；现场情况；水、电、暖气、煤气、通信、道路情况；劳动力、材料、设备、构件供应情况；资金供应情况；说明主要项目范围的工作清单；任务分工；项目管理组织体系及主要目标。

(二) 总体工作计划

总体工作计划包括项目管理工作总体目标，项目管理范围，项目管理工作总体部署，项目管理阶段划分和阶段目标，保证计划完成的资源投入、技术路线、组织路线、管理方针和路线等。

对于施工项目来说，总体工作安排近似于施工部署。在施工部署中，应明确下列内容：该项目的质量、进度、成本及安全总目标；拟投入的最高人数和平均人数；分包计划；劳务供应计划；物资供应计划；表示施工项目范围的项目专业工作（包）表（表中列出工作〈包〉编码、工作名称、工作范围、目标成本、质量标准或要求、完成时间、责任人、其他相关人）。工程施工区段（或单项工程）的划分及施工顺序安排等。

(三) 组织方案

组织方案包括下列内容：

1. 项目管理组织应编制出项目的项目结构图、组织结构图、合同结构图、编码结构图、重点工作流程图、任务分工表、职能分工表，并进行必要的说明。各种图应按规则编制，处理好相互之间的关系。例如，项目结构图可不画箭头，组织结构图必须有单项箭头，合同结构图要有双向箭头，编码结构图可无箭头，重点工作流程图要有单向箭头。各图都要进行编码，而编码要依据编码结构图的统一设计。

2. 合同所规定的项目范围与项目管理责任。

3. 项目经理部的人员安排（主要由项目的规模和管理任务决定）。

4. 项目管理总体工作流程。

5. 项目经理部各部门的责任矩阵。责任矩阵的横向栏目为项目经理部的各个职能部门和主要人员；竖向栏目为项目管理的工作分解（WBS）成果——工作包。项目管理的工作包可以按照项目的阶段分解或按管理的职能工作分解。在责任矩阵中应标明该工作的完成人、决策（批准）人、协调人等。

6. 工程分包策略和分包方案、材料供应方案、设备供应方案。

7. 新设置的制度一览表；引用组织已有制度一览表。

(四) 技术方案

技术方案指处理项目技术问题的安排，包括：项目构造与结构、工艺方法、工艺流程、工艺顺序、技术处理、设备选用、能源消耗、技术经济指标等。应辅以必要的图表，以便表达清楚。

对于施工项目来说，技术方案就是施工方案。施工方案应对各单位工程、分部分项工程的施工方法作出说明，包括进行安全施工设计。

(五) 进度计划

进度计划包括进度图、进度表、进度说明，与进度计划相应的人力计划、材料计划、机械设备计划、大型机具计划及相应的说明。图应能反映出工艺关系和组织关系，其他内容也要尽量详细具体，以便于操作。进度计划应合理分级，即注意使每份计划的范围大小适中，不要使计划范围过大或过小，也不要只用一份计划包含所有的内容。现说明以下问题：

1. 应按照项目管理规划大纲与合同的要求编制详细的进度计划。进度计划的详细程度应使所包括的内容符合合同的规定或发包人的要求。

2. 如果是多项目,则进度计划应分级编制。

3. 进度计划应主要使用网络计划技术,并使用计算机绘图、计算各项工作的时间参数、根据需要输出适用的计划图和表。

4. 进度计划的编制应包括以下内容:(1)进度计划说明。用以说明进度计划的编制依据、指导思想、编制思路及使用时应注意的事项;(2)进度计划图和表。该计划图和表根据总体工作计划中的进度控制目标进行编制,用以安排进度控制的实施步骤和时间。

5. 准备工作计划:详细准备工作计划包括下列内容:准备组织及时间安排;技术准备工作;作业人员和管理人员的组织准备;物资准备;资金准备。大型项目准备工作应采用项目管理方法,确定准备工作的范围,对准备工作进行结构分解,确定各项工作的负责人、工作要求、时间安排,并可编制准备工作网络计划。

(六)质量计划

质量计划要按《质量体系要求》(GB/T 19001—2000)中质量策划的要求实施。首先要策划质量目标:最高管理者应确保组织的相关职能和层次上建立质量目标,质量目标包括满足产品要求所需的内容(产品的质量目标和要求)。质量目标应是可测量的,并与质量方针保持一致。其次要进行质量管理体系策划,最高管理者应确保质量体系满足质量目标及质量管理体系的总要求;最高管理者在对质量管理体系的变更进行策划和实施时,保证质量管理体系的完整性。质量计划还应按《建设工程项目管理规范》(GB/T 50326—2006)第10.2的有关规定执行。

《建设工程项目管理规范》(GB/T 50326—2006)第10.2.2条规定,质量计划的编制应依据下列资料:合同中有关产品(或过程)的质量要求;与产品(或过程)有关的其他要求;质量管理体系文件;组织针对项目的其他要求。

《建设工程项目管理规范》(GB/T 50326—2006)第10.2.3条规定,质量计划应确定下列内容:质量目标和要求;质量管理组织和职责;所需的过程、文件和资源;产品(或过程)所要求的评审、验证、确认、监视、检验和试验活动,以及接收准则;记录的要求;所采取的措施。

(七)职业健康安全与环境管理计划

职业健康安全与环境管理计划在项目管理规划大纲中职业健康安全与环境管理规划的基础上细化下列内容:

1. 项目的职业健康安全管理点;

2. 识别危险源,判别其风险等级:可忽略风险、可容许风险、中度风险、重大风险和不容许风险。对不同等级的风险采取不同的对策;

3. 制定安全技术措施计划;

4. 制定安全检查计划;

5. 根据污染情况制定防治污染、保护环境计划。

(八)成本计划

在项目管理实施规划中,成本计划是在项目目标规划的基础上,结合进度计划、成本管理措施、市场信息、组织的成本战略和策略,具体确定主要费用项目的成本数量以及降低成本的数量,确定成本控制措施与方法,确定成本核算体系,为项目经理部实施项目管理目标责任书提出实施方案和方向。

（九）资源需求计划

1. 资源需求计划的编制首先要用预算的办法得到资源需要量，列出资源计划矩阵（表 4-1），然后结合进度计划进行编制，列出资源数据表（表 4-2），画出资源横道图（图 4-3）、资源负荷图（图 4-4）和资源累积曲线图（图 4-5）。

表 4-1　资源计划矩阵

WBS 结果	资源需求量				备注
	资源 1	资源 2	…	资源 n	
工作包 1					
工作包 2					
工作包 3					
⋮					
工作包 n					
合计					

表 4-2　资源数据表

需求资源种类	需求资源总量	资源需求量			
		1	2	…	n
资源 1					
资源 2					
资源 3					
⋮					
资源 n					

资源种类	项目阶段											
	1	2	3	4	5	6	7	8	9	10	…	n
资源 1												
资源 2												
资源 3												
⋮												
资源 n												

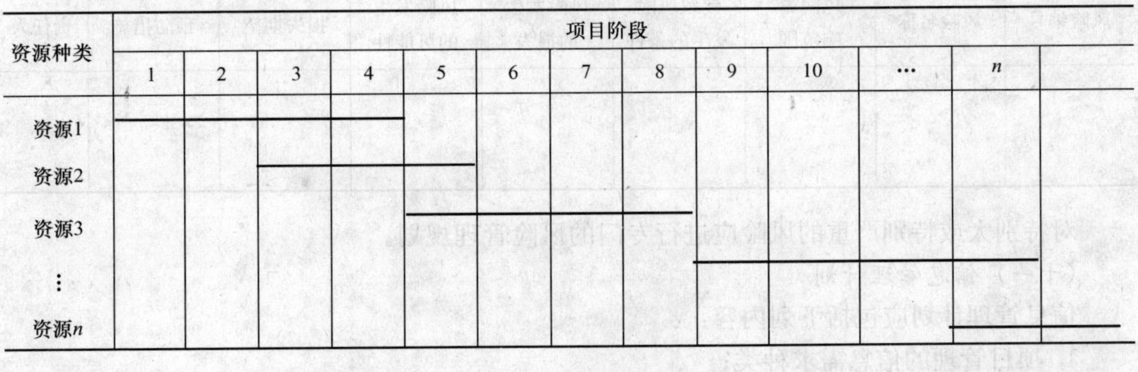

图 4-3　资源横道图

2. 资源供应计划。资源供应计划是进度计划的支持性计划，满足资源需求。项目管理实施规划应分类编制资源供应计划，包括：劳动力的招雇、调遣、培训计划；材料采购订货、运输、进场、储存计划；设备采购订货、运输、进出场、维护保养计划；周转材料供应采购、租赁、运输、保管计划；预制品订货和供应计划；大型工具、器具供应计划等。

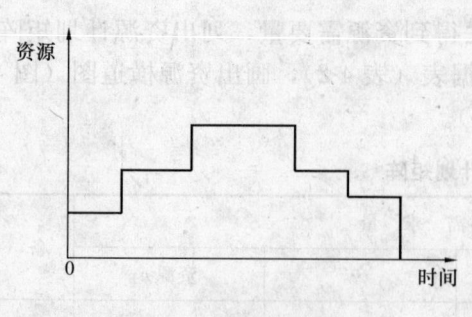
图 4-4 资源负荷图
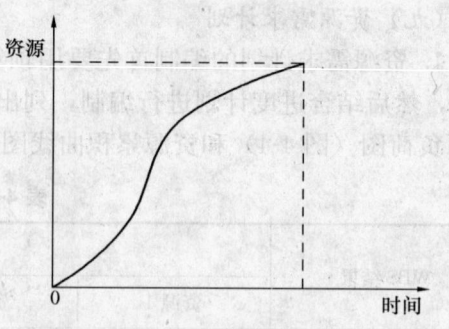
图 4-5 资源累积需求曲线

（十）风险管理计划

项目风险管理计划应包括以下内容：

1. 列出项目过程中可能出现的风险因素清单，包括：由于环境变化导致的风险，如气候的变化、物价的上涨、不利的地质条件等；由项目工作结构分解获得的工程活动的风险；由施工项目的参加者各方产生的风险，如业主风险、分包商风险、监理工程师风险、设计单位风险。

2. 对风险出现的可能性（概率）以及如果出现将会造成的损失作出估计。风险的影响不仅是费用的增加，而且要考虑对项目其他目标的影响，如工期的拖延、对组织形象的影响，由于安全、环境等问题导致的法律责任等。

3. 对各种风险作出确认，根据风险量列出风险管理的重点，或按照风险对目标的影响确定风险管理的重点。

4. 对主要风险提出防范措施。

5. 落实风险管理责任人。风险责任人通常与风险的防范措施相联系。应在上述内容的基础上编制风险分析表，如表4-3所示。

表 4-3 风险分析表

风险编号	风险名称	风险影响范围	导致风险发生的条件	风险发生的损失	风险发生的可能性	损失期望	预防措施	责任人

对特别大或特别严重的风险应进行专门的风险管理规划。

（十一）信息管理计划

信息管理计划应包括下列内容：

1. 项目管理的信息需求种类；
2. 项目管理中的信息流程；
3. 信息来源和传递途径；
4. 信息管理人员的职责和工作程序。

（十二）项目沟通管理计划

项目沟通管理计划应包括下列内容：

1. 项目的沟通方式和途径；
2. 信息的使用权限规定；
3. 沟通障碍与冲突管理计划；
4. 项目协调方法。

（十三）项目收尾管理计划

项目收尾管理计划应主要包括下列内容：
1. 项目收尾计划；
2. 项目结算计划；
3. 文件归档计划；
4. 项目创新总结计划。

（十四）项目现场平面布置图

现场平面布置图对于各方项目管理组织都是重要的。应按照国家或行业规定的制图标准绘制，不得有随意性。现场平面布置图应包括以下内容：
1. 在现场范围内现存的永久性建筑；
2. 拟建的永久性建筑；
3. 永久性道路和临时道路；
4. 垂直运输机械；
5. 临时设施，包括办公室、仓库、配电房、宿舍、料场、搅拌站等；
6. 水电管网；
7. 平面布置图说明。

（十五）项目目标控制措施

1. 应针对工程的具体情况提出如下技术组织措施，包括：保证进度目标的措施；保证质量目标的措施；保证安全目标的措施；保证成本目标的措施；保证季节性工作的措施；保护环境的措施等。
2. 每一种目标的控制措施均应从组织、经济、技术、合同、法规等方面考虑，务求可行、有效。
3. 组织措施的特点是，措施与组织机构、分工、责任制、计划工作、制度有关。
4. 经济措施的特点是，与资金、核算、价格、概算、预算有关。
5. 技术措施的特点是，措施与工艺、技术方案、工法有关。
6. 合同措施的特点是，与谈判、招投标、合同签订、索赔等有关。
7. 法规措施的特点是，制定措施时利用法规的强制性，实施中利用法规解决问题的有效性。

（十六）技术经济指标

1. 项目技术经济指标是计划目标和实现目标的数量表现，用以评价组织的项目管理实施规划的水平和质量。不同的项目管理组织的项目技术经济指标是不同的，应分别进行设计。技术经济指标的内容一般都应包括表示技术、经济、管理（主要是进度、质量、成本、安全、节约）、效益的指标。既要合理使用绝对数指标，又要善于使用相对数指标，以便于对比。必要时也可通过评分进行评价。
2. 在项目管理实施规划中应列出规划所达到的技术经济指标。这些指标是规划的结果，体现规划的水平；它们又是项目管理目标的进一步分解，可以验证项目目标的完成程度和完成的可能性。规划完成后作为确定项目经理部责任的依据。组织对项目经理部,以及项目经理部对其职能部门或人员的责任指标应以这些指标为依据。项目完成后,应作为评价项目管理业绩的内容和依据。

3. 指标的设立应符合以下原则:
(1) 技术经济指标的名称、内容、统计口径应符合国家、行业、企业的统计要求;
(2) 与项目目标有一致性,与合同、发包人的要求相一致;
(3) 能够进行实际与计划的对比,可以进行定量考核。

4. 要进行技术经济指标的计算与分析。为此应列出规划指标,对以上指标的水平作出分析和评价,提出实施难点和对策建议。

5. 技术经济指标至少应包括以下方面:
(1) 进度方面的指标:总工期;
(2) 质量方面的指标:工程整体质量标准、分部分项工程的质量标准;
(3) 成本方面的指标:工程总造价或总成本、单位工程成本、成本降低率;
(4) 资源消耗方面的指标:总用工量、用料量、子项目用工量、高峰人数、节约量、机械设备使用数量。

6. 项目管理评价指标可以按照组织对项目管理的要求、项目的特殊性、发包人和监理工程师对信息的要求增加或减少。

六、项目管理实施规划的管理❶

《建设工程项目管理规范》(GB/T 50326—2006)第 4.3.5 条规定,组织对项目管理实施规划的管理,应符合下列要求:项目经理签字后报组织管理层审批;与各相关组织的工作协调一致;进行跟踪检查和必要的调整;项目结束后,形成总结文件。现详述如下:

(一)项目管理实施规划的编制与审批责任

项目管理规划大纲的编制权和审批权都在组织管理层。而项目管理实施规划的编制权只能在项目管理层,原因是项目管理层是项目管理的具体实施者,必须先进行规划,然后按计划实施管理。项目经理应负责组织相关职能部门(或人员)编制。

由于项目管理实施规划涉及众多的专业,故职能部门或人员应按责任制进行分工编制,由综合管理部门对相关部门的工作进行协调、综合平衡后汇总,再由项目经理审核后签字。

由于项目管理实施规划贯彻项目管理规划大纲,涉及组织的整体工作、合同和经营目标的实现,故必须报企业管理层审批。

项目管理实施规划在编制过程中必须听取组织管理层相关部门的意见。如果需要,应会同这些部门共同参与编写,编写完成后再报送这些部门。这样做的目的是:使他们了解项目的实施过程;获得他们对实施规划的认同;把实施规划中涉及的内容纳入部门计划中,对这些工作预先作出安排;取得承诺,在项目的实施过程中保证按照实施规划的要求给项目提供资源,完成他们所应承担的工作责任。

项目管理实施规划的内容、式样、规格等应符合整个建设工程项目管理的要求。在项目

---

❶ 《建设工程项目管理规范》(GB/T 50326—2006)中第 4.3.5 条文说明:每个项目的项目管理实施规划执行完成以后,都应当按照管理的策划、实施、检查、处置(PDCA)循环原理进行认真总结,形成文字资料,并同其他档案资料一并归档保存,为项目管理规划的持续改进积累管理资源。

工作结构分解、编码体系、管理流程、项目管理的方法和工具等方面与建设工程项目管理系统有一致性。这样不仅能够保证整个建设工程项目管理的一体化运作，而且项目经理可与相关组织有良好的沟通。

（二）项目管理实施规划的实施

对项目管理实施规划的实施，与所有计划的实施一样，也要经过交底落实、检查、调整，也就是控制的过程。

落实就是将规划落实到相关的责任部门，明确他们的目标、指标、措施，使之承担起责任来，并在最终接受考核评价。

项目管理实施规划编制批准后应分发给项目经理部的各职能部门（或人员）、分包人、相关供应人，并向他们做交底，对其中的内容作出解释：应按专业和子项目进行交底，落实执行责任，各部门和各子项目提出保证实现的措施。在全过程中，各方面的工作都应贯彻项目管理实施规划的要求。

检查应是定期的，如按月、季进行检查，将实际情况与规划要求进行对比，判断是否有偏差，是否要纠正偏差。当无法纠正偏差或原目标无法实现时，就要对规划进行调整，改变原目标、做法或措施，使之适应新的情况，继续发挥规划的作用。制定相应的检查规定和奖罚标准，制定检查办法、协调办法、考核办法又奖惩办法。

（三）项目管理实施规划总结

项目管理实施规划实施完成以后，应按 PDCA 循环原理进行总结。总结出在项目管理实施规划编制、实施中的经验教训，新技术应用成果、技术和管理创新成果等，形成文件，作为改进后续工作的参考和管理资源的储备，也可制定工法报有关部门审查、鉴定、批准。在以后的新项目管理中应有效地利用这些资料，使组织的项目管理工作能够持续改进。

第五章 施工项目目标控制

第一节 施工项目目标控制概述

一、施工项目的控制

（一）控制的定义

在项目施工过程中，怎样保证施工项目按计划规定的轨道进行，是施工项目控制的任务，也是施工项目经理的职责。世界上没有不需要进行控制的施工项目，因为理想的、完美无缺的计划是没有的，理想的、没有干扰并完全均衡地组织、分毫不差地按计划运行也是不可能的。这是因为施工项目都是处在一个开放的动态系统中，施工环境的变化、设计或业主目标的变化、施工方案的缺陷及其他风险的出现，使原计划必须不断修改，以适应新的变化。解决施工中发现的原计划与实际差异的矛盾及新的变化带来的新的矛盾和问题，都是控制。

有人说管理就是控制，这是指广义的控制，包括提出问题、研究问题、计划、控制、监督、反馈等完善的管理全过程。施工项目控制是指在实现项目管理对象目标过程中，通过对按原计划实施所检查收集到的实施信息，与原计划进行比较，发现偏差在允许偏差范围之外，采取措施纠正偏差，以保证按原计划正常实施的活动过程。直观地说，控制是指施控主体对受控客体（被控对象）的一种能动作用，此作用能使受控客体根据施控主体的预定目标而运动，最终实现这一目标。

（二）施工项目控制的任务

施工项目的总任务是保证按原来预定的计划实施项目，保证项目具体目标和总目标的圆满实现。

施工阶段是建设项目管理的一个特殊阶段，对项目成败具有举足轻重的作用。这是因为：

1. 现代工程项目的特点是投资大、规模大、系统复杂、技术要求高，故计划实施的难度大。如果不进行有效控制，计划很难实现，可能导致项目的失败。

2. 现代专业化任务分工使参加项目施工的单位增多。无论是总包的项目经理或专业分包项目经理，在项目施工管理中，需要各单位在时间上、空间上协调一致，才能正常顺利地按计划实施。实际上，出于各自的利益、立场不同，各有自己的项目和工作，因此会带来一些行为上的不一致、不协调或管理上的失误，因而使项目实施受到干扰，总包商对分包商必须有严格的控制。

3. 实施中其他干扰事件容易使施工过程偏离项目目标、偏离计划，必须进行控制。施工过程中的干扰因素往往有：

（1）不可抗力造成的外界环境的变化。如洪水、恶劣的气候条件、战争等迫使施工无法进行，材料运输延误。

（2）不是承包商原因造成的供应问题。如停电、停水、受阻、业主资金短缺等。

(3) 设计和计划的缺陷或错误。如设计变更修改，施工秩序被打乱；实施计划与实施环境条件发生较大偏差和失误。

(4) 项目参加者的协调不力，造成局部延误。

(5) 由于劳务质量或组织管理问题，生产效率不高，未达到实际的生产能力。

(6) 业主的目标变化或不断提出新的要求，造成对项目目标的干扰。

上述干扰事件，都会造成工程施工与目标和计划的偏离。只有严密、严格地控制，并不断调整实施过程，保持实施与目标和计划一致，或修改、调整计划，确保目标实现。这说明项目控制是为项目总目标服务的。

二、控制的原理

对施工项目经理来说，对施工项目的控制过程就是决策过程。为施工项目经理提供决策的依据是合同、进度计划、成本计划、质量标准等。控制应是在施工中不断检查和监督各种计划执行情况，通过连续地报告、审查、计算、比较，力争将实际执行结果与控制标准之间的偏差减少到最低限度，保证项目目标的实现。

控制的全过程从图 5-1 中可以看出，首先从预测目标中建立计划或标准；其次是把正在发生的情况与计划标准比较；再其次是对发生的偏差，分析出现的原因；最后是及时采取措施，并修正计划，以满足目标要求。完成之后再开始下一个循环过程。以上四个方面缺一不可，否则项目施工有可能失去控制。

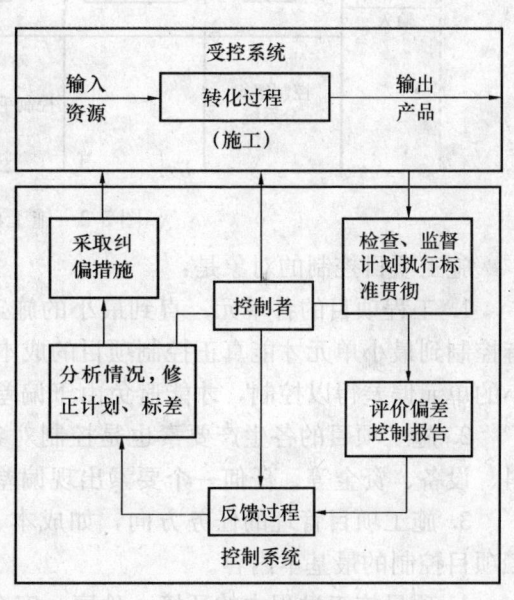

图 5-1 控制模式

当施工项目出现的偏差超过标准范围，需要纠正，而纠正偏差需要消耗一定的时间和资源。施工项目是有严格的时间和资源约束条件的，因此监控显得更有必要。项目经理在制定计划时，一定要注意为防止意外事情发生，必须考虑在时间上和资源上给予一定的宽限，称应急宽限，以便采取补救措施时可以利用。应急宽限的大小，应视项目的性质、条件而定。应急宽限越大，相应的费用就越多。

事后控制的方法是在每项工作完成之后去检查，如果没有完成标准，这项工作可以返工。在这种极端情况下，应急宽限较大，是指项目在时间和资源上很宽裕，相应的应急费用较多。在这种情况下，计划和控制方案可相对粗一些，以减少这方面的费用。实际控制也可减少到最低限度，此时的监控费用最低。这是一种不考虑应急的措施，监控代价很小，一旦需要补救，往往导致项目在时间和费用上的支出超过可支付能力，代价十分昂贵。

连续监控方法使监控方案制订得全面、细致、深入。计划实施过程中各种偏差几乎随时都可以发现，并及时消除。这种方法需消耗大量的人力、物力、财力，监控费用较多。因为这种方法在实际上没有使用应急宽限，应急费用可减少到最低。

三、施工项目实施控制系统

施工项目控制是个综合的大系统，这是施工项目系统性决定的。施工项目的控制系统包括了对象系统、组织系统、目标系统、方法系统、措施系统及信息系统等。施工项目控制系统如图 5-2 所示。

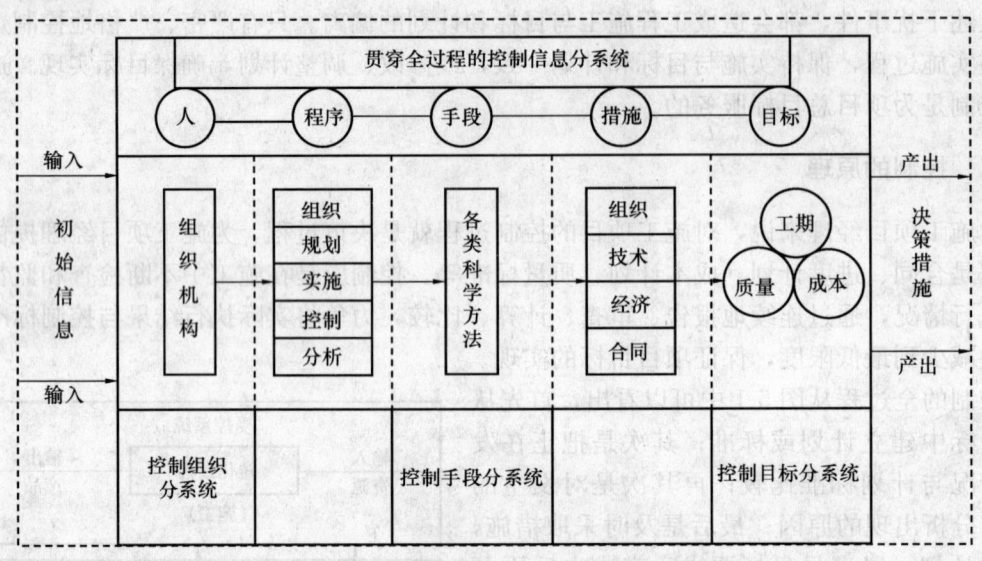

图 5-2 施工项目控制的系统模式

施工项目控制的对象是：

1. 工程项目的各单元，直到最小的施工过程，即从宏观到微观方面都是控制对象。只有控制到最小单元才能真正控制项目的成本、工期、质量，才能真正找出偏差的原因。只有小的单元偏差得以控制，才能避免由于偏差的隐蔽性而造成的大损失。

2. 施工项目的各生产要素也是控制对象。施工项目的生产要素包括劳动力、技术、材料、设备、资金等。任何一个要素出现偏差，都直接干扰计划的实现。

3. 施工项目管理的任务方向，如成本、质量、工期、合同等也是控制的对象。这是施工项目控制的最基本内容。

4. 项目施工过程中的环境、秩序、安全、现场、文明施工、稳定性等也是控制对象。

四、施工项目控制的方法和措施

（一）综合控制

施工项目控制是按照系统结构分析的方法，将控制分解为若干个控制职能，但实际控制工作中它是系统的、综合性的。施工项目是项系统工程，各重要目标之间存在着相互依存、相互影响、相互联系的关系，所以要强调综合控制。主要控制目标之间的关系如图 5-3 所示。

1. 在检查诊断发现偏差进行分析时，要综合分析工期、成本、质量、工作效率状况，并有综合评价，才能找到影响偏差的真正因素。若仅控制分析一个或两个参数，很可能造成误导，或引起不应有的损失。

2. 在考虑调整方案时，一般要求采取综合的技术、任务、组织、管理、合同措施，对

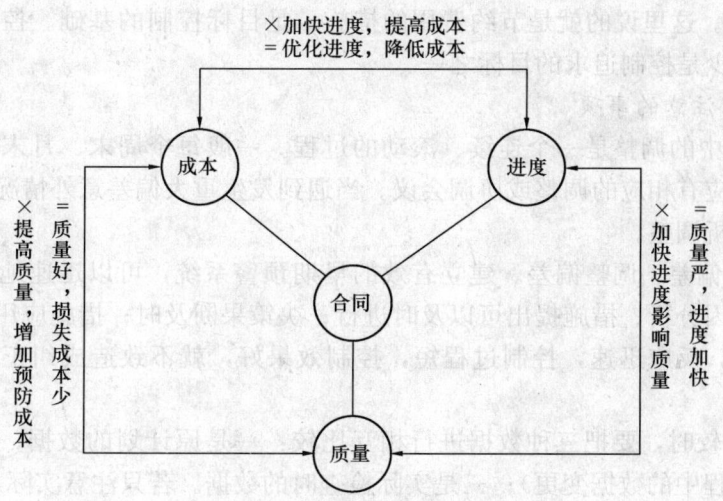

图 5-3 进度、质量、成本的关系

注:"×"为相互矛盾;"="为相互统一

进度、成本、质量进行综合调整。

（二）施工项目目标控制的方法

目标控制各专业适用的控制方法如表 5-1 所示。

表 5-1 适用目标控制方法

目标控制	主要适用方法
进度控制	横道图计划法，网络计划法，"S"形（或"香蕉"形）曲线法
质量控制	检查对比法，数理统计法，方针目标管理法，图表方法
成本控制	量本利法，价值工程法，偏差控制法，估算法
安全控制	树枝图法，瑟利模式法，多样诺模型法
施工现场控制	PASS方法，看板管理法，责任承担法

（三）施工项目目标控制的措施

施工项目的控制措施包括：合同措施、技术措施、经济措施和组织措施。

1. 合同措施。施工项目管理中涉及的合同有施工合同、主要材料及设备的供应合同、分包合同、劳务合同、内部承包合同等。控制的主要目标是工程承包合同产生的，但其他各种与项目有关的合同都与控制目标有着密切关系，且其他各种合同的另一方主体也负有相应的责任。合同就是"标准"，偏离任何目标就是偏离合同"标准"。一旦偏离"标准"时。无论何方原因都应立即受到约束，使之恢复正常。

2. 组织措施。项目管理中，组织制定控制目标，协调目标的实施，检查、诊断出现的偏差，分析、评价偏差产生的原因，对偏差采取调控措施，都是组织的职能运用。组织措施使不同层次管理组织在各个环节中充分发挥其能动作用。组织是控制力的源泉。具体的组织措施有：严密的责任体系、科学的管理程序、管理规章制度、各职能管理之间建立权力制衡、定期的检查和报告制度等。

3. 技术措施。项目施工过程中，由于承包人技术上的因素造成实施与计划（标准）的偏离是经常出现的。即使其他因素造成偏离，也存在施工工艺、施工技术、施工方案和施工措施的调控。

4. 经济措施。这里说的就是节约费用的措施,是目标控制的基础。控制费用最小和调控偏离时成本最少是控制追求的目标之一。

(四)控制需注意的事项

1. 控制过程中的调整是一个连续、滚动的过程。一般每个周末、月末或主要分部过程阶段结束时,都应有相应的调整或协调会议。当遇到发生重大偏差意外情况时,必须及时召开会议,进行分析调整。

2. 及时认识偏差、调整偏差。建立有效的早期预警系统,可以迅速地提供信息,能早期识别偏差;原因分析、措施提出可以及时进行;决策果断及时;措施应用和效果的时间确定。如果早发现,反应迅速,控制过程短,控制效果好,就不致造成纠正偏差难度大和损失大。

3. 在数据比较时,要把三种数据进行相互比较:一是原计划的数据;二是变更后的计划数据(调控过程中的数据变更);三是实际检查时的数据。若只注意实际与原计划的比较,可能导致错误的结果。

第二节　施工项目风险管理

一、施工项目风险管理概述

风险,是在特定条件下和特定时间内,那些可能发生的结果间的差异。

风险的三个基本要素是:风险因素的客观存在性;风险事件发生的不确定性;风险后果的不确定性。

施工项目风险是影响施工项目目标实现的事先不能确定的内外部的干扰因素及其发生的可能性。施工项目一般都是规模大、工期长、关联单位多、与环境接口复杂,包含着大量的风险,其主要风险如表5-2所示。

表5-2　施工项目的主要风险

分类依据	风险种类	内容
风险原因	自然风险	自然力的不确定性变化给施工项目带来的风险,如地震、洪水、沙尘暴等;未预测到的施工项目的复杂水文地质条件、不利的现场条件、恶劣的地理环境等,使交通运输受阻,施工无法正常进行,造成人财损失等风险
	社会风险	社会治安状况、宗教信仰的影响、风俗习惯、人际关系及劳动者素质等形成的障碍或不利条件给项目施工带来的风险
	政治风险	国家政治方面的各种事件和原因给项目施工带来意外干扰的风险。如战争、政变、动乱、恐怖袭击、国际关系变化、政策多变、权力部门专制和腐败等
	法律风险	法律不健全、有法不依、执法不严,相关法律内容变化给项目带来的风险;未能正确全面的理解有关法规,施工中发生触犯法律行为被起诉和处罚的风险
	经济风险	项目所在国或地区的经济领域出现的或潜在的各种因素变化,如经济政策的变化、产业结构的调整、市场供求变化带来的风险。如汇率风险、金融风险
	管理风险	经营者因不能适应客观形势的变化,或因主观判断失误,或因对已发生的事件处理不当而带来的风险。包括财务风险、市场风险、投资风险、生产风险等
	技术风险	由于科技进步、技术结构及相关因素的变动给施工项目技术管理带来的风险;由于项目所处施工条件或项目复杂程度带来的风险;施工中采用新技术、新工艺、新材料、新设备带来的风险

续表

分类依据	风险种类	内 容
风险的行为主体	承包商	企业经济实力差，财务状况恶化，处于破产境地，无力采购和支付工资； 对项目环境调查、预测不准确，错误理解业主意图和招标文件，投标报价失误； 项目合同条款遗漏、表达不清，合同索赔管理工作不力； 施工技术、方案不合理，施工工艺落后，施工安全措施不当； 工程价款估算错误、结算错误； 没有适合的项目经理和技术专家，技术、管理能力不足，造成失误，工程中断； 项目经理部没有认真履行合同和保证进度、质量、安全、成本目标的有效措施； 项目经理部初次承担施工技术复杂的项目，缺少经验，控制风险能力差； 项目组织结构不合理、不健全，人员素质差，纪律涣散，责任心差； 项目经理缺乏权威，指挥不力； 没有选择好合作伙伴（分包商、供应商），责任不明，产生合同纠纷和索赔
	业主	经济实力不强，抵御施工项目风险能力差； 经营状况恶化，支付能力差或撤走资金，改变投资方向或项目目标； 缺乏诚信，不能履行合同：不能及时交付场地、供应材料、支付工程款； 管理能力差，不能很好地与项目相关单位协调沟通，影响施工顺利进行； 业主违约、苛刻刁难，发出错误指令，干扰正常施工活动
	监理工程师	起草错误的招标文件、合同条件； 管理组织能力低，不能正确执行合同，下达错误指令，要求苛刻； 缺乏职业道德和公正性
	其他方面	设计内容不全，有错误、遗漏，或不能及时交付图纸，造成返工或延误工期； 分包商、供应商违约，影响工程进度、质量和成本； 中介人的资信、可靠性差，水平低难以胜任其职，或为获私利不择手段； 权力部门（主管部门、城市公共部门）的不合理干预和个人需求； 施工现场周边居民、单位的干预
风险对目标的影响	工期风险	造成局部或整个工程的工期延长，项目不能及时投产
	费用风险	包括报价风险、财务风险、利润降低、成本超支、投资追加、收入减少等
	质量风险	包括材料、工艺、工程不能通过验收，试生产不合格，工程质量评价为不合格
	信誉风险	造成对企业形象和信誉的损害
	安全风险	造成人身伤亡、工程或设备的损坏

二、施工项目风险管理❶

风险管理，是指在对风险的不确定性及可能性等因素进行考察、预测、分析的基础上，制定出包括识别衡量风险、管理处置风险、控制防范风险等一整套科学系统的管理方法。

---

❶ 《建设工程项目管理规范》（GB/T 50326—2006）规定：
2.0.22 项目风险管理指对项目的风险所进行的识别、评估、响应和控制等活动。
条文说明：项目风险管理是项目管理的一项重要管理过程，它包括对风险的预测、辨识、分析、判断、评估及采取相应的对策，如风险规避、控制、分隔、分散、转移、自留及利用等活动。这些活动对项目的目标至关重要，甚至会决定项目的成败。风险管理水平是衡量组织素质的重要标准，风险控制能力则是判定项目管理者管理能力的重要依据。因此，项目管理者必须建立风险管理制度和方法体系。
风险管理的任务一般包括确定和评估风险，识别潜在损失因素及估算损失大小，制定风险的财务对策，采取应对措施，制定保护方案，落实安全措施以及管理索赔等。
项目中各个组织所承担的风险是不相同的。发包人应采用合同或其他方式，将风险分配给最可能避免风险发生的组织承担。

在施工项目实施的过程中，由于风险的存在使得建立在正常理想基础上的目标和决策、施工规划和方案、管理和组织等都有可能受到干扰，与实际产生偏离，导致经济效益下降，甚至影响全局，使项目失控，因此在施工项目管理中应包括对风险进行管理，力求在施工项目面临纯粹风险时，将损失减少到最小，在面临投机风险时，争取更大收益。

施工项目风险管理是用系统的动态的方法，对施工项目实施全过程中的每个阶段所包含的全部风险进行识别、衡量、控制，有准备地、科学地安排、调整施工活动中合同、经济、组织、技术、管理等各个方面和质量、进度、成本、安全等各个子系统的工作，使之顺利进行，减少风险损失，创造更大效益的综合性管理工作。

三、施工项目风险管理目标

施工项目风险管理目标应该与企业的总目标相一致，随着企业的环境和特有属性的发展变化而不断调整、改变，力求与之相适应。表 5-3 列举了适应企业不同条件时的施工项目风险管理目标。

表 5-3 施工项目风险管理目标

阶　段	企业环境及目标	施工项目风险管理目标
初创阶段	企业初创，规模较小，影响力较小； 急需获取项目，以微利维持生存； 急需开拓新的（国内其他地区或国际）市场	维持生存、避免经营中断； 稳定收入、安定局面； 坚持诚信原则
发展阶段	具有一定规模和竞争能力； 需要进一步拓宽业务和提升知名度； 靠实力和品牌获取项目，利润目标高	降低风险管理成本、提高利润； 树立信誉、扩大影响； 拓宽业务渠道、扩大市场占有率
垄断阶段	有较大的市场占有率和较高的知名度； 与强手对垒较量，有很强的竞争优势击败对手； 目标是垄断市场、创造更大的经济和社会效益	重点控制和管理纯风险； 完善对投机风险的预防和利用措施，敢于冒一定的风险，以获取更大收益

四、施工项目风险管理流程

施工项目风险管理流程一般分为风险识别、风险衡量、风险处理与风险防范对策四个阶段，各阶段及其内容如图 5-4 所示。

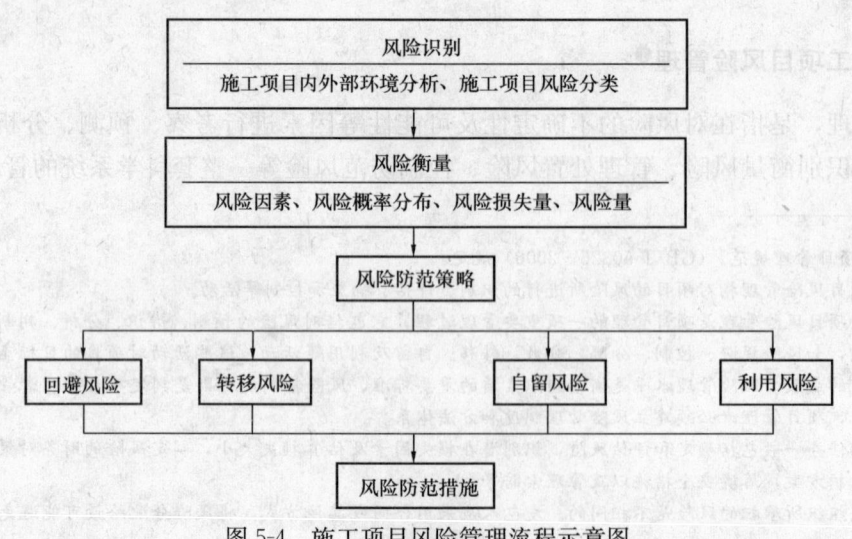

图 5-4 施工项目风险管理流程示意图

（一）施工项目风险的识别

1. 施工项目风险识别的过程

在项目的大量错综复杂的施工活动中，首先要通过风险识别系统地、连续地对施工项目主要风险事件的存在、发生时间及其后果作出定性估计，并形成项目风险清单，使人们对整个项目的风险有一个准确、完整和系统的认识和把握，并作为风险管理的基础。

施工项目风险识别过程如图5-5所示。

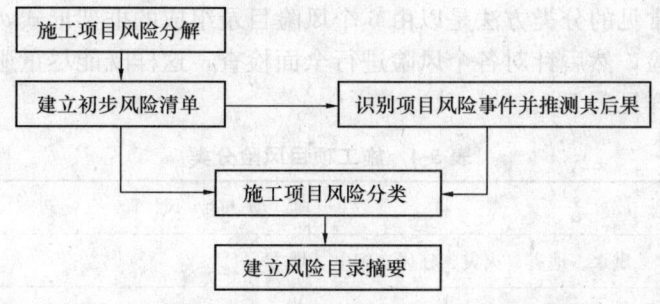

图5-5 风险识别过程框图

2. 施工项目风险识别的程序❶

（1）施工项目风险分解

施工项目风险分解是确认施工活动中客观存在的各种风险，从总体到细节，由宏观到微观，层层分解，并根据项目风险的相互关系将其归纳为若干个子系统，使人们能比较容易地识别项目的风险。根据项目的特点一般按目标、时间、结构、环境、因素等5个维度相互组合分解。

1) 目标维，是按项目目标进行分解，即考虑影响项目费用、进度、质量和安全目标实现的风险的可能性。

2) 时间维，是按项目建设阶段分解，也就是考虑工程项目进展不同阶段（项目计划与设计、项目采购、项目施工、试生产及竣工验收、项目保修期）的不同风险。

3) 结构维，按项目结构（单位工程、分部工程、分项工程等）组成分解，同时相关技术群也能按其并列或相互支持的关系进行分解。

4) 环境维，按项目与其所在环境（自然环境、社会、政治、经济等）的关系分解。

5) 因素维，按项目风险因素（技术、合同、管理、人员等）的分类进行分解。

（2）建立初步项目风险清单

清单中应明确列出客观存在的和潜在的各种风险，应包括各种影响生产率、操作运行、质量和经济效益的各种因素。一般是沿着项目风险的5个维度去搜寻，由粗到细，先怀疑、排除后确认，尽量做到全面，不要遗漏重要的风险项目。

（3）识别各种风险事件并推测其结果

---

❶ 《建设工程项目管理规范》（GB/T 50326—2006）规定：
16.2.2 组织识别项目风险应遵循下列程序：
1. 收集与项目风险有关的信息。
2. 确定风险因素。
3. 编制项目风险识别报告。
条文说明：风险识别程序中，收集与项目风险有关的信息是指调查、收集与上述各类风险有关的信息。对工程、工程环境、其他各类微观和宏观环境、已建类似工程等，通过调查、研究、座谈、查阅资料等手段进行分析，列出风险因素一览表。确定风险因素是在风险因素一览表草表的基础上，通过甄别、选择、确认，把重要的风险因素筛选出来加以确认，列出正式风险清单。编制项目风险识别报告是在风险清单的基础上，补充文字说明，作为风险管理的基础。

根据初步风险清单中开列的各种重要的风险来源,通过收集数据、案例、财务报表分析、专家咨询等方法,推测与其相关联的各种风险结果的可能性,包括盈利或损失、人身伤害、自然灾害、时间和成本、节约或超支等方面,重点是资金的财务结果。

(4) 进行施工项目风险分类

通过对风险进行分类可以加深对风险的认识和理解,辨清风险的性质和某些不同风险事件之间的关联,有助于制定风险管理目标。

施工项目风险常见的分类方法是以由6个风险目录组成的框架形式,每个目录中都列出不同种类的典型风险,然后针对各个风险进行全面检查,这样既能尽量避免遗漏,又可得到一目了然的效果。详见表5-4。

表5-4 施工项目风险分类

风险目录	典型的风险
不可预见损失	洪水、地震、火灾、狂风、闪电、塌方
有形损失	结构破坏、设备损坏、劳务人员伤亡、材料或设备发生火灾或被盗窃
财务和经济	通货膨胀、能否得到业主资金、汇率浮动、分包商的财务风险
政治和环境	法律法规变化、战争和内乱、注册和审批、污染和安全规则、没收、禁运
设计	设计失误、遗漏、错误;图纸不全、交付不及时
与施工有关事件	气候、劳务争端和罢工、劳动生产率、不同现场条件、工作失误、设计变更、设备缺陷

(5) 建设风险目录摘要

风险目录摘要是将施工项目可能面临的风险汇总并排列出轻重缓急的表格。它能使全体项目人员对施工项目的总体风险有一个全局的印象,每个人不仅考虑自己所面临的风险,而且还能自觉地意识到项目其他方面的风险,了解项目中各种风险之间的联系和可能发生的连锁反应。风险目录摘要的格式如表5-5所示。

表5-5 风险目录摘要

项目名称
评述
日期
负责人

风险事件	风险事件摘要	风险条件变量

通过风险识别最后建立了风险目录摘要,其内容可供风险管理人员参考。但是,由于人们认识的局限性,风险目录摘要不可能完全准确、全面,特别是风险自身的不确定性,决定了风险识别的过程应该是一个动态的连续的过程,最后所形成的风险目录摘要也应随着施工的进展,施工项目内外部条件的变化以及风险的演变而在不断地更新、增删,直至项目结束。

3. 施工项目风险识别的方法

(1) 分析询问

通过向有关经济、施工、技术专家和当事人提出一系列有关财产和经营的问卷调查，了解相关风险因素、风险程度和有关信息。

(2) 分析财务报表

通过分析资产负债表、损益表、财务现金流量表、资金来源与运用表及相关资料可以从财务角度发现识别企业当前所面临的潜在风险和财务损失风险；将这些报表与财务预测、预算结合起来，可以发现未来风险。财务状况分析法得出的风险数据可靠、客观。

(3) 绘制流程图

将一项特定的经营活动按步骤或阶段顺序以若干模块形式组成一个施工项目流程图系列，对每个模块都进行深入调查分析，以发现潜在的风险，并标出各种潜在的风险或利弊因素，从而给决策者一个清晰具体的印象。图 5-6 是一个以工程承包项目为例的风险辨识流程图。

(4) 现场考察

通过现场考察了解有关施工项目的第一手资料，发现许多客观存在的风险因素，做到心中有数，有利于对未来施工活动中的风险因素预测。

(5) 各部门相互配合

与施工项目活动相关的各个部门都应参与风险识别工作，提供有关信息、意见和敏感因素资料，共同商讨、分析判断，最后，由决策部门进行取舍、判断，形成结论。

(6) 参考统计记录

借鉴以往的历史资料和类似施工项目的风险案例是施工项目风险识别的一个重要手段。

(7) 环境分析

详细分析企业或一项特定的经营活动的外部环境与内在风险的联系是风险识别的重要方面。分析外部环境时，应着重分析项目的资金来源、业主的基本情况、可能的竞争对手、政府管理系统和材料的供应情况 5 项因素；内部条件主要是项目的组织机构、管理水平、人财物资源等状况。

(8) 向外部咨询

在自己已经辨识风险的前提下，还应向有关行业、部门或专家进一步咨询，如可向保险公司咨询有关风险因素概率及损失后果；可向材料设备公司询价等。

(二) 施工项目风险衡量

1. 风险衡量指标

(1) 风险量 R

风险量 R 是衡量风险大小的指标，它是风险事件可能发生的概率 p 和该事件发生对项目的影响程度 q（损失量）的综合结果，可用下面公式表达：

$$R = \Sigma p_i \cdot q_i$$

式中，R 为风险量；p 为风险事件可能发生的概率；q 为风险事件发生带给项目的损失量；i 取 $1, 2, \cdots, n$，表示项目风险发生后导致的 n 种损失。

(2) 风险量的性质

项目风险概率与损失量的乘积就是损失的期望值。

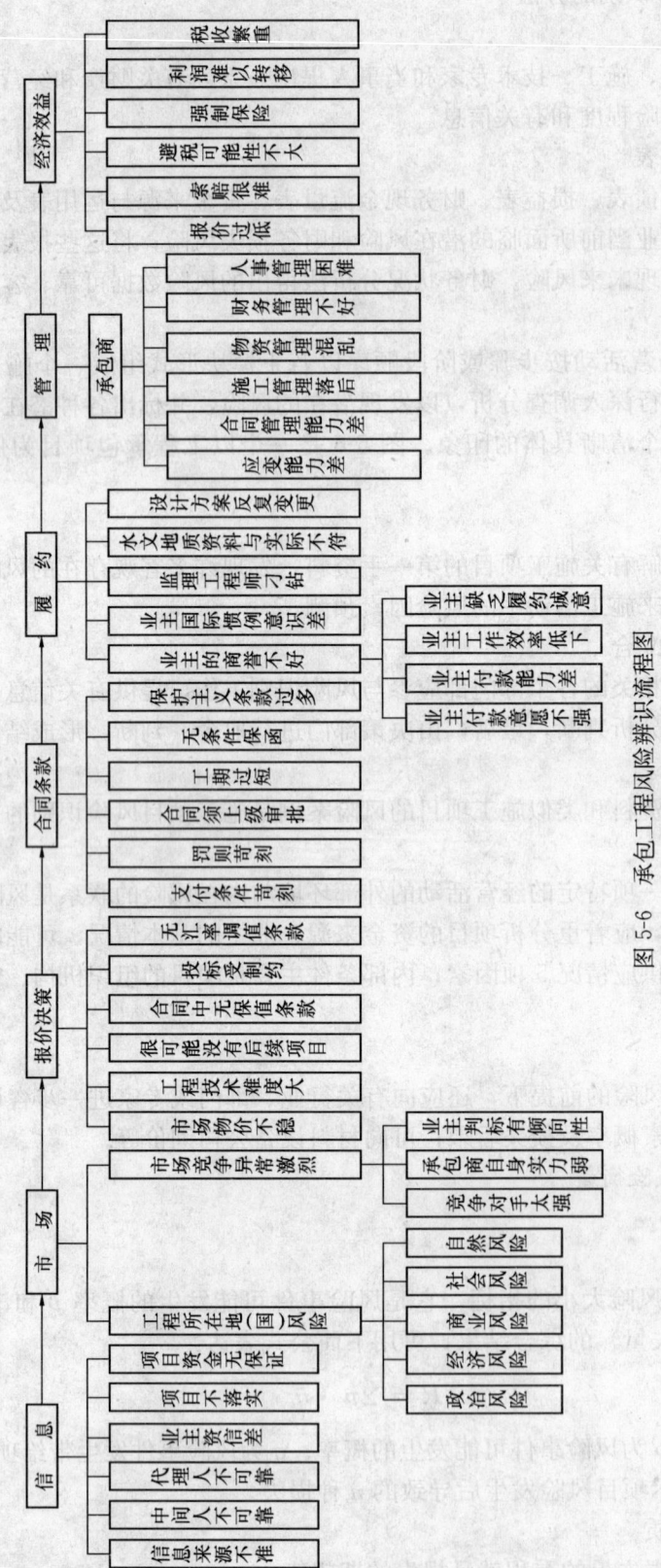

图 5-6 承包工程风险辨识流程图

（3）等风险量曲线

根据风险量的性质和影响因素，可以在二维风险坐标中表示风险量与风险事件发生概率及其损失量的关系，即可得到等风险量曲线群，如图 5-7 所示。曲线群中每一条曲线均表示相同的风险；各条曲线的风险量则不同，曲线距原点越远，风险就越大。

2. 风险因素的衡量

（1）风险损失的衡量

风险损失可以表现为费用超支、进度延期、质量事故和安全事故等多方面，有些可用货币表示，有些可用

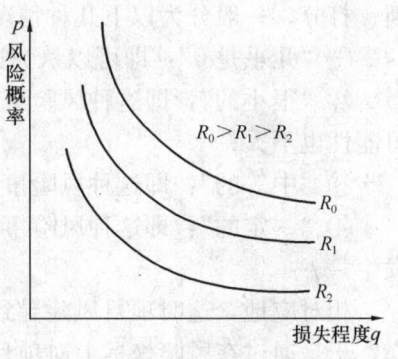

图 5-7 等风险量曲线

时间表示，或者更为复杂，为了便于综合和比较，其度量的尺度可统一为用风险引起的经济损失来衡量，即用风险损失值衡量。

风险损失值是指项目风险导致的各种损失发生后，为恢复项目正常进行所需要的最大费用支出，即统一用货币表示。主要有：

1）费用超支风险

项目费用各组成部分的超支，如价格、汇率和利率等的变化，或资金使用安排不当等风险事件引起的实际费用超出计划费用的那一部分即为损失值。

2）进度延期风险

当项目施工各个阶段的延误或总体进度的延误时，为追赶计划进度所发生的包括加班的人工费、机械使用费和管理费等一切额外的非计划费用；另外，进度风险的发生可能会对现金流动造成影响，考虑货币的时间价值，应根据利率作用计算出损失费用。

3）质量风险

工程质量不合格导致的损失包括质量事故引起的直接经济损失，以及修复和补救等措施发生的费用以及第三者责任损失等。如建筑物、构筑物或其他结构倒塌所造成的直接经济损失；复位纠偏、加固补强等补救措施的费用；返工损失；造成工期拖延的损失；永久性缺陷对于项目使用造成的损失；第三者责任损失等。

4）安全风险

在施工活动中，由于操作者失误、操作对象的缺陷以及环境因素等导致的人身伤亡、财产损失和第三者责任等损失。如受伤人员的医疗费用和补偿费用；材料、设备等财产的损毁或被盗损失；因引起工期延误带来的损失；为恢复项目正常施工所发生的费用；第三者责任损失等。

（2）风险发生概率的衡量

1）统计概率法

实践中，经常用在基本条件不变的情况下，对类似事件进行大量观察得到的风险统计数据发生的频率分布来代替概率分布，收集数据时，应注意参考相同条件下的历史资料和借鉴统计部门、保险公司、同行业及专家的经验和建议。

具体做法是，根据收集的大量的风险统计数据，绘制直方图，选择风险分布类型，计算所选择分布的统计特征参数，当损失值基本符合或者是近似吻合一定的理论概率分布时，就可以利用该分布的特定参数来确定损失值的概率分布。

2）相对比较法

这里的风险概率是指一种风险事件最可能发生的概率。是由专家根据以往经验作出判

断、打分，一般分为以下几种情况：

①"几乎是 0"：即可以认为这种风险事件不会发生；

②"很小的"：即这种风险事件虽然有可能会发生，但现在没有发生，并且将来发生的可能性也不大；

③"中等的"：即这种风险事件偶尔会发生，并且能够预期将来有时会发生；

④"一定的"：即这种风险事件一直在有规律地发生，并且能够预期未来也是有规律地发生。

相对应地，这时项目风险导致的损失大小也将相对划分为重大损失、中等损失和轻度损伤，于是通过在风险坐标上对项目风险定位，反映出风险量的大小。

(3) 风险衡量方法

1) 风险量等级法

根据等量风险曲线原理，将风险概率分为很小（L）、中等（M）和大（H）三个档次，将风险损失分为轻度（L）、中度（M）和重大（H）损失三个档次，即风险坐标划分成 9 个区域，于是就有了描述风险量的五个等级：(1) VL（风险量很小）；(2) L（风险量小）；(3) M（风险量中等）；(4) H（风险量大）；(5) VH（风险量很大）。如表 5-6 所示。

2) 风险量计算法

根据风险量计算公式：$R=\Sigma p_i \cdot q_i$ 可计算出每种风险的期望损失值及多项风险的累计期望损失总值。

【例 5-1】 某工程估算成本为 1.2 亿元，合同工期为 24 个月。经风险识别，认为该项目的主要风险有业主拖欠工程款、材料价格上涨、分包商违约、材料供应不及时而拖延工期等多项风险。试衡量各项风险损失和该项目的总的风险损失。

首先收集有关的信息资料，确定各项风险的概率分布及其损失值，分别计算期望损失值；然后，再将各项风险期望损失汇总，即得该项目的总的风险期望损失金额和总的风险期望损失金额占项目总价的比例。计算过程如表 5-7、表 5-8、表 5-9、表 5-10 和表 5-11 所示。

表 5-6 风险量等级表

风险概率 p	损失程度 q	风险量 R	等 级
很小 L	轻度损失 L		VL
中等 M	轻度损失 L		L

续表

风险概率 p	损失程度 q	风险量 R	等级
大 H	轻度损失 L		M
很小 L	中度损失 M		L
中等 M	中度损失 M		M
大 H	中度损失 M		H
很小 L	重大损失 H		M
中等 M	重大损失 H		H
大 H	重大损失 H		VH

表5-7 业主拖欠工程款风险期望损失

平均拖期（月）	拖欠损失（万元）	概率分布（%）	期望损失（万元）
按期付款	0	50	0
拖期1月	505	20	101
拖期2月	1010	20	202
拖期3月	1515	10	151.5
合　计	—	100	454.5

注：拖欠损失＝（总价/工期）(1＋贷款利率)；
　　本例平均每拖期1个月为：(12000/24)×101%＝505万元。

表5-8 材料价格上涨风险期望损失

材料费上涨（%）	经济损失（万元）	概率分布（%）	期望损失（万元）
没有上涨	0	20	0
2	156	50	78
5	390	20	78
8	624	10	62.4
合　计	—	100	218.4

注：经济损失＝总价×材料费占总价比重×上涨程度＝总价×65%×上涨程度；
　　本例12000×65%×2%＝156万元。

表5-9 分包商违约风险期望损失

经济损失（万元）	概率分布（%）	期望损失（万元）
0（没有违约）	20	0
100	40	40
200	30	60
300	10	30
合计	100	130

注：根据分包工程性质及分包商素质估计分包商违约造成的经济损失。

表5-10 材料供应不及时风险期望损失

平均拖期（天）	拖期损失（万元）	概率分布（%）	期望损失（万元）
及时供货	0	35	0
拖期1	5	30	1.5
拖期2	10	20	2.0
拖期3	15	10	1.5
拖期4	20	5	1.0
合计	—	100	6.0

注：根据材料对工期的影响估算平均拖期1天的损失金额，本例为每拖期供应1天损失5万元。

表 5-11　项目风险期望损失汇总

风险因素	期望损失（万元）	期望损失/总价（%）	期望损失/总期望损失（%）
业主拖欠工程款	454.5	0.379	56.19
材料价格上涨	218.4	0.182	27.00
分包商违约	130.0	0.108	16.07
材料供应不及时	6.0	0.005	0.74
总计	808.9	0.674	100.00

由计算可以看出，该项目的总的风险（假定已包括了项目的全部风险）期望损失约为总价的 0.674%，所造成的总风险期望损失为 808.9 万元；从各风险因素期望损失占总期望损失的比重看，其中业主拖欠工程款的风险损失占项目总风险的比重达到 56.19%，危害最大；材料价格上涨的风险占项目总风险的比重达到 27%；分包商违约占 16.07%，影响也不可忽视，都应该是承包商风险防范的重点。

(三) 施工项目风险防范策略与措施

1. 施工项目风险防范策略❶

承包商在对施工项目进行风险识别和衡量之后，应根据施工项目风险的性质、发生概率和损失程度，以及承包商自身的状态和外部环境，针对各种风险采取不同的防范策略。常用的防范风险策略有：回避风险、转移风险、自留风险、利用风险。

(1) 回避风险

回避风险是指承包商设法远离、躲避可能发生风险的行为和环境，从而达到避免风险发生或遏制其发展的可能性的一种策略。

单纯回避风险是一种消极的风险防范手段，因为对于投机风险来讲，回避了风险虽然避免了损失，但也意味着失去了获利的机会。另外，现代社会经济活动中广泛存在着各种风险，如果处处回避，只能是无所作为，实质上是承受了放弃发展的风险，因而单纯回避风险是有局限性的。积极回避风险策略是承担小风险回避大风险，损失一定小利益避免更大的损失，避重就轻，趋利避害，控制损失。具体做法如表 5-12 所示。

---

❶《建设工程项目管理规范》（GB/T 50326—2006）规定：
16.4.1　组织应确定针对项目风险的对策进行风险响应。
条文说明：确定针对项目风险的对策可利用表 3 的提示设计。

表 3　风险控制对策表

风险等级	控 制 对 策
Ⅰ可忽略的	不采取控制措施且不必保留文件记录
Ⅱ可容许的	不需要另外的控制措施，但应考虑效果更佳的方案或不增加额外成本的改进措施，并监视该控制措施的兑现
Ⅲ中度的	应努力降低风险，仔细测定并限定预防成本，在规定期限内实施降低风险的措施
Ⅳ重大的	直至风险降低后才能开始工作，为降低风险，有时配给大量的资源。如果风险涉及正在进行的工作时，应采取应急措施
Ⅴ不容许的	只有当风险已经降低时，才能开始或继续工作。如果无限的投入也不能降低风险，就必须禁止工作

表 5-12 回避风险的措施及内容

回避风险措施	内 容
拒绝承担风险	不参与存在致命风险或风险很大的工程项目投标； 放弃明显亏损的项目、风险损失超过自己承受能力和把握不大的项目； 利用合同保护自己，不承担应该由业主或其他方承担的风险； 不与实力差、信誉不佳的分包商和材料、设备供应商合作； 不委托道德水平低下或综合素质不高的中介组织或个人
控制损失	选择风险小或适中的项目，回避风险大的项目，降低风险损失严重性 施工活动（方案、技术、材料）有多种选择时，面临不同风险，采用损失最小化方案； 回避一种风险将面临新的风险时，选择风险损失较小而收益较大的风险防范措施； 损失一定小利益，避免更大的损失，如： • 投标时加上不可预见费，承担减少竞争力的风险，但可回避成本亏损的风险； • 选择信誉好的分包商、供应商和中介，价格虽高些，但可减小其违约造成的损失； • 对产生项目风险的行为、活动，订立禁止性规章制度，回避和减小风险损失； • 按国际惯例（标准合同文本）公平合理的规定业主和承包商之间的风险分配

（2）转移风险

转移风险是承包商通过财务手段，寻求用外来资金补偿确实会发生或业已发生的风险，从而将自身面临的风险转移给其他主体承担，以保护自己的一种防范风险的策略。因而又称风险的财务转移，一般包括保险转移和非保险的合同转移。

所谓转移风险，不是转嫁风险，因为有些承包商无法控制的风险因素，在转移后并非给其他主体造成损失，或者是由于其他主体具有的优势能够有效地控制风险，因而转移风险是施工项目风险管理中非常重要而且广泛采用的一项策略。具体做法如表 5-13 所示。

表 5-13 转移风险的措施及内容

转移风险措施	内 容
合同转移	通过与业主、分包商、材料设备供应商、设计方等非保险方签订合同（承包、分包、租赁）或协商等方式，明确规定双方工作范围和责任以及工程技术的要求，从而将风险转移给对方； 将有风险因素的活动、行为本身转移给对方，或由双方合理分担风险； 减少承包商对对方损失的责任； 减少承包商对第三方损失的责任； 通过工程担保可将债权人违约风险损失转移给担保人
保险转移	承包商通过购买保险，将施工项目的可保风险转移给保险公司承担，使自己免受损失。工程承包领域的主要险别有： • 建筑工程一切险，包括建筑工程第三者责任险（亦称民事责任险）； • 安装工程一切险，包括安装工程第三者责任险； • 社会保险（包括人身意外伤害险）； • 机动车辆险； • 十年责任险（房屋建筑的主体工程）和两年责任险（细小工程）

（3）自留风险

自留风险是指承包商以自身的风险准备金来承担风险的一种策略。与风险控制损失不同的是，风险自留的对策并不能改变风险的性质，即其发生的频率和损失的严重性。

1）自留风险一般有以下三种情况：

①被动自留，对风险的程度估计不足，认为该风险不会发生，或没有识别出这种风险的

存在,但是在承包商毫无准备时风险发生了;

②被迫自留,即这种风险无法回避,而且又没有转移的可能性,承包商别无选择;

③主动自留,是经分析和权衡,认为风险损失微不足道,或者自留比转移更有利,而决定由自己承担风险。

其中被迫自留、主动自留又可称为计划自留,因为这时候承包商都已做好了应对风险的准备。

2) 采用自留风险策略的有利情况有:

①自留费用低于保险人的附加保费;

②项目的期望损失低于保险公司的估计;

③项目有许多风险单位(意味着风险较小,承包商抵御风险能力较大);

④项目的最大潜在损失与最大预期损失较小;

⑤短期内承包商有承受项目最大预期损失的经济能力;

⑥费用和损失支付分布于很长的时间里,因而导致很大的机会成本。

自留风险策略及其内容如表5-14所示。

表5-14 自留风险的措施及内容

自留风险措施	内　　容
风险预防	增强全体人员的风险意识,进行风险防范措施的培训、教育和考核; 根据项目特点,对重要的风险因素进行随时监控,做到及早发现,有效控制; 制定完善的安全计划,针对性地预防风险,避免或减小损失发生; 评估及监控有关系统及安全装置,经常检查预防措施的落实情况; 制定灾难性计划,为人们提供损失发生时必要的技术组织措施和紧急处理事故的程序; 制定应急性计划,指导人们在事故发生后,如何以最小的代价使施工活动恢复正常
风险分离	将项目的各风险单位分离间隔,避免发生连锁反应或互相牵连波及,而使损失扩大,如: • 向不同地区(国家)供应商采购材料、设备,减小或平衡价格、汇率浮动带来的风险; • 将材料进行分隔存放,分离了风险单位,减少了风险源影响的范围和损失
风险分散	通过增加风险单位减轻总体风险的压力,达到共同分担集体风险的目的,如: • 承包商承包若干个工程,避免单一工程项目上的过大风险; • 在国际承包工程中,工程付款采用多种货币组合也可分散国际金融风险

(4) 利用风险

利用风险,是指对于风险与利润并存的投机风险,承包商可以在确认可行性和效益性的前提下,所采取的一种承担风险并排除(减小)风险损失而获取利润的策略。如前所述,投机风险的不确定性结果表现为造成损失、没有损失、获得收益三种。因此利用风险并不一定保证次次利用成功,它本身也是一种风险。

1) 承包商采取利用风险策略的条件

①所面临的是投机风险,并具有利用的可行性;

②承包商有承担风险损失的经济实力,有远见卓识、善抓机遇的风险管理人才;

③慎重决策,权衡冒风险所付出的代价,确认利用风险的利大于弊;

④分析形势,事先制定利用风险的策略和实施步骤,并随时监测风险态势及其因素的变化,做好应变的紧急措施。

2) 承包商利用风险的策略

利用风险的策略，因风险性质、施工项目特点及其内外部环境、合同双方的履约情况不同而多种多样，承包商应具体情况具体分析，因势利导，化损失为赢利，如：

①承包商通过采取各种有效的风险控制措施，降低实际发生的风险费用，使其低于不可预见费，这样原来作为不可预见的费用的一部分将转变为利润；

②承包商资金实力雄厚时，可冒承担代资承包的风险，获得承包工程而赢取利润；

③承包商利用合同对方（业主、供应商、保险公司等）工作疏漏，或履约不力，或监理工程师在风险发生期间无法及时审核和确认等弱点，抓住机遇，做好索赔工作；

④在（国际）工程承包中，对于时间性强的、区域（国别）性风险，特别是政治风险，承包商可通过对形势的准确分析和判断，采取冒短时间的风险，较其他竞争对手提前进入，开辟新的市场，建立根基。这样虽难免蒙受一时的风险损失代价，但是，待形势好转、经济复苏之时，就可获得长远且可观的效益；

⑤承包商预测、关注宏观（国际、地区、国内）经济形势及行业的景气循环变动，在扩张时抓住机遇，紧缩时争取生存；

⑥在国际工程承包中，面对不同国家法律、经济、文化等方面的差异，或政局变化、权力部门腐败等现象，发现机遇，谋取利益；

⑦精通国际金融的承包商，在国际工程承包中，可利用不同国家及其货币的利息差、汇率差、时间差、不同计价方式等谋取获利机会，一旦成功获利巨大，但是若造成损失也将是致命的，须谨慎操作；

⑧承包商可采取赠送、优惠等措施，冒一点小风险，做出一点利益牺牲，换取工程承包权，或后续的供应权、维修权等，以获得更大收益。

2. 常见的施工项目风险及其防范策略和措施❶

常见的施工项目风险及其防范策略和措施如表 5-15 所示。

表 5-15　常见的施工项目风险及其防范策略和措施

风险目录		风险防范策略	风险防范措施
政治风险	战争、内乱、恐怖袭击	转移风险	保险
		回避风险	放弃投标
	政策法规的不利变化	自留风险	索赔
	没收	自留风险	援引不可抗力条款索赔
	禁运	损失控制	降低损失
	污染及安全规则约束	自留风险	采取环保措施、制定安全计划
	权力部门专制腐败	自留风险	适应环境，利用风险

---

❶《建设工程项目管理规范》(GB/T 50326—2006) 规定：
16.4.2　常用的风险对策有风险规避、减轻、自留、转移及其组合等策略。
条文说明：风险规避即采取措施避开风险。方法有主动放弃或拒绝实施可能导致风险损失的方案、制定制度禁止可能导致风险的行为或事件发生等。
风险减轻可采用损失预防和损失抑制方法。
风险自留即承担风险，需要投入财力才能承担得起。
风险转移指采用合同的方法确定由对方承担风险；采用保险的方法把风险转移给保险组织，采用担保的方法把风险转移给担保组织等。
组合策略是同时采用以上两种或两种以上策略。

续表

风 险 目 录		风险防范策略	风险防范措施
自然风险	对永久结构的损坏	转移风险	保险
	对材料设备的损坏	风险控制	预防措施
	造成人员伤亡	转移风险	保险
	火灾、洪水、地震	转移风险	保险
	塌方	转移风险	保险
		风险控制	预防措施
经济风险	商业周期	利用风险	扩张时抓住机遇,紧缩时争取生存
	通货膨胀、通货紧缩	自留风险	合同中列入价格调整条款
	汇率浮动	自留风险	合同中列入汇率保值条款
		转移风险	投保汇率险,套汇交易
		利用风险	市场调汇
	分包商或供应商违约	转移风险	履约保函
		回避风险	对进行分包商或供应商资格预审
	业主违约	自留风险	索赔
		转移风险	严格合同条款
	项目资金无保证	回避风险	放弃承包
	标价过低	转移风险	分包
		自留风险	加强管理控制成本做好索赔
设计施工风险	设计错误、内容不全、图纸不及时	自留风险	索赔
	工程项目水文地质条件复杂	转移风险	合同中分清责任
	恶劣的自然条件	自留风险	索赔,预防措施
	劳务争端、内部罢工	自留风险、损失控制	预防措施
	施工现场条件差	自留风险	加强现场管理,改善现场条件
		转移风险	保险
	工作失误、设备损毁、工伤事故	转移风险	保险
社会风险	节假日影响施工	自留风险	合理安排进度,留出损失费
	相关部门工作效率低	自留风险	留出损失费
	社会风气腐败	自留风险	留出损失费
	现场周边单位或居民干扰	自留风险	遵纪守法,沟通交流,搞好关系

第三节 工程施工索赔[1]

在市场经济条件下,建筑市场中的工程索赔是一种正常的现象。在我国,由于社会主义市场经济体制尚未完全形成,在工程实施中,业主不让索赔、承包商不敢索赔和不懂索赔、

---

[1] 《建设工程施工合同示范文本》(GF-1999-0201)规定:
    1.22 索赔指在合同履行过程中,对于并非自己的过错,而是应由对方承担责任的情况造成的实际损失,向对方提出经济补偿和(或)工期顺延的要求。

监理工程师不会处理索赔的现象普遍存在。面对这种情况，在建筑市场中，应当大力提高业主和承包商对工程索赔的认识，加强对索赔理论和方法的研究，认真对待和搞好工程索赔，这对维护国家和企业利益都有十分重要的意义。

施工索赔是在施工过程中，承包商根据合同和法律的规定，对并非由于自己的过错所造成的损失，或承担了合同规定之外的工作所付的额外支出，承包商向业主提出在经济或时间上要求补偿的权利。从广义上讲，施工索赔还包括业主对承包商的索赔，通常称为反索赔。

从以上对施工索赔的定义可以说明以下几点：

1. 索赔是一种合法的正当权利要求，不是无理争利。它是依据合同和法律的规定，向承担责任方索回不应该由自己承担的损失，这完全是合理合法的。

2. 索赔是双向的。合同的双方都可向对方提出索赔要求，被索赔方可以对索赔方提出异议，阻止对方的不合理的索赔要求。

3. 索赔的依据是签订的合同和有关法律、法规和规章。索赔成功的主要依据是合同和法律及与此有关的证据。没有合同和法律依据，没有依据合同和法律提出的各种证据，索赔不能成立。

4. 施工索赔的目的。在工程施工中，索赔的目的是补偿索赔方在工期和经济上的损失。

一、发生索赔的原因

据国外资料统计，施工索赔无论在数量或金额上，都在稳步增长。如在美国有人统计了由政府管理的22项工程，发生施工索赔的次数达427次，平均每项工程索赔约20次，索赔金额约占总合同额的6%左右，索赔成功率占93%。

施工索赔发生的原因大致有以下四个方面：

（一）施工过程的难度和复杂性增大

随着社会的发展，出现了越来越多的新技术、新工艺，业主对项目建设的质量和功能要求越来越高，越来越完善。因而使设计难度不断增大，另一方面施工过程也变得更加复杂。

由于设计难度加大，要求设计人员在设计的图纸中不出差错。尽善尽美是不可能的，因而往往在施工过程中随时发现问题，随时解决，需要进行设计变更，这就会导致施工费用的变化。

（二）合同文件（包括技术规范）前后矛盾和用词不严谨

一般在合同协议书中列出的合同文件，如果发现某几个文件的解释和说明有矛盾，可按合同文件的优先顺序，排在前面的文件的解释说明更具有权威性，尽管这样还可能有些矛盾不好解决，如在某高速公路的施工规范中在路基的"清理与掘除"和"道路填方"的施工要求的提法不一致，在"清理与掘除"中规定，"凡路基填方地段，均应将路堤基底上所有树根、草皮和其他有机杂质清除干净"，而在"道路填方"中规定，"除非工程师另有指示，凡是修建的道路路堤高度低于1m的地方，其原地面上所有草皮、树根及有机杂质均予以清除，并将表面上翻松，深度为250mm"。承包商按施工规范中"道路填方"的施工要求进行施工，对有些路堤高于1m的地方的草皮、树根未予清除，而业主和监理工程师则认为未达到"清理与掘除"规定的施工要求，要求清除草皮和树根。由于有的路段树根多达1000余棵，承包商为此向业主提出了费用索赔。这里不谈及此索赔如何处理，主要说明由于施工规范前后矛盾而产生索赔的原因。

另外用词不严谨，导致双方对合同条款的不同理解，从而引起工程索赔，例如"应抹平整"、"足够的尺寸"等，像这样的词容易引起争议，因为没有给出"平整"的标准和多大的尺寸算"足够"。图纸、规范是"死"的，而建筑工程是千变万化的，人们从不同的角度对它的理解也有所不同，这个问题本身就构成了索赔产生的外部原因。

（三）建筑业经济效益的影响

有人说索赔是业主和承包商之间经济效益"对立"关系的结果，这种认识是不对的。如果双方能够很好履约或得到了满意的收益，那么都不愿意计较另一方给自己造成的经济损失。反过来讲，假如双方都不能很好地履约，或得不到预期的经济效益，那么双方就容易为索赔的事件发生争议。基于这个前提，索赔与建筑业的经济效益低下有关。在投标报价中，承包商常采用"靠低价竞标，靠索赔盈利"的策略，而业主也常由于建筑成本的不断增加，预算常处于紧张状态。因此，合同双方都不愿承担义务或作出让步，所以工程施工索赔与建筑成本的增长及建筑工程经济效益低下有着一定的联系。

（四）项目管理模式的变化

在建筑市场中，工程建设项目采用招投标制。有总包、分包、指定分包、劳务承包、设备材料供应承包等，这些单位会在整个项目的建设中发生经济方面、技术方面、工作方面的联系和影响。在工程实施过程中，管理上的失误往往是难免的。若一方失误，不仅会对自己造成损失，也会连累与此有关系的单位。特别是如果处于关键路线上的工程的延期，会对整个工程产生连锁反应。对此若不能采取有效措施及时解决，可能会产生一系列重大索赔。特别是采用边勘测边设计边施工的建设管理模式尤为明显。

二、索赔的分类

施工索赔分类的方法很多，从不同的角度，有不同的分类方法。如按索赔的有关当事人可分为：承包商同业主之间的索赔，承包商同分包商之间的索赔，承包商同供货商之间的索赔，承包商向保险公司索赔。按索赔的业务范围分类可分为施工索赔，即在施工过程中的索赔；商务索赔，指在物资采购、运输过程中的索赔。按索赔的对象分类可分为索赔和反索赔等。本节主要介绍与处理索赔有关的几种分类方法。

（一）按索赔的目的，索赔可分为工期索赔和经济索赔

这种分类方法，是施工索赔业务中通用的称呼方法。当提出索赔时，要明确提出是工期索赔还是经济索赔，前者是要求得到工期的延长，后者是要求得到经济补偿。当然，在索赔报告论证的文件中，也是为达此目的提出论证材料和合同依据。

（二）按索赔处理方式和处理时间不同，可分为单项索赔和一揽子索赔

1. 单项索赔

它是指在工程实施过程中，出现了干扰原合同的索赔事件，承包商为此事件提出的索赔。如业主发出设计变更指令，造成承包商成本增加、工期延长。承包商为变更设计这一事件提出索赔要求，就可能是单项索赔。应当注意，单项索赔往往在合同中规定必须在索赔有效期内完成，即在索赔有效期内提出索赔报告，经监理工程师审核后交业主批准。如果超过规定的索赔有效期，则该索赔无效。因此对于单项索赔，必须有合同管理人员对日常的每一个合同事件跟踪，一旦发现问题即应迅速研究是否对此提出索赔要求。

单项索赔由于涉及的合同事件比较简单，责任分析和索赔值计算不太复杂，金额也不会

太大，双方往往容易达成协议，获得成功。

　　2. 一揽子索赔

　　一揽子索赔，又称总索赔。它是指承包商在工程竣工前后，将施工过程中已提出但未解决的索赔汇总在一起，向业主提出一份总索赔报告的索赔。

　　这种索赔是在合同实施过程中，一些单项索赔问题比较复杂，不能立即解决，经双方协商同意留待以后解决。有的是业主对索赔迟迟不作答复，采取拖延的办法，使索赔谈判旷日持久，或有的承包商对合同管理的水平差，平时没有注意对索赔的管理，忙于工程施工，当工程快完工时，发现自己亏了本，或业主不付款时，才准备进行索赔，甚至提出仲裁或诉讼。

　　由于以上原因，在处理一揽子索赔时，因许多干扰事件交织在一起，影响因素比较复杂，有些证据已时过境迁，责任分析和索赔值的计算发生困难，使索赔处理和谈判很艰难。加上一揽子索赔的金额较大，往往需要承包商作出较大让步才能解决。

　　因此，承包商在进行施工索赔时，一定要掌握索赔的有利时机，力争单项索赔，使索赔在施工过程中一项一项地单项解决。对于实在不能单项解决，需要一揽子索赔的，也应力争在项目竣工验收、移交之前完成主要的谈判与付款。如果业主无理拒绝和拖延索赔，承包商还有约束业主的合同"武器"。否则，工程移交后，承包商就失去了约束业主的"王牌"，业主就有可能"赖账"，使索赔长期得不到解决。

　　对于一个有索赔经验的承包商来说，一般从投标开始就可能发现索赔机会，至工程建成一半时，就会发现很多的索赔机会，施工建成一半后发现的索赔，往往来不及得到彻底的处理。在工程建成 1/4～3/4 的阶段，应大量地、有效地处理索赔事件，承包商应抓紧时间，把索赔争端在这一段内基本解决。整个项目的索赔谈判和解决阶段，应该争取在工程竣工验收或移交之前解决，这是最理想的解决索赔方案。

　　（三）按索赔发生的原因分类

　　按索赔发生的原因分类，会有很多。尽管每种索赔都有独特的原因，但可以把这些原因按其特征归纳为四类：延期索赔、工程变更索赔、施工加速索赔和不利现场条件索赔。

　　1. 延期索赔

　　延期索赔主要表现在由于业主的原因不能按原定计划的时间进行施工所引起的索赔。

　　由于材料和设备价格的上涨，为了控制建设的成本，业主往往把材料和设备自己直接订货，再供应给施工的承包商，这样业主则要承担因不能按时供货，而导致工程延期的风险。如某公司为了建设一个生产工厂，与一家设备安装公司签订承包合同，其中比较昂贵的三个锅炉由业主直接供货。按合同规定，三个锅炉应在开工后的第三个月、第六个月、第九个月先后运到施工现场，工程一年内完工，合同总价 100 万美元。在最初的六个月内，已顺利安装第一个，在准备接着安装第二个时，设备安装公司接到通知，因生产厂家的工人罢工，余下的锅炉不能及时地供给，何日供货不能确定，致使锅炉安装工作拖延六个月，共花了 18 个月的时间才完工。设备安装公司向业主提出索赔 24.8 万美元的损失报告，包括增加的劳动成本、现场管理费用、公司管理费用等。

　　建筑法规的改变最容易造成延期索赔。如某大学的医院要建设一附属机构，在医院和附属机构之间要埋设一条电缆管道，按设计图纸是埋设 4 英寸的管道，当工程完成到 1/3 时，市政府颁布了新的建筑法规，应埋设 5 英寸的管道，这样造成工程返工，需要清除原管道，重购新管道，使工程拖延 10 天，劳务成本、材料成本、设备租金、现场管理费增加，承包商索赔金额达数万美元。

还有设计图纸的错误和遗漏，设计者不能及时提交审查或批准图纸，引起延期索赔的事件更是屡见不鲜。

2. 工程变更索赔

工程变更索赔是指对合同中规定工作范围的变化而引起的索赔。其责任和损失不如延期索赔那么容易确定，如某分项工程所包含的详细工作内容和技术要求、施工要求很难在合同文件中用语言描述清楚，设计图纸也很难对每一个施工细节的要求都说得清清楚楚。

设计变更引起的工作量和技术要求的变化都可能被认为是工作范围的变化，为完成此变更可能增加时间，并影响原计划工作的执行，从而可能导致工期和费用的增加。

有人说真正的项目费用是设计费加上由于设计错误、遗漏和不全面履行设计者职责引起的承包商损失索赔费用之和。

3. 施工加速索赔

施工加速索赔经常是延期或工程变更索赔的结果，有时也被称为"赶工索赔"，而施工加速索赔与劳动生产率的降低关系极大，因此又称为劳动生产率损失索赔。

如果业主要求承包商比合同规定的工期提前，或者因工程前段的工期拖延，要求后一阶段工程弥补已经损失的工期，使整个工程按期完工。这样，承包商可以因施工加速成本超过原计划的成本而提出索赔，其索赔的费用一般应考虑加班工资、雇用额外劳动力、采用额外设备、改变施工方法、提供额外监督管理人员和由于拥挤、干扰加班引起的疲劳的劳动生产率损失所引起的费用增加。在国外的许多索赔案例中，对劳动生产率损失的索赔通常数量很大，但一般不易被业主接受。这就要求承包商在提交施工加速索赔报告中提供施工加速对劳动生产率的消极影响的证据。

4. 不利现场条件索赔

不利的现场条件是指合同的图纸和技术规范中所描述的条件与实际情况有实质性的不同，这是一个有经验的承包商也无法预料的。一般是地下的水文地质条件，也包括某些隐藏着的不可知的地面条件。有人认为，因为现场条件不可能确切预知，是施工项目中的固有风险因素，承包商应把此种风险包括在投标报价中，出现了不利的现场条件应由承包商负责。因此，几乎所有的业主都会在合同中写入某些"开脱责任条款"，如有的合同中写道，"因合同工作的性质或施工过程中遇到的不可预见情况所造成的一切损失均由承包商自己承担"。但实际上，如果承包商证明业主没有给出某地段的现场资料，或所给的资料与实际相差甚远，或所遇到的现场条件是一个有经验的承包商不能预料的，那么承包商对不利现场条件的索赔应能成功。

不利现场条件索赔近似于工程变更索赔，然而又不大像大多数工程变更索赔。不利现场条件索赔应归咎于确实不易预知的某个事实。如现场的水文、地质条件在设计时全部弄得一清二楚几乎是不可能的，只能根据某些地质钻孔和土样试验资料来分析和判断。要对现场进行彻底全面的调查将会耗费大量的成本时间，一般业主不会这样做，承包商在短短的投标报价时间内更不可能做这种现场调查工作。这种不利现场条件的风险由业主来承担是合理的。

（四）依据合同的索赔分类

索赔的目的是为了得到费用损失补偿和工期延长，其依据是按合同条款的规定。因此索赔按合同的依据分类，可分为合同内索赔、合同外索赔和道义索赔。

1. 合同内索赔

此种索赔是以合同条款为依据，在合同中有明文规定的索赔，如工程延误、工程变更、工程师给出错误数据导致放线的差错、业主不按合同规定支付进度款等。这种索赔，由于在合同中明文规定往往容易得到。

2. 合同外索赔

此种索赔一般是难以直接从合同的某条款中找到依据，但可以从对合同条件的合理推断或同其他的有关条款联系起来论证该索赔是属合同规定的索赔。例如，因天气的影响给承包商造成的损失一般应由承包商自己负责，如果承包商能证明是特殊反常的气候条件（如百年一遇的洪水、五十年一遇的暴雨等），就可利用合同条款中规定的"一个有经验的承包商无法合理预见的不利条件"而得到工期的延长（见FIDIC《土木工程施工合同条件》12.1 和 44.1 条），同时若能进一步论证工期的改变属于"工程变更"的范畴，也可得到费用的索赔（见FIDIC《土木工程施工合同条件》51.1 条）。合同外的索赔需要承包商非常熟悉合同和相关法律，并有比较丰富的索赔经验。

3. 道义索赔

这种索赔无合同和法律依据，承包商认为自己在施工中确实遭到很大的损失，要向业主寻求优惠性质的额外付款。这只有在遇到通情达理的业主时才有希望成功。一般在承包商的确克服了很多困难，使工程获得满意成功，因而蒙受重大损失，当承包商提出索赔要求时，业主可出自善意，给承包商一定经济补偿。

三、施工索赔的起因

1. 发包人没有按施工合同规定的时间和要求提供施工场地、创造施工条件，造成违约（图 5-9）。

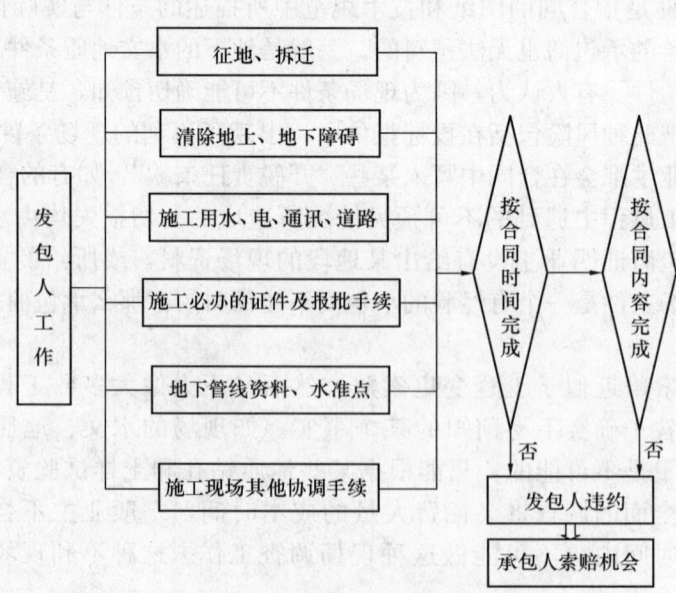

图 5-9 发包人工作违约可能

《建设工程施工合同（示范文本）》（GF-1999-0201）第 8 条详细规定了发包人按通用条款约定的时间和要求所要完成的土地征用，房屋建筑拆迁，平整场地，保证施工用水、用电，办理施工所需的各种证件、批件及有关申报批准手续，提供地下管网线路资料等工作❶。开工日期经施工合同确定后，承包人要按照既定的开工时间做各种准备工作，并需提前进场做好办公、库房及其他临时设施的搭建等工作。由于发包人不能合同规定的时间内给施工队伍进场创造条件，使准备进场的人员不能进场，准备进场的机械不能到位，应提前进场的材料运不进场，其他的开工准备工作不能按期进行，造成开工推迟。

2. 发包人没有按协议约定的条件提供供应的材料、设备、造成违约（图 5-10）。

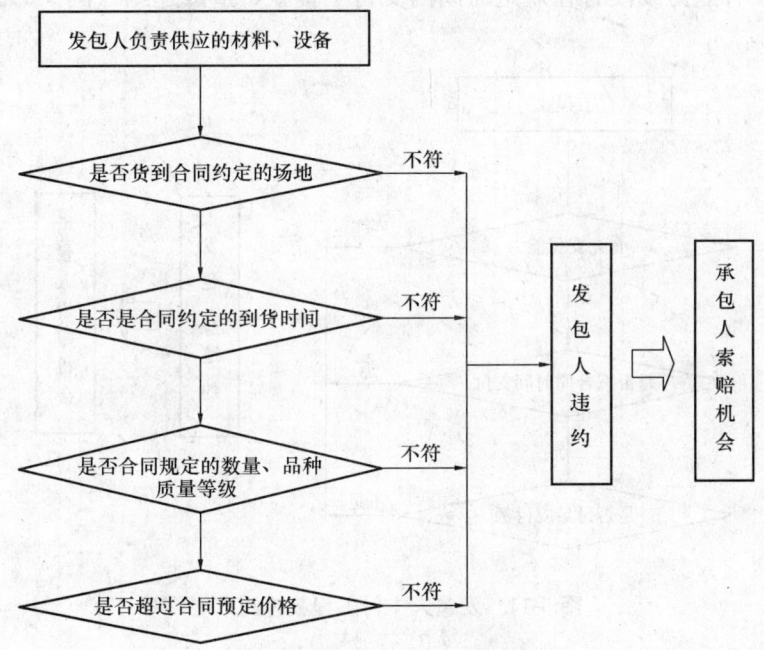

图 5-10　发包人供应材料、设备违约可能

---

❶ 《建设工程施工合同（示范文本）》(GF-1999-0201) 规定：
　8　发包人工作
　8.1　发包人按专用条款约定的内容和时间完成以下工作：
　(1) 办理土地征用、拆迁补偿、平整施工场地等工作，使施工场地具备施工条件，在开工后继续负责解决以上事项遗留问题；
　(2) 将施工所需水、电、电讯线路从施工场地外部接至专用条款约定地点，保证施工期间的需要；
　(3) 开通施工场地与城乡公共道路的通道，以及专用条款约定的施工场地内的主要道路，满足施工运输的需要，保证施工期间的畅通；
　(4) 向承包人提供施工场地的工程地质和地下管线资料，对资料的真实准确性负责；
　(5) 办理施工许可证及其他施工所需证件、批件和临时用地、停水、停电、中断道路交通、爆破作业等的申请批准手续（证明承包人自身资质的证件除外）；
　(6) 确定水准点与坐标控制点，以书面形式交给承包人，进行现场交验；
　(7) 组织承包人和设计单位进行图纸会审和设计交底；
　(8) 协调处理施工场地周围地下管线和邻近建筑物、构筑物（包括文物保护建筑、古树名木的保护工作、承担有关费用）；
　(9) 发包人应做的其他工作，双方在专用条款内约定。
　8.2　发包人可以将 8.1 款部分工作委托承包人办理，双方在专用条款内约定，其费用由发包人承担。
　8.3　发包人未能履行 8.1 款各项义务，导致工期延误或给承包人造成损失的，发包人赔偿承包人有关损失，顺延延误的工期。

《建设工程施工合同（示范文本）》（GF-1999-0201）第 27 条规定了发包人所承担的材料、设备供应责任❶。如果发包人所供应的材料、设备到货场（站）与协议条款不符，单价、种类、规格、数量、质量等级与合同不符，到货日期早于或迟于协议时间等，都有可能对工程施工造成影响，具体表现为：迫使承包人改变原提运材料计划；多支付材料、设备款项；已完工程因种类、规格变化需进行拆改或重新采购；重要设备及特殊材料进场过早需增加保护、管理费，甚至会直接影响工期等。

3. 发包人没有能力或没有在规定时间内支付工程款，造成违约（图 5-11）。

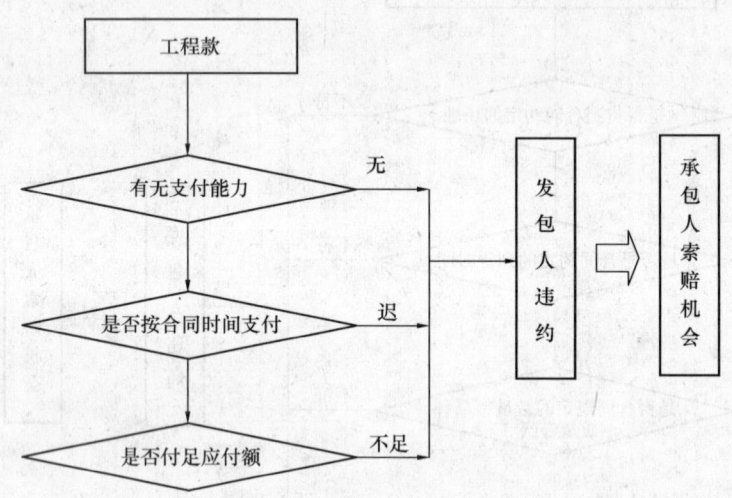

图 5-11　发包人支付工程款违约可能

按照《建设工程施工合同（示范文本）》（GF-1999-0201）第 26 条的规定，发包人应按

---

❶ 《建设工程施工合同（示范文本）》（GF-1999-0201）规定：
　27　发包人供应材料设备
　27.1　实行发包人供应材料设备的，双方应当约定发包人供应材料设备的一览表，作为本合同附件。一览表包括发包人供应材料设备的品种、规格、型号、数量、单价、质量等级、提供时间和地点。
　27.2　发包人按一览表约定的内容提供材料设备，并向承包人提供产品合格证明，对其质量负责。发包人在所供材料设备到货前 24 小时，以书面形式通知承包人，由承包人派人与发包人共同清点。
　27.3　发包人供应的材料设备，承包人派人参加清点后果由承包人妥善保管，发包人支付相应保管费用。因承包人原因发生丢失损坏，由承包人负责赔偿。
　发包人未通知承包人清点承包人不负责材料设备的保管，丢失损坏由发包人负责。
　27.4　发包人供应的材料设备与一览表不符时，发包人承担有关责任。发包人应承担责任的具体内容，双方根据下列情况在专用条款内约定：
　（1）材料设备单价与一览表不符，由发包人承担所有价差；
　（2）材料设备的品种、规格、型号、质量等级与一览表不符，承包人可拒绝接收保管，由发包人运出施工场地并重新采购；
　（3）发包人供应的材料规格、型号与一览表不符，经发包人同意，承包人可代为调剂串换，由发包人承担相应费用；
　（4）到货地点与一览表不符，由发包人负责运至一览表指定地点；
　（5）供应数量少于一览表约定的数量时，由发包人补齐，多于一览表约定数量时，发包人负责将多出部分运出施工场地；
　（6）到货时间早于一览表约定时间，由发包人承担因此发生的保管费用；到货时间迟于一览表约定的供应时间，发包人赔偿由此造成的承包人损失，造成工期延误的，相应顺延工期。

照协议条款规定的时间和数额，向承包人支付工程款项❶。当发包人没有支付能力或拖期支付时，不仅要支付应付款的利息，还有可能会发生停工等后果，如发生停工这种类型的违约，损失往往是较大的。

4. 工程师❷对承包人在施工过程中提出的有关问题久拖不定造成违约（图5-12）。

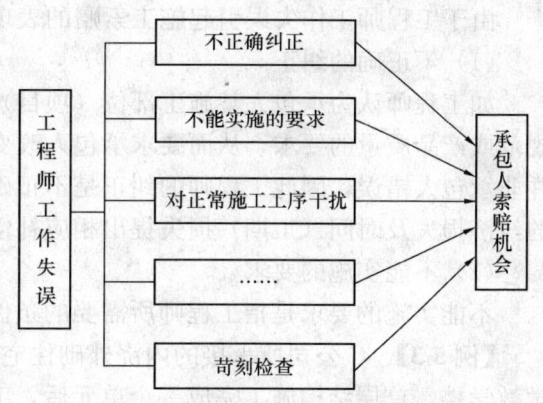

图5-12 工程师工作失误违约可能

《建设工程施工合同（示范文本）》（GF-1999-0201）第6条规定，工程师应按照合同的要求行使自己的权利，履行合同约定职责，及时向承包人提供所需指令、批准、图纸等❸。在施工过程中，承包人为了提高生产效率，增加经济效益，常能较早发现工程进展中的问题，并向工程师寻求解决的办法，或提出解决方案报工程师批准。如果工程师不及时给予解决或批准，将会直接影响工程的进度，形成违约事件，造成索赔。

【例5-2】 B公司在某住宅室外管线施工中，遇到了连发包人也预先不清楚的地下大型钢筋混凝土障碍物后，于2008年4月21日书面提出采用爆破方案处理障碍物的报告并送交工程师，但一直未得到确定性答复，承包人于2008年5月4日又提出希望重新设计该工程外线的建议。直到2008年5月14日，工程师才正式通知乙方该外线暂停施工。事后，承包人依据施工合同及协议条款提出，由于工程师对工程申请施工问题久拖不定，致使该部位施工人员及机械处于既不能撤走，又不能干下去的窝工状态，要求索赔20天的工期。

5. 工程师工作失误，对承包人不正确纠正、苛刻检查等造成违约。

《建设工程施工合同（示范文本）》（GF-1999-0201）中对工程质量的检查、验收等工作

---

❶ 《建设工程施工合同（示范文本）》（GF-1999-0201）规定：
26 工程款（进度款）支付
26.1 在确认计量结果后14天内，发包人应向承包人支付工程款（进度款）。按约定时间发包人应扣回的预付款，与工程款（进度款）同期结算。
26.2 本通用条款第23条确定调整的合同价款、第31条工程变更调整的合同价款及其他条款中约定的追加合同价款，应与工程款（进度款）同期调整支付。
26.3 发包人超过约定的支付时间不支付工程款（进度款），承包人可向发包人发出要求付款的通知，发包人收到承包人通知后仍不能按要求付款，可与承包人协商签订延期付款协议，经承包人同意后可延期支付。协议应明确延期支付的时间和从计量结果确认后第15天起应付款的贷款利息。
26.4 发包人不按合同约定支付工程款（进度款），双方又未达成延期付款协议，导致施工无法进行，承包人可停止施工，由发包人承担违约责任。
❷ 《建设工程施工合同（示范文本）》（GF-1999-0201）规定：
1.8 工程师：指本工程监理单位委派的总监理工程师或发包人指定的履行本合同的代表，其具体身份和职权由发包人、承包人在专用条款中约定。
❸ 《建设工程施工合同（示范文本）》（GF-1999-0201）规定：
6.3 工程师应按合同约定，及时向承包人提供所需指令、批准并履行约定的其他义务。由于工程师未能按合同约定履行义务造成工期延误，发包人应承担延误造成的追加合同价款，并赔偿承包人有关损失，顺延延误的工期。

程序及争议解决都作了明确规定❶。但是，实际工作中，由于具体工作人员的工作经历、业务水平、思想素质及工作方式方法等原因，往往造成甲、乙双方工作的不协调，其中因工程师造成的影响会成为索赔的原因。

由于工程师工作失误引起施工索赔的表现如图5-12所示。

(1) 不正确的纠正

如工程师认为承包人某施工部位（项目）所采用的施工方法或所采用的材料不符合技术规范或产品质量的要求，从而要求承包人改变施工方法或停止使用某种材料，但事后又证明并非承包人错误，因此工程师的纠正是不正确的。在此情况下，承包人对不正确纠正所发生的经济损失及时间（工期）损失提出相应补偿是维护自身利益的表现。

(2) 不能实施的要求

不能实施的要求是指工程师所需要的条件根本无法实现。

【例5-3】 C公司所承接的内浇外砌住宅楼，其南侧15m为高知专家楼，北侧20m为小学教学楼，首层结构施工完成一个单元后，工程师书面通知乙方，内容是"为保证专家楼内年高多病专家们的健康，每日中午12时～14时，晚10时～次晨6时，不得开动搅拌机和使用振动棒。另应小学领导的要求，白天浇筑混凝土时，应采取有效措施，使施工噪声减小到在教室内听不到的程度"。承包人提出，当今施工技术很难达到这种要求，即使采用商品混凝土也难满足这种要求，承包人并指出，签订合同时没有明确这种施工限制条件，因此，对此不承担责任。

(3) 对正常施工工序造成干扰

一般情况下，工程师应根据合同发出施工指令，并可以随时对任何部位进行质量检查。对承包人在施工中所采用的方法及施工工序不必过多干涉，只要不违反合同要求和不影响工程质量就可以了。但工程师硬要求承包人按照某种施工工序或方法进行施工，这就要打乱承包人的正常工作秩序，造成工程不能按期完成或增加成本开支。

不管工程师的本人意图如何，只要造成事实上对正常施工工序的干扰，其结果都可能导致不应有的工程停工、开工、人员闲置、设备闲置、材料供应混乱等局面，由此而产生的实际损失及额外费用，乙方必然提出索赔申请。

(4) 对工程苛刻检查

《建设工程施工合同（示范文本）》（GF-1999-0201）规定了工程师有权在施工过程中任

---

❶ 《建设工程施工合同（示范文本）》（GF-1999-0201）规定：

15　工程质量

15.1　工程质量应当达到协议书约定的质量标准，质量标准的评定以国家或行业的质量检验评定标准为依据。因承包人原因工程质量达不到约定的质量标准，承包人承担违约责任。

15.2　双方对工程质量有争议，由双方同意的工程质量检测机构鉴定，所需费用及因此造成的损失，由责任方承担。双方均有责任，由双方根据其责任分别承担。

16　检查和返工

16.1　承包人应认真按照标准、规范和设计图纸要求以及工程师依据合同发出的指令施工，随时接受工程师的检查检验，为检查检验提供便利条件。

16.2　工程质量达不到约定标准的部分，工程师的要求拆除和重新施工，直到符合约定标准。因承包人原因达不到约定标准，由承包人承担拆除和重新施工的费用，工期不予顺延。

16.3　工程师的检查检验不应影响施工正常进行。如影响施工正常进行，检查检验不合格时，影响正常施工的费用由承包人承担。除此之外影响正常施工的追加合同价款由发包人承担，相应顺延工期。

16.4　因工程师指令失误或其他非承包人原因发生的追加合同价款，由发包人承担。

何时候对所管工程进行现场检查。承包人应为其提供便利条件，并按照工程师的要求返工、修改，承担由自身原因导致返工、修改的费用。毫无疑问，工程师的各种检查都会给被检查现场带来某种干扰，但这种干扰应理解为合理的。工程师所提出的修改或返工的要求应该依据合同所指定的技术规范，一旦工程师的检查超出了合同范围提出的要求，超出了一般正常的技术规范要求即认为是苛刻检查。常见苛刻检查的种类有：对同一部位的反复检查；使用与合同规定不符的检查标准进行检查；过分频繁的检查；故意不及时检查等。

【例 5-4】 D公司（监理公司）委派A工程师代表发包人对某办公楼进行监督管理工作，承包人开槽后发现一输气管道影响施工。A工程师察看现场后，怀疑承包人放线有误，提出重新复查定位线。承包人配合，没有查出问题。一天后，A工程师认为前一天复测时仪器有问题，要求更换测量仪器再次复测。承包人只好停工配合复测，最后证明测量无误。承包人向D公司提出了合同中未确定输气管道技术处理费及甲方代表反复检查两次的配合费用的索赔要求。

在办公室施工阶段，A工程师对承包人框架梁、柱钢筋工程的隐蔽检查更加"认真"，对主筋表面浮锈要求进行全面除锈（按当时情况，钢筋表面无片状老锈，允许不除锈）。对绑扎箍筋间距误差≤5mm规范允许情况都要求返工，不予签办隐检手续。承包人在取得有关证据及证明情况下，向D公司提出了所委派代表苛刻检查的事实和索赔要求。

面对具有经验丰富的承包公司，工程师对自己的权力职责行为应掌握好合同界限，过分地、不恰当地使用自己的权力，将会产生不良后果。

在实际工作中，有时对"严格检查"与"苛刻检查"的划分难以统一看法，也往往会引起甲、乙双方工作的不协调，影响主要工作目标的实施。只有在特殊情况下，上述情况才索赔，进行处理。

四、施工索赔的处理过程

要搞好索赔，不仅要善于发现和把握住索赔的机会，更重要的是要会处理索赔，下面就施工索赔的处理过程及有关问题作一介绍。

（一）意向通知

发现索赔或意识到存在索赔的机会后，承包商要做的第一件事就是要将自己的索赔意向书面通知给监理工程师（业主）。这种意向通知是非常重要的，它标志着一项索赔的开始。FIDIC《土木工程施工合同条件》第53.1条规定："在引起索赔事件第一次发生之后的28天内，承包商将他的索赔意向以书面形式通知工程师，同时将1份副本呈交业主。"事先向监理工程师（业主）通知索赔意向，这不仅是承包商要取得补偿的必须首先遵守的基本要求之一，也是承包商在整个合同实施期间保持良好的索赔意识的最好办法。

索赔意向通知通常包括以下四个方面的内容：

1. 事件发生的时间和情况的简单描述；
2. 合同依据的条款和理由；
3. 有关后续资料的提供，包括及时记录和提供事件发展的动态；
4. 对工程成本和工期产生的不利影响的严重程度，以期引起监理工程师（业主）的注意。

一般索赔意向通知仅仅是表明意向，应简明扼要，涉及索赔内容但不涉及索赔金额。

（二）证据资料准备

索赔的成功很大程度上取决于承包商对索赔作出的解释和具有强有力的证明材料。因此，承包商在正式提出索赔报告前的资料准备工作极为重要，这就要求承包商注意记录和积累保存以下各方面的资料，并可随时从中索取与索赔事件有关的证据资料。

1. 施工日志。应指定有关人员现场记录施工中发生的各种情况，包括天气、出工人数、设备数量及其使用情况、进度、质量情况、安全情况、监理工程师在现场有什么指示、进行了什么实验、有无特殊干扰施工的情况、遇到了什么不利的现场条件、多少人员参观了现场等。这种现场记录和日志有利于及时发现和正确分析索赔，可能是索赔的重要证据材料。

2. 来往信件。对与监理工程师、业主和有关政府部门、银行、保险公司的来往信函必须认真保存，并注明发送和收到的详细时间。

3. 气象资料。在分析进度安排和施工条件时，天气是考虑的重要因素之一，因此，要保持一份如实完整、详细的天气情况记录，包括气温、风力、湿度、降雨量、暴雨雪、冰雹等。

4. 备忘录。承包商对监理工程师和业主的口头指示和电话应随时用书面记录，并请签字给予书面确认事件发生和持续过程的重要情况记录。

5. 会议纪要。承包商、业主和监理工程师举行会议时要做好详细记录，对其主要问题形成会议纪要，并由会议各方签字确认。

6. 工程照片和工程声像资料。这些资料都是反映工程客观情况的真实写照，也是法律承认的有效证据，应拍摄有关资料并妥善保存。

7. 工程进度计划。承包商编制的经监理工程师或业主批准同意的所有工程总进度、年进度、季进度、月进度计划都必须妥善保管，任何与延期有关的索赔分析，工程进度计划都是非常重要的证据。

8. 工程核算资料。工人劳动计时卡和工资单、设备材料和零配件采购单、付款数收据、工程开支月报、工程成本分析资料、会计报表、财务报表、货币汇率、物价指数、收付款票据都应分类装订成册，这些都是进行索赔费用计算的基础。

9. 工程图纸。工程师和业主签发的各种图纸，包括设计图、施工图、竣工图及其相应的修改图应注意对照检查和妥善保存，设计变更一类的索赔，原设计图和修改图的差异是索赔最有力的证据。

10. 招投标文件。招投标文件是承包商报价的依据，是工程成本计算的基础资料，是索赔时进行附加成本计算的依据。投标文件是承包商编标报价的成果资料，对施工所需的设备、材料列重了数量和价格，也是索赔的基本依据。

由此可见，高水平的文档管理信息系统，为索赔进行资料准备和提供证据是极为重要的。

(三) 索赔报告的编写

索赔报告是承包商向监理工程师（业主）提交的一份要求业主给予一定经济（费用）补偿和（或）延长工期的正式报告，承包商应该在索赔事件对工程产生的影响结束后，尽快（一般合同规定 28 天内）向监理工程师（业主）提交正式的索赔报告。

编写索赔报告应注意以下几个问题：

1. 索赔报告的基本要求

首先，必须说明索赔的合同依据，即基于何种理由有资格提出索赔要求。一种是根据合同某条款规定，承包商有资格因合同变更或追加额外工作而取得费用补偿和（或）延长工期；一种是业主或其代理人任何违反合同规定给承包商造成损失，承包商有权索取补偿。第二，索赔报告中必须有详细、准确的损失金额及时间的计算。第三，要证明客观事实与损失之间的因果关系，说明索赔前因后果的关联性，要以合同为依据，说明业主违约或合同变更与引起索赔的必然性联系。如果不能有理有据说明因果关系，而仅在事件的严重性和损失的巨大上花费过多的笔墨，对索赔的成功都无济于事。

2. 索赔报告必须准确

编写索赔报告是一项复杂的工作，须有一个专门的小组和各方的大力协助才能完成。索赔小组的人员应具有合同、法律、工程技术、施工组织计划、成本核算、财务管理、写作等各方面的知识，进行深入的调查研究，对较大的、复杂的索赔需要请有关专家咨询，对索赔报告进行反复讨论和修改，写出的报告不仅有理有据，而且必须准确可靠。应特别强调以下几点：

（1）责任分析应清楚、准确。在报告中所提出索赔的事件的责任是对方引起的。应把全部或主要责任推给对方，不能有责任含混不清和自我批评式的语言。要做到这一点，就必须强调事件的不可预见性，承包商对它不能有所准备，事发后尽管采取能够采取的措施也无法制止；指出索赔事件使承包商工期拖延、费用增加的严重性和索赔值之间的直接因果关系。

（2）索赔值的计算依据要正确，计算结果要准确。计算依据要用文件规定的公认合理的计算方法，并加以适当的分析。数字计算上不要有差额，一个小小的计算错误可能影响到整个计算结果，容易给人在索赔的可信度方面造成不好的印象。

（3）用词要婉转和恰当。在索赔报告中要避免使用强硬的不友好的抗拒式的语言。不能因语言而伤害了和气及双方的感情。忌断章取义，牵强附会，夸大其词。

3. 索赔报告的形式和内容

索赔报告应简明扼要，条理清楚，便于对方由表及里、由浅入深地阅读和了解，注意对索赔报告形式和内容的安排也是很有必要的。一般可以考虑用金字塔的形式安排编写，包括以下主要内容。

说明信是承包商递交索赔报告时的所需材料，一定简明扼要，主要让监理工程师（业主）了解所提交的索赔报告的概况，千万不可啰唆。

索赔报告正文，包括题目、事件、理由（依据）、因果分析、索赔费用（工期）。题目应简洁说明针对什么提出的索赔，即概括出索赔的中心内容。事件是对索赔事件发生的原因和经过，包括双方活动所附的证明材料。理由是指出根据所陈述的事件，提出索赔的根据。因果分析是指依上述事件和理由所造成成本增加、工期延长的必然结果。最后提出索赔费用（工期）的分项总计的结果。

计算过程和证明材料的附件是支持索赔报告的有力依据，一定要和索赔中提到的完全一致，不可有丝毫相互矛盾的地方，否则有可能导致索赔失败。

应当注意，承包商除了提交索赔报告的资料外，还要准备一些与索赔有关的各种细节性的资料，以便对方提出问题时进行说明和解释，比如运用图表的形式对实际成本与预算成本、实际进度与计划进度、修订计划与原计划的比较、人员工资上涨、材料设备价格上涨、各时期工作任务密度程度的变化、资金流进流出等，通过图表来说明和解释，使之一目了然。

（四）提交索赔报告

索赔报告编写完毕后，应及时提交给监理工程师（业主），正式提出索赔。索赔报告提交后，承包商不能被动等待，应隔一定的时间，主动向对方了解索赔处理的情况，根据所提出的问题进一步作资料方面的准备，或提供补充资料，尽量为监理工程师处理索赔提供帮助、支持和合作。

索赔的关键问题在于"索",承包商不积极主动去"索",业主没有任何义务去"赔",因此,提交索赔报告本身就是"索",但要让业主"赔",提交索赔报告,还只是刚刚开始,承包商还有许多更艰难的工作。

（五）索赔报告评审

工程师（业主）接到承包商的索赔报告后,应该马上仔细阅读其报告,并对不合理的索赔进行反驳或提出疑问,工程师将自己掌握的资料和处理索赔的工作经验可能就以下问题提出质疑：

1. 索赔事件不属于业主和监理工程师的责任,而是第三方的责任；
2. 事实和合同依据不足；
3. 承包商未能遵守索赔意向通知书的要求；
4. 合同中的开脱责任条款已经免除了业主补偿的责任；
5. 索赔是由不可抗力引起的,承包商没有划分和证明双方责任的大小；
6. 承包商没有采取适当措施避免或减少损失；
7. 承包商必须提供进一步的证据；
8. 损失计算夸大；
9. 承包商以前已明示或暗示放弃了此次索赔的要求等。

在评审过程中,承包商应对工程师提出的各种质疑作出圆满的答复。

（六）谈判解决

经过监理工程师对索赔报告的评审,与承包商进行了较充分的讨论后,工程师应提出对索赔处理决定的初步意见,并参加业主和承包商进行的索赔谈判,通过谈判,作出索赔处理的最后决定。

（七）争端的解决

如果索赔在业主和承包商之间不能通过谈判解决,可就其争端的问题进一步提交监理工程师解决直至仲裁。按FIDIC《土木工程施工合同条件》的规定,其争端解决的程序如下：

1. 合同的一方就其争端的问题书面通知工程师,并将一份副本提交对方。
2. 监理工程师应在收到有关争端的通知后84天内作出决定,并通知业主和承包商。
3. 业主和承包商收到监理工程师决定的通知70天后（包括70天）均未发出要将该争端提交仲裁的通知,则该决定视为最后决定,对业主和承包商均有约束力。若一方不执行此决定,另一方可按对方违约提出仲裁通知,并开始仲裁。
4. 如果业主和承包商对监理工程师决定不同意,或在要求监理工程师作决定的书面通知发出84天后,未得到监理工程师决定的通知,任何一方可在其后的70天内就其所争端的问题向对方提出仲裁通知,将一份副本送交监理工程师。仲裁可在此通知发出后的56天之后开始。在仲裁开始前的56天内应设法友好协商解决双方的争端。

五、索赔的计算方法

（一）工期索赔计算

工期索赔的计算主要有网络图分析和比例计算法两种。

1. 网络分析法

网络分析法是利用进度计划的网络图,分析其关键线路。如果延误的工作为关键工作,则延误的时间为索赔的工期;如果延误的工作为非关键工作,当该工作由于延误而成为关键工作时,可以索赔延误时间与时差的差值;若该工作延误后仍为非关键工作,则不存在工期索赔问题。

可以看出,网络分析要求承包商切实使用网络技术进行进度控制,才能依据网络计划提出工期索赔。按照网络分析得出的工期索赔值是科学合理的,容易得到认可。

2. 比例计算法

比例计算法的公式为:

对于已知部分工程的延期的时间:

$$工期索赔值 = \frac{受干扰部分工程的合同价}{原合同总价} \times 该受干扰部分工期拖延时间$$

对于已知额外增加工程量的价格:

$$工期索赔值 = \frac{额外增加的工程量的价格}{原有合同总价} \times 原合同总工期$$

比例计算法简单方便,但有时不符合实际情况,不适用于变更施工顺序、加速施工、删减工程量等事件的索赔。

(二)经济索赔计算

1. 总费用法和修正的总费用法

总费用法又称总成本法,就是计算出该项工程的总费用,再从这个已实际开支的总费用中减去投标报价时的成本费用,即为要求补偿的索赔费用额。

总费用法并不十分科学,但仍被经常采用,原因是对于某些索赔事件,难以精确地确定它们导致的各项费用增加额。

一般认为在具备以下条件时采用总费用法是合理的:

(1) 已开支的实际总费用经过审核,认为是比较合理的;
(2) 承包商的原始报价是比较合理的;
(3) 费用的增加是由于对方原因造成的,其中没有承包商管理不善的责任;
(4) 由于该项索赔事件的性质以及现场记录的不足,难以采用更精确的计算方法。

修正总费用法是指对难以用实际总费用进行审核的,可以考虑是否能计算出与索赔事件有关的单项工程的实际总费用和该单项工程的投标报价。若可行,可按其单项工程的实际费用与报价的差值来计算其索赔的金额。

2. 分项法

分项法是将索赔的损失的费用分项进行计算,其内容如下:

(1) 人工费索赔

人工费索赔包括额外雇佣劳务人员、加班工作、工资上涨、人员闲置和劳动生产率降低的费用。

对于额外雇佣劳务人员和加班工作,用投标时的人工单价乘以工时数即可;对于人员闲置费用,一般折算为人工单价的 0.75;工资上涨是指由于工程变更,使承包商的大量人力资源的使用从前期推到后期,而后期工资水平上调,因此应得到相应的补偿。

有时工程师指令进行计日工,则人工费按计日工表中的人工单价计算。

对于劳动生产率降低导致的人工费索赔,一般可用如下方法计算:

1) 实际成本和预算成本比较法

这种方法是对受干扰影响工作的实际成本与合同中的预算成本进行比较，索赔其差额。这种方法需要有正确合理的估价体系和详细的施工记录。如某工程的现场混凝土模板制作，原计划20000m^2，估计人工工时为20000，直接人工成本为32000美元。因业主未及时提供现场施工的场地占有权，使承包商被迫在雨季进行该项工作，实际人工工时24000，人工成本为38400美元，使承包商造成生产率降低的损失为6400美元。这种索赔，只要预算成本和实际成本计算合理，成本的增加确属业主的原因，其索赔成功的把握是很大的。

2) 正常施工期与受影响工期比较法

这种方法是在承包商的正常施工受到干扰，生产率下降，通过比较正常条件下的生产率和干扰状态下的生产率，得出生产率降低值，以此为基础进行索赔。

如某工程使用塔吊浇筑混凝土，前5天工作正常，第6天起业主架设临时电线，共有6天时间使塔吊不能在正常角度下工作，导致吊运混凝土的方量减少。承包商有未受干扰时正常施工记录和受干扰时施工记录，如表5-16和表5-17所示。

表5-16 未受干扰时正常施工记录 (m^3/h)

时间（天）	1	2	3	4	5	平均值
平均劳动生产率	7	6	6.5	8	6	6.7

表5-17 受干扰时施工记录 (m^3/h)

时间（天）	1	2	3	4	5	6	平均值
平均劳动生产率	5	5	4	4.5	6	4	4.75

通过以上施工记录比较，劳动生产率降低值为：

$$6.7-4.75=1.95 \ (m^3/h)$$

索赔费用的计算公式为：

索赔费用＝计划台班×（劳动生产率降低值/预期劳动生产率）×台班单价

(2) 材料费索赔

材料费索赔包括材料消耗量增加和材料单位成本增加两种情况。追加额外工作、变更工程性质、改变施工方法等，都可能造成材料用量的增加或使用不同的材料。材料单位成本增加的原因包括材料价格上涨、手续费增加、运输费用（运距加长、二次倒运等）、仓储保管费增加等。材料费索赔需要提供准确的数据和充分的证据。

(3) 施工机械费索赔

机械费索赔包括增加台班数量、机械闲置或工作效率降低、台班费率上涨等费用。

台班费率按照有关定额和标准手册取值。对于工作效率降低，应参考劳动生产率降低的人工索赔的计算方法。台班量的计算数据来自机械使用记录。对于租赁的机械，取费标准按租赁合同计算。

对于机械闲置费，有两种计算方法：一是按公布的行业标准租赁费率进行折减计算；二是按定额标准的计算方法。一般建议将其中的不变费用和可变费用分别扣除一定的百分比进行计算。

对于工程师指令进行计日工作的，按计日工作表中的费率计算。

(4) 现场管理费索赔计算

现场管理费包括工地的临时设施费、通讯费、办公费、现场管理人员和服务人员的工资等。

现场管理费索赔计算的方法一般为：

现场管理费索赔值＝索赔的直接成本费用×现场管理费率

现场管理费率的确定选用下面的方法：

1）合同百分比法。即管理费比率在合同中规定；

2）行业平均水平法。即采用公开认可的行业标准费率；

3）原始估价法。即采用投标报价时确定的费率；

4）历史数据法。即采用以往相似工程的管理费率。

（5）融资成本、利润与机会利润损失的索赔

融资成本又称资金成本，即取得和使用资金所付出的代价，其中最主要的是支出资金供应者的利息。由于承包商只有在索赔事件处理完结后一段时间内才能得到其索赔的金额，所以承包商往往需从银行贷款或以自有资金垫付，这就产生了融资成本问题，主要表现在额外贷款利息的支付和自有资金的机会利润损失，在以下情况下，可以索赔利息：

1）业主推迟支付工程款的保留金，这种金额的利息通常以合同约定的利率计算；

2）承包商借款或动用自有资金弥补合法索赔事项所引起的现金流量缺口，在这种情况下，可以参照有关金融机构的利率标准，或者拟定把这些资金用于其他工程承包项目可得到的收益来计算索赔金额，后者实际上是机会利润损失的计算。

利润是完成一定工程量的报酬，因此在工程量的增加时可索赔利润。不同的国家和地区对利润的理解和规定有所不同，有的将利润归入总部管理费中，则不能单独索赔利润。

机会利润损失是由于工程延期工合同终止而使承包商失去承揽其他工程的机会而造成的损失，在某些国家和地区，是可以索赔机会利润损失的。

六、索赔成功的关键

工程索赔是一门涉及面广，融技术、经济、法律为一体的边缘学科，它不仅是一门科学，又是一门艺术。要想获得好的索赔成果，必须要有强有力的、稳定的索赔班子，正确的索赔战略和机动灵活的索赔技巧，这也是取得索赔成功的关键。

（一）组建强有力的、稳定的索赔班子

索赔是一项复杂、细致而艰巨的工作，组建一个知识全面、有丰富索赔经验、稳定的索赔小组从事索赔工作是索赔成功的首要条件。索赔小组应由项目经理、合同法律专家、经济师、会计师、施工工程师组成，有专职人员搜集和整理由各职能部门和科室提供的有关信息资料。索赔人员要有良好的素质，要懂得索赔的战略和策略，工作要勤奋、务实、不好大喜功，头脑清晰，思路敏捷，有逻辑，善推理，懂得搞好各方的公共关系。

索赔小组的人员一定要稳定，不仅各负其责，而且每个成员要积极配合，齐心协力，对内部讨论的战略和对策要保守秘密。

（二）确定正确的索赔战略和策略

索赔战略和策略是承包商经营战略和策略的一部分，应当体现承包商目前利益和长远利益、全局利益和局部利益的统一，应由公司经理亲自把握和制定，索赔小组应提供决策的依据和建议。

索赔的战略和策略研究，对不同的情况，包含着不同的内容，有不同的重心，一般应包含如下几个方面：

1. 确定索赔目标

承包商的索赔目标是指承包商对索赔的基本要求,可对要达到的目标进行分解,按难易程度进行排队,并大致分析它们实现的可能性,从而确定最低、最高目标。

分析实现目标的风险,如能否抓住索赔机会,保证在索赔有效期内提出索赔;能否按期完成合同规定的工程量,执行业主加速施工指令;能否保证工程质量,按期交付工程;工程中出现失误后的处理办法等。总之要注意对风险的防范,否则,就会影响索赔目标的实现。

2. 对被索赔方的分析

分析对方的兴趣和利益所在,要让索赔在友好、和谐的气氛中进行,处理好单项索赔和一揽子索赔的关系,对于理由充分而重要的单项索赔应力争尽早解决,对于业主坚持拖后解决的索赔,要按业主意见认真积累有关资料,为一揽子解决准备充分的材料。要根据对方的利益所在,对对方感兴趣的地方,承包商就在不过多损害自己的利益的情况下作适当的让步,打破问题的僵局。在责任分析和法律分析方面要适当,在对方愿意接受索赔的情况下,就不要得理不让人,否则反而达不到索赔目的。

3. 承包商的经营战略分析

承包商的经营战略直接制约着索赔的策略和计划。在分析业主情况和工程所在地的情况以后,承包商应考虑有无可能与业主继续进行新的合作,是否在当地继续扩展业务,承包商与业主之间的关系对当地开展业务有何影响,等等。这些问题决定着承包商的整个索赔要求和解决的方法。

4. 相关关系分析

利用监理工程师、设计单位、业主的上级主管部门对业主施加影响,往往比同业主直接谈判有效。承包商要同这些单位搞好关系,展开"公关",取得他们的同情和支持,并与业主沟通,这就要求承包商对这些单位的关键人物进行分析,同他们搞好关系,利用他们同业主的微妙关系从中斡旋、调停,能使索赔达到十分理想的效果。

5. 谈判过程分析

索赔一般都在谈判桌上最终解决,索赔谈判是双方面对面的较量,是索赔能否取得成功的关键。一切索赔的计划和策略都是在谈判桌上体现和接受检验。因此,在谈判之前要做好充分准备,对谈判的可能过程要做好分析。如怎样保持谈判的友好、和谐气氛,估计对方在谈判过程中会提什么问题,采取什么行动,我方应采取什么措施争取有利的时机,等等。因为索赔谈判是承包商要求业主承认自己的索赔,承包商处于很不利的地位,如果谈判一开始就气氛紧张,情绪对立,有可能导致业主拒绝谈判,使谈判旷日持久,这是最不利索赔问题解决的。谈判应从业主关心的议题入手,从业主感兴趣的问题开谈,使谈判气氛保持友好、和谐是很重要的。

谈判过程中要讲事实,重证据,既要据理力争,坚持原则,又要适当让步,机动灵活,所谓索赔的"艺术",往往在谈判桌上能得到充分的体现,所以,选择和组织好精明强干、有丰富的索赔知识和经验的谈判班子就显得极为重要。

(三) 索赔的技巧

索赔的技巧是为索赔的战略和策略目标服务的,因此,在确定了索赔的战略和策略目标之后,索赔技巧就显得格外重要,它是索赔策略的具体体现。索赔技巧应因人、因客观环境条件而异,现提出以下各项供参考。

1. 要及时发现索赔机会

一个有经验的承包商，在投标报价时就应考虑将来可能要发生索赔的问题，要仔细研究招标文件中合同条款和规范，仔细查勘施工现场，探索可能索赔的机会，在报价时要考虑索赔的需要。在进行单价分析时，应列入生产效率，把工程成本与投入资源的效率结合起来。这样在施工过程中论证索赔原因时，可引用效率降低来论证索赔的根据。

在索赔谈判中，如果没有生产效率降低的资料，则很难说服监理工程师和业主，索赔无取胜可能。反而可能被认为生产效率的降低是承包商施工组织不好，没达到投标时的效率，应采取措施提高效率，赶上工期。

要论证效率降低，承包商应做好施工记录，记录好每天使用的设备工时、材料和人工数量、完成的工程及施工中遇到的问题。

2. 商签好合同协议

在商签合同过程中，承包商应对明显把重大风险转嫁给承包商的合同条件提出修改的要求，对其达成修改的协议应以《谈判纪要》的形式写出，作为该合同文件的有效组成部分。要对业主开脱责任的条款特别注意，如：合同中不列索赔条款；拖期付款无时限，无利息；没有调价公式；业主认为对某部分工程不够满意，即有权决定扣减工程款；业主对不可预见的工程施工条件不承担责任等。如果这些问题在签订合同协议时不谈判清楚，承包商就很难有索赔机会。

3. 对口头变更指令要得到确认

监理工程师常常乐于用口头指令变更，如果承包商不对监理工程师的口头指令予以书面确认，就进行变更工程的施工，此后，有的监理工程师矢口否认，拒绝承包商的索赔要求，使承包商有苦难言。

4. 及时发出《索赔通知书》

一般合同规定，索赔事件发生后的一定时间内，承包商必须送出《索赔通知书》，过期无效。

5. 索赔事件论证要充足

承包合同通常规定，承包商在发出《索赔通知书》后，每隔一定时间（28天），应报送一次证据资料，在索赔事件结束后的28天内报送总结性的索赔计算及索赔论证，提交索赔报告。索赔报告一定要令人信服，经得起推敲。

6. 索赔计价方法和款额要适当

索赔计算时采用"附加成本法"容易被对方接受，因为这种方法只计算索赔事件引起的计划外的附加开支，计价项目具体，使经济索赔能较快得到解决。另外索赔计价不能过高，要价过高容易让对方发生反感，使索赔报告束之高阁，长期得不到解决。另外还有可能让业主准备周密的反索赔计划，以高额的反索赔对付高额的索赔，使索赔工作更加复杂化。

7. 力争单项索赔，避免一揽子索赔

单项索赔事件简单，容易解决，而且能及时得到支付。一揽子索赔，问题复杂，金额大，不易解决，往往到工程结束后还得不到付款。

8. 坚持采用"清理账目法"

承包商往往只注意接受业主按对某项索赔的当月结算索赔款，而忽略了该项索赔款的余额部分。没有以文字的形式保留自己今后获得余额部分的权利，等于同意并承认了业主对该项索赔的付款，以后对余额再无权追索。

因为在索赔支付过程中,承包商和监理工程师对确定新单价和工程量经常存在不同意见。按合同规定,工程师有决定单价的权力,如果承包商认为工程师的决定不尽合理,而坚持自己的要求时,可同意接受工程师决定的"临时单价"或"临时价格"付款,先拿到一部分索赔款,对其余不足部分,则书面通知工程师和业主,作为索赔款的余额,保留自己的索赔权利,否则,将失去了将来要求付款的权利。

9. 力争友好解决,防止对立情绪

索赔争端是难免的,如果遇到争端不能理智协商讨论问题,使一些本来可以解决的问题悬而未决。承包商尤其要头脑冷静,防止对立情绪,力争友好解决索赔争端。

10. 注意同监理工程师搞好关系

监理工程师是处理解决索赔问题的公正的第三方,注意同工程师搞好关系,争取工程师的公正裁决,竭力避免仲裁或诉讼。

七、索赔启示

(一) 主动创造索赔机会

K公司承包一项石坝工程。合同技术规范要求石坝心墙填料的含水量介于-2%～+3%之间。开工后,K公司从料场开挖的填料含水量高达15%,超出规范要求。监理工程师遂要求K公司对填料进行处理,降低含水量。这样做无疑将大大增加费用,但监理工程师却拒绝增加费用。于是K公司建议监理工程师改变含水量标准,并保证采取适当的措施达到设计质量要求。监理工程师采纳了K公司的建议并下达了工作命令。由于填料的含水量标准改变了,原先采购的碾压机不适用,需重新配置。于是K公司借此提出索赔。监理工程师无奈只好同意。

评析:由于施工中遇到难以克服的困难,要求改变用料或改换施工做法,这是常事。但承包商如果一开始就借此提出索赔要求,则监理工程师很可能连承包商的建议也不予采纳。这样不但得不到索赔收益,连最初的被动处境都无法改变,承包商唯有按合同技术规范要求的标准施工,结果势必受罚。K公司的高明之处就在于有计划地逐步达到预期目的,其真实意图隐藏于其建议之中,不易被监理工程师察觉,待条件成熟了再提出要求。此时监理工程师因自己业已同意承包商的建议,再反悔已经来不及,只好同意承包商的索赔要求。

在承包工程实践中,千方百计地变被动为主动至关重要。然而主动地位非可轻易取得,这就要求承包商有计划、有目的地一步一步去实现,利用一切可利用的条件,有意识地创造索赔机会以扩大收益。

K公司的成功经验是先设法让监理工程师同意自己的建议,取得书面变更命令,实现其前期目标;进而造成事实,最后达到其根本目的。这种步步为营的办法是很值得借鉴的。

(二) 业主提供的资料失真

B公司在H市承包一项污水治理工程。工程内容为清除一条长1200m、宽4m、深4m的污水沟内的淤泥,并埋上直径为1.5m的混凝土涵管。签约前,B公司赴现场考察所见:沟内没有积水,只有约1m厚的淤泥;污水沟的上游系各种大小不一的小渠或水沟,时值旱季,长期无雨,只有少量的污水而不能汇成水流。业主提供的资料表明,即使在雨季也不会有大量流水,因为上游的市政管道即可把污水和雨水一起排走。B公司遂同H市政府签订了承包合同。合同中写明:"承包人声明已对本标的工程的地理位置、周围环境及有关资料进行认真阅读和研究,对工程的所有条件感到满意,保证将不会因任何施工不便而要求增加费用。"

三个月后,承包合同经当地有关主管部门批准,监理工程师随即下达了开工令。可是雨季已经来临,上游的市政工程并未完工,无法启用,连续大雨使上游大量的雨水、污物顺流而下,致使 B 公司无法正常作业。为了保证施工,B 公司只得在上游临时挖开一条渠沟,但当地政府却要征收地皮使用税,由此而导致 B 公司增加开支 150 万元。B 公司遂向业主提出索赔,但业主援引合同中承包商声明的条款,驳回了 B 公司的索赔要求。

经过长时间的协商,未能达成协议,遂提交国际仲裁机构。仲裁机构经过调查研究后,又认真听取了双方的辩词,最后裁定 B 公司胜诉。

评析:仲裁机构之所以裁定 B 公司胜诉,理由是业主没有保持签约前的工地现状,而业主提供的资料表明,即使在雨季也不会有大量流水。这一点构成了业主提供的资料失真,而作为承包商,考察时无法预料后来所发生的施工制约,这属于有经验的承包商无法预见的意外因素,尽管承包商声明不要求增加费用,但由于条件的变化与业主提供的资料不符,故索赔成立。

(三)意外情况的处理

H 公司承包一项涵管工程。投标前,发标单位提交了一份有关工程的地质参考资料。资料表明,该工程所在地地下水渗漏量很小。同时,投标文件中规定:发包人对所提供资料的数据或情况不负任何责任,投标人应亲自进现场调查以取得准确资料。

合同实施过程中,承包商发现实际渗水量远比资料上标注的渗水量大得多。承包商不得不另外采取排水措施,从而增加了工程成本。于是,承包商向业主提出费用和工期索赔,但业主拒绝了。理由是招标文件中已明文规定,业主提供的数据仅供参考,承包商应亲赴现场调查了解。

经协商无效,承包商遂向仲裁机构提出申诉,最后承包商胜诉。

评析:虽然招标文件中明文规定业主提供的资料仅供参考,但承包商依然胜诉。这是因为仲裁机构认为,承包商在投标时不可能对渗水量数据进行验证。现场调查不包括钻探内容,承包商施工期间所遇到的大量渗水问题应视为有经验的承包商也无法预料的不利条件。根据 FIDIC 条款中关于不利施工条件的规定,承包商完全有理由提出索赔。

(四)有权不用,过期作废

某公司中标承包一座教学楼工程。合同签订后,业主向承包商推荐了一家防水材料供应商,希望承包商购用该厂商的防水材料。承包商因对该厂商资信情况不了解,本不乐意使用该厂商的材料,但考虑到业主的推荐,担心拒绝该厂商会得罪业主,将来会遭业主的刁难,因而采纳了业主的建议。

承包商检验了该厂家提交的样品,没有发现不合格之处,监理工程师也认可了该材料检验报告。于是,承包商同该厂商签了订货合同,并交了 10000 元的定金。

工程承包合同中规定:"凡附有合格证明的材料,在进场时必须验证。如无证明,须经试验合格后方可准使用。"

承包商因监理工程师业已认可其样品检验报告,在材料进场时没有再检验,便全面使用了。当监理工程师验收防水工程时发现该材料质量严重不合格,遂拒绝验收工程,并且不允许进行下一道工序。于是整个工程停工达两个月之久,工地上的 100 多名工人均无事可做。承包商无奈,遂决定追回定金和已交货款,另选材料厂商。但该厂商却逃之夭夭,无法寻找。而业主方面却拒绝因此而延长工期,并表示如不能按时交工,将执行误期罚款条款。于是承包商与业主发生了争端,承包商向业主提出索赔,要求业主延长工期并支付人员停工两个月所造成的损失,而业主断然拒绝。

评析:根据工程承包的国际惯例,业主无权强迫承包商接受其推荐的材料供应厂商,除非合同中明文规定由业主指定材料供应商。即使是指定供应商,承包商也应严把质量关,拒绝任何不合格材料。如果材料供应商由承包商自选,则承包商应对材料不合格承担全部责任。按合同规定,承包商应在材料进场时对材料进行检验或验证是否与合格证明一致。遗憾的是承包商没有这样做,以致遭此重大损失。

承包商完全有权拒绝业主推荐的材料厂商,任何时候都不能因顾虑业主刁难而冒风险。

当承包商发现防水工程不合格时,应立即返工,不应停下工程期待业主改变态度。在本例所述情况下,承包商应认真计算全面停工所造成的损失与返工所增加的费用之差,尤其要分析停工等待是否有可能使监理工程师改变态度,即使监理工程师改变态度,勉强认可其防水工程,是否就可以认为万事大吉了呢?工程交付使用后,出现防水问题怎么办?等到维修期再拆除返修,承包商将遭受的损失无疑会更大。

承包商应切记自己的责任,既要敢于又要善于运用合同赋予的合法权利,决不能因小顾虑而犯大忌。

(五)低报价高盈利

某国 TL 公司以最低报价击败众多竞争强手,在我国一项总造价数亿美元的房屋建造工程项目招标中夺标。参与竞标的各国公司当时认为,以 TL 公司的报价,能保本就不错了。在工程建设期间,TL 公司作为总承包商,统筹指挥 20 家中外分包公司,施工高峰期工地上多达 8000 余人工作,而 TL 公司现场指挥部人员最多时仅 60 多人,在工程装修阶段仅七八人而已。四年后,项目竣工并交付中方使用,TL 公司则赚取了相当工程总造价 18% 以上的利润。TL 公司之所以能以低报价盈利,原因很多,除了周密的计划、良好的管理、先进的施工工艺因素外,还有高明的钻营术,值得我们研究。

(1)利用分包商的弱点

承担分包任务的某些中国公司缺乏国际工程承包知识,缺乏同国外承包公司打交道的经验,TL 公司利用我国有关公司的这一弱点,在分包合同中大做文章,违反国际惯例,加进许多不合理条款。例如,规定分包工程预付款在头九个月中还清;规定分包公司为其采购材料,若超出其采购价,超出部分由分包公司承担,若节省了费用,节省部分则由双方平分。TL 公司还规定,施工机具费用和相应的税金全由分包公司承担。在向分包公司下达任务或提出要求时,常常故意不出书面文件,而分包公司却轻易接受并实施工程任务,到结账或追究责任时,分包公司因拿不出凭据而干吃亏。

转移矛盾、推卸责任是 TL 公司的另一惯用手法。按照国际惯例,除业主指定的分包商外,总承包商选中的分包商同业主不发生直接关系。TL 公司则常把分包商推到前台。在业主或监理工程师提出某种批评时,TL 公司便躲在一边,或干脆为业主和监理工程师帮腔,让分包商充当其牺牲品。分包公司往往因缺乏经验和常识而被其利用。

(2)竭力扩大索赔收益并避免受罚

无论工程设计的细微修改,还是物价上涨,抑或影响工程进度的任何事件,都是 TL 公司向业主提出经济索赔或工期索赔的理由,只要有机可乘,他们就大幅加价索赔。仅 2007 年一年,TL 公司就向业主提出高达 6000 万美元的索赔要求。

反过来，TL 公司对分包商处处克扣。分包商如未能在要求期限（往往过于苛刻的期限）内完成任务，TL 公司便对他们实行重罚，毫不手软。

整个工程比原计划工期拖延了 17 个月，而 TL 公司灵活、巧妙地运用各种手段，居然避免了受罚。

评析：工程承包常常不是以报价高低决定盈亏。最重要的盈利手段是管理。报价高固然为盈利奠定了基础，但鉴于当前建筑市场上竞争已趋白热化，高价夺标已不可能。那么在这种形势下，承包工程是否还可盈利？TL 公司的钻营术为我们做了很好的回答。通常情况下，工程承包的盈利手段主要有：工程管理、索赔和价格调值。在当前国内建筑市场低价中标很普遍的情况下，TL 公司对盈利手段的成功运用，值得我们借鉴。

TL 公司的钻营技巧中最大的特点是索赔敢要价，善于利用业主和分包商的弱点，善于钻法律和政策的空子，其钻营手段之所以成功，除了客观因素外，更主要的是其主观能动性的充分发挥，尤其是具有丰富的工程承包经验和渊博的工程承包知识，这是其成功的关键。我们很有必要认真学习其钻营技巧。

第四节　项目沟通管理

一、项目沟通管理[1]的基本内涵

在现代工程项目中，有众多的单位参与项目建设，几十家，几百家甚至上千家，形成了非常复杂的项目组织系统。由于各单位都具有不同的任务、目标和利益，因而在项目实施过程中，都企图指导、干预项目的实施，获取自身利益的最大化，最终造成了各单位利益相互冲突的混乱局面。

项目管理者必须对此进行有效的协调控制，采取有力的手段，使矛盾的各方面处于一个统一体，解决其不一致和矛盾，使系统结构均衡，项目顺利运行和实施。沟通是有效解决各方面矛盾的重要手段。通过沟通，解决技术、过程、逻辑、管理方法及程序中存在的矛盾和不一致，并且，由于沟通本身又是一个心理过程，因而，能够有效解决各方参与者心理与行为的障碍和争执，达到共同获利的目的。

（一）沟通的概念

《大英百科全书》中认为，"沟通是用任何方法，彼此交换信息，即指一个人与另一个人之间用视觉、符号、电话、电报、收音机、电视或其他工具为媒介交换信息的方法"。简单点说，沟通就是两个或两个以上的人或实体之间信息的交流。这种信息的交流，既可以是通过通讯工具进行交流，如电话、传真、网络等，也可以是发生在人与人之间、人与组织之间的交流。

任何组织的管理只有通过信息交流即沟通才能实现，所以，组织管理效果的好坏可以通过其沟通效果来测定。沟通效果较好，则管理就较成功，工作效率就提高；反之，沟通不

---

[1] 《建设工程项目管理规范》（GB/T 50326—2006）规定：
2.0.23　项目沟通管理指对项目内、外部关系的协调及信息交流所进行的策划、组织和控制等活动。
条文说明：项目沟通管理包括两方面，即外部沟通和内部沟通。各个项目直接参与组织之间的沟通称为外部沟通，各个项目直接参与组织内部之间的沟通称为内部沟通。外部沟通也包括对项目直接参与组织以外的相关组织的沟通。

力，则表现为管理较差。管理的实施几乎完全依赖于沟通，一个管理者能否成功地进行沟通，很大程度上决定了他能否成功地对组织进行管理。

（二）沟通的对象❶

项目沟通的对象，应是与项目有关的内部、外部的有关组织和个人。内部组织指的是项目经理部人员、职能部门成员和班组成员。项目外部组织和个人是指建设单位有关人员、设计单位有关人员、监理单位有关人员、供货单位有关人员、政府监督部门及有关人员等。

项目组织应该通过各相关方的有效沟通，取得各方的认同、配合和支持，达到解决问题、排除障碍、形成合力、确保工程项目管理目标实现的目的。

（三）沟通的重要性和作用

长期以来，沟通只是被作为一个信息过程来看待，人们忽视了其作为心理和组织行为的过程。在使各项目参加者满意以及如何使各方面满意的问题上，没有足够的重视，所以，工作中产生的误解、摩擦、效率低下等问题，很大程度上可以归咎为沟通的失败。

早期的项目管理，大多侧重于项目管理工作手段和技术的研究、开发和论述。自20世纪70年代，项目组织行为及其组织协调工作逐步得到重视，研究重点转移到项目管理中的组织和行为方面，领域涉及领导类型，人际关系技巧，冲突的管理，决策方式和建立项目组织的技巧，组织设计和项目经理的权威关系，项目管理中信息的沟通，项目组织内部、近外层及远外层组织的关系等。

沟通是计划、组织、领导、控制等管理职能有效性的保证，没有良好的沟通，对项目的发展以及人际关系的处理、改善都存在着制约作用。其重要性可以总结概括为以下几个方面：

1. 有效的沟通是良好决策的必要前提。项目的决策者要作出正确的决策，就必须有准确、完整、及时的大量信息作为决策依据。沟通不力，信息不畅，阻碍了决策者获取最及时有效的信息，依据滞后的信息作出的决策必然是不符合项目实际情况的决策，将可能导致项目的失败。而众多变化的信息，通过项目内外环境之间的有效的沟通，为项目决策提供了依据。

2. 有效的沟通对项目活动的顺利实施极为重要。许多项目活动计划的失败或部分完成，都是由于没有很好地传达对项目的指导原则。

3. 沟通对于项目组织内部、组织内部与外部之间关系的协调也极为重要。组织内部成员，有必要通过沟通知晓所要实现的目标，并通过沟通处理好内部成员个体之间的关系，形成一个强有力的整体。通过组织内部与组织外部的沟通，协调各自关系，减少矛盾与对立的产生，使项目能够顺利实施。

---

❶《建设工程项目管理规范》（GB/T 50326—2006）规定：
　17.1.2　项目沟通与协调的对象应是项目所涉及的内部和外部有关组织及个人，包括建设单位和勘察设计、施工、监理、咨询服务等单位以及其他相关组织。
　条文说明：项目沟通与协调的对象应是与项目有关的内、外部的组织和个人。
　1. 项目内部组织是指项目内部各部门、项目经理部、企业和班组。项目内部个人是指项目组织成员、企业管理人员、职能部门成员和班组人员。
　2. 项目外部组织和个人是指建设单位及有关人员、勘察设计单位及有关人员、监理单位及有关人员、咨询服务单位及有关人员、政府监督管理部门及有关人员等。
　项目组织应通过与各相关方的有效沟通与协调，取得各方的认同、配合和支持，达到解决问题、排除障碍、形成合力、确保建设工程项目管理目标实现的目的。

4. 沟通对于接受信息的反馈也很重要。项目在实施的过程中,要不断对其工作进程进行评价,将评价信息反馈给管理者。管理者通过收集、过滤、合并、引导信息流以确定适宜的行动。无论对小型组织还是大型项目组织,这一点都是至关重要的。

通过沟通,可以达到以下的目的:

1. 使项目的目标明确,项目的参与者对项目的总目标达成共识。沟通为总目标服务,以总目标作为群体目标,作为大家的行动指南。沟通的目的就是要化解组织之间的矛盾和争执,使在行动上协调一致,共同完成项目的总目标。

2. 建立和保持良好的团队精神。沟通使各方面、各种人互相理解,使项目组织成员不致因目标不同而产生矛盾和障碍,从而使各方面的行为一致,减少摩擦、对抗,化解矛盾,建立良好的团队组织,达到较高的组织效率。

3. 保持项目的目标、结构、计划、设计、实施状况的透明性和时效性。项目实施过程中,出现的问题、困难,通过沟通使成员有信心、有准备,并能在第一时间掌握变化,有效提出解决方案,顺利执行新的变动。

4. 体现良好的社会责任形象。推行内外的沟通和交流可以使社会的不同层次都能理解和认同组织履行社会责任的业绩,树立组织在社会责任方面的市场形象,更好地改善项目的各种管理业绩,全面提高组织的整体管理水平。

(四) 沟通的要素

沟通是在个人和文化两种条件下进行的双向过程,也可以理解"传递思想,使别人理解自己的过程"。其含义是说沟通是一个互相交流的过程。有效的沟通就是为了活动的启动、协调、反馈及中间流程的纠正等目的而互相交换思想和看法。

管理者必须发挥良好的沟通技能。对现代高层管理者而言,一个最重要的限制,也是最为突出和严重的困难就是写作或会谈能力的缺乏,他们往往不能将复杂情况用简明易懂的语言表达出来,而对这些情况只有这些管理者有所了解。

管理者的最基本的技能就是能以书面或口头的形式组织和表达思想,他的成功依赖于他能通过口头和书面文字对别人产生影响,这种将自己思想表达清楚的能力就是管理者应该拥有的最为重要的技能。

沟通的技能对所有管理阶层工作的功效都是很关键的。计划和实施的成功程序与沟通的技能直接相关。

通俗地讲,沟通模式就是:谁向谁说了什么,产生了效果而使其接受。根据这个模式,沟通有三个基本要素:沟通者、内容、接受者。这三个沟通要素被认为会对信息的效果产生重要影响。

1. 沟通者

对任何信息所达到的效果而言,发出者都是很关键的。信息源的可信赖性、意图和属性都很重要。在一些情况下,只要让人们知道某条信息来源于一个有名望、有影响的人,就足以使之为人们所接受。研究的证据表明,对沟通的反应常受到以下暗示的重要影响:沟通者和意图,专业水平和可信赖性。但到了接受者能区分信息和来源的时候,信息来源可能就要失去其重要性。但在能作出这种区别之前,沟通者就变得非常关键。

2. 内容

影响信息效果的另一个重要因素就是信息的内容。信息的内容可以通过以下两种沟通特性的表现来反向描述。

（1）有效情感强度的把握

根据大量的研究表明，当沟通对象的情感强度上升，对沟通者所提建议的接受程度并不一定相应地上升。对任何类型的劝说性沟通而言，这种关系更可能是曲线形的。当情感强度从零增至一个中等程度时，接受性也增加；但是情感强度再增强至更高水平时，接受性反而会下降。

这就表明情感强度处于很高或很低水平时都可能有钝化作用。中等情感强度是最有效的。然而，在最终的分析中，对某信息应施用多少程度的情感还要靠主观判断。

（2）劝说型沟通的把握

在劝说型的沟通中，对非人格化的主题给出了一系列复杂的论据，通常明确地给出结论比让听众自己得出结论更为有效，特别是听众一开始不同意评论者的主张的时候更应如此。

给出双方面论据相对于只给出单方面论据从长远来看更有效。如果不管最初的观点是什么，沟通对象都将处于随后的反面宣传之中；或不论沟通对象是否暴露于随后的反面宣传之中，沟通对象一开始就不同意评论者的主张。在这些情况下，给出双方面的论据更有利于沟通对象对评论者观点的接受。但如果沟通对象在一开始就同意评论者的主张，而后来又不会处于反面宣传之中，那么提供双方面的论据就没只提供单方面的论据有效。

从以上分析可以推断：一个令人信服的单方面沟通（是指仅说出问题的一个方面，或一种观点，而不说明相反方面，不要与单向沟通混淆）能使人们转向期望的方向，至少可以是暂时的，直至他们听到问题的另一个方面。然而，双方面的沟通效果都是持久的。它为沟通对象提供了消除或不理睬负面看法而保留正面看法的基础。

根据有关研究表明，按突降次序给出主要论据收到的效果最好，在这种情况下，人们开始时对沟通的兴趣很小。在开始时兴趣就很高的情况下，其他的因素如接受者的个性和倾向及沟通者、信息的内容等，对表达的内容更为重要。这些因素的相关组合可构成特定情况下的最佳表达。

3. 接受者

沟通中的第三个重要因素就是接受者。个人的个性及接纳他的群体都很重要。个性可从总体智力和需求倾向两方面来确定。有两个假设必须说明：

（1）具有较高智商的人，由于他们具有进行正确推理的能力，所以当他们处于以下这种类型的劝说沟通中时，比智商较低的人更容易受到影响，这种沟通主要依赖于印象的逻辑论证。

（2）具有较高智商的人，由于他们具有较强的否定意识，所以当他们处于以下这种类型的劝说沟通中时，比智商较低的人更少受到影响。这种沟通是基于无依据的归纳，或建立在假设的、不合乎逻辑的无关论据之上的。

个性还应从需求倾向的角度来探究。某些个性需求能使个人易于上当受骗。一个人的社会感觉不健全，压抑、进攻性等都与较强的个性相关联；这种个性可用劝说型沟通来度量。具有很强自尊心的个人更倾向于自己思考，而不会放任自己过分地受外界影响。

个人所属的社会群体也会对沟通产生重要的影响，特别当这种沟通违背这个群体的一些原则时，表现尤为强烈。一个人的态度很大程度上依赖于他所属群体的观点和态度，特别是在他很珍惜在这个群体中的成员这一身份时更为明显。通常情况下，在一个群体中最珍视其成员身份的人,他们的观点最不易受那些违反原则的沟通的影响。这就表明对一个群体的归附程度和这个群体准则的内部化之间有着直接的关系。

概括起来,沟通的效果不仅取决于接受者的个性,还取决于接受者对某个群体的归附程度和这个群体确定的一些原则。

(五) 沟通的途径

沟通的实际运作可以通过多种途径。口头沟通可能是运用最为广泛的方式。文字沟通(包括书面和屏幕形式)及音频、视频沟通(包括远程通讯)在现代社会中是同等重要的沟通途径。然而,沟通不仅仅是上述几种方法,在人们面对面交流时,眼神、手势等都是同样重要的沟通方法。某些公开场合,携带旗帜或其他标志物都有一定的含义,或者,一个人的衣着和身体姿势也可能有重要的意义。有时非语言沟通比其他沟通方法更为重要。

1. 口头沟通

这是运用最为广泛的沟通方式。它是一种高度个人化的交流思想、内容和情感的方式。口头沟通与文字沟通相比,为沟通双方提供了更多的平等交换意见的可能性。人们通过沟通信息的内容培育相互之间的理解。

但口头沟通有其局限性。第一个局限就是语义。不同的词对不同的人有不同的意义。第二个局限是语音、语调使意思变得复杂,不利于意思的传递。意思会因人的态度、意愿和感知而被偷换。人们推知的意思可能是正确的,也可能是不正确的。通常,人们只听到他们想听的。另外,组织中不同层次的人们之间还存在着等级差距。一条信息在向上或向下传递的过程中可能会变得扭曲。据统计,在口头沟通中最终原汁原味地保留下来的内容不超过原来信息的20%。

有什么办法使口头沟通更为有效?信息必须清楚、简洁。内容和语境都必须解释充分,沟通者要通过反馈测试人们对该信息是不是正确理解了。因为在语言沟通的时候,同样一句话,用不同的语气或者不同的表达方式,可以获得不同的效果。听众从沟通者的角度出发进行聆听信息。所以,要实现有效的沟通,沟通者和听众的思想境界必须一致。

如果可能,口头沟通应该成为沟通交流的主要方式,原因是其比较快捷、简单。

2. 文字沟通

在缺乏面对面的接触或远程通信设施的情况下,这种沟通方式是传递信息非常有价值的工具。特别是在面对很多人传递同一信息,而且还需要有一个永久存档时,这种方法尤其有用。沟通者可以精确地表达他所想传递的信息,并有机会在给接受者发送之前充分地准备、组织这一信息。文字沟通的传递速度通常很慢,但目前通信技术的发展和广泛普及已在很大程度上解决了这个问题。文字沟通的其他问题有:不能得到及时的反馈,有关的部门没有机会对该信息进行讨论。现代通信技术能够在一定程度上解决这些问题,但从个人化和说服力的角度来看,这种沟通的效果是很有限的。

在一个有数千名职员的大型组织中,文字沟通可能是最方便的沟通途径。人们有白纸黑字作为行动的依据就很放心。目前从参考资料的目的出发,书面文字更是不可缺少的。这就是为什么书面沟通是管理工作核心的原因。

3. 音频、视频、通信

通过高度发达、高效的通信、音频、视频辅助设备设施来使沟通变得更为有效,这种现象近年来日益增多。视觉感知是影响思想的一个很有潜力的工具。人们更易于理解并保留视觉印象而不是文字印象。音频、视频材料的一个问题是这种事先确定好的表达方式对某些听众并不合适，其使用是高度选择性的。

现代通信技术的出现又增添了一条新的途径。根据个人需要剪裁的信息几乎可以即时地发送。由于人脑保留视觉形象的时间比保留语言文字的时间长，所以，现代通信技术可作为一个极好的工具用来支持和强化其他形式的沟通。信息高速公路和逐步普及的互联网技术为增强沟通效果发挥了重要的作用。

（六）沟通的复杂性

由于项目组织和项目组织行为的特殊性，使得在现代工程项目中沟通十分困难，尽管有现代化的通讯工具和信息收集、存储和处理工具，减小了沟通技术上和时间上的障碍，使得信息沟通非常方便和快捷，但仍然不能解决人们许多心理的障碍。组织沟通的复杂性在于：

1. 现代工程项目规模大，参加单位多，造成每个参加者沟通面大，各人都存在着复杂的联系，需要复杂的沟通网络。

2. 现代工程项目技术的复杂、新工艺的使用和专业化、社会化的分工，以及项目管理的综合性和人们的专业化分工的矛盾都增加了交流和沟通的难度。特别是项目经理和各职能部门之间经常难以做到协调配合。

3. 由于各参加者（如发包人、项目经理、技术人员、承包人）有不同的利益、动机和兴趣，且有不同的出发点，对项目也有不同的期望和要求，对目标和目的性的认识更不相同，因此项目目标与他们的关联性各不相同，造成行为动机的不一致。作为项目管理者在沟通过程中不仅应强调总目标，而且要照顾各方面的利益，使各方面都满意。这就有很大的难度。

4. 由于项目是一次性的，项目组织都是新的成员、新的对象、新的任务，所以项目的组织摩擦就大。一个组织从新成立到正常运行需要一个过程，有许多不适应和摩擦。所以项目刚成立或一个单位刚进入项目，都会有沟通上的困难，容易产生争执。

5. 反对变革的态度。项目是建立一个新的系统，它会对上层管理组织、外部周边组织（如政府机关、周边居民等）以及其他参与者组织产生影响，需要他们改变行为方式和习惯，适应并接受新的结构和过程。这必然对他们的行为、心理产生影响，容易产生对抗。这种对抗常常会影响他们应提供的对项目的支持，甚至会造成对项目实施的干扰和障碍。

6. 人们的社会心理、文化、习惯、专业、语言、伦理、道德对沟通产生影响，特别是国际合作项目中，参加者来自不同的国度，他们适应不同的社会制度、文化、语言及法律背景，从而从根本上产生了沟通的障碍。同时伴随的社会责任的差异程度也是沟通过程中的相关问题。

7. 在项目实施过程中，组织和项目的战略方式和政策应保持其稳定性，否则会造成协调的困难，造成人们行为的不一致，而在项目生命周期中，这种稳定性是无法保持的。

（七）沟通管理的概念

项目的沟通管理是一种系统化的过程。沟通管理的目的是要保证项目信息及时、准确地提取、收集、分发、存储、处理，保证项目组织内外信息的畅通。在项目组织内，沟通是自上而下或者自下而上的一种信息传递过程。在这个过程当中，关系到项目组织团队的目标、功能和组织机构各个方面。同样，与外部的沟通也很重要。而项目的沟通管理就参与项目的人员与信息之间建立了联系，成为项目各方面管理的纽带，对取得项目成功是必不可少的。

任何一个项目都有其特定的项目周期，其中的每一个阶段都是至关重要的。要做好项目各个阶段的工作，达到预期的标准和效果，就必须在项目内部的各部门、部门与部门之间、项目与外部之间建立起一种有效的沟通渠道，使各种信息快速、准确、有效地进行传递，从而使各部门、项目内外能达到协调一致；使项目成员明确各自职责；并通过这种信息传递，找出项目管理中存在的一些问题。所以，项目的沟通管理，就是为了确保项目信息及时、准确地提取、收集、分发、存储、处理而采取的一系列管理过程。

项目的沟通管理，具有系统性和复杂性两大特性。

1. 系统性。项目的系统是开放性的复杂系统，涉及政治、经济、文化诸多方面，项目的沟通管理应从整体利益出发，系统、全面地分析解决问题，进行有效的管理。

2. 复杂性。任何项目的建立与实施，都关系到大量的组织机构和单位。这决定了项目外部关系的复杂性。另外，根据项目的组织形式，多数项目是临时组建而成，因此，项目沟通管理必须协调内部与外部的各种关系，以确保项目的顺利完成。

二、项目沟通管理的程序与方法[1]

（一）沟通程序

沟通的基本流程可以用图5-13来简单地表示：

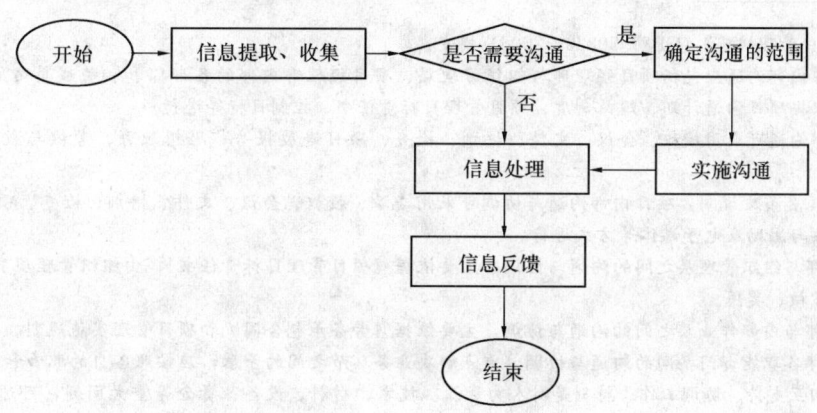

图5-13　沟通的基本流程

---

[1] 《建设工程项目管理规范》(GB/T 50326—2006) 规定：
17.2.1　组织应根据项目的实际需要，预见可能出现的矛盾和问题，制定沟通与协调计划，明确原则、内容、对象、方式、途径、手段和所要达到的目标。
条文说明：组织应根据项目具体情况，建立沟通管理系统，制定管理制度，并及时明确沟通与协调的内容、方式、渠道和所要达到的目标。
项目组织沟通的内容包括组织内部、外部的人际沟通和组织沟通。人际沟通就是个体人之间的信息传递，组织沟通是指组织之间的信息传递。
沟通方式分为正式沟通和非正式沟通；上行沟通、下行沟通和平行沟通；单向沟通与双向沟通；书面沟通和口头沟通；言语沟通和体语沟通等方式。
沟通渠道是指项目成员为解决某个问题和协调某一方面的矛盾而在明确规定的系统内部进行沟通协调时，所选择和组建的信息沟通网络。沟通渠道分为正式沟通渠道和非正式沟通渠道两种。每一种沟通渠道都包含多种沟通模式。

（二）沟通的内容❶

1. 项目经理部内部的沟通

项目经理所领导的项目经理部是项目的组织的核心。项目经理和职能人员之间及各职能人员之间存在着共同的责任。他们之间应该具有良好的工作关系，应当经常进行沟通和协调。

在项目经理部内部的沟通中，项目经理起着核心作用，如何进行沟通以协调各职能工作，激励项目经理部成员，是项目经理的重要课题。

项目经理部的成员的来源与角色是复杂的，有不同的专业目标和兴趣。有的专职为本项目工作，有的以原来职能部门的工作为主。

(1) 项目经理与技术专家的沟通是十分重要的，他们之间存在许多沟通障碍。技术专家常常对基层的具体施工了解较少，只注意技术方案的优化，而对社会和心理方面的影响则注意较少。项目经理应该积极引导，从全局的角度考虑，既发挥技术人员的作用，又能使方案在全局切实可行。

(2) 建立完备的项目管理系统，明确划分各自的工作职责，设计比较完备的管理工作流程，明确规定项目中的正式沟通的方式、渠道和时间，使大家能够按程序、按规则办事。

但同时，项目经理不能够对管理程序寄予太大的希望，认为只要建立科学的管理程序，

---

❶ 《建设工程项目管理规范》(GB/T 50326—2006) 规定：

17.4.1 项目内部沟通应包括项目经理部与组织管理层、项目经理部内部的各部门和相关成员之间的沟通与协调。内部沟通应依据项目沟通计划、规章制度、项目管理目标责任书、控制目标等进行。

17.4.2 内部沟通可采用授权、会议、文件、培训、检查、项目进展报告、思想教育、考核与激励及电子媒体等方式。

17.4.1、17.4.2 条文说明：项目内部沟通与协调可采用委派、授权、会议、文件、培训、检查、项目进展报告、思想工作、考核与激励及电子媒体等方式进行。

1. 项目经理部与组织管理层之间的沟通与协调，主要依据《项目管理目标责任书》，由组织管理层下达责任目标、指标，并实施考核、奖惩。

2. 项目经理部与内部作业层之间的沟通与协调，主要依据《劳务承包合同》和项目管理实施规划。

3. 项目经理部各职能部门之间的沟通与协调，重点解决业务环节之间的矛盾，应按照各自的职责和分工，顾全大局，统筹考虑、相互支持、协调工作。特别是对人力资源、技术、材料、设备、资金等重大问题，可通过工程例会的方式研究解决。

4. 项目经理部人员之间的沟通与协调，通过做好思想政治工作，召开党小组会和职工大会，加强教育培训，提高整体素质来实现。

17.4.3 项目外部沟通应由组织与项目相关方进行沟通。外部沟通应依据项目沟通计划、有关合同和合同变更资料、相关法律法规、伦理道德、社会责任和项目具体情况等进行。

17.4.4 外部沟通可采用电话、传真、召开会议、联合检查、宣传媒体和项目进展报告等方式。

17.4.3、17.4.4 条文说明：外部沟通可采用电话、传真、交底会、协商会、协调会、例会、联合检查、项目进展报告等方式进行。

1. 施工准备阶段：项目经理部应要求建设单位按规定时间履行合同约定的责任，并配合做好征地拆迁等工作，为工程顺利开工创造条件；要求设计单位提供设计图纸、进行设计交底，并搞好图纸会审；引入竞争机制，采取招标的方式，选择施工分包和材料设备供应商，签订合同。

2. 施工阶段：项目经理部应按时向建设、设计、监理等单位报送施工计划、统计报表和工程事故报告等资料，接受其检查、监督和管理对拨付工程款、设计变更、隐蔽工程签证等关键问题，应取得相关方的认同，并完善相应手续和资料。对施工单位应按月下达施工计划，定期进行检查、评比。对材料供应单位严格按合同办事，根据施工进度协商调整材料供应数量。

3. 竣工验收阶段：按照建设工程竣工验收的有关规范和要求，积极配合相关单位做好工程验收工作，及时提交有关资料，确保工程顺利移交。

要求成员按照程序办事就能够比较好地解决组织沟通的问题。首先，因为过细的管理程序使依赖于它的组织僵化；其次，由于项目具有一次性和特殊性，实际情况千变万化，对其很难进行定量的评价，要管理好项目，还是要依靠管理者的能力；再者，过于程序化不能灵活地应对外界条件的变化，使组织效率低下，组织的摩擦大，管理成本提高。

（3）由于项目的特点，项目经理应该从心理学、行为学等角度激励各个成员的积极性。虽然项目经理没有给项目成员提升、加薪的权力，但是通过有效的沟通，采取一系列的有效措施，同样可以使项目成员的积极性得到提高。

采用民主的工作作风，不独断专行。在项目经理部内放权，让组织成员独立工作，充分发挥他们的积极性和创造性，使他们对自己的工作产生一种成就感。项目经理通过自己的品格、热情和工作挑战精神来影响项目成员。

改进工作关系，形成团队。鼓励大家参与和协作，一起研究目标，制定计划，倾听项目成员的意见、建议，允许质疑，建立一种互相信任、和谐的工作气氛。

公开、公正、公平。对上层的指令、决策应该清楚、快速地传达到项目成员和相关职能部门；对项目实施过程中存在和遇到的问题，不掩饰、不逃避，让大家了解到真实情况，增强团队的凝聚力；合理分配工作，并能够客观、公正地接受反馈意见；该奖则奖，该罚则罚，公平地进行奖罚。

（4）对以项目作为经营对象的组织，应形成比较稳定的项目管理队伍，这样尽管项目是一次性的，但作为项目小组来讲，是相对稳定的。各个成员之间彼此了解，能够大大减少组织摩擦。

（5）由于项目经理部是临时性的组织，特别是在矩阵制的组织中，项目成员在原职能部门仍然保持其专业职位，同时又为项目服务，这就要求职能人员对双重身份都具有相当的忠诚性。

（6）在项目组织内部建立公平、公正的考评工作业绩的方法、标准，并定期客观地对成员进行业绩考评，去除不可控制、不可预期的因素。

2. 项目经理与职能部门的沟通

项目经理与组织职能部门经理之间的沟通是十分重要的，特别是在矩阵式组织中。职能部门必须对项目提供持续的资源和管理工作支持，职能部门与项目之间有高度的依存性。

（1）在项目经理与职能部门经理之间自然会产生矛盾，在组织设置中他们之间的权利和利益平衡存在着许多内在的矛盾性。项目的每个决策和行动都必须跨过这个结合点来进行协调，而项目的许多目标与职能管理目标差别很大。项目经理本身能完成的事情极少，他必须依靠职能部门经理的合作和支持，所以在此点的协调沟通是项目成功的关键。

（2）项目经理必须发展与职能部门经理的良好的工作关系，这是项目经理的工作顺利进行的保证。项目经理和职能部门经理之间会有不同的意见，会出现矛盾。职能部门经理常常不了解或不同情项目经理的紧迫感，职能部门会扩大自己的作用，以它自己的观点来管理项目，这有可能使项目经理陷入困境。

当项目经理与职能部门经理沟通协调不及时，产生矛盾后，项目经理可能被迫到企业的高层处寻求解决，将矛盾上交，但这样常常更会激化两个经理之间的矛盾，使以后的沟通更加困难。

项目经理应该与向项目提供职能人员，或职能服务，或供应资源的关键职能部门的经理，就项目的执行计划进行沟通，交换意见，以获得这些关键职能部门的经理的支持。

（3）项目经理和职能部门经理之间有一个清楚的、快捷的信息沟通渠道，不能发出相互矛盾的命令。

（4）项目经理与职能部门经理的基本矛盾的根源大部分是经理间的权力和地位的斗争。职能部门经理变成项目经理的任务的接受者，他的作用和任务是由项目经理来规定和评价的，同时他还对企业组织的职能业务和他的正式上级负责。所以，职能部门经理感到项目经理对其"地位"和"权力"的威胁，感到他们固有的价值被忽视了，由项目经理来分派各种任务，不愿意对实施活动承担责任。

但在实际上，由于项目组织的特性，项目经理对于项目来说只是某一个项目的经理，是项目实施期存在的，需要职能经理在各个职能方面对其的支持，并不会威胁到一般职能部门经理的地位和权力。在沟通过程中，要注意这一点的沟通，以消除职能部门经理对项目经理不必要的对立和矛盾。

（5）项目组织会给原来的组织带来变化，必然要干扰已建立的管理规则和组织结构。人们倾向于对变革进行抵制。项目经理的设立，对职能经理增加了一个压力来源。

（6）职能管理是组织管理机构的一部分，通常被认为是"常任的"，常常可以与公司的高层直接进行沟通，因此有高层强大的支持。

（7）重要的信息沟通工具是项目计划，项目经理制定项目的总体计划后应取得职能部门资源支持的承诺。这个职权说明应通报给各个职能部门，若是没有这样的说明，项目管理就很可能在资源分配、人力利用和进度方面与职能部门做持续的斗争。

3. 项目经理与业主的沟通

业主代表项目的所有者，对项目具有特殊的权力，而项目经理为业主管理项目，必须服从业主的决策、指令和对工程项目的干预，项目经理的最重要的职责是保证业主满意。要取得项目的成功，必须获得业主的支持。

（1）项目经理首先要理解总目标、理解业主的意图、反复阅读合同或项目任务文件。对于未能参加项目决策过程的项目经理，必须了解项目构思的基础、起因、出发点，了解目标设计和决策背景。否则可能对目标及完成任务有不完整的，甚至是无效的理解，会给他的工作造成很大的困难。如果项目管理和实施状况与最高管理层或业主的预期要求不同，业主将会干预，要改正这种状态。所以项目经理必须花很大气力来研究业主，研究项目目标。

（2）让业主一起投入项目全过程，而不仅仅是给他一个结果。尽管有预定的目标，但项目实施必须执行业主的指令，使业主满意。而业主通常是其他专业或领域的人，可能对项目懂得很少，因此常常有项目管理者抱怨：业主什么都不懂，瞎指挥、乱干预。从另一个角度来看，这不完全是业主的责任，很大程度上是由于项目的管理者与业主的沟通不够形成的。

要改变这种状态，解决这个问题，常用的方法有：

使业主理解项目、项目过程，使其成为专家，减少业主的非程序干预和越级指挥。特别应防止业主的组织内部其他部门的人员随便干预和指令项目，或将组织内部的矛盾、冲突带到项目中来。许多人不希望业主过多地介入项目，实质上是不可能的。一方面，项目管理者无法也无权拒绝业主的干预；另一方面，业主介入为项目顺利实施起到了一定的作用。业主对项目过程的参与使其深入了解对项目过程和困难的认识，使决策更为科学和符合实际，同时使其有成就感，积极为项目提供帮助。

通过沟通使项目经理在作出决策安排时能考虑到业主的期望、习惯和价值观念，了解业主对项目关注的焦点，随时向业主通报情况。在业主作决策时，向他提供充分的信息，让他了解项目的全貌、项目的实施情况、方案的利弊得失及对目标的影响。

加强计划性和预见性,让业主了解承包商、了解非程序干预的后果。业主和项目管理者双方理解得越深,双方的期望越清楚,矛盾就越少。否则当业主成为项目的一个干扰因素的时候,项目管理必然会遭遇到失败的结局。

(3) 业主在委托项目管理任务后,应将项目前期策划和决策过程向项目经理作全面的说明和解释,提供详细的资料。众多的国际项目管理经验证明,在项目过程中,项目管理者越早进入到项目中,项目实施得将越顺利。最好是让项目管理者参与目标设计和决策过程,在整个项目过程中保持项目经理的稳定性和连续性。

(4) 项目经理有时会遇到业主所属组织的其他部门,或者合资者各方都想来指导项目实施的情况。对于这种状况,项目经理应该很好地听取这些人的意见和建议,对他们作出耐心的解释和说明,但不能让其直接指导实施和指挥项目组织成员。

4. 项目管理者与承包商的沟通

通常承包商指工程的承包商、设计单位、供应商。他们与项目经理没有直接的合同关系,但他们必须接受项目管理者的领导、组织和协调、监督。

(1) 在技术交底以及整个项目实施过程中,项目管理者应该让各承包商理解总目标、阶段目标以及各自的目标、项目的实施方案、各自的工作任务及职责等,并向他们解释清楚,作详细说明,增加项目的透明度。

(2) 指导和培训各参加者和基层管理者适应项目工作,向他们解释项目管理程序、沟通渠道与方法。经常对项目目标、合同、计划等进行解释,在发布命令后作出具体说明,有利于有效地消除对抗。

(3) 项目管理者在观念上应该强调自己是提供服务、帮助,强调各方面利益的一致性和项目的总目标性,因而,即使业主将具体的工程项目管理事务委托给项目管理者,赋予项目管理者很大的权力,但是项目管理者不能对承包商随便动用处罚权,当然不得已时除外。

(4) 在招标、签订合同、工程施工中应让承包商掌握信息,了解情况,以作出正确的决策。

(5) 为了减少对抗、消除争执,取得更好的激励效果,项目管理者应该鼓励承包商将项目实施状况的信息、实施结果及实施过程中遇到的困难等向项目管理者汇总和集中,寻找和发现对计划、控制有误解,或有对立情绪的承包商,以及可能存在的干扰。各方面了解得越多,沟通得越多,项目中存在的争执就越少。

(三) 沟通的方式、方法

项目中的沟通方式是多种多样的,可以从很多角度进行分类,例如,按照是否需要反馈信息,可以分为单向沟通和双向沟通;按照沟通信息的流向,可以分为上行沟通、下行沟通和平行沟通;按照沟通严肃性程度,可以分为正式沟通和非正式沟通;按照沟通信息的传递媒介,可以分为书面沟通和口头沟通等。

1. 正式沟通与非正式沟通

正式沟通是通过正式的组织过程来实现或形成的,是通过项目组织明文规定的渠道进行信息传递和交流的方式。由项目的组织结构图、项目流程、项目管理流程、信息流程和确定的运行规则所构成,这种正式的沟通方式和过程必须经过专门的设计,有固定的沟通方式、方法和过程,一般在合同中或项目手册中被规定成为一系列的行为准则。并且,这个准则得到大家的认可,作为组织的规则,以保证行动的一致。通常,这种正式沟通的结果具有法律效力。正式沟通的优点在于沟通效果好,有较强的约束力;缺点在于沟通的速度慢。

非正式沟通是在正式沟通之外进行的信息传递和交流。项目参与者,既是正式项目组织中的项目小组成员,又是各种非正式团体中的一个角色。在非正式团体中,人们建立起各种关系来沟通信息,了解情况,影响人们的行为。非正式沟通的优点是沟通方便、沟通速度快,并且能够提供一些非正式沟通中难以获得的小道消息,但是缺点是信息容易失真。

2. 上行沟通、下行沟通与平行沟通

上行沟通是指将下级的意见向上级反映,即自下而上的沟通。项目经理应该鼓励下级积极向上级反应情况,只有上行沟通的渠道畅通,项目经理才能全面掌握情况,作出符合实际的决策。上行沟通通常有两种:一种是层层传递,即根据一定的组织原则和组织程序逐级向上级反映;另外就是减少中间的层次,直接由员工向最高决策者进行情况的反映。

下行沟通则是上级将命令信息传达给下级,是由上而下的沟通。

平行沟通通常应用于组织中各个平行部门之间的信息交流。平行沟通有助于增加各个部门之间的了解,使各个部门保证信息的畅通,减少各个平行部门之间的矛盾和冲突。

3. 单向沟通与双向沟通

当信息发送者与信息接收者之间没有相应的信息反馈的时候,所进行的沟通即为单向沟通。单向沟通过程中,一方只接收信息,另一方只发送信息。双方无论是在情感,还是在语言上都不需要信息反馈。单向沟通适用于以下几种情况:一是问题较简单,但时间较紧;二是下属易于接受解决问题的方案;再者就是下属没有了解问题的足够信息,反馈不仅无助于解决问题,反而有可能混淆视听。单向沟通信息传递速度快,但是准确性较差,有时又容易使接收者产生抗拒心理。

双向沟通中,信息发送者和信息的接收者不断进行信息的交换,信息的发送者在信息发送后及时听取反馈意见,必要时可以进行多次重复商谈,直到双方达到共同明确和满意为止。双向沟通比较适合于时间充裕,但问题棘手、下属对解决方案的接受程度至关重要、下属对解决问题提供有价值的信息和建议等情况。双向沟通的优点使沟通信息准确性较高,接收者有信息反馈的机会,有助于双方信息的有效交流,但是信息传递速度慢。

4. 书面沟通与口头沟通

书面沟通是指用书面形式所进行的信息传递和交流,例如通知、文件、报刊等。其优点是可以作为资料长期保存,反复查阅。缺点是效率低,缺乏反馈。

口头沟通是与书面沟通相对应的沟通方式,运用口头表达进行信息交流,例如演说、谈话、讲座、电话通话等。其优点是比较灵活、速度快,双方可以自由交换意见即时反馈,并且信息传递较为准确。但是缺点是传递过程中经过层层交换,信息容易失真,并且口头沟通不容易被保存。

5. 语言沟通与非语言沟通

语言沟通是利用语言、文字等形式进行的。非语言沟通是利用动作、表情、体态、声光信号等非语言方式进行的。

(四)沟通的渠道

信息沟通是在项目组织内部、外部的公众之间进行信息交流和传递活动。对于沟通渠道的选择,可能会影响到工作效率以及项目成员和参与者的信心。

1. 正式沟通渠道

在信息的传递过程中,信息并非由发出信息的人直接传递给所需要这个信息的人,中间要经过一些人或组织的转达。这就形成了沟通渠道和沟通网络问题。

对于正式的沟通渠道,通常存在 5 种模式:链式、轮式、环式、Y 式、全通道式,如图 5-14 所示。图 5-14 中,每一个圆圈看成是一个成员或者组织的同等物,箭头表示信息传递的方向。

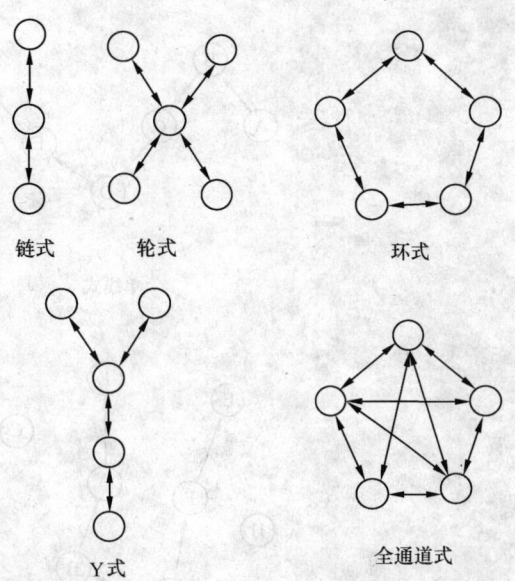

图 5-14 正式沟通渠道

(1) 链式沟通渠道。在链式网络中,信息按照高低层次逐级传递,信息可以自上而下或者自下而上进行交流。在这个模式中,居于两端的传递者职能与里面的每一个传递者相联系,居中的则可以分别与上下互通信息。各个信息传递者所接受的信息差异较大。该模式的优点是信息传递速度快,适用于项目组织庞大、实行分层授权控制的项目信息传递及沟通。

(2) 轮式沟通渠道。在轮式沟通模式中,重要的主管部门分别与下属部门发生沟通,成为个别信息的汇集点和传递中心。在这种模式中,只有位于主管位置的人员或组织才能全面了解情况,并由其向下属发出指令,而下级部门之间没有沟通联系,分别只掌握了本部门的情况。该沟通模式是加强控制、争时间、抢速度的一个有效方法和沟通模式。

(3) 环式沟通渠道。信息通过不同成员之间依次联络沟通,有助于形成团队,提高成员士气,使大家都满意。

(4) Y 式沟通模式。在该模式中,项目其中一个成员或组织位于沟通活动的中心,成为中间媒介与中间环节。

(5) 全通道式沟通模式。该模式是一个开放的信息沟通系统,其中每一个成员之间都有一定的联系,彼此了解。通常适用于民主、合作精神强的组织中。

2. 非正式沟通渠道

在沟通当中,除了有正式沟通渠道,还有非正式沟通渠道。一部分信息是通过非正式沟通渠道进行传播的,也就是通常所说的小道消息。

对于非正式的沟通渠道,即小道消息的传播,通常也有四种传播方式:单线式、流言式、偶然式和集束式,如图 5-15 所示。

(1) 单线式。消息由 A 通过一连串的人传播给最终的接收者。

(2) 流言式。又称为闲谈传播式,是由一个人 A 主动地把小道消息传播给其他人,例如在小组会上传播小道消息。

(3) 偶然式。又称机遇传播式。消息由 A 按照偶然的机会传播给他人,他人又按照偶然的机会传播给其他人,并没有固定路线。

(4) 集束式。又称为群集传播式。信息由 A 有选择的告诉相关的人,相关的人也按照此方式进行信息的传播。这种沟通方式最为普遍。

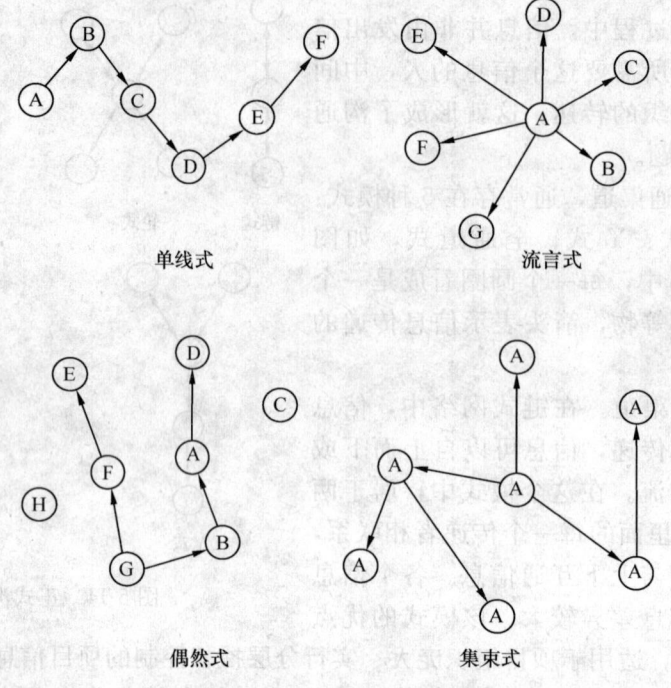

图 5-15 非正式沟通渠道

三、项目沟通的障碍❶

（一）沟通障碍

在项目实施过程中，由于沟通不力或者沟通工作做得不到位，常常使得组织工作出现混乱，影响整个项目的实施效果。主要是存在语义理解、知识经验水平的限制、心理因素的影响、伦理道德的影响、组织结构的影响、沟通渠道的选择、信息量过大等障碍。

（1）项目组织或项目经理部中出现混乱，总体目标不明，不同部门和单位兴趣与目标不同，各人有各人的打算和做法，甚至尖锐对立，而项目经理无法调解或无法解释。

（2）项目经理部经常讨论不重要的非事务性主题，所召开的会议常常被一些职能部门领导打断、干扰或偏离了主题。

（3）信息未能在正确的时间内，以正确的内容和详细程度传达到正确的位置，人们抱怨信息不够、或者太多、或者不及时、或者不得要领。

（4）项目经理部没有产生应有的争执，但是在潜意识中是存在的，人们不敢或者不习惯将争执提出来公开讨论，从而转入地下。

（5）项目经理部中存在或者散布着不安全、气愤、绝望、不信任等气氛，特别是在项目遇到危机、上层系统准备对项目作重大变更、项目可能不再进行、对项目组织作调整或项目

---

❶ 《建设工程项目管理规范》（GB/T 50326—2006）规定：
17.5.1 项目沟通应减少干扰，消除障碍、解决冲突、保持沟通与协调途径畅通、信息真实。
条文说明：信息沟通过程中主要存在语义理解、知识经验水平的限制、知觉的选择性、心理因素的影响、组织结构的影响、沟通渠道的选择、信息量过大等障碍。造成项目组织内部之间、项目组织与外部组织、人与人之间沟通障碍的因素很多，在项目的沟通与协调管理中，应采取一切可能的方法消除这些障碍，使项目组织能够准确、迅速、及时地交流信息，同时保证其真实性。

即将结束时更加明显和突出。

(6) 实施中出现混乱，人们对合同、指令、责任书理解不一或者不能理解，特别是在国际工程及国际合作项目中，由于不同语言的翻译造成理解的混乱。

(7) 项目得不到组织职能部门的支持，无法获得资源和管理服务，项目经理花大量的时间和精力周旋于职能部门之间，与外界不能进行正常的信息沟通。

(二) 沟通障碍的分析及处理

1. 沟通障碍产生的原因

(1) 项目开始时或当某些参加者介入项目组织时，缺少对目标、责任、组织规则和过程统一的认识和理解。在项目制定计划方案、作决策时未能听取基层实施者的意见，项目经理自认为经验丰富，武断决策，不了解实施者的具体能力和情况等，致使计划不符合实际。在制定计划时以及制定计划后，项目经理没有和相关职能部门进行必要的沟通，就指令技术人员执行。

此外项目经理与发包人之间缺乏了解，对目标和项目任务有不完整的甚至无效的理解。项目前期沟通太少，例如在招标阶段给承包商编制投标文件的时间太短。

(2) 目标之间存在矛盾或表达上有矛盾，而各参加者又从自己的利益出发解释，导致混乱。项目管理者没能及时作出统一解释，使目标透明。

项目存在许多投资者，他们进行非程序干预，形成实质上的多业主状况。

参加者来自不同的专业领域、不同的部门，有不同的习惯、不同的概念和理解，而在项目初期没有统一解释文本。

(3) 缺乏对项目组织成员工作进行明确的结构划分和定义，人们不清楚他们的职责范围。项目经理部内部工作含混不清，职责冲突，缺乏授权。

在企业中，同期的项目之间优先等级不明确，导致项目之间资源争执。

(4) 管理信息系统设计功能不全，信息渠道、信息处理有故障，没有按层次、分级、分专业进行信息优化和浓缩。

(5) 项目经理的领导风格和项目组织的运行风气不正：发包人或项目经理独裁，不允许提出不同意见和批评，内部言路堵塞；由于信息封锁，信息不畅，上层或职能部门人员故弄玄虚或存在幕后问题；项目经理部中有强烈的人际关系冲突，项目经理和职能部门经理之间互不信任，互不接受；不愿意向上司汇报坏消息，不愿意听那些与自己事先形成的观点不同的意见，采用封锁的办法处理争执和问题，相信问题会自行解决；项目成员兴趣转移，不愿承担义务；将项目管理看做是办公室的工作，作计划和决策仅依靠报表和数据，不注重与实施者直接面对面的沟通；经常以领导者居高临下的姿态出现在成员面前，不愿多作说明和解释，习惯强迫命令，对承包商常常动用合同处罚或者以合同处罚相威胁。

(6) 召开的沟通协调会议主题不明，项目经理权威性不强，或不能正确引导；与会者不守纪律，使正式的沟通会议成为聊天会议；有些职能部门领导过强或个性放纵，存在不守纪律、没有组织观念的现象，甚至拒绝任何批评和干预，而项目经理无力指责和干预。

(7) 有人滥用分权和计划的灵活性原则，下层单位或子项目随便扩大它的自由处置权，过于注重发挥自己的创造性，这些均违背或不符合总体目标，并与其他同级部门造成摩擦，与上级领导产生权力争执。

(8) 使用矩阵式组织，但人们并没有从直线式组织的运作方式上转变过来。由于组织运作规则设计得不好，项目经理与组织职能部门经理的权力、责任界限不明确。一个新的项目经理要很长时间才能被企业、管理部门和项目组织接受和认可。

(9) 项目经理缺乏管理技能、技术判断力或缺少与项目相应的经验，没有威信。

(10) 发包人或组织经理不断改变项目的范围、目标、资源条件和项目的优先等级。

2. 对沟通障碍的处理[1]

对于沟通障碍，沟通中可以采用下述方法：

(1) 应重视双向沟通方法，尽量保持多种沟通渠道的利用、正确运用文字语言等。

(2) 信息沟通后必须同时设法取得反馈，以弄清沟通双方是否已经了解，是否愿意遵循并采取相应的行动等。

(3) 项目经理部应当自觉以法律、法规和社会公德约束自身行为，在出现矛盾和问题时，首先应取得政府部门的支持、社会各界的理解，按程序沟通解决；必要时借助社会中介组织的力量，调解矛盾、解决问题。

(4) 为了消除沟通障碍，应该熟悉各种沟通方式的特点，以便在进行沟通时能够采用恰当的方式进行交流。

(三) 有效沟通的技巧

1. 首先要明确沟通的目的。对于沟通的目的，经理人员必须弄清楚，进行沟通的真正目的是什么？需要沟通的人理解什么？确定好沟通的目标，沟通的内容就容易进行了。

2. 实施沟通前先澄清概念。项目经理事先要系统地考虑、分析和明确所要进行沟通的信息，并将接收者可能受到的影响进行估计。

3. 只对必要的信息进行沟通。在沟通过程中，经理人员应该对大量的信息进行筛选，只把那些与所进行沟通人员工作密切相关的信息提供给他们，避免过量的信息使沟通无法达到原有的目的。

4. 考虑沟通时的环境情况。所说的环境情况，不仅仅包括沟通的背景、社会环境，还包括人的环境以及过去沟通的情况，以便沟通的信息能够很好地配合环境情况。

5. 尽可能地听取他人意见。在与他人进行商议的过程中，既可以获得更深入的看法，又易于获得他人的支持。

6. 注意沟通的表达。要使用精确的表达，把沟通人员的项目和意见用语言和非语言精确地表达出来，而且要使接收者从沟通的语言和非语言中得出所期望的理解。

---

[1] 《建设工程项目管理规范》（GB/T 50326—2006）规定：

17.5.2　消除沟通障碍可采用下列方法：

1. 选择适宜的沟通与协调途径。
2. 充分利用反馈。
3. 组织沟通检查。
4. 灵活运用各种沟通方式。

条文说明：消除沟通障碍可采用下列方法：

1. 应重视双向沟通与协调方法，尽量保持多种沟通渠道的利用、正确运用文字语言等。
2. 信息沟通后必须同时设法取得反馈，以弄清沟通方是否已经了解，是否愿意遵循并采取了相应的行动等。
3. 项目经理部应自觉以法律、法规和社会公德约束自身行为，在出现矛盾和问题时，首先应取得政府部门的支持、社会各界的理解，按程序沟通解决；必要时借助社会中介组织的力量，调节矛盾、解决问题。
4. 为了消除沟通障碍，应熟悉各种沟通方式的特点，确定统一的沟通语言或文字，以便在进行沟通时能够采用恰当的交流方式。常用的沟通方式有口头沟通、书面沟通和媒体沟通等。

7. 进行信息的反馈。在信息沟通后有必要进行信息的追踪与反馈，弄清楚接收者是否真正了解了所接收的信息，是否愿意遵循，并且是否采取了相应的行动。

8. 项目经理人员应该以自己的实际行动来支持自己的说法，行重于言，做到言行一致的沟通。

9. 从整体角度进行沟通。沟通时不仅仅要着眼于现在，还应该着眼于未来。多数的沟通，是符合当前形式发展的需要。但是，沟通更要与项目长远的目标相一致，不能与项目的总体目标产生矛盾。

10. 学会聆听。项目经理人员在沟通的过程中听取他人的陈述时应该专心，从对方的表述中找到沟通的重点。项目经理人员接触的人员众多，而且并不是所有的人都善于与人交流，只有学会聆听，才能够从各色的沟通者的言语交流中直接抓住实质，确定沟通的重点。

四、项目的沟通计划[1]与管理

（一）沟通计划的内容

项目的沟通计划主要是指项目的沟通管理计划，应该包括以下的内容：

1. 信息沟通的方式。主要说明在项目的不同实施阶段，针对不同的项目相关组织及不同的沟通要求，拟采用的信息沟通方式和沟通渠道。即说明信息（包括状态报告、数据、进度计划、技术文件等）流向何人、将采用什么方法（包括口头、书面报告、会议等）分发不同类别的信息；

2. 信息收集归档格式。用于详细说明收集和储存不同类别信息的方法。应包括对先前收集和分发材料、信息的更新和纠正；

3. 信息的发布和使用权限；

4. 发布信息说明。包括格式、内容、详细程度以及应采用的准则和定义；

5. 信息发布时间。即用于说明每一类沟通将发生的时间，确定提供信息更新依据或修改程序，以及确定在每一类沟通之前应该提供的现时信息；

6. 更新修改沟通管理计划的方法；

7. 约束条件和假设。

---

[1] 《建设工程项目管理规范》（GB/T 50326—2006）规定：
17.3.4 项目沟通计划应包括信息沟通方式和途径，信息收集归档格式，信息的发布与使用权限，沟通管理计划的调整以及约束条件和假设等内容。
条文说明：项目沟通计划主要指项目的沟通管理计划，应包括下列内容：
1. 信息沟通方式和途径。主要说明在项目的不同实施阶段，针对不同的项目相关组织及不同的沟通要求，拟采用的信息沟通方式和沟通途径。即说明信息（包括状态报告、数据、进度计划、技术文件等）流向何人、将采用什么方法（包括书面报告、文件、会议等）分发不同类别的信息。
2. 信息收集归档格式。用于详细说明收集和储存不同类别信息的法。应包括对先前收集和分发材料、信息的更新和纠正。
3. 信息的发布和使用权限。
4. 发布信息说明。包括格式、内容、详细程度以及应采用的准则或定义。
5. 信息发布时间。即用于说明每一类沟通将发生的时间，确定提供信息更新依据或修改程序，以及确定在每一类沟通之前应提供的现时信息。
6. 更新和修改沟通管理计划的方法。
7. 约束条件和假设。

（二）沟通计划的编制原则

在沟通计划中要确定利害关系者的信息与沟通需求，也就是说谁需要何种信息、何时需要以及如何向他们传递信息。因此，项目的沟通计划要认清利害关系者的信息需求，确定满足这些需求的恰当手段。同时，虽然项目的沟通计划是在项目早期阶段进行的，但在项目的整个过程中都应该对其结果进行定期的检查，并根据需要进行修改，以保证其继续适用性。

综合起来，就是项目的沟通计划编制要保证其准确性以及及时更新。

（三）沟通计划的编制依据

沟通计划编制依据是：合同文件；项目各相关组织的信息需求；项目的实际情况；项目的组织结构；沟通方案的约束条件；假设以及适用的沟通技术。现具体解释如下：

1. 沟通的要求

沟通的要求通常包括以下几点：

（1）项目组织和利害关系者的责任关系；

（2）该项目需用的技术领域、部门和专业；

（3）由具体个人参与的该项目的后勤保证；

（4）外部信息联系等。

2. 沟通的技术

进行项目沟通的方式有很多，选用何种沟通的方式能够达到有效、迅速、快捷的传递信息的目的，取决于下列因素：

（1）对信息要求的紧迫程度。如果项目对信息传递要求较紧急，可以通过口头沟通的方式，相反则可以采用定期发布书面报告的形式；

（2）技术的取得性。例如项目的需求是否有理由要求扩大或缩小已有的系统；

（3）预期的项目环境。对于已经建立的沟通信息系统，是否适合项目成员的经验交流和专业特长的发挥。能不能使所有的成员都能从沟通中获得想要的信息；

（4）制约因素和假设。制约因素和假设是限制项目管理人员选择的因素，项目沟通管理者应对其他知识领域各过程的结果进行评价，找出可能影响项目沟通的因素，并采取措施。

因此，在编制项目沟通管理计划时主要依据下列资料：

（1）建设、设计、监理单位等组织的沟通要求和规定；

（2）签订的合同文件；

（3）项目管理企业的相关制度；

（4）国家法律法规和当地政府的有关规定；

（5）工程的具体情况；

（6）项目采用的组织结构；

（7）与沟通方案相适用的沟通技术约束条件和假设前提。

（四）项目沟通的信息分发

信息分发就是把所需要的信息及时地分发给项目利害关系者。包括实施沟通管理计划，以及对不曾预料的信息索取要求作出反应。

1. 信息分发的内容

要进行信息的分发，首先应该确定按照哪些内容进行信息的分发。

(1) 项目计划的工作结果。项目组织应该收集工作成果的资料，作为项目计划执行的一部分。

(2) 沟通管理计划。应该根据项目早期阶段所制定的沟通管理计划实施，并在实际操作中不断修改和完善，以适应项目发展过程。

(3) 项目计划。项目计划是在项目的招投标过程中，经过科学论证并得到批准的正式文件，对此，项目组织应该及时分阶段的将项目计划信息分发出去。

2. 信息分发的工具与技术

(1) 沟通技巧。沟通技巧用于交换信息。信息的发送者保证信息的内容清晰明确、完整无缺、不模棱两可，以便让接收者能够正确接收，并确认理解无误。接收者的责任在于保证信息接收完整、信息理解无误。在沟通过程中有多种方式，也就是常说的书面沟通与口头沟通、正式沟通与非正式沟通、上行沟通、下行沟通与平行沟通等。

(2) 项目管理信息系统。项目管理信息系统是用于收集、综合、散发及其他过程结果的工具和技术的总和。通过项目管理信息系统，能够快速查处和处理纷繁复杂的事件，系统信息使管理者通过各种方法共享。

该系统主要包含了信息检索系统和信息分发系统。信息通过信息检索系统由项目班子成员与利害关系者通过多种方式共享，包括手工归档系统，电子数据库，项目管理软件以及可调用工程图纸、设计要求、实验计划等技术文件的系统。项目信息通过信息分发系统以多种方式分发，包括项目会议，拷贝文件分发，联网电子数据库调用共享、传真、电子邮件、电话信箱留言、可视电话会议以及项目内联网等。

(3) 沟通信息的传递。项目沟通的信息要以管理信息系统为载体，根据不同的重要程度实施不同的传递方式。特殊沟通信息应按照特殊途径进行传递；重要沟通信息应按照高等级的方式进行传递；一般沟通信息应按照普通的方式进行传递。以确保信息在规定的条件下及时、有效、快捷、安全地到达既定的部门。

五、项目的冲突

(一) 冲突的产生与发展

在所有的项目中都存在冲突，冲突是项目组织的必然产物。冲突就是两个或两个以上的项目决策者在某个问题上的纠纷。

对待冲突，不同的人有不同的观念。传统的观点认为，冲突是不好的，害怕冲突，力争避免冲突。现代的观点认为，冲突是不可避免的，只要存在需要决策的地方，就存在冲突。对待冲突本身并不可怕，可怕的是对冲突处理方式的不当将会引发更大的矛盾，甚至可能造成混乱，影响或危及组织的发展。

1. 冲突的产生

冲突的产生有几个重要的来源，认清这几个重要因素，正确处理，可能在不影响项目计划之前化解冲突。

(1) 人力资源。由于项目团队中的成员来自不同的职能部门，关于用人问题，会产生冲突。当人员支配权在职能部门领导手中时，双方会在如何合理分配成员任务上产生矛盾。

(2) 成本费用。项目经理分配给各个职能部门的资金总被认为是不够的，因而在成本费用如何分配上产生冲突。

（3）技术冲突。在面向技术的项目中，在技术质量、技术性能要求、技术权衡以及实现性能的手段上都会发生冲突。

（4）管理程序。许多冲突来源于项目应如何管理，也就是项目经理的报告关系定义、责任定义、界面关系、项目工作范围、运行要求、实施的计划、与其他组织的协商工作。

（5）项目优先权。项目参加者经常对实现项目目标应该执行的工作活动和任务的次序关系有不同的看法。优先权冲突不仅仅发生在项目组织与其他职能部门之间，在项目组织内部也会发生。

（6）项目进度的冲突。围绕项目工作任务的时间确定次序安排和进度计划会产生冲突。

（7）项目成员个性。对于不同的人，有不同的价值观、判断事物的标准等，因而常常在项目团队中存在"以自我为中心"的思想，造成了项目组织中的冲突。

2. 冲突的发展过程

冲突是一个能动的、互相影响的过程，其发展过程通常有一定的规律可循，一般包括潜伏、被认知、被感觉、出现及结局五个阶段。

在第一阶段中，不存在公然的冲突，只是产生了冲突的条件，使冲突成为可能；第二阶段是冲突的被认知阶段，在这个阶段中，冲突各方开始注意到对冲突问题的争议；第三阶段冲突被感知，当一个或更多的当事人对存在的差异有情绪上的反应时，冲突就达到了被感觉的阶段；第四阶段是冲突的出现，在这个阶段，冲突由认识上的发觉转化为行动。冲突的当事人选择对冲突进行处理；第五阶段形成了冲突的结局。通过分析冲突可能出现的结局可以为决策提供正确的信息。

（二）冲突的解决❶

解决冲突，可以采用协商、让步、缓和、强制和退出等方法。

协商是争论双方在一定程度上都能得到满意结果的方法。在这一方法中，冲突双方寻求一个调和的折中方案。但这种方法只适用于双方势均力敌的情况，并非永远可行。

让步是让冲突的双方其中的一方从冲突的状态中撤离出来，从而避免发生实质的或潜在的争端。有时这并不是一种有效的解决方式，例如在技术方案上产生不同意见时，争论对项目的顺利实施反倒有利。

缓和方式通常的做法是忽视差异，在冲突中找到一致的地方，即求同存异。这种方法认为组织团队之间的关系比解决问题更为重要。尽管这一方式能够避免某些矛盾，但是对于问题的彻底解决没有帮助。

强制的实质是指"非赢即输"，认为在冲突中获胜比保持人际关系更为重要。这是积极解决冲突的方式，但是应该看到这种方式解决的极端性。强制性的解决冲突对于项目团队的积极性可能会有打击。

退出更是一种消极的解决冲突的方式，不但无助于解决冲突，对于引起冲突的问题的解决也没有实质性的帮助。

---

❶《建设工程项目管理规范》（GB/T 50326—2006）规定：
　17.5.4　解决冲突可采用下列方法：
　1. 协商、让步、缓和、强制和退出。
　2. 使项目的相关方了解项目计划，明确项目目标。
　3. 搞好变更管理。

第五节 工程项目信息管理

一、工程项目信息管理概述

（一）工程项目信息管理❶的概念

工程项目信息管理是工程项目信息的收集、整理、处理、存储、传递和应用的总称。

项目经理部为实现项目管理的需要，提高管理水平，应建立项目信息管理系统，优化信息结构，通过动态的、高速度、高质量地处理大量项目施工及相关信息和有组织的信息流通，实现项目管理信息化，为作出最优决策取得良好经济效果和预测未来提供科学依据。

（二）工程项目信息的主要分类

工程项目信息主要分类如表5-18所示。

表5-18 工程项目管理信息主要分类

依据	信息分类	主 要 内 容
管理目标	成本控制信息	与成本控制直接有关的信息：施工项目成本计划、施工任务单、限额领料单、施工定额、成本统计报表、对外分包经济合同、原材料价格、机械设备台班费、人工费、运杂费等
	质量控制信息	与质量控制直接有关的信息：国家或地方政府部门颁布的有关质量政策、法令、法规和标准等，质量目标的分解图表、质量控制的工作流程和工作制度、质量管理体系构成、质量抽样检查数据、各种材料和设备的合格证、质量证明书、检测报告等
	进度控制信息	与进度控制直接有关的信息：施工项目进度计划、施工定额、进度目标分解图表、进度控制工作流程和工作制度、材料和设备到货计划、各分部分项工程进度计划、进度记录等
	安全控制信息	与安全控制直接有关的信息：施工项目安全目标、安全控制体系、安全控制组织和技术措施、安全教育制度、安全检查制度、伤亡事故统计、伤亡事故调查与分析处理等
生产要素	劳动力管理信息	劳动力需用量计划、劳动力流动、调配等
	材料管理信息	材料供应计划、材料库存、储备与消耗、材料定额、材料领发及回收台账等
	机械设备管理信息	机械设备需求计划、机械设备合理使用情况、保养与维修记录等
	技术管理信息	各项技术管理组织体系、制度和技术交底、技术复核、已完工程的检查验收记录等
	资金管理信息	资金收入与支出金额及其对比分析、资金来源渠道和筹措方式等
管理工作流程	计划信息	各项计划指标、工程施工预测指标等
	执行信息	项目施工过程中下达的各项计划、指示、命令等
	检查信息	工程的实际进度、成本、质量的实施状况等
	反馈信息	各项调整措施、意见、改进的办法和方案等

---

❶ 《建设工程项目管理规范》（GB/T 50326—2006）规定：
2.0.21 项目信息管理指对项目信息进行的收集、整理、分析、处置、储存和使用等活动。
条文说明：项目信息应由信息管理人员依靠现代信息技术，在项目的实施过程中，通过收集、整理、处置、储存、传递和应用等方式进行管理。

续表

依据	信息分类	主要内容
信息来源	内部信息	来自施工项目的信息：如工程概况、施工项目的成本目标、质量目标、进度目标、施工方案、施工进度、完成的各项技术经济指标、项目经理部组织、管理制度等
	外部信息	来自外部环境的信息：如监理通知、设计变更、国家有关的政策及法规、国内外市场的有关价格信息、竞争对手信息等
信息稳定程度	固定信息	在较长时期内，相对稳定，变化不大，可以查询得到的信息，各种定额、规范、标准、条例、制度等，如施工定额、材料消耗定额、施工质量验收统一标准、施工质量验收规范、生产作业计划标准、施工现场管理制度、政府部门颁布的技术标准、不变价格等
	动态信息	是指随施工生产和管理活动不断变化的信息，如施工项目的质量、成本、进度的统计信息、计划完成情况、原材料消耗量、库存量、人工工日数、机械台班数等
信息性质	生产信息	有关施工生产的信息，如施工进度计划、材料消耗等
	技术信息	技术部门提供的信息，如技术规范、施工方案、技术交底等
	经济信息	如施工项目成本计划、成本统计报表、资金耗用等
	资源信息	如资金来源、劳动力供应、材料供应等
信息层次	战略信息	提供给上级领导的重大决策性信息
	策略信息	提供给中层领导部门的管理信息
	业务信息	基层部门例行性工作产生或需用的日常信息

（三）工程项目信息的表现形式

工程项目信息的表现形式如表 5-19 所示。

表 5-19 工程项目信息表现形式

表现形式	示例
书面形式	设计图纸、说明书、任务书、施工组织设计、合同文本、概预算书、会计、统计等各类报表、工作条例、规章、制度等； 会议纪要、谈判记录、技术交底记录、工作研讨记录等； 个别谈话记录：如监理工程师口头提出、电话提出的工程变更要求，在事后应及时追补的工程变更文件记录、电话记录等
技术形式	由电报、录像、录音、磁盘、光盘、图片、照片等记载储存的信息
电子形式	电子邮件、Web 网页

（四）工程项目信息的流动形式

工程项目信息的流动形式如表 5-20 所示。

表 5-20 工程项目信息流动形式

流动形式	内容
自上而下流动	信息源在上，接受信息者为其直接下属； 信息流一般为逐级向下，即：决策层→管理层→作业层，项目经理部→项目各管理部门（人员）→施工队、班组； 信息内容：主要是项目的控制目标、指令、工作条例、办法、规章制度、业务指导意见、通知、奖励和处罚

续表

流动形式	内　　容
自下而上流动	信息源在下，接受信息者在其上一层次； 信息流一般为逐级向上，即：作业层→管理层→决策层，施工队班组→项目各管理部门（人员）→项目经理部； 信息内容：主要是项目施工过程中，完成的工程量、进度、质量、成本、资金、安全、消耗、效率等原始数据或报表，工作人员工作情况，下级为上级需要提供的资料、情报以及提出的合理化建议等
横向流动	信息源与接受信息者在同一层次。在项目管理过程中，各管理部门因分工不同形成了各专业信息源，同时彼此之间还根据需要相互接受信息； 信息流在同一层次横向流动，沟通信息，互相补充； 信息内容根据需要互通有无，如财会部门成本核算需要其他部门提供：施工进度、人工材料消耗、能源利用、机械使用等信息
内外交流	信息源：项目经理部与外部环境单位互为信息源和接受信息者。主要的外部环境单位有：公司领导及有关职能部门，建设单位（业主），该项目监理单位，设计单位，物资供应单位，银行，保险公司，质量监督部门，有关国家管理部门、业务部门、城市规划部门，城市交通、消防、环保部门，供水、供电、通讯部门，公安部门，工地所在街道居民委员会，新闻单位； 信息流：项目经理部与外部环境部门之间进行内外交流； 信息内容：满足本项目管理需要的信息； 满足与环境单位协作要求的信息； 按国家规定的要求相互提供的信息； 项目经理部为宣传自己、提高信誉、竞争力，向外界主动发布的信息
信息中心辐射流动	基于上述施工项目专业信息多，信息流动路线交错复杂、通过环节多，在项目经理部应设立项目信息管理中心； 信息中心行使收集、汇总信息，加工、分析信息，提供分发信息的集散中心职能及管理信息职能； 信息中心既是施工项目内部、外部所有信息源发出信息的接受者，同时又是负责向各信息需求者提供信息的信息源； 信息中心以辐射状流动路线集散信息，沟通信息； 信息中心可将一种信息向多位需求者提供，使其起多种作用，还可为一项决策提供多渠道来源的各种信息，减少信息传递障碍，提高信息流速，实现信息共享、综合运用

（五）工程项目信息管理的要求

工程项目信息管理的目的是为预测未来和正确决策提供科学依据，其主要作用是通过动态、及时的信息处理和有组织的信息流通，使项目经理和各级管理人员能全面、及时、准确地获得所需的信息，以便采取正确的决策和行动。

为了能够全面、及时、准确、适当地向项目管理人员提供有关信息，工程项目信息管理应满足以下几方面的基本要求。

1. 严格保证信息的时效性，做到适时提供信息

一项信息如果不严格注意时间，那么信息的价值就会随之消失。因此，能适时提供信息，往往对指导工程开展十分有利，甚至可以取得很大的经济效益。项目信息管理应随工程的进展，及时收集、整理、处理、传递、存储、输出有关信息。要严格保证信息的时效性，应注意解决以下的问题：

（1）当信息分散于不同地区时，如何能够迅速而有效地进行收集和传递工作；

(2) 当各项信息的口径不一、参差不齐时，如何处理；

(3) 采取何种方法、何种手段能在很短的时间内将各项信息加工整理成符合目的和要求的信息；

(4) 使用计算机进行自动化处理信息的可能性和处理方式。

2. 根据管理需要提供针对性强、适用性高的信息

信息管理的重要任务之一，就是如何根据需要，提供针对性强、十分适用的信息。如果仅仅只是提供成沓的细部资料，其中又只能反映一些普通的、并不重要的变化，这样，会使决策者不仅要花费许多时间去阅览这些作用不大的繁琐细况，而且仍得不到决策所需要的信息，使得信息管理起不到应有的作用。为避免此类情况的发生，信息管理中应采取如下措施：

(1) 可通过运用数理统计等方法，对收集的大量庞杂的数据进行分析，找出影响重大的方面和因素，并力求给予定性和定量的描述；

(2) 要将过去和现在、内部和外部、计划与实施等加以对比分析，使之可明确看出当前的情况和发展的趋势；

(3) 要有适当的预测和决策支持信息，使之更好地为管理决策服务，以取得应有的效益。

3. 所提供的信息有必要的精度，以满足使用要求为限

要使信息具有必要的精度，需要对原始数据进行认真的审查和必要的校核，避免分类和计算的错误。即使是加工整理后的资料，也需要作细致的复核。这样，才能使信息有效可靠。但信息的精度应以满足使用要求为限，并不一定是越精确越好，因为不必要的精度，需耗用更多的精力、费用和时间，容易造成浪费。

4. 综合考虑信息成本及信息收益，实现信息效益最大化

各项资料的收集和处理所需要的费用直接与信息收集的多少、难易等因素有关，如果要求愈细、愈完整，则费用将愈高。例如，如果每天都将项目上的进度信息收集完整，则势必会耗费大量的人力、时间和费用，这将使信息成本（包括收集、获得及使用信息的成本）显著提高，而信息收益（指使用信息带来的收益或减少的损失）增加不大。因此，在进行工程项目信息管理时，必须综合考虑信息成本及信息所产生的收益，寻求最佳的切入点。

项目信息管理的对象既包括需要存档的各类工程资料，也包括工程实际进展状况等动态信息。工程资料的管理应符合有关规范、标准的规定，并宜采用计算机辅助进行且形成电子工程档案。项目动态信息应使用有关计算机软件实现及时、快速处理，以满足项目动态管理的需要。

项目信息管理应纳入组织信息管理的总体框架中，并能满足组织信息管理的要求和为组织知识管理提供支持。项目信息管理中宜采用电子数据管理技术和计算机网络技术，以实现项目和组织间的快速信息交换，使项目能够充分共享组织信息资源。

（六）施工项目信息结构及内容

施工项目信息结构及内容如图 5-16 所示。

（七）工程项目信息的编码设计

在工程项目管理过程中，随时都可能产生大量的信息，必须赋予信息一组能反映其主要特征的代码，用以表征信息的实体或属性，以便利用计算机进行管理。项目信息的编码是工程项目信息管理的基础。在进行信息的编码设计时，一般应考虑如下几方面的问题：

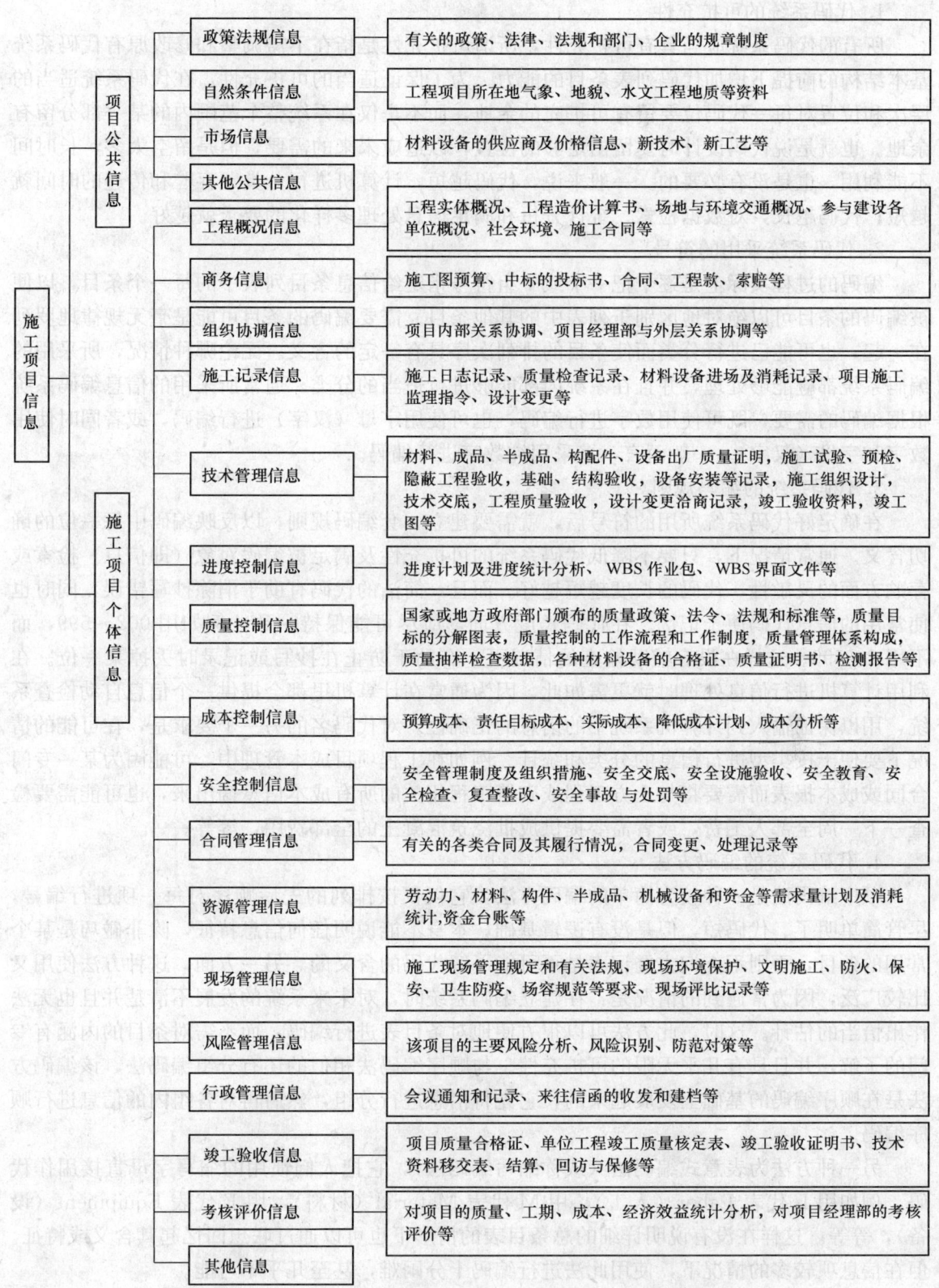

图 5-16 施工项目信息结构及内容

1. 代码系统的可扩充性

所有的代码系统应当具有可扩充性，所谓可扩充性是指在不需调整和修改原有代码系统基本结构的前提下增加代码列表条目的能力。为了保证适当的可扩充性，在代码系统适当的层次和位置对每一代码位要留有可扩充的余地，而不是仅在系统整个范围内的某一部分留有余地。也就是说代码设计时要留出足够的位置，以适应未来的需要，但是留空太多，长时间不能利用，也是没有必要的。一般来说，代码越短，计算机进行分类、存贮和传递的时间就越短；代码越长，对数据检索、统计分析和满足信息处理多样化的要求就越好。

2. 代码系统采用的符号

编码的过程实际上是逐个把一个或一组符号指定给信息条目列表中的每一个条目，以便被编码的条目可以绝对地区别于列表中的其他条目。需要编码的条目可能是毫无规律地罗列在一起，也可能已进行分类而使条目的排列次序具有一定的含义。无论哪种情况，所采用的编码系统都应能够处理，并且在系统内部能够进行适当的分类。通常所采用的信息编码系统根据编码的需要，既可使用数字进行编码，也可使用字母（汉字）进行编码，或者同时使用数字和字母（汉字）。一般而言，多采用纯数字进行编码。

3. 代码系统的编码规则

在确定好代码系统所用的符号后，就需要建立一套编码规则，以反映编码中每一位的确切含义。通常情况下，只要不降低代码系统的可扩充性及满足被编码对象（即信息）检索或存贮方面的灵敏性，代码的长度越短越好。而且，简洁的代码有助于消除抄写错误，同时也使常用的信息代码便于记忆。在代码长度方面，应尽可能保持一致，例如用 002~599，而不用 2~599。这样在没有辅助检查的情况下，有助于防止在抄写或记录时丢掉某一位。在利用计算机进行信息处理时就更需如此，因为通常在计算机里都会提供一个信息自动检查系统，用以保证输入到计算机系统中的信息的正确性。对代码名的另一个要求是，在可能的情况下要便于按类型进行信息的分类和统计。例如在工程项目成本管理中，可能因为某一专门合同或成本报表而需要将与土方工程或砌筑工程相关的所有成本信息摘出来，也可能需要检查一下一周全部人工费，或者需要提供成批浇筑混凝土的全部费用，等等。

4. 代码系统的编码方法

顺序编码法是一种较为简单的编码方法，它仅仅按排列的先后顺序对每一项进行编号，尽管简单明了、代码短，但是没有逻辑基础，本身不能说明任何信息特征，除非碰巧是某个常用的条目，否则不查询主登记表是不可能了解代码的含义的。另一方面，这种方法使用又比较广泛，因为常遇到的情况是：在建立编码系统时，对未来系统的发展不清楚并且也无法作出恰当的估计。这时，此方法可以很方便地对条目表进行编码，而不需对条目的内涵有专门的了解，并且具有几乎无限的可扩充性。与顺序编码法相似的还有分组编码法，该编码方法是在顺序编码的基础上发展起来的，它先将信息进行分组，然后再对各组内的信息进行顺序编码。

另一种方法为表意式编码法（或称缩写编码法），它把人们惯用的缩写字母直接用作代码，例如用 L 代表 Labor（人工），用 M 代表 Material（材料），用 E 代表 Equipment（设备），等等。这样在没有说明详细的总条目表的情形下也可以通过联想回忆起其含义或特征。但在信息项较多的情况下，使用此法进行编码十分困难，甚至几乎不可能。

第三种编码方法，是基于标准分类的编码方法，它可能是最重要和最有用的方法，同样也是进行工程项目统计和核算所愿意采用的方法。这种方法的基础是把要编码的条目表详细划分为若干类型。其实,这种方法很类似于图书管理中的十进制编码法,即先把对象分成十大类,编以第一个号0~9,再在每大类中分十小类,编以第二个号0~9,依次编下去。在待编条目规模很大时使用这种分类编码法具有很多优越性:一方面便于确定各信息项的分类及特性;另一方面便于信息项的添加;再就是它的逻辑意义清楚,便于进行信息项的排序、检索及分类统计。

对民用建筑工程来说,项目成本信息可采用图5-17所示的编码方案。图中采用树的形式表示了整个的编码结构,第一级代码代表单位工程成本,第二级代码代表该单位工程下的分部工程成本,第三级代表各分项工程成本,第四级将分项工程成本进一步细分为人工费、材料费、机械费、分包费等费用条目。

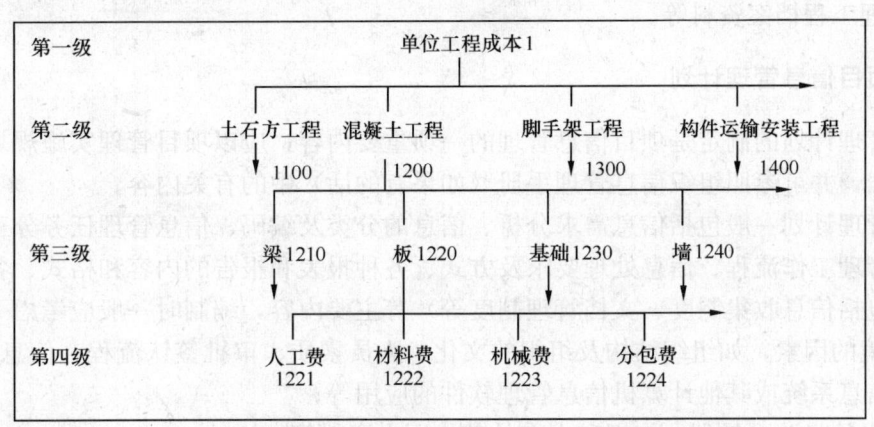

图5-17 单位工程成本信息编码示意图

概括来说,项目信息编码始终应注意贯彻下列原则:(1)唯一确定性;(2)可扩充性与稳定性;(3)标准化与通用性;(4)逻辑性与直观性;(5)精练性等。项目信息编码应有助于提高信息的结构化程度,方便使用,并且其编码结构应尽可能做到与企业信息编码结构保持一致,项目信息代码系统也可以作为企业信息代码系统的子系统,从而保证企业管理层和项目管理层之间充分的信息共享。

二、项目信息管理体系

项目信息管理体系是指项目管理组织(项目部)的信息管理系统,即项目管理组织为实施所承担项目的信息管理和目标控制,以现有的项目组织架构为基础,通过信息管理目标的确定和分解、信息管理计划的制定和实施、信息管理的任务分工和管理职能分工、所需人员和资源的配置及信息处理平台的建立和维护,以及信息管理制度和信息管理工作流程的建立和运行,形成具有为各项管理工作提供信息支持和保证能力工作系统。

项目信息管理体系的建立应与组织的信息管理体系协调一致。项目信息管理体系并非独立于项目管理组织以外的专门的组织系统,它是一种为各项管理工作提供信息支持和保证的制度性和程序性的文件体系。组织应全面规划项目信息管理体系,使信息能够共享,又能减少重复的工作量。

项目经理部应根据项目实际情况和实际需要,在各工作部门中设立专职或兼职的信息管理员,也可在项目经理部中单设信息管理员,在组织信息管理部门的指导下开展工作。信息管理员应由熟悉工程管理业务流程并经必要培训、考核合格的人员担任,对承担工程资料管理工作的信息管理员应取得有关部门颁发的上岗证书。规模较大的项目，可单独设立项目信息管理部门。需要说明的是，项目经理部中各工作部门的管理工作都与信息管理相关，都要承担一定的信息管理任务，而项目信息管理部门则是专门从事信息管理的，其主要工作任务通常包括：

1. 编制信息管理计划，督促其执行。在实施过程中，定期检查信息管理计划的落实情况、实施效果以及信息的有效性、信息成本等方面，并根据实际情况和需要对信息管理计划进行修改、补充和再落实，不断改进信息管理工作；
2. 建立和维护计算机信息处理平台；
3. 协调项目管理班子中其他部门的信息收集、处理及有关报表和报告的编制等；
4. 管理工程档案资料等。

三、项目信息管理计划

信息管理计划的制定是项目信息管理的一项重要内容，应以项目管理实施规划中的有关内容为依据，并可参照组织信息管理手册（如果有的话）中的有关内容。

信息管理计划一般包括信息需求分析、信息的分类及编码、信息管理任务分工和职能分工、信息管理工作流程、信息处理要求及方式、各种报表和报告的内容和格式、各项信息管理制度（包括信息收集制度、文档管理制度等）等主要内容，编制时一般应考虑下列条件：

1. 环境的因素，如组织结构及组织的文化、人员素质、审批签认流程、信息基础设施、项目管理信息系统或其他计算机信息管理软件的应用等；
2. 过去的经验、教训、知识和占有的其他历史资料等；
3. 项目涉及的范围；
4. 项目管理实施规划中提供的有关背景信息，包括限制条件（如项目团队位于不同地理位置，软件不兼容，通信技术能力有限等）和假设等；
5. 信息的不对称性所带来的客观风险，特别是信息的传递特性及信息的扭曲风险。

（一）信息需求分析

信息需求分析是要识别组织各层次以及项目有关人员的信息需求，例如确定谁需要什么样的信息、何时需要及如何提供信息等。信息需求分析应能明确项目有关人员成功实施项目所必要的信息，注意避免因事无巨细而造成信息过载。信息需求分析的内容不仅应包括信息的类型、格式、内容、详细程度、传递要求、传递复杂性等，还应进行信息价值分析，即综合分析信息的成本和收益。

在确定项目信息需求时，一般需考虑下列代表性信息：

1. 项目组织结构图；
2. 项目组织分工及人员职责和报告关系；
3. 项目涉及的专业、部门等；
4. 参与项目的人数及地点；
5. 项目组织内部对信息的要求；
6. 项目组织外部（如合同方）对信息的要求；
7. 项目相关人员的有关信息。

（二）信息管理工作流程

信息管理工作流程反映了工程项目上各有关单位及人员之间的关系。显然，信息流程畅通,将给工程项目信息管理工作带来很大的方便和好处。相反,信息流程混乱,信息管理工作是无法进行的。为了保证工程项目管理工作的顺利进行,必须使信息在项目管理的上下级之间、有关单位之间和外部环境之间流动,这称为"信息流"。需要指出的是,信息流不是信息,而是信息流通的渠道。在工程项目管理中,通常接触到的信息流有以下几个方面:

1. 管理系统的纵向信息流

包括由上层下达到基层,或由基层反映到上层的各种信息,既可以是命令、指示、通知等,也可以是报表、原始记录数据、统计资料和情况报告等。

2. 管理系统的横向信息流

包括同一层次、各工作部门之间的信息关系。有了横向信息,各部门之间就能做到分工协作,共同完成任务。许多事例表明,在工程项目管理中往往由于横向信息不通畅而造成进度拖延。例如,材料供应部门不了解工程部门的安排,造成供应工作与施工需要脱节。类似的情况经常发生,因此加强横向信息交流十分重要。

3. 外部系统的信息流

包括同项目外其他有关单位及外部环境之间的信息关系。

上述三种信息流都应有明晰的流线,并都要保持畅通。否则,工程项目管理人员将无法得到必要的信息,就会失去控制的基础、决策的依据和协调的媒介,项目管理工作必将一事无成。

(三) 信息处理要求及方式

在工程项目建设过程中,所发生并经过收集和整理的信息、资料,内容和数量相当多。而在工程项目管理的过程中,可能随时需要使用其中的某些资料,为了便于管理和使用,必须对所收集到的信息、资料进行处理。

1. 信息处理的要求

要使信息能有效地发挥作用,在处理它的过程中就必须做到快捷、准确、适用、经济。

快捷,就是信息的处理速度要快,要能够及时处理完对工程项目进行动态管理所需要的大量信息。

准确,就是在信息处理的过程中,必须做到去伪存真,使经处理后的信息能客观、如实地反映实际情况。

适用,就是经处理后的信息必须能满足工程项目管理工作的实际需要。也就是说,信息经过处理后,各级管理人员在三大控制上,或在管理决策上,或在协调工作上都能得心应手地随时使用。

经济,就是指信息处理采取什么样的方式,才能达到取得最大的经济效果的目的。信息处理采取什么样的方式,与其他事物一样,同样存在价值论的问题。信息处理既要求快捷、准确、适用,经济效果也是信息处理的要求之一。否则,采取劳民伤财的信息处理方式,就违背了工程项目管理工作的本意。

2. 信息处理的方式

信息处理的方式一般有三种,即手工处理方式、机械处理方式和计算机处理方式。

(1) 手工处理方式。手工处理方式是一种最为简单和最原始的信息处理方式。它对信息单纯依靠人力进行手工处理。例如,在信息收集上,是依靠人的填写来收集原始数据;在信息的加工上,靠人采用笔、纸、算盘、计算器等来进行分类、比较和计算;在信息的存储上,靠人通过档案来保存和存储资料;在信息的输出上,靠人来编制报表、文件,并靠人用电话、信函等发出通知、报表和文件。手工处理的方式对于一般工程量不大、工程项目管理内容比较单一、信息量较少、固定信息较多的场合下是可以适用的。

（2）机械处理方式。机械处理方式是利用机械或简单的电动机械、工具进行数据加工和信息处理的一种方式。例如，用条码识别仪器对进场建筑材料、构配件的有关数据进行自动采集，利用可编程计算器等进行数据加工；用中、英文打字机进行报表、文件的打印等。机械处理方式同手工处理方式相比而言，由于利用了机械、电动工具，加快了数据处理的速度，提高了信息处理的效率，所以在一般场合下，应用比较广泛。但是，这种方式并没有改变信息处理的过程，也就是说，对信息处理没有实质性的改进。

（3）计算机处理方式。计算机处理方式是利用电子计算机进行信息处理的方式。电子计算机不仅可以接受、存储大量的信息资料，而且可以按照人们事先编制好的程序（如电子表格软件、项目管理软件等），自动、快速地对信息进行深度处理和综合加工，并能够输出多种满足不同管理层次需要的处理结果，同时也可以根据需要对信息进行快速检索和传输。

在工程项目管理中，特别是进行工程项目目标控制时，需要对工程上发生的大量动态信息及时进行快速、准确的处理，此时，仅靠手工处理方式或机械处理方式将无法满足管理工作的要求。因此，要做好工程项目管理工作中的信息处理工作，必须借助于电子计算机这一现代化工具来完成。

（四）信息收集制度

工程项目管理中的信息收集，是指收集工程项目上与管理有关的各种原始信息，这是一项很重要的基础工作。工程项目信息管理工作质量的好坏，很大程度上取决于原始资料的全面性和可靠性。因此，建立一套完善的信息收集制度是极其必要的。一般而言，信息收集制度中应包括信息来源、要收集的信息内容、标准、时间要求、传递途径、反馈的范围、责任人员的工作职责、工作程序等有关内容。需要收集的信息内容由工程项目管理的客观需要决定，通常包括工程的实际状况（包括有关进度、资源、成本等方面的数据）、文档资料（如工程管理文件、施工技术资料、机械施工资料、工程监理资料、文明施工资料、检查考评资料、施工日志、会议纪要等）、环境变化等有关的信息和资料。

四、项目信息过程管理

项目信息过程管理一般包括信息的收集、加工、传输、存储、检索、输出和反馈等内容。

（一）收集

就是收集原始数据。这是很重要的基础工作，信息处理的质量好坏，在很大程度上取决于原始数据的全面性和可靠性。

（二）加工

这是信息处理的基本内容。原始数据收集后，需要将其进行加工，以使其成为有用的信息。根据不同管理层次对信息的不同需求，信息的加工从浅到深一般分为三个层次：

1. 初级加工。如筛选、校核和整理等；
2. 综合分析。将基础数据综合成决策信息，供有关管理人员决策使用；
3. 借助于数学模型统计分析和推断。根据具体信息或数据内容，借助于已有的数学模型（如网络计划技术模型、线性规划模型、存贮模型等）进行统计计算和预测，为工程项目管理工作提供辅助决策。

（三）传输

传输是指信息借助于一定的载体（如纸张、胶片、磁带、软盘、光盘、计算机网络等）在参与工程项目管理工作的各部门、各单位之间进行传播。通过传输，形成各种信息流，畅通的信息流会不断地将有关信息传送到工程项目管理人员的手中，成为他们开展工作的依据。

信息传输应做到使项目相关人员及时得到各自所需的信息，可采用的传输方法或技术包括例会、在线交流、Email、备忘录、会议纪要、正式报告等形式，具体采取哪种应考虑下列因素：

1. 信息需求的紧迫性；
2. 技术的可获得性；
3. 项目参与者的经验与能力；
4. 项目周期、项目环境等。

（四）存储

存储是指对处理后的信息的存储。处理后的信息，有的并非立即就使用，有的虽然立即就使用，但日后还需使用或作参考，因此就需要将它们存储起来，建立档案，妥为保管。

（五）检索

检索是指对某个或某些要用的信息进行查找的方法和手段。工程项目管理工作中存储有大量的信息，为了查找方便，就需要建立一套科学、迅速的检索方法，以便项目管理人员能全面、及时、准确地获得所需要的信息。

（六）输出

输出是将处理好的信息按各管理层次的不同要求编制打印成各种报表和文件，或者以电子邮件、Web 网页等电子形式加以发布。

（七）反馈

反馈即项目管理人员使用信息后提出意见、建议等。反馈有助于检查信息管理计划的落实情况、实施效果以及信息的有效性、信息成本等，以便及时采取处置措施，从而不断提高信息管理工作水平。

项目信息过程管理中，应加大计算机应用的比重，做到快捷、准确、适用、经济。对于较大规模的项目，在条件具备的情况下，还可以建立项目管理信息系统，实现信息过程管理电子化、自动化。

五、计算机在工程项目信息管理中的应用

随着工程项目规模越来越大，功能越来越复杂，专业分工越来越细，参与的单位和人员构成越来越庞杂，工程项目管理中的信息量亦相应大量增加，完全依靠传统的人工处理方式或机械处理方式，势将愈来愈不适应现代工程项目管理工作的要求。为了提高工程项目信息管理的现代化水平，必须依靠电子计算机这一现代化工具，同时还需具备相应的管理结构、工作程序和信息管理方面的计算机软件。

（一）工程项目信息管理中应用计算机的优势

在建筑工程项目实施过程中，随时随地发生大量的信息，如进度信息、质量信息、成本信息等，处理如此大量的信息不仅繁琐、费时、易错，而且由于不能对工程中所发生的变化迅速作出反应，因此也就很难对工程项目进行有效的跟踪管理。而使用计算机进行项目的信息管理，利用计算机存储信息量大和信息处理速度快的特点，一方面可以将工程中发生的信息随时输入到计算机中，另一方面借助于一些工程项目管理类软件系统可以对这些信息进行处理，并反馈给使用者，供用户决策时参考。由此可见，通过使用计算机上的管理类软件及其他辅助工具，一方面将管理人员从繁琐的手工抄写中解放出来，把更多的时间和精力放到决策上去；另一方面，由于计算机能够综合考虑大量的数据和信息，又使得管理人员的决策趋于科学化。

（二）工程项目信息管理中计算机应用的阶段划分

在工程项目信息管理中计算机的应用可以分为如下四个阶段：

1. 单项事务处理软件阶段

这一阶段主要以应用某些具有单一功能的软件为特征，如工程量自动计算及定额预算软件、财务会计软件、材料管理软件、进度计划软件、质量管理软件、合同管理软件等。软件之间各自独立，不能实现数据的共享。尽管如此，计算机单项管理软件的应用可降低成本、节约资源、减少人力、有效地提高建筑企业的工程质量和技术含量。

2. 项目管理软件阶段

项目管理软件一般综合多种功能，以网络计划技术为基础，能够实现进度、成本的同步控制以及资源的有效管理。国际上比较著名的项目管理软件有 Primavera Project Planner (P3)、Microsoft Project 等，国内也有许多公司开发了类似产品。目前，项目管理软件仍广泛应用于各种规模的工程项目信息管理中。

3. 项目管理信息系统阶段

项目管理信息系统能将项目管理的各个方面（进度管理，成本管理，质量管理，安全管理，合同管理，信息管理，现场管理），甚至企业管理综合起来加以考虑，能实现各模块之间的信息共享，但需根据企业（或项目）具体情况进行定制，开发成本较高。目前，国内建立项目管理信息系统来进行项目管理的企业为数极少，举世瞩目的三峡工程项目是通过购买国外的有关软件系统并进行用户化（Customization）来建立它的项目管理信息系统的。

4. 网上项目管理阶段（Web-based Project Management）

目前，美国等一些发达国家的企业正尝试将先进的 Internet 技术应用到工程项目管理中，通过在互联网上建立项目信息门户 PIP（Project Information Port），使项目参与者跨越时间、地域的限制，充分实现信息共享和协同工作。网上项目管理一般具有如下特点：

（1）提供了一个公共服务平台，强调易用性，便于沟通和交流；

（2）可对信息进行有效的分类、汇总和传递，易实现信息的增值；

（3）所积累的工程管理资料具有可重复利用性；

（4）可减少文档制作、传递、修改、反馈的时间，等等。

网上项目管理已在国外的一些项目上取得了成功，它带来的必然是一场项目管理的变革，值得我们研究和借鉴。

（三）我国工程项目信息管理中应用计算机的基础工作

目前，我国工程项目信息管理中计算机应用水平普遍较低，许多企业的计算机只是简单充做"打字机"、"绘图板"，造成这种局面的主要原因是对信息管理工作中如何开展计算机应用缺乏正确认识，无法从计算机的应用中看到其带来的经济效益，而这更进一步影响到应用计算机的积极性。因此，要在工程项目管理中用好计算机，使计算机更好地为管理工作服务，需要做好以下几方面的基础性工作：

1. 调查研究，找出应用计算机进行信息管理的突破口，从而使其具有示范作用。要认真分析确定工程项目管理中必须处理的信息种类、信息内容和数据量，研究信息管理工作中哪些可以利用计算机来完成，哪些必须利用（或最迫切需要利用）计算机来完成，哪些利用计算机最容易取得经济效益等等，以确定最先应用计算机的地方。

2. 确定信息处理的方式和方案。例如，设计数据采集、跟踪用表，确定数据加工方式、时间、标准、精度等，确定存储形式、传输形式、检索方法、输出结果的形式等。

3. 设计出信息管理的系统流程图，使项目建设全过程中的各类信息从收集、整理、加工、传递、反馈、保管都有具体的责任者和规定的程序，并对传递途径和时间要求也要作详细规定。另外，还需注意通过建立管理制度使信息流程规范化，并借助于各种图表使其形象化，以便于各级管理人员理解、掌握和遵照执行。

4. 设计出在工程项目信息管理中应用计算机的实施步骤，使计算机的应用与工程项目管理的正常工作有机地融合到一起，以真正在管理中体现出应用计算机的优势。

5. 配备足够的性能满足要求的计算机，并在计算机上安装工程项目信息管理中需要使用的相关软件，如文字处理软件、电子表格软件、项目管理软件、合同管理软件、质量管理软件、材料管理软件、文档管理软件等，也可以根据国情和项目的特殊性，进行管理软件的二次开发。同时，根据工程项目管理工作的实际需要将项目上的计算机互联，或者与企业的计算机相连，或者与国际互联网Internet相连，以满足信息收集、加工、存储、检索、输出等方面的需要。

6. 建立必要的应用计算机进行工程项目信息管理的组织、制度和程序，并进行相关人员的培训。例如，可配备一些既懂项目管理又懂计算机应用的专职信息管理人员，制定《应用计算机进行工程项目信息管理的实施条例》、《网络计划反馈与调整报告制度》、《资源成本统计反馈定期报告制度》、《ABC信息管理制度》等有关制度。通过建立一套科学的管理方法，一个合理、高效的信息收集系统和一套完整、严密的信息收集制度，逐步实现工作程序化，管理工作标准化，报表文件统一化，数据资料完整化、代码化，以保证基础信息的正确、可靠。必须认识到，领导的重视和人员的素质是计算机应用能否成功的关键。在工程项目信息管理中应用计算机需变革传统的工程管理模式，影响很大，牵涉到深层次，必须得到领导的重视和大力支持，否则计算机的应用只会流于形式。

（四）我国工程项目信息管理中应用计算机的形式

目前，在我国工程项目信息管理中，计算机的应用形式主要有以下几种：

1. 利用文字处理软件处理工程项目管理中的各类文档，实现无纸化办公，使文件、资料和报表正规化、标准化，且修改简单，查找方便，管理便捷可靠。这样一方面可以提高工作效率，另一方面也便于对这些文档进行重复利用。

2. 利用电子表格软件强大的计算功能和分类、筛选、统计、汇总等数据管理功能，对工程项目管理中的大量数据（如混凝土强度数据、材料台账等）进行计算、统计、分析等工作，并输出直观形象的统计图表，供工程项目管理人员使用。另外，也可把各种报表的格式制作成模板文件，实现重复利用。

3. 利用电子演示文稿制作软件生动、直观的特点，进行技术培训、技术交底、工作汇报等。

4. 使用项目管理软件对工程项目的进度信息、资源信息、成本信息等进行动态管理。以逻辑严密的网络进度计划为基础，统筹安排，合理利用人力、物力和财力，实现"向关键工作要时间、向非关键工作要资源"，取得加速工期、降低成本的效果。另外，也可以利用工作分解辅助进行成本、质量、安全控制和现场管理。

5. 使用某些专用软件进行管理，如概预算软件、施工现场管理软件、材料管理软件、质量管理软件、合同管理软件、文档管理软件、施工技术类软件等。在工程项目信息管理中，应根据项目管理工作的客观需要和项目的实际情况，采用上述的一种或数种形式来应用计算机，以达到全面、及时、准确地为工程项目管理工作提供信息的目的，从而为最终实现工程项目的总目标奠定基础。

（五）工程项目管理软件应用简介

微机版的项目管理应用软件种类很多，各有不同的功能和操作特点。项目经理部可根据项目管理的要求进行选择。

1. 项目管理软件 Microsoft Project

Microsoft Project（或 MSP）是专案管理软件程序，由微软开发销售。软件设计目的在于协助专案经理发展计划、为任务分配资源、跟踪进度、管理预算和分析工作量。第一版微软 Project 为微软 Project for Windows95，发布于 1995 年。其后版本各于 1998，2000，2003 和 2006 年发布。本应用程序可产生关键路径日程表。日程表可以以资源标准的，而且关键链以甘特图形象化。另外，Project 可以辨认不同类别的用户。这些不同类别的用户对专案和其他资料有不同的访问级别。自订物件如观看方式、表格、筛选器和字段在企业领域分享给所有用户。

2. 工程项目计划管理系统 TZ-Project7.2

TZ-Project7.2 是大连同洲电脑有限责任公司最新推出的项目管理软件，应用广泛。其功能和特点是：

（1）项目管理人员利用该软件可以快速完成计划的制订工作；

（2）能对项目的实施实行动态控制；

（3）该软件具有网络计划编制功能；

（4）具有网络计划动态调整功能；

（5）具有资源优化功能；

（6）具有费用管理功能；

（7）具有日历管理及系统安全功能；

（8）具有分类剪裁输出功能和可扩展性等。

3. 工程项目管理系统 PKPM

工程项目管理系统 PKPM 是由中国建筑科学研究院与中国建筑业协会工程项目管理委员会共同开发的一体化施工项目管理软件。它以工程数据库为核心，以施工管理为目标，针对施工企业的特点而开发的。

（1）标书制作及管理软件

标书制作及管理软件可提供标书全套文档编辑、管理、打印功能，根据投标所需内容，可从模板素材库、施工资料库、常用图库中，选取相关内容，任意组合，自动生成规范的标书及标书附件或施工组织设计。还可导入其他模块生成的各种资源图表和施工网络计划图以及施工平面图。

（2）施工平面图设计及绘制软件

施工平面图设计及绘制软件提供了临时施工的水、电、办公、生活、仓储等计算功能，生成图文并茂的计算书供施工组织设计使用，还包括从已有建筑生成建筑轮廓，建筑物布置，绘制内部运输道路和围墙，绘制临时设施（水电）工程管线、仓库与材料堆场、加工厂与作业棚、起重机与轨道，标注各种图例符号等。该软件还可提供自主版权的通用图形平台，并可利用平台完成各种复杂的施工平面图。

(3) 项目管理软件

项目管理软件是施工项目管理的核心模块，它具有很高的集成性，行业上可以和设计系统集成，施工企业内部可以同施工预算、进度、成本等模块数据共享。该软件以《建设工程施工项目管理规范》为依据进行开发，软件自动读取预算数据，生成工序，确定资源，完成项目的进度、成本计划的编制，生成各类资源需求量计划、成本降低计划、施工作业计划以及质量安全责任目标，通过网络计划技术、多种优化、流水作业方案、进度报表、前锋线等手段实施进度的动态跟踪与控制，通过质量测评、预控及通病防治实施质量控制。

其功能和特点是：

1) 按照项目管理的主要内容，实现四控制（进度、质量、成本、安全），三管理（合同、现场、信息），一提供（为组织协调提供数据依据）的项目管理软件。

2) 根据工程量、工作面和资源计划安排及实施情况自动计算各工序的工期、资源消耗、成本状况，换算日历时间，找出关键路径；可同时生成横道图、单代号、双代号网络图和施工日志；具有自动布图，能处理各种搭接网络关系、中断和强制时限。

3) 自动生成各类资源需求曲线等图表，具有打印输出功能。

4) 通过前锋线功能动态跟踪与调整实际进度，及时发现偏差并采取调整措施。

5) 利用三算对比、国际上通行的赢得值原理进行成本的跟踪与动态调整。

6) 对于大型、复杂及进度、计划等都难以控制的工程项目，可采用国际上流行的"工作包"管理控制模式；可对任意复杂的工程项目进行结构分解，在工程项目分解的同时，对工程项目的进度、质量、成本、安全目标等进行了分解，并形成结构树，使得管理控制清晰、责任目标明确。

7) 利用严格的材料检验、监测制度，工艺规范库，技术交底、预检、隐蔽工程验收、质量预控专家知识库进行质量保证；统计分析"质量验评"结果，进行质量控制。

8) 利用安全技术标准和安全知识库进行安全设计和控制。

9) 可编制月度、旬作业计划、技术交底，收集各种现场资料等进行现场管理。

10) 利用合同范本库签订合同和实施合同管理。

(4) 建筑工程概预算计算机辅助管理系统

1) 建筑工程概预算计算机辅助管理系统软件可以充分利用 PKPM 软件系统的建筑和结构设计数据。如直接利用全楼模型统计工程量，读取建筑模型中各层墙体、门窗、阳台、楼梯、挑檐、散水楼道、台阶等数据；根据建筑模型、构件的布置和相应的扣减规则，自动统计出相关的工程量；完成土石方、平整场地、地面、屋面、门窗、装修、脚手架等的工程量；读取施工图设计结果，如通过读取每个构件的钢筋文件，归纳合并后完成钢筋统计。

2) 该软件可将用户手头现成的由其他设计单位较流行的软件产生的数据，或电子图形文件（如 DWG 文件）方式存储的建筑平面图，通过转换形成建筑模型，进行工程量统计。

3) 该软件可提供简单、适合概预算人员的建模（图纸录入）手段，使用户方便地完成建筑模型的输入、修改和补充。

4) 结合设计智能进行钢筋统计，该软件可根据钢筋的基本信息及其关键的设计参数，如根数、直径等就可按照构件的尺寸推算各构件的钢筋；程序还可直接读取钢筋库文件统计出全楼的钢筋；软件还可在找不到梁柱钢筋设计结果时，根据设计图纸资料，利用结构模型为对象自动生成构件模板轮廓图，快速输入梁、柱钢筋的主要参数，引入设计智能和人工选筋的智能作钢筋设计，补充形成钢筋详细信息；如果有楼层面的恒、活荷载数据，再加上楼板布置、厚度、混凝土强度等级等建筑模型方面的数据，引入楼板配筋智能，就可算出该层楼板的钢筋。

5）程序设计了自动套取定额的方法，对于每个地区的定额系统均设置自动套取定额表、常用定额表、扣减规则表，实现了工程量统计与定额子目自动衔接，可自动套取定额，依据不同地区的计算规则完成工程量计算，实现一模多算；对于楼地面工程、装修工程等在三维建筑模型基础上需要补充大量的做法和装饰信息，程序内置不同地区的工程做法库，做法库表内记录了每一种做法与该地区定额子目的一一对应关系，用户可修改、维护做法库，程序自动套取定额子目并采用了成批统计和定义标准做法间的方法实现一次输入完成多个项目的工程量统计。

6）自动套取定额及生成预算书报表。对已完工程量统计结果可与定额库自动衔接，直接套取定额。用户也可以通过交互方式补充和修改工程量。工程量子目是由程序统计、读取的，定额子目可以是直接录入，从定额列表中选取或直接拖放，从模板导入，从标准做法集中导入，从其他工程导入等。

程序还具有对定额子目调整、换算、组合的功能，资源分类和价格修改功能，开放的取费表生成功能，报表打印功能。使用户方便地对定额资源进行增加、删除、换算等操作；各种子目可根据需要任意组合：计算全楼工程量数据、某一自然层工程量统计、部分楼层子目工程量统计等；对资源费用进行分类、计算统计；建立并随时修改各期材料价格信息库；制作适合当地当时情况的各种取费表，并能自动进行计算和检验；制作和打印出各类报表：工程预算表、资源汇总表、资源差价表、工料分析表、取费表等。

六、工程资料文档管理

在工程项目上，许多信息是以资料文档为载体进行收集、加工、传输、存储、检索、输出和反馈的，因此工程资料文档管理是项目信息管理的重要组成部分。工程资料应随工程进度及时收集、整理，并应按专业归类，认真书写，字迹清楚，项目齐全、准确、真实，无未了事项，所用表格应统一规范。在采用计算机辅助信息管理时，对工程资料文档的管理应采用资料数据打印输出加手写签名和全部数据采用计算机数据库管理并行的方式进行，格式应符合有关规范标准的规定。对规模较大的工程项目，可通过选购市面上合适的计算机工程资料管理系统来进行工程资料的管理，实现资料管理标准化、规范化和科学化。

对需要作为建设工程项目档案保存的资料文档，其管理应符合现行的《建设工程文件归档整理规范》（GB/T 50328—2001）等国家标准、规范、规程和相关文件的规定。这里将有关的建设工程项目档案编制要求摘录如下，供参考。

《建设工程文件归档整理规范》（GB/T 50328—2001）中 4.2 归档文件的质量要求：

4.2.1 归档的工程文件一般应为原件。

4.2.2 工程文件的内容及其深度必须符合国家有关工程勘察、设计、施工、监理等方面的技术规范、标准和规程❶。

4.2.3 工程文件的内容必须真实、准确，与工程实际相符合❷。

4.2.4 工程文件应采用耐久性强的书写材料，如碳素墨水、蓝黑墨水，不得使用易褪色的书写材料。

4.2.5 工程文件应字迹清楚、图样清晰、图表整洁，签字盖章手续完备。

4.2.6 工程文件中文字材料幅面尺寸规格宜为A4幅面，图纸宜采用国家标准图幅。

4.2.7 工程文件的纸张应采用能够长期保存的韧力大、耐久性强的纸张。图纸一般采用蓝晒图，竣工图应是新蓝图。计算机出图必须清晰，不得使用计算机所出图纸的复印件。

4.2.8 所有竣工图均应加盖竣工图章。

4.2.9 利用施工图改绘竣工图，必须标明变更修改依据；凡施工图结构、工艺、平面布置等有重大改变，或变更部分超过图面1/3的，应当重新绘制竣工图。

4.2.10 不同幅面的工程图纸，应统一折叠成A4幅面，图标栏露在外面。

4.2.11 工程档案资料的照片（含底片）及声像档案，要求图像清晰、声音清楚，文字说明或内容准确。

4.2.12 工程文件应采用打印的形式，并使用档案规定用笔，手工签字，在不能够使用原件时，应在复印件或抄件上加盖公章并注明原件保存处。

---

❶《建设工程文件归档整理规范》（GB/T 50328—2001）4.2.2条文说明：监理文件按《建设工程监理规范》（GB 50319—2000）编制；市政工程施工技术文件及其竣工验收文件按照建设部印发的《市政工程施工技术资料管理规定》（建城［1994］469号）编制，建筑安装工程施工技术文件及其竣工验收文件在建设部没有作出规定以前，按各省有关规定编制。竣工图的编制应按国家建委1982年［建发施字50号］《关于编制基本建设竣工图的几项暂行规定》执行。地下管线工程竣工图的编制，应按1995年中华人民共和国行业标准《城市地下管线探测技术规程》（CJJ 61—94）中的有关规定执行。
❷《建设工程文件归档整理规范》（GB/T 50328—2001）4.2.3条文说明：此条款为立卷的基本原则。

第六章 施工项目现场管理和生产要素管理

第一节 施工项目现场管理

一、施工项目现场管理概述

(一) 施工项目现场管理的概念与目的

施工项目现场指从事工程施工活动经批准占用的施工场地。该场地既包括红线以内占用的建筑用地和施工用地,又包括红线以外现场附近经批准占用的临时施工用地。它的管理是指对这些场地如何科学安排、合理使用,并与各种环境保持协调关系。

"规范场容、文明施工、安全有序、整洁卫生、不扰民、不损害公共利益",这就是施工项目现场管理的目的。

(二) 施工项目现场管理的意义

1. 施工项目现场管理的好坏首先涉及施工活动能否正常进行。施工现场是施工的"枢纽站",大量的物资进场后"停站"于施工现场。活动在现场的大量劳动力、机械设备和管理人员,通过施工活动将这些物资一步步地转变成项目产品。这个"枢纽站"管得好坏,涉及人流、物流和财流是否畅通,涉及施工生产活动是否顺利进行。

2. 施工项目现场是一个"绳结",把各专业管理联系在一起。在施工现场,各项专业管理工作按合理分工分头进行,而又密切协作,相互影响,相互制约,很难截然分开。施工现场管理得好坏,直接关系到各项专业管理的技术经济效果。

3. 工程施工现场管理是一面"镜子",能照出施工单位的面貌。通过观察工程施工现场,施工单位的精神面貌、管理面貌、施工面貌赫然显现。一个文明的施工现场有着重要的社会效益,会赢得很好的社会信誉。反之也会损害施工企业的社会信誉。

4. 工程施工现场管理是贯彻执行有关法规的"焦点"。施工现场与许多城市管理法规有关,诸如:地产开发、城市规划、市政管理、环境保护、市容美化、环境卫生、城市绿化、交通运输、消防安全、文物保护、居民安全、人防建设、居民生活保障、工业生产保障、文明建设等。每一个在施工现场从事施工和管理工作的人员,都应当有法制观念,执法、守法、护法。每一个与施工现场管理发生联系的单位都注目于工程施工现场管理。所以施工现场管理是一个严肃的社会问题和政治问题,不能有半点疏忽。

二、施工项目现场管理的内容

(一) 合理规划施工用地

首先要保证场内占地合理使用。当场内空间不充分时,应会同建设单位、规划部门和公安交通部门申请,经批准后才能获得并使用场外临时施工用地。

(二) 在施工组织设计中,科学地进行施工总平面设计

施工组织设计是工程施工现场管理的重要内容和依据,尤其是施工总平面设计,目的就

是对施工场地进行科学规划，以合理利用空间。在施工总平面图上，临时设施、大型机械、材料堆场、物资仓库、构件堆场、消防设施、道路及进出口、加工场地、水电管线、周转使用场地等，都应各得其所，关系合理合法，从而呈现出现场文明，有利于安全和环境保护，有利于节约，便于工程施工。

（三）根据施工进展的具体需要，按阶段调整施工现场的平面布置

不同的施工阶段，施工的需要不同，现场的平面布置亦应进行调整。当然，施工内容变化是主要原因，另外分包单位也随之变化，他们也对施工现场提出新的要求。因此，不应当把施工现场当成一个固定不变的空间组合，而应当对它进行动态的管理和控制，但是调整也不能太频繁，以免造成浪费。一些重大设施应基本固定，调整的对象应是耗费不大的规模小的设施，或已经实现功能失去作用的设施，代之以满足新需要的设施。

（四）加强对施工现场使用的检查

现场管理人员应经常检查现场布置是否按平面布置图进行，是否符合各项规定，是否满足施工需要，还有哪些薄弱环节，从而为调整施工现场布置提供有用的信息，也使施工现场保持相对稳定，不被复杂的施工过程打乱或破坏。

（五）建立文明的施工现场

文明施工现场即指按照有关法规的要求，使施工现场和临时占地范围内秩序井然，文明安全，环境得到保持，绿地树木不被破坏，交通畅达，文物得以保存，防火设施完备，居民不受干扰，场容和环境卫生均符合要求。建立文明施工现场有利于提高工程质量和工作质量，提高企业信誉。为此，应当做到主管挂帅，系统把关，普遍检查，建章建制，责任到人，落实整改，严明奖惩。

1. 主管挂帅，即公司和工区均成立主要领导挂帅，各部门主要负责人参加的施工现场管理领导小组，在企业范围内建立以项目管理班子为核心的现场管理组织体系。

2. 系统把关，即各管理业务系统对现场的管理进行分口负责，每月组织检查，发现问题便及时整改。

3. 普遍检查，即对现场管理的检查内容，按达标要求逐项检查，填写检查报告，评定现场管理先进单位。

4. 建章建制，即建立施工现场管理规章制度和实施办法，按法办事，不得违背。

5. 责任到人，即管理责任不但明确到部门，而且各部门要明确到人，以便落实管理工作。

6. 落实整改，即对各种问题，一旦发现，必须采取措施纠正，避免再度发生。无论涉及到哪一级、哪一部门、哪一个人，决不能姑息迁就，必须整改落实。

7. 严明奖惩。如果成绩突出，便应按奖惩办法予以奖励；如果有问题，要按规定给予必要的处罚。

（六）及时清场转移

施工结束后，项目管理班子应及时组织清场，将临时设施拆除、剩余物资退场，组织向新工程转移，以便整治规划场地，恢复临时占用土地，不留后患。

三、对施工现场管理的要求

（一）基本要求

1. 现场门头应设置企业标志。项目经理部应负责施工现场场容、文明形象管理的总体策划和部署。各分包人应在项目经理部的指导和协调下，按照分区划块原则，搞好分包人施

工用地区域的场容文明形象管理规划并严格执行。

2. 项目经理部应在现场人口的醒目位置，公示以下标牌：

(1) 工程概况牌。包括：工程规模、性质、用途，发包人、设计人、承包人、监理单位的名称和施工起止年月等。

(2) 安全纪律牌。

(3) 防火须知牌。

(4) 安全无重大事故计时牌。

(5) 安全生产、文明施工牌。

(6) 施工总平面图。

(7) 施工项目经理部组织架构及主要管理人员名单图。

3. 项目经理应把施工现场管理列入经常性的巡视检查内容，并与日常管理有机结合，认真听取近邻单位、社会公众的意见和反映，及时抓好整改。

(二) 规范场容的要求

1. 施工现场场容规范化应建立在施工平面图设计的科学合理化和物料器具定位管理标准化的基础上。承包人应根据本企业的管理水平，建立和健全施工平面图管理和现场物料器具管理标准，为项目经理部提供场容管理策划的依据。

2. 项目经理部必须结合施工条件，按照施工技术方案和施工进度计划的要求，认真进行施工平面图的规划、设计、布置、使用和管理。

(1) 施工平面图宜按指定的施工用地范围和布置的内容，分为施工总平面图和单位工程施工平面图，分别进行布置和管理。

(2) 单位工程施工平面图宜根据不同施工阶段的需要，分别设计成阶段性施工平面图，并在阶段性进度目标开始实施前，通过施工协调会议确认后实施。

3. 应严格按照已审批的施工总平面图或相关的单位工程施工平面图划定的位置，布置施工项目的主要机械设备，脚手架，模具，施工临时道路，供水、供电、供气管道或线路，施工材料制品堆场及仓库，土方及建筑垃圾，变配电间，消防栓，警卫室，现场办公、生产、生活临时设施等。

4. 施工物料器具除应按施工平面图指定位置就位布置外，尚应根据不同特点和性质，规范布置方式与要求，包括执行码放整齐、限宽限高、上架入箱、规格分类、挂牌标识等管理标准。

5. 在施工现场周边应设置临时围护设施。市区工地的周边围护设施应不低于1.8m。临街脚手架、高压电缆、起重把杆回转半径伸至街道的，均应设置安全隔离棚。危险品库附近应有明显标志及围挡措施。

6. 施工现场应设置畅通的排水沟渠系统，场地不积水、不积泥浆，保持道路干燥坚实。工地地面宜做硬化处理。

(三) 施工现场环境保护

1. 施工现场泥浆和污水未经处理不得直接排入城市排水设施和河流、湖泊、池塘。

2. 除有符合规定的装置外，不得在施工现场熔化沥青或焚烧油毡、油漆，亦不得焚烧其他可产生有毒有害烟尘和恶臭气味的废弃物，禁止将有毒有害废弃物作土方回填。

3. 建筑垃圾、渣土应在指定地点堆放，每日进行清理。高空施工的垃圾及废弃物应采用密闭式串筒或其他措施清理搬运。装载建筑材料、垃圾或渣土的车辆，应有防止尘土飞扬、洒落或流溢的有效措施。施工现场应根据需要设置机动车辆冲洗设施，冲洗污水应作处理。

4. 在居民和单位密集区域进行爆破、打桩等施工作业前，项目经理部应将作业计划、影响范围、程度及有关措施等情况，向受影响范围的居民和单位通报说明，取得协作和配合；对施工机械的噪声与振动扰民，应有相应措施予以控制。

5. 经过施工现场的地下管线，应由发包人在施工前通知承包人，标出位置，加以保护。施工时发现文物、古迹、爆炸物、电缆等，应当停止施工，保护好现场，及时向有关部门报告，按照有关规定处理后方可继续施工。

6. 施工中需要停水、停电、封路而影响环境时，必须经有关部门批准，事先告示。在行人、车辆通行的地方施工，应当设置沟、井、坎、穴覆盖物和标志。

7. 温暖季节宜对施工现场进行绿化布置。

（四）施工现场的防火与保安

1. 应做好施工现场保卫工作，采取必要的防盗措施。现场应设立门卫，根据需要设置警卫。施工现场的主要管理人员在施工现场应当佩戴证明其身份的证卡，应采用现场施工人员标识。有条件时可对进出场人员使用磁卡管理。

2. 承包人必须严格按照《中华人民共和国消防条例》的规定，在施工现场建立和执行防火管理制度，现场必须安排消防车出入口和消防道路，设置符合要求的消防设施，保持完好的备用状态。在容易发生火灾的地区施工或储存、使用易燃、易爆器材时，承包人应当采取特殊的消防安全措施。现场严禁吸烟，必要时可设吸烟室。

3. 施工现场的通道、消防入口、紧急疏散楼道等，均应有明显标志或指示牌。有高度限制的地点应有限高标志。

4. 施工中需要进行爆破作业的，必须经上级主管部门审查批准，并持说明爆破器材的地点、品名、数量、用途、四邻距离的文件和安全操作规程，向所在地县、市公安局申领《爆破物品使用许可证》，由具备爆破资质的专业人员按有关规定进行施工。

（五）卫生防疫及其他事项

1. 施工现场不宜设置职工宿舍，必须设置时应尽量和施工场地分开。现场应准备必要的医务设施。在办公室内显著地点张贴急救车和有关医院电话号码，根据需要制定防暑降温措施，进行消毒、防毒。施工作业区与办公区应明显划分。

2. 现场涉及的保密事项应通知有关人员执行。

3. 承包人应考虑施工过程中必要的投保。应明确施工保险及第三者责任险的投保人和投保范围。

4. 现场管理应进行考评，考评办法可参照有关规定由企业制定。

5. 应进行现场节能管理。有条件的现场应下达能源使用指标。

6. 食堂、厕所要符合卫生要求，现场应设置饮水设施。

第二节　施工项目劳动力管理

一、施工项目劳动力管理

（一）施工项目劳动力管理的概念

施工项目劳动力管理是项目经理部把参加施工项目生产活动的人员作为生产要素，对其所进行的管理工作。其核心是按照施工项目的特点和目标要求,合理地组织、高效率地使用和管理劳动力,培养和提高劳动者素质,激发劳动者的积极性与创造性,提高劳动生产率,全面完成工程合同,获取更大效益。

(二)施工项目劳动力组织管理的原则

施工项目劳动力组织管理的原则如表6-1所示。

表6-1 施工项目劳动力组织管理的原则

原则		内容
两层分离	项目管理人员	以组织原理为指导,科学定员设岗为标准; 公司领导审批,逐级聘任上岗; 依据项目承包合同管理
	劳务人员	以企业为依托,企业适当保留一些与本企业专业密切相关的高级技术工种工人,其余劳动力由企业向社会劳动力市场招募; 企业以项目劳动力计划为依据,按计划供应给项目经理部; 建筑劳务分包企业(有木工、砌筑、抹灰、石制、油漆、钢筋、混凝土、脚手架、模板、焊接、水暖电安装、钣金、架线13个作业类别)是施工项目的劳动力可靠且稳定的来源; 依据劳务分包合同管理
优化配置	素质优化	以平等竞争、择优选用的原则,选择觉悟高、技术精、身体好的劳动者上岗; 以双向选择、优化组合的原则组合生产班组; 坚持上岗、转岗前培训制度,提高劳动者综合素质
	数量优化	依据项目规模和施工技术特点,按照合理的比例配备管理人员和各工种工人; 保证施工过程中充分利用劳动力,避免劳务失衡、劳务与生产脱节
	组织形式优化	建立适应项目特点的精干、高效的组织形式
动态管理	依据和目的	以进度计划与劳务合同为依据,以动态平衡和日常调度为手段,允许劳动力合理流动; 以达到劳动力优化组合以及充分调动作业人员劳动积极性为目的
	管理的方法	项目经理部向公司劳务管理部门申请派遣劳务人员的数量、工种、技术能力等要求,并签订劳务合同; 项目经理部向参加施工的劳务人员下达施工任务单或承包任务书,并对其作业质量和效率进行检查考核; 项目经理部应对参加施工的劳务人员进行教育培训和思想管理; 根据施工生产任务和施工条件的变化,对劳动力进行跟踪平衡、协调,进行劳动力补充或减员,及时解决劳动力配合中的矛盾; 在项目施工的劳务平衡协调过程中,按合同与企业劳务部门保持信息沟通,人员使用和管理的协调; 按合同支付劳务报酬,解除劳务合同后,将人员遣归企业内部劳务市场

二、施工项目劳动力组织管理的内容

施工项目劳动力组织管理的内容如表6-2所示。

表 6-2 施工项目劳动力组织管理的内容

管理方式	内容
对外包、分包劳务的管理	认真签订和执行合同,并纳入整个施工项目管理控制系统,及时发现并协商解决问题,保证项目总体目标实现; 对其保留一定的直接管理权,对违纪不适宜工作的工人,项目管理部门拥有辞退权,对贡献突出者有特别奖励权; 间接影响劳务单位对劳务的组织管理工作,如工资奖励制度、劳务调配等; 对劳务人员进行上岗前培训,并全面进行项目目标和技术交底工作
由项目管理部门直接组织的管理	严格项目内部经济责任制的执行,按内部合同进行管理; 实施先进的劳动定额、定员,提高管理水平; 组织与开展社会主义劳动竞赛,调动职工的积极性和创造性; 严格职工的培训、考核、奖惩; 加强劳动保护和安全卫生工作,改善劳动条件,保证职工健康与安全生产; 抓好班组管理,加强劳动纪律
与企业劳务管理部门共同管理	企业劳务管理部门与项目经理部通过签订劳务承包合同承包劳务,派遣作业队完成承包任务; 合同中应明确作业任务及应提供的计划工日数和劳动力人数、施工进度要求及劳务进退场时间、双方的管理责任、劳务费计取及结算方式、奖励与罚款等; 企业劳务部门的管理责任是:包任务量完成,包进度、质量、安全、节约、文明施工和劳务费用; 项目经理部的管理责任是:在作业队进场后,保证施工任务饱满和生产的连续性、均衡性;保证物资供应、机械配套;保证各项质量、安全防护措施落实;保证及时供应技术资料;保证文明施工所需的一切费用及设施; 企业劳务管理部门向作业队下达劳务承包责任状; 承包责任状根据已签订的承包合同建立,其内容主要有: ● 作业队承包的任务及计划安排; ● 对作业队施工进度、质量、安全、节约、协作和文明施工的要求; ● 对作业队的考核标准、应得的报酬及上缴任务; ● 对作业队的奖罚规定

三、劳动定额与定员

(一) 劳动定额

劳动定额是指在正常生产条件下,为完成单位产品(或工作)所规定的劳动消耗的数量标准。其表现形式有两种:时间定额和产量定额。时间定额指完成合格产品所必需的时间。产量定额指单位时间内应完成合格产品的数量。两者在数值上互为倒数。

1. 劳动定额的作用

劳动定额是劳动效率的标准,是劳动管理的基础,其主要作用是:

(1) 劳动定额是编制施工项目劳动计划、作业计划、工资计划等各项计划的依据;

(2) 劳动定额是项目经理部合理定编、定岗、定员及科学地组织生产劳动推行经济责任制的依据;

(3) 劳动定额是衡量、考评工人劳动效率的标准,是按劳分配的依据;

(4) 劳动定额是施工项目实施成本控制和经济核算的基础。

2. 劳动定额水平

劳动定额水平必须先进合理。在正常生产条件下，定额应控制在多数工人经过努力能够完成，少数先进工人能够超过的水平上。定额要从实际出发，充分考虑到达到定额的实际可能性，同时还要注意保持不同工种定额水平之间的平衡。

（二）劳动定员

劳动定员是指根据施工项目的规模和技术特点，为保证施工的顺利进行，在一定时期内（或施工阶段内）项目必须配备的各类人员的数量和比例。

1. 劳动定员的作用

（1）劳动定员是建立各种经济责任制的前提。

（2）劳动定员是组织均衡生产，合理用人，实施动态管理的依据。

（3）劳动定员是提高劳动生产率的重要措施之一。

2. 劳动定员方法

（1）按劳动定额定员，适用于有劳动定额的工作，计算公式是

$$某工种的定员人数 = \frac{某工种计划工程量}{该工种工人产量定额 \times 计划出勤工日利用率}$$

（2）按施工机械设备定员，适用于如车辆及施工机械的司机、装卸工人、机床工人等的定员。计算公式为

$$某机械设备定员人数 = \frac{必须的机械设备台数 \times 每台设备工作班次}{工人看管定额 \times 计划出勤工日利用率}$$

（3）按比例定员。按某类人员占工人总数或与其他类人员之间的合理的比例关系确定人数。如：普通工人可按与技术工人比例定员。

（4）按岗位定员。按工作岗位数确定必要的定员人数。如维修工、门卫、消防人员等。

（5）按组织机构职责分工定员，适用于工程技术人员、管理人员的定员。

第三节　施工项目材料管理

一、施工项目材料管理概述

（一）施工项目材料管理的概念

施工项目材料管理是项目经理部为顺利完成工程项目施工任务，合理使用和节约材料，努力降低材料成本，所进行的材料计划、订货采购、运输、库存保管、供应、加工、使用、回收等一系列的组织和管理工作。

（二）施工项目材料采购供应

施工项目材料的采购权主要集中在法人层次上，即一般由企业建立统一的材料机构，对外面向社会建材市场，对内建立企业内部材料市场，对各施工项目所需要的主要材料、大宗材料实行统一计划、统一采购、统一供应、统一调度和统一核算，在企业范围内进行动态配置和平衡协调。因而对于项目经理部来讲，施工项目所需材料主要来自企业内部建材市场。其中：

1. 施工项目所需主要材料、大宗材料（A类材料），以签订买卖合同的方式，由公司材料机构供应；

2. 工程所需的周转材料、大型工具等向企业材料机构租赁；

3. 小型及随手工具采取支付费用方式，由施工班组在企业内部材料市场上自行采购；

4. 经承包人授权，由项目经理部负责采购企业供应计划以外的材料、特殊材料和零星材料（B类、C类材料）等。这些材料的品种应在《项目管理目标责任书》中有约定。项目经理部应编制采购计划，报企业材料主管部门批准后，按计划采购。

5. 远离企业本部的项目经理部可在法定代表人的授权下就地采购。

（三）施工项目材料管理的任务

1. 项目经理部及时向企业材料机构提交各种材料计划，并签订相应的材料合同，实施材料的计划管理。

2. 加强现场材料的验收、储存保管；建立材料领发、退料登记制度；监督材料的使用，实施材料定额消耗管理。

3. 大力探索节约材料、研究代用材料、降低材料成本的新技术、新途径和先进科学方法，如采用ABC分类法、库存技术方法、价值分析等。

4. 建立施工项目材料管理岗位责任制。施工项目经理是材料管理的全面领导责任者；施工项目经理部主管材料人员是施工现场材料管理直接责任者；班组料具员在主管材料员业务指导下，协助班组长组织和监督本班组合理领、用、退料。

二、施工项目材料计划管理

（一）施工项目材料计划的编制依据

项目经理部编制的主要材料计划的编制依据和内容如表6-3所示。

表6-3 项目经理部编制的主要的材料计划

材料计划	编制依据和内容
施工项目主要材料需要量计划	项目开工前，向公司材料机构提出一次性材料计划，包括总计划、年计划； 依据施工图纸、预算，并考虑施工现场材料管理水平和节约措施编制材料需要量； 以单位工程为对象，编制各种材料需要量计划，而后归集汇总整个项目的各种材料需要量； 该计划作为企业材料机构采购、供应的依据
主要材料月（季）需要量计划	在项目施工中，项目经理部应向企业材料机构提出主要材料月（季）需要量计划； 应依据工程施工进度编制计划，还应随着工程变更情况和调整后的施工预算及时调整计划； 该计划内容主要包括各种材料的库存量、需要量、储备量等数据，并编制材料平衡表； 该计划作为企业材料机构动态供应材料的依据
构配件加工订货计划	在构件制品加工周期允许时间内提出加工订货计划； 依据施工图纸和施工进度编制； 作为企业材料机构组织加工和向现场送货的依据； 报材料供应部门作为及时送料的依据
施工设施用料计划	按使用期提前向供应部门提出施工设施用料计划； 依据施工平面图对现场设施的设计编制； 报材料供应部门作为及时送料的依据
周转材料，工具租赁计划	按使用期，提前向租赁站提出租赁计划； 要求按品种、规格、数量、需用时间和进度编制； 依据施工组织设计编制； 作为租赁站送货到现场的依据
主要材料节约计划	根据企业下达的材料节约率指标编制； 要求落实到各有关的分部分项工程施工的技术组织措施中； 作为向施工班组领发料限额及考核的依据

（二）施工项目材料计划的编制

1. 施工项目材料需要量计划编制

以单位工程为对象归集各种材料的需要量。即在编制的单位工程预算的基础上，按分部分项工程计算出各种材料的消耗数量，然后在单位工程范围内，按材料种类、规格分别汇总，得出单位工程各种材料的定额消耗量。在此基础上，考虑施工现场材料管理水平及节约措施即可编制出施工项目材料需要量计划。

2. 施工项目月（季、半年、年）度材料计划编制

主要内容是：计算各种材料的需要量、储备量，经过综合平衡确定材料申请、采购量等。

（1）各种材料需要量确定的依据是：计划期生产任务；技术组织措施和设备维修计划；上期材料计划执行情况分析资料；材料消耗定额等。其计算方法是：直接计算法。其计算公式如下

$$某种材料需要量 = \Sigma(计划工程量 \times 材料消耗定额)$$

（2）各种材料库存量、储备量的确定

计划期初库存量＝编制计划时实际库存量＋期初前的预计到货量－期初前的预计消耗量

$$计划期末储备量 = (0.5 \sim 0.75)经常储备量 + 保险储备量$$

经常储备量即经济库存量，保险储备量即安全库存量，详见库存管理方法。当材料生产或运输受季节影响时，需考虑季节性储备。其计算公式如下：

$$季节性储备量 = 季节储备天数 \times 平均日消耗量$$

（3）编制材料综合平衡表（表6-4），提出计划期材料进货量，即申请量和市场采购量。

表 6-4 材料平衡表

| 材料名称 | 计量单位 | 上期实际消耗量 | 需要量 | 计划期 ||||| 进货量 ||备注|
| | | | | 储备量 |||||| 其中 ||
				期末储备量	期初库存量	期内不合用数量	尚可利用资源	合计		申请量	市场采购量	

材料申请采购量＝材料需要量＋计划期末储备量－（计划期初库存量－计划期内不合用数量）－企业内可利用资源

计划期内不合用数量是考虑库存量中，由于材料、规格、型号不符合计划期任务要求扣除的数量。尚可利用资源是指积压呆滞材料的加工改制、废旧材料的利用、工业废渣的综合利用，以及采取技术措施可节约的材料等。

在材料平衡表的基础上，分别编制材料申请计划和市场采购计划。

（三）材料计划的组织实施

1. 做好材料的申请、订货采购工作，使所需全部材料从品种、规格、数量、质量和供应时间上都能按计划得到落实，不留缺口。

2. 做好计划执行过程中的检查工作，发现问题，找出薄弱环节，及时采取措施，保证计划的实现。

3. 加强日常的材料平衡工作。

三、施工项目现场材料管理

施工项目现场材料管理的内容如表 6-5 所示。

表 6-5 施工项目现场材料管理的内容

材料管理环节	内 容
材料消耗定额	应以材料施工定额为基础，向基层施工队、班组发放材料，进行材料核算； 要经常考核和分析材料消耗定额的执行情况，着重于定额与实际用料的差异，非工艺损耗的构成等，及时反映定额达到的水平和节约用料的先进经验，不断提高定额管理水平； 应根据实际执行情况积累和提供修订和补充材料定额的数据
材料进场验收	根据现场平面布置图，认真做好材料的堆放和临时仓库的搭设，要求做到有利于材料的进出和存放，方便施工、避免和减少场内二次搬运； 在材料进场时，根据进料计划、送料凭证、质量保证书或材质证明（包括厂名、品种、出厂日期、出厂编号、试验数据等）和产品合格证，进行数据验收和质量确认，做好验收记录，办理验收手续； 材料的质量验收工作，要按质量验收规范和计量检测规定进行，严格执行验品种、验型号、验质量、验数量、验证件制度； 要求复检的材料要取样送检证明报告；新材料未经试验鉴定，不得用于工程中；现场配制的材料应经试配，使用前应经认证； 材料的计量设备必须经具有资格的机构定期检验，确保计量所需要的精确度，不合格的检验设备不允许使用； 对不符合计划要求或质量不合格的材料，应更换、退货或让步接收（降级使用），严禁使用不合格的材料
材料储存保管	进库的材料须验收后入库，按型号、品种分区堆放，并编号、标识，建立台账； 材料仓库或现场堆放的材料必须有必要的防火、防雨、防潮、防盗、防风、防变质、防损坏等措施； 易燃易爆、有毒等危险品材料，应专门存放，专人负责保管，并有严格的安全措施； 有保质期的材料应做好标识，定期检查，防止过期； 现场材料要按平面布置图定位放置，有保管措施，符合堆放保管制度； 对材料要做到日清、月结、定期盘点、账物相符
材料领发	严格限额领发料制度，坚持节约预扣，余料退库。收发料具要及时人账上卡，手续齐全； 施工设施用料，以设施用料计划进行总控制，实行限额发料； 超限额用料时，须事先办理手续，填限额领料单，注明超耗原因，经批准后，方可领发材料； 建立领发料台账，记录领发状况和节超状况
材料使用监督	组织原材料集中加工，扩大成品供应。要求根据现场条件，将混凝土、钢筋、木材、石灰、玻璃、油漆、砂、石等不同程度地集中加工处理； 坚持按分部工程或按层数分阶段进行材料使用分析和核算。以便及时发现问题，防止材料超用； 现场材料管理责任者应对现场材料使用进行分工监督、检查； 是否认真执行领发料手续，记录好材料使用台账； 是否按施工场地平面图堆料，按要求的防护措施保护材料； 是否按规定进行用料交底和工序交接； 是否严格执行材料配合比，合理用料； 是否做到工完场清，要求"谁做谁清，随做随清，操作环境清，工完场地清"； 每次检查都要做到情况有记录，原因有分析，明确责任，及时处理

续表

材料管理环节	内　　　容
材料回收	回收和利用废旧材料,要求实行交旧(废)领新、包装回收、修旧利废; 施工班组必须回收余料,及时办理退料手续,在领料单中登记扣除; 余料要造表上报,按供应部门的安排办理调拨和退料; 设施用料、包装物及容器等,在使用周期结束后组织回收; 建立回收台账,记录节约或超领记录,处理好经济关系
周转材料现场管理	按工程量、施工方案编报需用计划; 各种周转材料均应按规格分别整齐码放,垛间留有通道; 露天堆放的周转材料应有规定限制高度,并有防水等防护措施; 零配件要装入容器保管,按合同发放,按退库验收标准回收、做好记录; 建立保管使用维修制度; 周转材料需报废时,应按规定进行报废处理

四、库存管理方法

(一) ABC 分类法

这是根据库存材料的占用资金大小和品种数量之间的关系,把材料分为 ABC 三类(表 6-6)找出重点管理材料的一种方法。

表 6-6　材料 ABC 分类表

材料分类	品种数占全部品种数(%)	资金额占资金总额(%)
A 类	5~10	70~75
B 类	20~25	20~25
C 类	60~70	5~10
合　计	100	100

A 类材料占用资金比重大,是重点管理的材料,要按品种计算经济库存量和安全库存量,并对库存量随时进行严格盘点,以便采取相应措施。对 B 类材料,可按大类控制其库存;对 C 类材料,可采用简化的方法管理,如定期检查库存,组织在一起订货运输等。

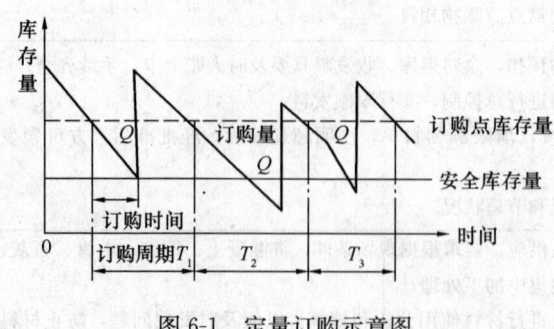

图 6-1　定量订购示意图

(二) 定量订购法

是指当材料库存量内最高库存(经济库存量+安全库存量)消耗到最低库存(安全库存量)之前的某一预定的库存量水平即订购点时,就按一定批量(即经济订购批量,又称经济库存量)订购补充控制库存的一种方法,如图 6-1 所示。

订购点的计算公式如下:

$$订购点 = 平均日需要量 \times 最大订购时间 + 安全库存量$$

式中,订购时间是指从开始订购到验收入库为止的时间。有的材料还包括加工准备时间。安全库存量是为了防止缺货的风险而建立的库存,通常按下式确定:

$$安全库存量 = 平均日需要量 \times 平均误期天数$$

平均误期天数一般根据历史统计资料加权计算后,再结合计划期到货误期的可能性确定。

经济订购批量(即经济库存量)是指某种材料订购费用和仓库保管费用之和为最低时的订购批量,其计算公式如下:

$$经济订购批量 = \sqrt{\frac{2 \times 年需要量 \times 每次订购费用}{材料单价 \times 仓库保管费率}}$$

式中,订购费用是指每次订购材料运抵仓库之前的一切费用,主要包括采购人员工资、差旅费、采购手续费、检验费等;仓库保管费率是指仓库保管费用占平均库存费的百分率。仓库保管费包括材料在库或在场所需的一切费用。主要指该批材料占用流动资金的利息、占用仓库的费用(折旧、修理费等)、库存期间的损耗以及防护费和保险费等。

(三)定期订购法

是事先确定好订购周期,如每季、每月或每旬订购一次,到达订货日期就组织订货,这种方法订购周期相等,但每次订购数量不一定,如图6-2所示。

订购周期的确定,一般先用材料的年需要量除以经济库存量求得订购次数,然后以365天除以订购次数可得。每次订购

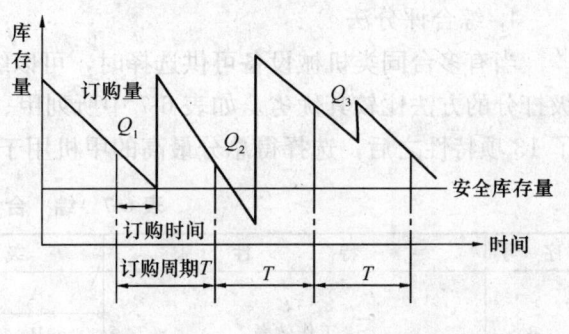

图6-2 定期订购示意图

数量是根据在下次到货前所需材料的数量减去订货时的实际库存量而定。其计算公式如下:

订购数量 = (订购天数 + 供应间隔天数) × 平均日需要量 + 安全库存量 − 实际库存量

式中,供应间隔天数是指相邻两次到货之间的间隔天数。

第四节 施工项目机械设备管理

一、施工项目机械设备管理概述

(一)施工项目机械设备管理的概念

施工项目机械设备管理是指项目经理部针对所承担的施工项目,运用科学方法优化选择和配备施工机械设备,并在生产过程中合理使用,进行维修保养等各项管理工作。

(二)施工项目机械设备的管理的权限

企业机械设备管理部门统一管理项目经理部使用的机械设备。

远离企业本部的项目经理部(事业部式或工作队式)可由企业法定代表人授权,就地解决机械设备来源。

项目经理部的主要任务是编制机械设备使用计划,报企业审批。负责对进入现场的机械设备(机械施工分包人的机械设备除外)做好使用中的管理、维护和保养。

(三)施工项目机械设备的供应渠道

1. 企业机械设备管理部门从企业自有机械设备中调配。
2. 企业机械设备管理部门从市场上租赁项目所需的机械设备。

3. 企业为施工项目专门购置机械设备，提供给项目经理部使用。
4. 将机械施工任务分包给专业队伍。

二、施工项目机械设备的选择

（一）施工项目机械设备选择的依据和原则

施工项目的组织管理工作以及施工活动都是一次性的，因为项目施工服务的机械设备也主要是在公司内部的机械设备租赁市场上去选择租赁，其选择的依据是：施工项目的施工条件、工程特点、工程量多少及工期要求等。选择的原则主要是：要适用于项目施工的要求、使用安全可靠、技术先进、经济合理。

（二）施工项目机械设备选择的方法

1. 综合评分法

当有多台同类机械设备可供选择时，可以综合考虑它们的技术特性，通过对每种特性分级打分的方法比较其优劣。如表6-7中所列甲、乙、丙3台机械，在用综合评分法综合考虑了13项特性之后，选择得总分最高的甲机用于施工。

表6-7 综 合 评 分 法

序号	特性	等级	标准分	甲机	乙机	丙机
1	工作效率	A	10	10	10	
		B	8			8
		C	6			
2	工作质量	A	10			
		B	8	8	8	8
		C	6			
3	使用费和维修费	A	10		10	
		B	8	8		
		C	6			6
4	能源耗费量	A	8			
		B	6	6	6	6
		C	4			
5	占用人员	A	8			
		B	6	6		
		C	4		4	4
6	安全性	A	8	8		
		B	6		6	6
		C	4			
7	稳定性	A	8			8
		B	6	6	6	
		C	4			
8	服务项目多少	A	8			8
		B	6	6		
		C	4		4	

续表

序号	特性	等级	标准分	甲机	乙机	丙机
9	完好性	A	8	8		
		B	6		6	6
		C	4			
10	维修难易	A	8			
		B	6		6	6
		C	4	4		
11	安、拆、用难易和灵活性	A	6	6		
		B	4		4	
		C	2			2
12	对气候适应性	A	6			
		B	4	4		
		C	2		2	2
13	对环境影响	A	6			
		B	4	4	4	4
		C	2			
	总计分数			84	76	74

2. 单位工程量成本比较法

机械设备使用的成本费用分为可变费用和固定费用两大类。可变费用又称操作费，它随着机械的工作时间变化，如操作人员的工资、燃料动力费、小修理费、直接材料费等。固定费用是按一定施工期限分摊的费用，如折旧费、大修理费、机械管理费、投资应付利息、固定资产占用费等，租入机械的固定费用是要按期交纳的租金。在多台机械可供选用时，可优先选择单位工程量成本费用较低的机械。单位工程量成本的计算公式是：

$$C = (R + PX)/QX$$

式中：C 为单位工程量成本；R 为定期间固定费用；P 为单位时间变动费用；Q 为单位作业时间产量；X 为实际作业时间（机械使用时间）。

3. 界限时间比较法

界限时间（X_0）是指两台机械设备的单位工程量成本相同时的时间。由方法（2）的计算公式可知单位工程量成本 C 是机械作业时间 X 的函数，当 A、B 两台机械的单位工程量成本相同，即 $C_a = C_b$ 时，则有关系式：

$$(R_a + P_a X_0)/Q_a X_0 = (R_b + P_b X_0)/Q_b X_0$$

解得界限时间 X_0 的计算公式：

$$X_0 = (R_a Q_b - R_a Q_b)/(P_a Q_b - P_b Q_a)$$

当 A、B 两机单位作业时间产量相同，即 $Q_a = Q_b$ 时，上式可简化为：

$$X_0 = (R_b - R_a)/(P_a - P_b)$$

上面公式可用图 6-3 表示。

由图 6-3（a）可以看出，当 $Q_a = Q_b$ 时，应按总费用多少，选择机械。由于项目已定，两台机械需要的使用时间 X 是相同的，即

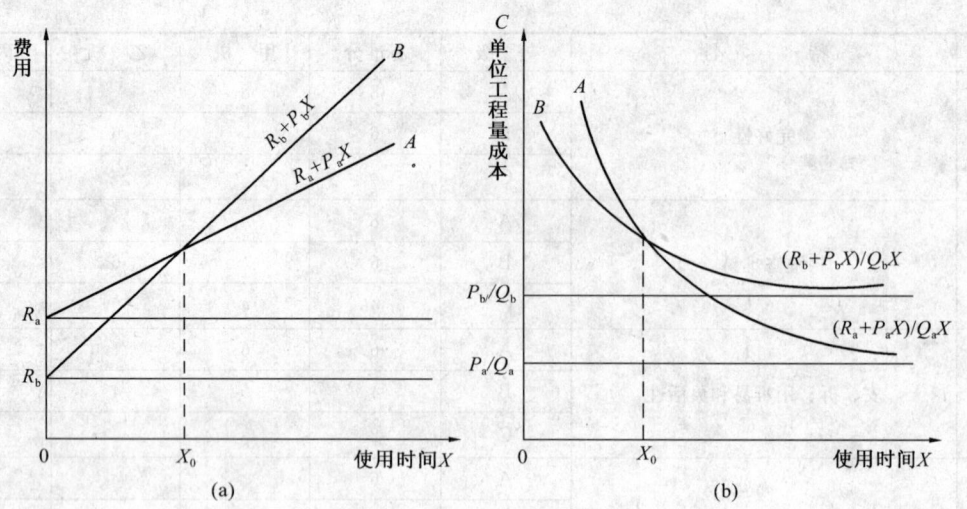

图 6-3 界限时间比较法

(a) 单位作业时间产量相同时，$Q_a=Q_b$；(b) 单位作业时间产量不同时，$Q_a \neq Q_b$

$$需要使用时间(X) = \frac{应完成工程量}{单位时间产量} = X_a = X_b$$

当 $X<X_0$ 时，选择 B 机械；$X>X_0$ 时，选择 A 机械。

由图 6-3 (b) 可以看出，当 $Q_a \neq Q_b$ 时，这时两台机械的需要使用时间不同，$X_a \neq X_b$。在都能满足项目施工进度要求的条件下，需要使用时间 X，应根据单位工程量成本较低者选择机械。项目进度要求确定，当 $X<X_0$ 时选择 B 机械；$X>X_0$ 时选择 A 机械。

4. 折算费用法（等值成本法）

当施工项目的施工期限长，某机械需要长期使用，项目经理部决策购置机械时，可考虑机械的原值、年使用费、残值和复利利息，用折算费用法计算，在预计机械使用的期间，按月或年摊入成本的折算费用，选择较低者购买。计算公式是：

年折算费用 =（原值 - 残值）× 资金回收系数 + 残值 × 利率 + 年度机械使用费

其中　　资金回收系数 $= \dfrac{i(1+i)^n}{(1+i)^n - 1}$

式中，i 为复利率；n 为计利期。

三、施工项目机械设备的合理使用

施工项目机械设备合理使用的有关内容如表 6-8 所示。

表 6-8　施工项目机械设备的使用

	内　　容
机械使用责任制	实行人机固定，要求操作人员必须遵守安全操作规程，积极为施工服务； 提高机械施工质量，降低消耗，将机械的使用效益与个人经济利益联系起来； 爱护机械设备，管好原机零部件、附属设备和随机工具，执行保养规程； 认真执行交接班制度，填好运转记录
实行操作证制度	对操作人员进行培训、考试，确认合格者发给操作证，持证上岗； 实行岗位责任制

续表

项目	内 容
严格执行技术规定	遵守技术试验规定。凡进入施工现场施工的机械设备，必须测定其技术性能、工作性能和安全性能，确认合格后才能验收、投产使用； 遵守磨合期的使用规定，防止机件早期磨损、延长机械使用寿命和修理周期； 遵守寒冷地区冬季使用机械设备的规定
合理组织机械施工	根据需要和实际可能，经济合理地配备机械设备； 安排好机械施工计划，充分考虑机械设备的维修时间，合理组织实施、调配； 组织机械设备流水施工和综合利用，提高单机效率； 为施工机械创造良好的现场环境，如交通、照明设施，施工平面布置要适合机械作业要求； 加强机械设备安全作业，作业前须向操作人员进行安全操作交底，严禁违章作业和机械带病作业
实行单机或机组核算	以定额为基础，确定单机或机组生产率、消耗费用和保修费用； 加强班组核算，按标准进行考核和奖惩
建立机械设备档案	包括原始技术文件，交接、运转和维修记录，事故分析和技术改造资料等
培养机务队伍	举办训练班、进行岗位练兵，有计划、有步骤地培养、提高机械设备管理人员的技术业务能力和操作保修技能

四、施工项目机械设备的保养与维修

施工项目机械设备的保养与维修的有关内容如表 6-9 所示。

表 6-9　施工项目机械设备的保养与修理

项　　目	内　　容
例行保养	是由操作人员每日（班）工作前、工作中和工作后进行的保养，又称日常保养。主要内容：保持机械清洁，检查运转状态，紧固易松脱的螺栓，调整各部位不正常的行程和间隙，按规定进行润滑，采取措施防止机械腐蚀
定期保养	当机械设备运转到规定的保养定额工时时，停机进行的保养，又称强制保养，一般分为四级：一级保养由操作者负责，二、三、四级保养由专业保养工（修理工）负责
修理	修理包括零星小修、中修和大修。零星小修是临时安排的修理，一般和保养相结合，不列入修理计划，由项目经理部负责，其目的是：消除操作人员无力排除的机械设备突然发生的故障、个别零件损坏或一般事故性损坏，及时进行维修、更换、修复。大修和中修列入修理计划，并由企业负责按机械预检修计划对施工机械进行检修。大修是对机械设备进行全面的解体检查修理，保证各零部件质量和配合要求，使其达到良好的技术状态，恢复可靠性和精度等工作性能，以延长机械的使用寿命。中修是对不能继续使用的部分总成进行大修，使整机状况达到平衡，以延长机械设备的大修间隔。中修是在大修间隔期间对少数总成进行的一次平衡修理，对其他不进行大修的总成只执行检查保养

第五节 施工项目技术管理

一、施工项目技术管理概述

（一）施工项目技术管理概念

施工项目技术管理是项目经理部在项目施工的过程中，对各项技术活动过程和技术工作的各种要素进行科学管理的总称。

（二）施工项目技术管理工作内容

施工项目技术管理工作主要包括：技术管理基础工作、施工技术准备工作、施工过程技术工作、技术开发工作、技术经济分析与评价等内容，详见图6-4。

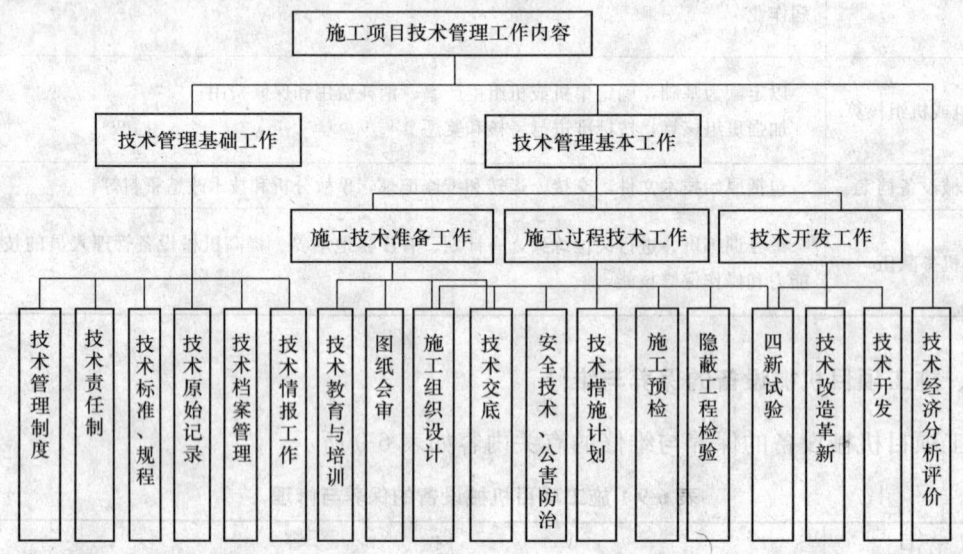

图6-4 施工项目技术管理工作内容

（三）项目经理部的技术工作要求

1. 项目经理部在接到工程图纸后，按过程控制程序文件要求进行内部审查，并汇总意见。

2. 项目技术负责人应参与发包人组织的图纸会审，提出设计变更意见，进行一次性设计变更洽商。

3. 在施工过程中，如发现设计图纸上中存在问题，或因施工条件变化必须补充设计，或需要材料代用，可向设计单位提出工程变更洽商书面资料。工程变更应由项目技术负责人签字。

4. 编制施工方案。

5. 技术交底必须贯彻施工验收规范、技术规程、工艺标准、质量验收标准等要求。书面资料应由签发人和审核人签字，使用后归入技术资料档案。

6. 项目经理部应将分包人的技术管理纳入技术管理体系，并对其施工方案的制订、技术交底、施工试验、材料试验、分项工程检验和隐检、竣工验收等进行系统的过程控制。

7. 对后续工序质量有决定作用的测量与放线、模板、翻样、预制构件吊装、设备基础、各种基层、预留孔、预埋件、施工缝等应进行施工预检,并做好记录。

8. 各类隐蔽工程应进行隐检,做好隐检记录,办理隐检手续,参与各方责任人应确认、签字。

9. 项目经理部应按项目管理实施规划和企业的技术措施纲要实施技术措施计划。

10. 项目经理部应设技术资料管理人员,做好技术资料的搜集、整理和归档工作,并建立技术资料台账。

二、施工项目技术管理基础工作

(一) 建立技术管理工作体系

首先,项目经理部必须在企业总工程师和技术管理部门的指导参与下,建立以项目技术负责人为首的技术业务统一领导和分级管理的技术管理工作体系,并配备相应的职能人员。一般应根据项目规模设项目技术负责人:项目总工程师、主任工程师、工程师或技术员,其下设技术部门、工长和班组长,然后按技术职责和业务范围建立各级技术人员的责任制,明确技术管理岗位与职责、建立各项技术管理制度。

(二) 建立健全施工项目技术管理制度

项目经理部的技术管理应执行国家技术政策和企业的技术管理制度,同时,项目经理部根据需要可自行制定特殊的技术管理制度,并报企业总工程师批准。施工项目的主要技术管理制度有:技术责任制度、图纸会审制度、施工组织设计管理制度、技术交底制度、材料设备检验制度、工程质量检查验收制度、技术组织措施计划制度、工程施工技术资料管理制度以及工程测量、计量管理办法、环境保护管理办法、工程质量奖罚办法、技术革新和合理化建议管理办法等。

建立健全施工项目技术管理的各项制度,首先是要求各项制度互相配套协调、形成系统,既互不矛盾,也不留漏洞,还要有针对性和可操作性;其次是要求项目经理部所属各单位、各部门和人员在施工活动中都必须遵照所制定的有关技术管理制度中的规定和程序安排工作和生产,保证施工生产安全、顺利地进行。

(三) 技术责任制

项目经理部的各级技术人员都应根据项目技术管理责任制度完成业务工作,履行职责。其中项目技术负责人的主要职责有:

1. 主持项目的技术管理;
2. 主持制定项目技术管理工作计划;
3. 组织有关人员熟悉与审查图纸,主持编制项目管理实施规划的施工方案并组织落实;
4. 负责技术交底;
5. 组织做好测量及其核定;
6. 指导质量检验和试验;
7. 审定技术措施计划并组织实施;
8. 参加工程验收,处理质量事故;
9. 组织各项技术资料的签证、收集、整理和归档;
10. 组织技术学习,交流技术经验;
11. 组织专家进行技术攻关。

三、施工项目技术管理主要工作

施工项目技术管理的主要工作如表 6-10 所示。

表 6-10　施工项目技术管理的主要工作

主要技术工作	摘　　要
图纸会审	会审图纸有建设单位或其委托的监理单位、设计单位和施工单位三方代表参加，由监理单位（或建设单位）主持，先由设计单位介绍设计意图和图纸、设计特点、对施工的要求，然后，由施工单位提出图纸中存在的问题和对设计单位的要求，通过三方讨论与协商，解决存在的问题，写出会议纪要，交给设计人员，设计人员将纪要中提出的问题通过书面的形式进行解释或提交设计变更通知书。 　　图纸审查的内容包括： （1）是否是无证设计或越级设计，图纸是否经设计单位正式签署。 （2）地质勘探资料是否齐全。 （3）设计图纸与说明是否齐全。 （4）设计地震烈度是否符合当地要求。 （5）几个单位共同设计的，相互之间有无矛盾；专业之间，平、立、剖面图之间是否有矛盾；标高是否有遗漏。 （6）总平面与施工图的几何尺寸、平面位置、标高等是否一致。 （7）防火要求是否满足。 （8）建筑结构与各专业图纸本身是否有差错及矛盾；结构图与建筑图的平面尺寸及标高是否一致；建筑图与结构图的表示方法是否清楚，是否符合制图标准；预埋件是否表示清楚；是否有钢筋明细表，用筋锚固长度与抗震要求等。 （9）施工图中所列各种标准图册施工单位是否具备；如无，如何取得。 （10）建筑材料来源是否有保证。 （11）地基处理方法是否合理。建筑与结构构造是否存在不能施工、不便于施工，容易导致质量、安全或经费等方面的问题。 （12）工艺管道、电气线路、运输道路与建筑物之间有无矛盾，管线之间的关系是否合理。 （13）施工安全是否有保证。 （14）图纸是否符合监理规划中提出的设计目标
施工组织设计	施工组织设计是一项重要的技术管理工作，它将作为一门课程进行讲授
技术交底	技术交底必须满足施工规范、规程、工艺标准、质量验收标准和建设单位的合理要求。整个工程施工、各分部分项工程、特殊和隐蔽工程、易发生质量事故与工伤事故的工程部位，均须认真做技术交底。技术交底必须以书面形式进行，经过检查与审核，有签发人、审核人、接受人的签字。所有的技术交底资料，都要列入工程技术档案。 　　由设计单位的设计人员向施工项目技术负责人交底的内容： （1）设计文件依据：上级批文、规划准备条件、人防要求、建设单位的具体要求及合同。 （2）建设项目所处规划位置、地形、地貌、气象、水文地质、工程地质、地震烈度。 （3）施工图设计依据：包括初步设计文件，市政部门要求，规划部门要求，公用部门要求，其他有关部门（如绿化、环卫、环保等）的要求，主要设计规范，甲方供应及市场上供应的建筑材料情况等。 （4）设计意图：包括设计思想，设计方案比较情况，建筑、结构和水、暖、电、卫、煤、气等的设计意图。 （5）施工时应注意事项：包括建筑材料方面的特殊要求、建筑装饰施工要求、广播音响与声学要求、基础施工要求、主体结构设计采用新结构、新工艺对施工提出的要求

续表

主要技术工作	摘要
技术交底	施工项目技术负责人向下级技术负责人交底的内容： (1) 工程概况一般性交底。 (2) 工程特点及设计意图。 (3) 施工方案。 (4) 施工准备要求。 (5) 施工注意事项，包括地基处理、主体施工、装饰工程的注意事项及工期、质量、安全等。 施工项目技术负责人向工长、班组长进行技术交底应按工程分部、分项进行交底，内容包括：设计图纸具体要求；施工方案实施的具体技术措施及施工方法；土建与其他专业交叉作业的协作关系及注意事项；各工种之间协作与工序交接质量检查；设计要求、规范、规程、工艺标准；施工质量标准及检验方法；隐蔽工程记录、验收时间及标准；成品保护项目、办法与制度、施工安全技术措施。 工长向班组长交底，主要利用下达施工任务书的时候进行分项工程操作交底
技术措施计划	依据施工组织设计和施工方案编制，总公司编制年度技术措施纲要、分公司编制年度和季度技术措施计划，项目经理部编制月度技术措施作业计划，并计算其经济效果。 技术措施计划与施工计划同时下达至工长及有关班组执行。 项目技术负责人应汇总当月的技术措施计划执行情况上报。 技术措施计划的主要内容： (1) 加快施工进度方面的技术措施。 (2) 保证和提高工程质量的技术措施。 (3) 节约劳动力、原材料、动力、燃料的措施。 (4) 推广新技术、新工艺、新结构、新材料的措施。 (5) 提高机械化水平、改进机械设备的管理以提高完好率和利用率的措施。 (6) 改进施工工艺和操作技术以提高劳动生产率的措施。 (7) 保证安全施工的措施
施工预检	预检是该工程项目或分项工程在未施工前所进行的预先检查。预检是保证工程质量、防止可能发生差错造成质量事故的重要措施。施工单位自身进行预检，并做好记录后，监理单位对预检工作进行监督并予以审核认证。 建筑工程的预检项目主要有： (1) 建筑物位置线，现场标准水准点，坐标点（包括标准轴线桩、平面示意图），重点工程应有测量记录。 (2) 基槽验线，包括：轴线、放坡边线、断面尺寸、标高（槽底标高、垫层标高）、坡度等。 (3) 模板，包括：几何尺寸、轴线、标高、预埋件和预留孔位置、模板牢固性、清扫口留置、施工缝留置、模板清理、脱模剂涂刷、止水要求等。 (4) 楼层放线，包括：各层墙柱轴线，边线和皮数杆。 (5) 翻样检查，包括：几何尺寸、节点做法。 (6) 楼层 50 线（或 1m 线）水平检查。 (7) 预制构件吊装，包括：轴线位置、构件型号、构件支点的搭接长度、堵孔、清理、锚固、标高、垂直偏差以及构件裂缝、损坏处理等。 (8) 设备基础，包括：位置、标高、尺寸、预留孔、预埋件等。 (9) 混凝土施工缝留置的方法和位置，接茬的处理（包括接茬处浮动石子清理等）。 (10) 各层间地面基层处理，屋面找坡，保温、找平层质量，各阴阳角处理

续表

主要技术工作	摘　　要
隐蔽工程 检查与验收	隐蔽工程是指完工后将被下一道施工作业所掩盖的工程。隐蔽工程项目在隐蔽之前应进行严密检查，做好记录，签署意见，办理验收手续，不得后补。有问题需复验的，须办理复验手续，并由复验人作出结论，填写复验日期。 建筑工程隐蔽工程验收项目如下： （1）基验槽，包括土质情况、标高、地基处理。 （2）基础、主体结构各部位的钢筋均须办理隐检，内容包括：钢筋的品种、规格、数量、位置、锚固或接头位置长度及除锈、代用变更情况，板缝及楼板胡子筋处理情况、保护层情况等。 （3）现场结构焊接，钢筋焊接包括焊接形式及焊接种类：焊条、焊剂牌号（型号）、焊接规格，焊缝长度、厚度及外观清渣等，外墙板的键槽钢筋焊接，大楼板的连接筋焊接，阳台尾筋焊接；钢结构焊接包括：母材及焊条品种、规格，焊条烘焙记录，焊接工艺要求和必要的试验，焊缝质量检查等级要求，焊缝不合格率统计、分析及保证质量措施、返修措施、返修复查记录。 （4）高强螺栓施工检验记录。 （5）屋面、厕浴间防水层下的各层细部做法，地下室施工缝、变形缝、止水带、过墙管做法等，外墙板空腔立缝、平缝、十字接头、阳台雨罩接头等
技术开发工作	属于企业工作范畴，按其规定进行

第六节　施工项目资金管理

一、施工项目资金管理概述

（一）施工项目资金管理的概念

施工项目资金管理是指施工项目经理部根据工程项目施工过程中资金运动的规律进行的资金收支预测、编制资金计划、筹集投入资金（施工项目经理部收入），资金使用（支出）、资金核算与分析等一系列资金管理工作。

（二）施工项目资金管理的要点

1. 项目资金管理应保证收入、节约支出、防范风险和提高经济效益。

（1）保证收入是指项目经理部应及时向发包人收取工程预付备料款，做好分期核算、预算增减账、竣工结算等工作。

（2）节约支出是指用资金支出过程控制方法对人工费、材料费、施工机械使用费、临时设施费、其他直接费和施工管理费等各项支出进行严格监控，坚持节约原则，保证支出的合理性。

（3）防范风险主要是指项目经理部对项目资金的收支和支出作出合理的预测，对各种影响因素进行正确评估，最大限度地避免资金的收入和支出风险。

2. 企业财务部门统一管理资金

为保证项目资金使用的独立性，承包人应在财务部门设立项目专用账号，所有资金的收支均按财会制度由财务部门统一对外运作。资金进入财务部门后，按承包人的资金使用制度分流到项目，项目经理部负责责任范围内项目资金的直接使用管理。

3. 项目资金计划的编制、审批

项目经理部应根据施工合同、承包造价、施工进度计划、施工项目成本计划、物资供应计划等编制年、季、月度资金收支计划，上报企业主管部门审批后实施。

4. 项目资金的计收

项目经理部应按企业授权配合企业财务部门及时进行资金计收。资金计收应符合下列要求：

（1）新开工项目按工程施工合同收取预付款或开办费；

（2）根据月度统计报表编制《工程进度款估算单》，在规定日期内报监理工程师审批、结算。如发包人不能按期支付工程进度款且超过合同支付的最后限期，项目经理部应向发包人出具付款违约通知书，并按银行的同期贷款利率计息；

（3）根据工程变更记录和证明发包人违约的材料，及时计算索赔金额，列入工程进度款结算单；

（4）发包人委托代购的工程设备或材料，必须签订代购合同，收取设备订货预付款或代购款；

（5）工程材料价差应按规定计算，发包人应及时确认，并与进度款一起收取；

（6）工期奖、质量奖、措施奖、不可预见费及索赔款应根据施工合同规定与工程进度款同时收取；

（7）工程尾款应根据发包人认可的工程结算金额及时收回。

5. 项目资金的控制使用

项目经理部应按企业下达的用款计划控制资金使用，以收定支，节约开支；应按会计制度规定设立财务台账，记录资金支出情况，加强财务核算，及时盘点盈亏。

6. 项目的资金总结分析

项目经理部应坚持做好项目的资金分析，进行计划收支与实际收支对比，找出差异，分析原因，改进资金管理。项目竣工后，结合成本核算与分析进行资金收支情况和经济效益总结分析，上报企业财务主管部门备案。企业应根据项目的资金管理效果对项目经理部进行奖惩。

二、施工项目资金收支预测

（一）施工项目资金收入预测

项目资金是按合同价款收取的。在实施施工项目合同的过程中，应从收取工程预付款（预付款在施工后以冲抵工程价款方式逐步扣还给业主）开始，每月按进度收取工程进度款，到最终竣工结算，按时间测算出价款数额、作出项目资金按月收入图及项目资金按月累加收入图。

在资金收入预测中，每月的资金收入都是按合同规定的结算办法测算的。实践中，工程进度款常常不能及时到位，因而预测时要充分考虑资金收入款滞后的时间因素。另外资金的收入——进度款额需要以合同工期完成施工任务作保证，否则会因为延误工期而被罚款，造成经济损失。

（二）施工项目资金支出预测

施工项目资金支出即项目施工过程中的资金使用。项目经理部应根据施工项目的成本费用控制计划、施工组织设计、材料物资储备计划测算出随着工程实施进展，每月预计的人工费、材料费、施工机械使用费、物资储运费、临时设施费、其他直接费和施工管理费等各项支出。形成对整个施工项目，按时间、进度、数量规划的资金使用计划和项目费用每月支出图及支出累加图。

资金的支出预测，应从实际出发，尽量具体而详细，同时还要注意资金的时间价值，以使测算的结果能满足资金管理的需要。

（三）施工项目资金收支预测程序及对比

1. 施工项目资金收支预测程序，如图 6-5 所示。

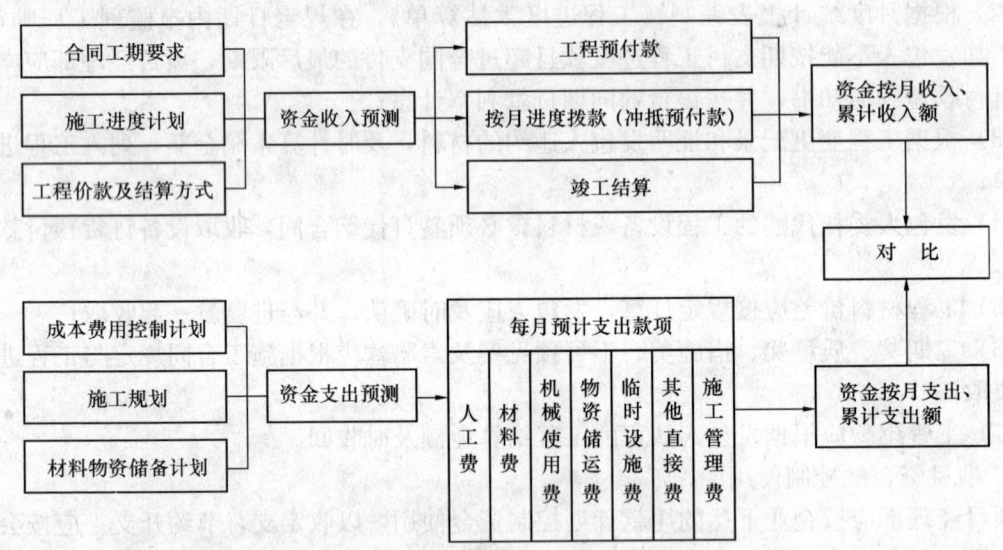

图 6-5 施工项目资金收支预测程序图

2. 施工项目资金收支预测对比，如图 6-6 所示。

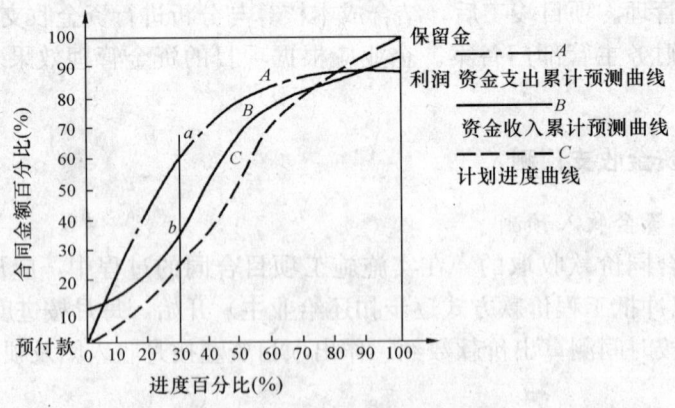

图 6-6 施工项目收支预测对比图

图 6-6 是施工项目资金收支预测的对比图。其横坐标表示以项目合同总工期为 100% 的时间进度百分比；也可按月度（旬、周）表示；纵坐标是以项目合同价款为 100% 的资金百分比，也可用绝对资金数额表示。分别将收支预测的累计数值绘于图中，便得到 A、B 两条曲线。在同一进度时，A、B 线上两点距离即为该进度时收入资金与支出资金的预计差额，也就是应筹措的资金数量。图中 a、b 两点间的距离反映的是该施工项目应筹措的资金最大值。

施工项目资金收支预测对比也可列表进行。

三、施工项目资金的筹措

（一）建设项目的资金来源

1. 财政资金，包括财政无偿拨款和拨改贷资金。
2. 银行信贷资金，包括基本建设贷款、技术改造贷款、流动资金贷款和其他贷款等。
3. 发行国家投资债券、建设债券、专项建设债券以及地方债券等。
4. 在资金暂时不足的情况下，还可以采用租赁的方式解决。
5. 企业自有资金和对外筹措资金（发行股票及企业债券，向产品用户集资）。
6. 利用外资，包括利用外国直接投资，进行合资、合作建设以及利用外国贷款。

（二）施工过程所需要的资金来源

施工过程所需要的资金来源，一般是在承发包合同条件中规定了的，由发包方提供工程备料款和分期结算工程款。为了保证生产过程的正常进行，施工企业也可垫支部分自有资金，但在占用时间和数量方面必须严加控制，以免影响整个企业生产经营活动的正常进行。因此，施工项目资金来源渠道是：

1. 预收工程备料款；
2. 已完施工价款结算；
3. 银行贷款；
4. 企业自有资金；
5. 其他项目资金的调剂占用；

（三）筹措资金的原则

（1）充分利用企业自有资金。其优点是：调度灵活，不需支付利息，比贷款保证性强。

（2）必须在经过收支对比后，按差额筹措资金，避免造成浪费。

（3）以利息的高低作为选择资金来源的主要标准，尽量利用低息贷款。用企业自有资金时也应考虑其时间价值。

第七章 施工项目收尾管理

第一节 项目收尾管理概述

一、项目收尾管理概念

项目收尾管理是建设工程项目管理系统中一个规律性、阶段性、综合性很强的管理,且是各项专业管理内容、方法、要求的总和。

所谓规律性,即项目收尾管理,应按照项目管理内在规律和工程项目专业特点,始终做好项目科学化管理。

所谓阶段性,即项目收尾管理,应按照项目管理对收尾阶段控制目标的约束,有效实行项目程序化管理。

所谓综合性,即项目收尾管理,应按照项目管理系统论和专业化对项目的要求,切实加强项目系统化管理。

(一)项目收尾管理的定义

项目管理理论始终指导建设工程项目的收尾管理。项目管理理论已经深入人心。它是组织运用系统的观念、理论和方法,对建设工程项目进行有效的计划、组织、指挥、协调和控制。项目收尾管理也不例外。

项目系统管理与项目收尾管理互为因果,是母子系统关系,子系统必须服从母系统,犹如"前面千条线,后面一针穿"。因此,《建设工程项目管理规范》(GB/T 50326—2006)第2.0.24条对项目收尾管理的术语解释为:"对项目的收尾、试运行、竣工验收、竣工结算、竣工决算、考核评价、回访保修等进行的计划、组织、协调和控制等活动。"

该规范界定的项目收尾管理不是狭义的竣工验收管理的范围,而是一个广义的项目收尾管理的概念。项目收尾管理概念的提出,强调了与现代项目管理的项目启动、项目规划、项目实施、项目结尾四阶段的统一,既符合建设工程项目管理创新的要求,又符合工程项目管理与国际惯例接轨并便于交流,适应了未来建设工程项目管理的发展走势,是与时俱进、落实科学发展观的重要举措。

(二)项目收尾管理的内容

项目收尾管理是建设工程项目管理全过程的最后阶段。没有这个阶段,建设工程项目就不能顺利交工,就不能生产出设计规定的合格产品,就不能投入使用,就不能最终发挥投资效益。

项目收尾管理内容,包括项目收尾阶段的各项工作,而每项管理工作又有具体的方法和要求。《建设工程项目管理规范》(GB/T 50326—2006)第18.1.1条规定:"项目收尾阶段应是项目管理全过程的最后阶段,包括竣工收尾、验收、结算、决算、回访保修、管理考核评价等方面的管理。"本条作为一般规定,与术语解释的"项目收尾管理"专业活动的定义一脉相承。

项目收尾管理是项目收尾阶段各项管理工作的总称，其主要收尾工作分解结构如图 7-1 所示。

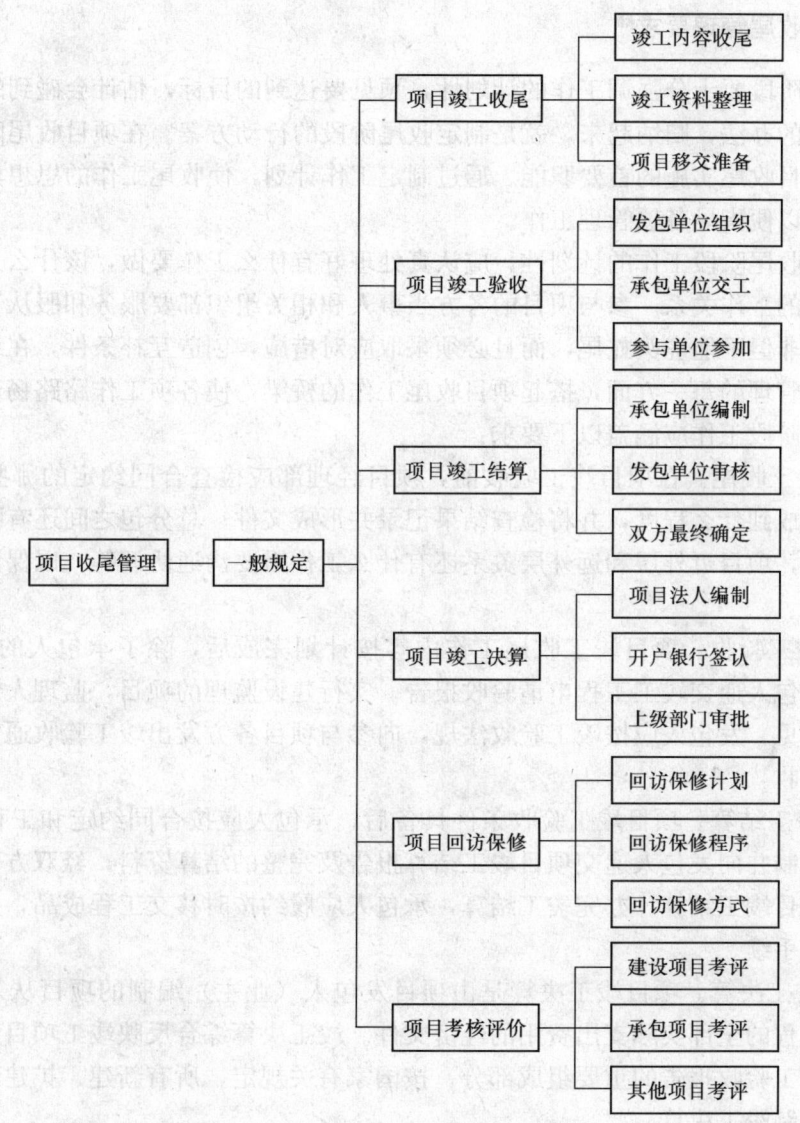

图 7-1 项目收尾工作分解结构

（三）项目收尾管理的实施

项目接近收尾时，是项目管理工作侧重点的转移。因此，项目经理作为项目管理的总负责人，应特别强调项目收尾工作的重要性，通过对项目收尾工作的策划和实施，包括对所有未尽事项进行计划、组织、协调和控制，进而为项目管理的终结画上圆满的句号。

如前所述，项目收尾管理内容应结合项目的专业特点和内在规律组织实施。根据管理工作的需要，实行工作分解，按照项目管理主体发包人、承包人和其他管理主体的角度不同，明确责任和分工，具体落实项目收尾阶段的各项工作。

项目经理部作为项目管理的一次性组织，应当在项目经理的领导下，统揽项目收尾的全局，审时度势，让项目的参与各方都明确自己的责任和义务，以项目管理的新理念、新思维、新方法，诚信、务实地做好各自的收尾工作，保证项目管理实施善始善终，实现项目的目标，满足项目参与各方既定的需求。

二、项目收尾管理要求❶

项目收尾阶段要十分强调工作的计划性，预见要达到的目标，估计会碰到的问题，提出需要解决问题的办法，归纳起来，就是制定收尾阶段的行动方案。在项目收尾阶段，计划职能，仍然是项目收尾实施的首要职能。通过制定工作计划，使收尾工作的思想具体化、指标化和形象化，以便指导各项管理工作。

加强项目收尾阶段工作的计划性，应认真处理好有什么工作要做，该什么人去做，要求什么时候做好的工作关系。参与项目的各方当事人和相关组织都要服务和服从于项目收尾管理。项目收尾非但不能虎头蛇尾，而且必须采取应对措施，创造互补条件，在纵向管理的每一层面、横向管理的每一方面，搭起项目收尾工作的桥梁，使各项工作路路畅通。

项目收尾阶段工作应涵盖以下要求：

1. 项目竣工收尾。在项目竣工验收前，项目经理部应检查合同约定的哪些工作内容已经完成，或完成到什么程度，并将检查结果记录并形成文件；总分包之间还有哪些连带工作需要收尾接口，项目近外层和远外层关系还有什么工作需要沟通协调等，以保证竣工收尾顺利完成。

2. 项目竣工验收。项目竣工收尾工作内容按计划完成后，除了承包人的自检评定外，应及时地向发包人递交竣工工程申请验收报告。实行建设监理的项目，监理人还应当签署工程竣工审查意见。发包人应按竣工验收法规，向参与项目各方发出竣工验收通知单，组织进行项目竣工验收。

3. 项目竣工结算。项目竣工验收条件具备后，承包人应按合同约定和工程价款结算的规定，及时编制并向发包人递交项目竣工结算报告及完整的结算资料，经双方确认后，按有关规定办理项目竣工结算。办完竣工结算，承包人应履约按时移交工程成品，并建立交接记录，完善交工手续。

4. 项目竣工决算。项目竣工决算是由项目发包人（业主）编制的项目从筹建到竣工投产或使用全过程的全部实际支出费用的经济文件。竣工决算综合反映竣工项目建设成果和财务情况，是竣工验收报告的重要组成部分。按国家有关规定，所有新建、扩建、改建的项目竣工后都要编制竣工决算。

5. 项目回访保修。项目竣工验收后，承包人应按工程建设法律、法规的规定，履行工程质量保修义务，并采取适宜的回访方式为顾客提供售后服务。项目回访与质量保修制度，应纳入承包人的质量管理体系，明确组织和人员的职责，提出服务工作计划，按管理程序进行控制。

6. 项目考核评价。项目结束后，应对项目管理的运行情况进行全面评价。项目考核评价是项目当事人（建设、勘察、设计、施工、监理、咨询等单位）对项目实施效果从不同角

---

❶ 《建设工程项目管理规范》(GB/T 50326—2006) 规定：
　18.1.2 项目收尾阶段应制定工作计划，提出各项管理要求。
　条文说明：项目结束阶段的工作内容多，组织进入项目结束阶段，应制定涵盖各项工作的计划，提出要求将其纳入项目管理体系进行运行控制。

度进行的评价和总结。通过定量指标和定性指标的分析、比较，从不同的管理范围总结项目管理经验，找出差距，提出改进处理意见。

第二节 项目竣工收尾

一、项目竣工计划编制与审批

项目经理部是项目竣工收尾工作的责任主体，对竣工收尾的各项工作负责。编制项目竣工计划是项目收尾阶段的一项重要基础工作❶。

在竣工收尾工作中，计划管理仍然是涵盖面最广，综合性最强的管理。项目竣工计划的控制性应渗透到项目竣工收尾的整个过程和各个方面，涉及到项目的每个参与组织和管理人员，贯彻到实施的每个作业队伍和操作层面。为了保证竣工收尾任务完成，必须编制针对性很强的项目竣工计划。

项目竣工计划的编制，通常按图 7-2 的程序进行，每一道程序都有一定的工作要求。

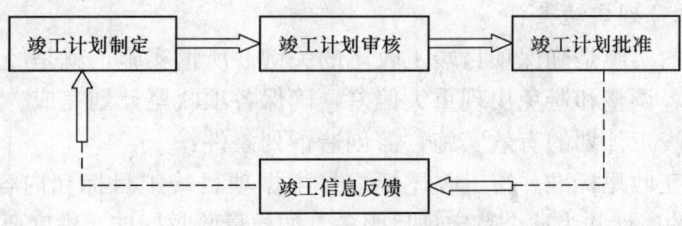

图 7-2 项目竣工计划编制程序

1. 项目竣工计划制定。项目收尾应详细清理项目竣工收尾的工程内容，列出清单，做到安排的竣工计划有切实可靠的依据。

2. 项目竣工计划审核。项目经理应全面掌握项目竣工收尾条件，认真审核项目竣工内容，做到安排的竣工计划有具体可行的措施。

3. 项目竣工计划批准。上级主管部门应调查核实项目竣工收尾情况，按照报批程序执行，做到安排的竣工计划有目标可控的保证。

二、项目竣工计划内容与要求❷

项目竣工计划受合同工期约束和企业计划控制，是基于对项目收尾特点和内在规律等管

---

❶ 《建设工程项目管理规范》(GB/T 50326—2006) 规定：
18.2.1 项目经理部应全面负责项目竣工收尾工作，组织编制项目竣工计划，报上级主管部门批准后按期完成。
条文说明：项目竣工收尾是项目结束阶段管理工作的关键环节，项目经理部应编制详细的竣工收尾工作计划，采取有效措施逐项落实，保证按期完成任务。

❷ 《建设工程项目管理规范》(GB/T 50326—2006) 规定：
18.2.2 竣工计划应包括下列内容：
1. 竣工项目名称。
2. 竣工项目收尾具体内容。
3. 竣工项目质量要求。
4. 竣工项目进度计划安排。
5. 竣工项目文件档案资料整理要求。

理情况的认识，由项目经理部编制的旨在保证项目竣工目标按预期实现的行动方案，是周密细致的计划安排。

（一）项目竣工计划内容格式

项目竣工计划内容可参考表 7-1 的格式，结合项目竣工收尾的具体情况进行设置和编制。

表 7-1 项目竣工计划

工程项目名称： 编制日期：

序号	收尾项目	工程内容	质量要求	进度要求		收尾责任人	收尾验收人	其他备注
				开始	完成			

项目经理： 技术负责人： 编制人：

项目竣工计划内容，可分成两条线编制。一是项目现场施工收尾，主要工作为工程实体的收尾组织；二是项目竣工资料整理，主要工作为工程资料的收集归档。在编制项目竣工计划时，表式中内容应分开安排，并有明确要求。

（二）项目竣工计划实施条件

项目竣工计划的实施是确保项目竣工收尾的关键。所谓实施，就是经常用计划与实际作出对比分析，发现、调整和避免出现重大偏差，确保各项收尾计划完成。

为了保证项目竣工计划的有效实施，需创造下列条件：

1. 制定项目竣工收尾标准。竣工收尾标准是根据项目竣工目标和内容的要求而制定的，具有某一特定项目的属性并为这个特定项目服务。如质量验收标准、进度要求标准、安装调试标准、成品保护标准、现场清理标准、竣工资料标准等，并将这些标准的要求纳入竣工计划管理。

2. 反馈项目竣工收尾信息。竣工收尾信息的反馈，是在计划执行中通过现场检查、巡视和资料收集等途径获取的。比如，收尾进度的控制是通过计划与实际比较，取得进度提前或滞后的信息。工程质量的控制，是通过验收记录和控制资料的采集，取得实测、观感和功能检验等是否合格的信息。

3. 采取项目竣工收尾措施。项目竣工收尾措施是针对收尾中某一事件出了偏差，对竣工目标的实现带来了影响，需要及时处理而专门制定的对策。根据竣工收尾发生的问题不同，可以采取各种相应的对策，纠正技术或管理行为上的偏差。措施是纠正偏差的管理行为，如质量措施、技术措施、经济措施等。

（三）项目竣工计划目标要求

项目竣工计划目标是直接为项目竣工验收创造条件的，包括项目竣工总目标和项目竣工分目标。项目竣工总目标由总包人负责控制，项目竣工分目标由分包人负责控制。项目其他相关组织应为项目竣工计划目标的实施提供支持。

项目竣工计划目标应体现高起点、严要求。所谓高起点，就是竣工条件的起点要高，必须按法律、行政法规、部门规章和强制性标准的规定执行。所谓严要求，就是验收标准的要求严，检查中发现的问题要强制执行整改，及时处理。项目竣工计划目标应满足以下要求：

1. 项目竣工总目标要求。项目竣工总目标要求包括：全部收尾项目完成，工程符合竣工验收条件；工程质量经过检验合格，各种质量验收记录完整；工程经过安全和功能检验，各种测试、运行记录齐全；施工现场达到工完、料净、场地清，具备工程验收条件；项目竣工资料整理齐全，符合工程文件归档整理规定；其他要求。

2. 项目竣工分目标要求。项目竣工分目标要求包括：建筑收尾落实到位；安装调试检验到位；工程质量验收到位；总包分包交接到位；文件收集整理到位；竣工验收准备到位；竣工结算编制到位；项目管理小结到位等。

三、项目竣工收尾组织与验收

《建设工程施工现场管理规定》（建设部令第15号）第八条规定："项目经理全面负责施工过程中的现场管理，并根据工程规模、技术复杂程度和施工现场的具体情况，建立施工现场管理责任制，并组织实施。"

项目经理作为项目管理的总负责人，应当负责项目竣工验收前的各项收尾，加强竣工收尾的组织领导工作❶。尤其要从全局利益出发，小处着手，组织项目经理部的部门或专业技术、管理人员，认真反复核对施工图纸和剩余项目内容，把漏项列入竣工收尾计划，明确质量和进度要求，下达到专业施工单位或劳务分包单位，督促按期完成并按要求组织好自检验收，对项目竣工条件要做好记录，签署自查意见。

在组织竣工收尾时，应针对收尾项目零碎、产值不高、工作量不大，极易产生轻视竣工收尾，导致"尾巴"拉得很长的不良习惯，把各方面的工作做细、做实，保证竣工收尾顺利完成。

项目竣工收尾的组织与验收应从两个方面展开工作：

（一）项目竣工实体收尾

项目竣工实体收尾是项目现场性的组织与管理，是塑造建设工程产品实体的结尾工作。通过收尾工作班子的组织、策划、检查及验收的控制，确保竣工收尾各项工程内容的全面完成。

1. 建立竣工收尾班子

项目竣工收尾的全面完成，有赖于一个精干、高效的收尾工作班子。搭好项目收尾班子架构，是项目收尾管理的组织保证。

项目竣工收尾班子一般由项目经理亲自挂帅，成员包括项目技术负责人、施工管理负责人、质量管理负责人、分包队伍负责人等多方面有关人员组成。竣工收尾班子要明确管理分工责任制和分包责任制，做到因事设岗，以岗定责，以责考核，限期完成。

项目竣工收尾管理是一项集体活动，每个人都按照分工担负着某一具体的管理工作，有明确的工作任务和项目内容，并规定其完成任务和内容所需的责权。相互之间，尤其是总分包之间，在工作上能够协调配合，包括在时间、空间、质量上的和谐沟通，为项目的竣工验收目标而努力工作。

项目竣工收尾班子的主要责任包括：编制项目竣工计划；组织竣工收尾实施；负责项目质量验收；进行项目收尾控制；整理项目竣工资料；做好竣工验收准备。

2. 策划竣工收尾工作

项目竣工收尾的策划工作，应由项目经理组织，责成项目的管理、技术人员认真编制竣

---

❶ 《建设工程项目管理规范》（GB/T 50326—2006）规定：
18.2.3 项目经理应及时组织项目竣工收尾工作，并与项目相关方联系，按有关规定协助验收。
条文说明：项目经理应按计划要求，组织实施竣工收尾工作，及时沟通、及时协助验收，并符合下列条件：全部竣工计划项目已经完成，符合工程竣工报验条件；工程质量自检合格，各种检查记录齐全；设备安装经过试车、调试，具备单机试运行要求；建筑物四周规定距离以内的工地达到工完、料净、场清；工程技术经济文件收集、整理齐全等。

工计划。项目竣工计划是策划竣工收尾工作的主要控制手段,策划的目的是实现竣工目标与合同约定目标的统一。

竣工收尾看似简单,其实是一项非常具体、交叉、零星的工作,大多要通过自检、验证确认,搞不好会造成许多返工、浪费,对项目最终的成本控制不利。所以,竣工收尾的策划工作,既要目光向内,做好各自的基础工作,又要目光向外,理顺项目外部横向关系。承发包之间、总分包之间、上下级之间的关联工作都要通盘考虑,通盘规划,缺一不可。在与设计单位、监理单位和其他有关单位之间,也要着力创造一种你中有我,我中有你,谁也离不开谁的氛围。以此,创造非常良好的项目竣工收尾内外环境。

在进行竣工收尾时,组织策划的原则是以系统的观念和方法,搞好这项基础性、持续性、关联性较强的管理。凡是列入竣工计划的收尾内容、质量验收、试车调试、问题整改、资料整理、现场清理等,要在执行中逐项检查,做好记录。做到完成一项,验证一项,确认一项,消除一项,尽量不给竣工收尾留"胡子"。

若有甩项竣工的工程内容,应按照规定的程序,经建设、施工、监理、设计等有关方面确认,建立竣工甩项记录,说明工程竣工情况。

3. 坚持竣工自查程序

项目经理部完成项目竣工计划后,应向企业报告,进行项目竣工自查验收,并建立相关记录。项目竣工自查程序,是承包人由下至上逐步组织进行的,并按法律和法规的规定,承担总分包连带责任❶。

项目经理部完成项目竣工收尾计划,确认达到竣工条件后,应按规定向所在企业报告,提交有关部门组织预验收,填写工程质量竣工验收记录、质量控制资料核查记录、工程质量观感记录表,并对工程施工质量作出合格结论。

项目竣工自检应按以下程序进行:

(1) 属于承包人一家独立承包的项目,应由企业技术负责人组织项目经理部的项目经理、技术负责人、施工管理人员和企业的有关部门对工程质量进行检验评定,并做好质量检验记录。

(2) 依法实行总分包的项目,应按照法律、行政法规的规定,承担质量连带责任,按规定的程序进行自检、复检和报审,直到工程竣工交接报验结束为止。项目总分包工程质量验收的一般程序见图 7-3 所示。

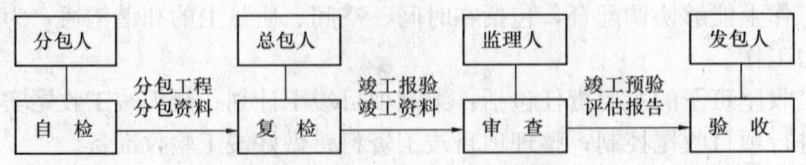

图 7-3 项目总分包质量验收程序

(3) 在一般情况下,当项目达到竣工报验条件后,承包人应向工程监理机构递交工程竣工报验单,提请监理机构组织竣工预验收,审查工程是否符合正式竣工验收条件。若项目是实行总分包管理模式的,则应分两步进行:首先由分包人对工程进行自检,向总包人提交完

---

❶ 《中华人民共和国建筑法》第二十九条中规定:"建筑工程总承包单位按照总承包合同的约定对建设单位负责;分包单位按照分包合同的约定对总承包单位负责。总承包单位和分包单位就分包工程对建设单位承担连带责任。"

整的工程施工技术档案资料，总包人据此对分包工程进行复检和验收；然后，由总包人向工程监理机构递交工程竣工报验单，监理机构据此按《建设工程监理规范》的规定对工程是否符合竣工验收条件进行审查，符合竣工验收条件的予以签认。

项目经理部要按照竣工自查的程序，把各自范围内的竣工验收准备工作做扎实、做充分，才能从根本上保证工程顺利通过竣工验收。

(4) 组织竣工质量验收

项目竣工质量验收是按工程质量验收标准的规定，在分部（子分部）工程质量验收基础上，以单位工程项目为对象，对工程竣工质量作出的综合验收结论。

承包人在组织工程项目竣工收尾时，应主动与建设、监理、施工、设计等单位取得联系，及时进行单位工程的质量竣工验收。

单位工程质量竣工验收，是项目竣工质量验收的基本单位，是评价单位工程项目竣工实体质量的总称。建筑工程项目竣工质量验收一般应反映以下内容：

(1) 工程项目施工概况。

(2) 工程项目验收结论。包括：分部工程验收结论；质量控制资料核查结论；安全和主要使用功能核查及抽查结果；观感质量验收结论；综合验收结论等。

(二) 项目竣工资料整理

项目竣工资料整理，是竣工验收的基础，是项目管理的室内工作。通过竣工资料整理，真实反映项目实施全过程的实际情况。项目竣工资料整理与项目竣工实体收尾遥相呼应。

1. 竣工资料的整理要求

项目竣工资料是记录和反映项目实施全过程工程技术与管理档案资料的总称。整理项目竣工资料，是建设工程承包人按工程档案管理的有关规定，在工程施工过程中按时收集、整理，竣工验收后移交发包人汇总归档备案的管理要求。

项目竣工资料必须真实记录和反映项目管理全过程的实际情况，应符合资料形成的规律性和规定性。根据建设工程的特点，整理工程竣工资料要达到下列基本要求：

(1) 竣工资料的管理。工程竣工资料的管理应符合基本建设项目档案资料管理和城市建设档案管理的有关规定，确保竣工资料齐全完整。竣工资料的整理应执行《建设工程文件归档整理规范》(GB/T 50328—2001)的规定。

(2) 竣工资料的收集。收集工程竣工资料要建立岗位责任制，遵循施工的程序和内在规律，保持资料的内在联系，不得遗漏、丢失和损毁。

(3) 竣工资料的手续。工程竣工资料的整理，应做到图物相符、数据准确，填写、审批、签章手续要完备，不得擅自修改、伪造和后补。

(4) 竣工资料的构成。一个建设工程由多个单位工程组成时，竣工资料应以单位工程为对象整理组卷，案卷构成应符合《科学技术档案案卷构成的一般要求》(GB/T 11822—2000)的规定。

2. 竣工资料的整理程序

建设工程承包人根据国家和有关部门发布的工程档案资料管理和标准的规定，应制定行之有效的工程竣工资料形成、收集、整理、交接、立卷、归档的管理制度，实行统一领导、分级管理、按时交接、归口立卷的原则，保证竣工资料完整、准确、系统和规范。

(1) 项目竣工资料的管理要在企业总工程师的领导下，由归口管理部门负责日常业务工作。相关的职能部门，如工程、技术、质安、试验、材料、合约等部门要密切配合，督促、检查、指导各项目经理部工程竣工资料收集和整理的基础工作。

（2）项目竣工资料的收集和整理，要在项目经理的领导下，由项目技术负责人牵头，安排胜任工作的内业技术员具体负责收集整理工作。施工现场的其他管理人员要按时交接资料，统一归口整理，保证竣工资料组卷的有效性。工作流程如图7-4所示。

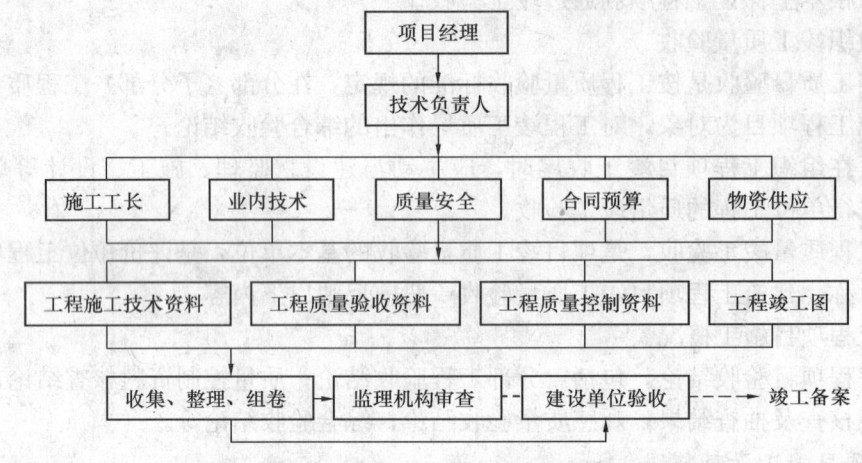

图7-4 项目竣工资料工作流程

（3）项目实行总承包的，分包项目经理部负责收集、整理分包范围内的工程竣工资料，交总包项目经理部汇总、整理。工程竣工验收时，由总包人向发包人移交完整、准确的工程竣工资料。

（4）项目由发包人分别向几个承包人发包的，由各承包人的项目经理部负责收集、整理所承包工程范围的工程竣工资料。工程竣工报验时，交发包人汇总、整理，或由发包人委托一个承包人进行汇总、整理，竣工验收时进行移交。

3. 竣工资料的整理分类

竣工资料的产生和形成，有固有的自然规律性。竣工资料的内容应按技术管理、专业管理、质量管理的不同属性和特点，进行科学的划分，以便于分类管理。对一个建设工程项目而言，竣工资料的内容分类应有两个方面含义：一是承包人将本单位在工程建设过程中形成的竣工资料向本单位档案管理部门移交，资料涵盖是全面综合的；二是承包人将本单位在工程建设过程中形成的竣工资料向发包人移交，内容是归档范围规定的。竣工资料由母系统和子系统构成。母系统是竣工资料的总和，子系统是竣工资料的分类。每一个分类，由若干竣工资料的明细即各种表式组成。竣工资料的母子系统如图7-5所示。

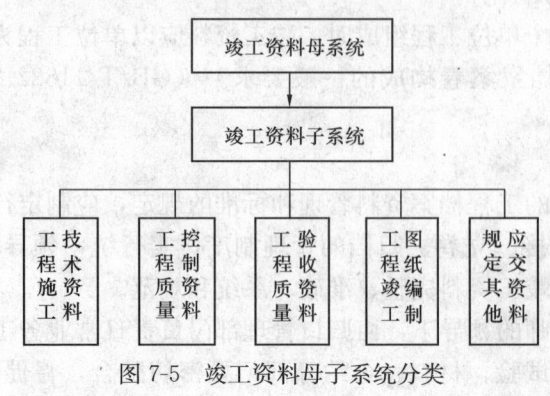

图7-5 竣工资料母子系统分类

为了加强对竣工资料的统一管理，确保项目顺利交工，竣工验收前，承包人应负责汇总、整理所承包工程范围内的竣工资料。工程竣工资料应随施工进度进行及时整理，应按系统和专业分类组卷。审核项目经理部建立的竣工资料时，对存在的问题要提出整改要求，在交付竣工验收前必须加以解决。实行建设监理的工程，还应具备取得监理机构签署认可的报审资料。承包人的有关部门要指导项目经理部按《建设工程文件归档整理规范》(GB/T 50328—2001)的有关规定，进行分类组卷，使之符合项目竣工验收的要求。

项目经理部在进行工程竣工资料的整理组卷排列时，应达到完整性、准确性、系统性的统一，做到字迹清晰、项目齐全、内容完整。各种资料表式一律按各行业、各部门、各地区规定的表格使用。

整理工程竣工资料的依据：一是国家有关法律、法规、规范对工程档案和竣工资料的规定；二是现行建设工程施工及验收规范和质量标准对资料内容的要求；三是国家和地方档案管理部门和工程竣工备案部门对竣工资料移交的规定。

4. 竣工图整理具体要求

(1) 竣工图编制的有关规定

竣工图是真实、准确、完整反映和记录各种地下和地上建筑物、构筑物等详细情况的技术文件，是项目竣工验收、投产或交付使用后进行维修、扩建、改建的依据，是生产（使用）单位必须长期妥善保存和进行竣工备案的重要工程档案资料。

竣工图的编制，应按原国家建委1982年发布的《编制基本建设工程竣工图的几项暂行规定》（建发施字50号）执行。地下管线工程竣工图的编制，应按行业标准《城市地下管线探测技术规程》(CJJ 61—2003)中的有关规定执行。

国家档案局、原国家计委印发的《基本建设项目档案资料管理暂行规定》第十二条规定："竣工图是工程的实际反映，是工程的重要档案，工程承发包合同或施工协议要根据国家对编制竣工图的要求，对竣工图的编制、整理、审核、交接、验收作出规定，施工单位不按时提交合格竣工图的，不算完成施工任务，并应承担责任。"

对编制竣工图所需的费用，《基本建设项目档案资料管理暂行规定》第十四条规定："编制竣工图的费用，按下列办法处理：1. 因设计失误造成变更较大，施工图不能代用或利用的，由设计单位绘制竣工图，并承担其费用。2. 因建设单位或主管部门要求变更设计，需要重新绘制竣工图时，由建设单位绘制或委托设计单位绘制，其费用由建设单位在基建投资中解决。3. 除第1、第2项规定以外的，则由施工单位负责编制竣工图，所需费用，由施工单位自行解决。"

(2) 竣工图编制的基本要求

1) 施工图没有变更、变动的，可由承包人（包括总包和分包）在原施工图上加盖"竣工图"章标志，即作为竣工图。在施工中，虽有一般设计变更，但能将原施工图加以修改补充作为竣工图的，可不再重新绘制，由承包人负责在原施工图（但必须是新蓝图）上注明修改的部分，并附设计变更通知单和施工说明，加盖"竣工图"章标志后，即可作为竣工图。

2) 结构形式改变、工艺改变、平面布置改变、项目改变以及其他重大的改变，不宜在原施工图上修改、补充的，应重新绘制改变后的竣工图。由于设计原因造成的，由设计人负责重新绘制；由于施工原因造成的，由承包人重新绘制；由于其他原因造成的，由发包人（或监理人）自行绘制或委托设计人绘制，承包人在新图上加盖"竣工图"章标志，并附有关记录和说明，作为竣工图。重大的改建、扩建工程涉及原有工程项目变更时，应将相关项目的竣工图资料统一整理归档，并在原案卷内增补必要的说明。

3) 各种建设工程的隐蔽部位都应绘制竣工图。各种竣工图的绘制，应在施工过程中着手准备，由项目技术负责人和现场施工管理人员负总责，在施工中做好隐蔽工程检查验收记录，整理好设计变更文件，确保竣工图的编制质量。在编制竣工图前，对工程的全部变更文件应逐一进行审查核对，并分别盖上"已执行"或"未执行"章。如整份变更文件已执行，则在该变更文件标题处盖"已执行"章，未执行则盖"未执行"章；如一份变更文件中有部分条款未执行，则分别在已执行或未执行条款的条号处盖"已执行"或"未执行"章。

4）竣工图必须与实际情况和竣工资料相符，要保证图纸质量，做到规格统一，图面整洁，字迹清楚，不得用圆珠笔或其他易褪色的墨水绘制，并要经项目技术负责人审核签认。按照现行《建设工程监理规范》规定，竣工图还要提交监理审查签认，作为竣工资料备案方为有效。竣工图的编制一般不得少于两套，有特殊要求的，如全国性特别重要的项目等，按约定或规定，可另增加编制一套，并按规定的初步验收和竣工验收程序移交，作为工程档案长期保存。竣工图章的内容和规格尺寸，应符合国家和地方档案主管部门或备案部门的规定。"已执行"和"未执行"章式样，已有规定的应按规定办理。

第三节　项目竣工验收

一、项目竣工验收基本概念

项目竣工验收是建设工程建设周期的最后一道程序，也是我国建设工程的一项基本法律制度。有建设工程就有项目管理，竣工验收是项目管理的重要内容和终结阶段的重要工作。实行竣工验收制度，是全面考核建设工程，检查工程是否符合设计文件要求和工程质量是否符合验收标准，能否交付使用、投产，发挥投资效益的重要环节。

所有建设工程按照批准的设计文件、图纸和建设工程合同约定的工程内容施工完毕，具备规定的竣工验收条件，都要组织竣工验收。竣工验收具体分为施工项目竣工验收和建设项目竣工验收两个不同的验收阶段。不经过施工项目竣工验收，建设项目竣工验收就没有具备最基本的条件。

（一）项目竣工验收的含义

项目竣工验收是项目完成设计文件和图纸规定的工程内容，由项目业主组织项目参与各方进行的竣工验收。项目的交工主体应是合同当事人的承包主体，验收主体应是合同当事人的发包主体，其他项目参与人则是项目竣工验收的相关组织。

项目竣工验收过程中，规范市场主体的行为是必要的，对依法履行竣工验收程序提供了保障。

项目竣工验收的客体，应是设计文件规定、施工合同约定的特定工程对象，具有强烈的针对性、可变性、专业性和系统性。

1. 竣工验收的针对性。指发包人和承包人在合同中约定的项目，而不是其他项目，承包人必须对合同约定和承诺的项目目标负责到底，切实加强项目的过程控制和竣工收尾管理。

2. 竣工验收的多变性。指工程项目是单件的、多变的、一次性的，一般不会重复建设，项目无论是单位工程、单项工程、全部工程或其他专业工程，建成后都要依法履行项目竣工验收程序。

3. 竣工验收的专业性。指建设工程的专业特点不同，如工业建筑的、民用建筑的、设备安装的、市政建设的、道路桥梁的、机场跑道的等，在竣工验收时，采用的验收标准也不尽相同。

4. 竣工验收的系统性。指建设工程无论规模、工程技术、工程造价，都是成系统的；其项目的竣工验收，也必然是成系统的，而不能是局部的、个别的、孤立的。

（二）项目竣工验收法规

项目竣工验收必须依法办事。项目竣工验收必须具备交付竣工验收的条件。项目竣工验收必须符合竣工验收的标准。

项目竣工验收法规，是指工程建设法律、行政法规和合同约定等强制性规定的条款，必须不折不扣地贯彻执行，依法实施，不得违规、违约。

项目竣工验收的法规，应当涵盖以下规定：

1. 必须符合国家法律的规定

《中华人民共和国合同法》第二百七十九条规定："建设工程竣工后，发包人应当根据施工图纸及说明书、国家颁发的施工验收规范和质量检验标准及时进行验收。"还规定："建设工程竣工验收合格后，方可交付使用；未经验收或者验收不合格的，不得交付使用。"

《中华人民共和国建筑法》第六十一条规定："交付竣工验收的建筑工程，必须符合规定的建筑工程质量标准，有完整的工程技术经济资料和经签署的工程保修书，并具备国家规定的其他竣工条件。"还规定："建筑工程竣工验收合格后，方可交付使用；未经验收或者验收不合格的，不得交付使用。"

2. 必须符合行政法规的规定

《建设工程质量管理条例》（国务院令第279号）第十六条规定："建设单位收到建设工程竣工报告后，应当组织设计、施工、工程监理等有关单位进行竣工验收。"

还规定：

建设工程竣工验收应当具备下列条件：

（一）完成建设工程设计和合同约定的各项内容；

（二）有完整的技术档案和施工管理资料；

（三）有工程使用的主要建筑材料、建筑构配件和设备进场试验报告；

（四）有勘察、设计、施工、工程监理等单位分别签署的质量合格文件；

（五）有施工单位签署的工程保修书。

还规定："建设工程经验收合格后，方可交付使用。"

《建设工程施工现场管理规定》（建设部令第15号）第十八条规定："建设工程竣工后，建设单位应当组织设计、施工单位共同编制竣工图，进行工程质量评议，整理各种技术资料，及时完成初验，并向有关主管部门提交竣工验收报告。"还规定："单项工程竣工验收合格后，施工单位可以将该单项工程移交建设单位管理。全部工程验收合格后，施工单位方可解除施工现场的全部管理责任。"

3. 必须符合工程合同的规定

根据《合同法》和《建筑法》等法律，原建设部和国家工商行政管理总局在总结过去执行施工合同示范文本经验的基础上，借鉴了国际上一些通行的做法，重新修订了施工合同示范文本。修订后的《建设工程施工合同（示范文本）》（GF-1999-0201）由"协议书"、"通用条款"、"专用条款"三部分构成，在竣工验收中增加了中间交工工程的范围、竣工时间和验收程序等内容。

《合同法》第十二条第二款规定："当事人可参照各类合同的示范文本订立合同。"承包人与发包人在签订合同中一旦约定了竣工验收的具体内容或事项，在履行合同时即具有强制性。承包人和发包人在工程交付竣工验收时，必须按施工合同的约定执行，不得违约。违约应承担违约的经济责任。

(三) 项目竣工验收关系❶

项目竣工验收的报告制度,是项目管理中必不可少的一道程序,也是承包人履约建成后交付竣工验收的一个过程。其做法是:承包人按施工合同约定,完成了设计文件和图纸规定的工程内容,组织有关人员进行了自检,并经工程监理机构组织了竣工预验收后,向发包人提交《竣工工程申请验收报告》(表 7-2)。

表 7-2　竣工工程申请验收报告

工程名称			建筑面积（m²）	
工程地址			结构类型/层数	
建设单位			开、竣工日期	
设计单位			合同工期	
施工单位			造价	
监理单位			合同编号	
		项目内容	施工单位自查意见	
竣工条件自查情况		工程设计和合同约定的各项内容完成情况		
		工程技术档案和施工管理资料		
		工程所用建筑材料、建筑构配件、商品混凝土和设备的进场试验报告		
		涉及工程结构安全的试块、试件及有关材料的试（检）验报告		
		地基与基础、主体结构等重要分部（分项）工程质量验收报告签证情况		
		建设行政主管部门、质量监督机构或其他有关部门责令整改问题的执行情况		
		单位工程质量自评情况		
		工程质量保修书		
		工程款支付情况		
经检查,该工程已完成工程设计和合同约定的各项内容,工程质量符合有关法律、法规和工程建设强制性标准。				
项目经理: 　　　　企业技术负责人: 　　　　法定代表人:			(施工单位公章) 年　月　日	
监理单位意见:				
总监理工程师:			(公章) 年　月　日	

由施工单位填写,报建设单位。

---

❶ 《建设工程项目管理规范》(GB/T 50326—2006) 规定:
18.3.1　项目完成后,承包人应自行组织有关人员进行检查评定,合格后向发包人提交工程竣工报告。
条文说明:承包人应按工程质量验收标准,组织专业人员进行质量检查评定,实行监理的应约请相关监理机构进行初步验收。初步验收合格后,承包人应向发包人提交工程竣工报告,约定有关项目竣工验收移交事宜。

项目竣工验收的报告制度，应按以下步骤进行：

1. 组织项目竣工后自查

项目竣工后，承包人的项目经理部应报告所在企业组织有关专业技术人员进行自查。竣工条件自查的内容一般包括：

（1）设计文件、图纸和合同约定的各项内容完成情况；

（2）工程技术档案和施工管理资料整理；

（3）工程所用建材、构配件、商品混凝土和设备的进场试验报告；

（4）涉及工程结构安全的试块、试件及有关材料的试（检）验报告；

（5）地基与基础、主体结构等重要部位质量验收报告签证情况；

（6）建设行政主管部门、质量监督机构或其他有关部门责令整改的执行情况；

（7）单位工程质量自评情况；

（8）工程质量保修书；

（9）工程款支付情况等。

2. 进行项目竣工预验收

工程监理机构❶受发包人委托，对工程建设活动实行监理。承包人完成工程竣工验收前的各项准备工作，应向监理机构递交《工程竣工报验单》（表 7-3）。

表 7-3 工程竣工报验单

工程名称： 编号：

致：
我方已按合同要求完成了＿＿＿＿＿＿＿＿工程，经自检合格，请予以检查和验收。
附件：
承包单位（章）：＿＿＿＿＿＿＿＿
项 目 经 理：＿＿＿＿＿＿＿＿
日　　　　　期：＿＿＿＿＿＿＿＿
审查意见：
经初步验收，该工程
1. 符合/不符合我国现行法律、法规要求；
2. 符合/不符合我国现行工程建设标准；
3. 符合/不符合设计文件要求；
4. 符合/不符合施工合同要求。
项目监理机构：＿＿＿＿＿＿＿＿
总监理工程师：＿＿＿＿＿＿＿＿
日　　　　　期：＿＿＿＿＿＿＿＿

工程监理机构应组织对竣工资料及各专业工程质量的全面检查，进行项目竣工预验收，

---

❶ 《建设工程监理规范》（GB 50319—2000）规定：
　1.0.3 建设单位与施工单位之间与建设工程合同有关的联系活动应通过监理机构进行。
　条文说明：鉴于建设单位已将工程项目的管理工作全部委托监理单位实施，监理单位即为代表建设单位的现场管理者，为了明确建设工程合同双方的责任，保证监理单位独立公正地做好监理工作，顺利完成工程建设任务，避免出现不必要的合同纠纷，建设单位与承包单位之间的各项联系工作，如果涉及建设工程合同，均应通过监理单位完成。

对可否进行正式竣工验收提出明确的审查意见。

3. 项目竣工验收前预约

项目竣工条件经过自检、预验后，承包人应向发包人递交预约竣工验收的书面通知，说明项目竣工情况，包括施工现场准备和竣工资料准备。

预约竣工验收的通知，是一种信函文件，应表达两层含义：一是承包人按合同约定，已全面完成设计和图纸规定的工程内容，经预验收合格；二是请发包人按合同的约定和有关规定，组织有关单位进行项目竣工验收。

在建设工程监理中，监理机构受发包人的委托，对工程建设活动实行监理。承包人全面完成工程竣工验收前的各项准备工作，经监理机构审查签认合格后，发包人才能组织正式验收。

预约项目竣工验收通知的函件格式如下：

××××××××（建设单位名称）：

根据合同的约定，由我单位承建的×××工程，已于××××年××月××日竣工，经自检合格，监理单位审查签认合格，可以组织正式验收，我单位特提交《竣工工程申请验收报告》。请贵单位接通知后，尽快洽商，组织有关单位和专家于××××年××月××日前进行项目竣工验收。

（四）项目竣工验收的告知

项目竣工验收是一项相互关联、多家交叉、具体细致的科学管理程序，项目承包人、发包人以及其他有关组织，应当加强协商、沟通，并按竣工验收的规定程序进行。

项目发包人收到承包人递交的预约通知后，应按当地建设行政主管部门印发的表式，签署同意进行竣工验收的意见，并将《工程验收告知单》抄送勘察、设计、施工、监理等有关单位，在确定的时间和地点组织进行项目竣工验收。

《工程验收告知单》的格式和内容如表 7-4 所示。此表由发包人签字后送质量监督机构和相关部门。

若在规定或约定时间内不进行竣工验收，或不提出修改意见，应视为承包人递交的工程竣工申请报告被认可。

二、项目竣工验收一般规律[❶]

为了保证建设工程竣工验收顺利进行，必须遵循项目一次性基本特征，按项目的内在规律和竣工的先后顺序进行竣工验收。

（一）项目竣工验收的程序

在建设工程项目管理实践中，因承包的范围不同，交工的形式也会有所不同。从承包人的角度看，交付竣工验收，意味着项目经理部任务的完成，可以承担新项目。工程交付竣工验收一般按三种情况分别进行：

1. 单位工程（或专业工程）竣工验收

以单位工程或某专业工程内容为对象，独立签订建设工程施工合同的，达到竣工条件后，承包人可单独进行交工，发包人根据竣工验收的依据和标准，按施工合同约定的工程内容组织竣工验收，比较灵活地适应了目前工程承包的普遍性。

---

❶ 《建设工程项目管理规范》（GB/T 50326—2006）规定：
　　18.3.2 规模较小且比较简单的项目，可进行一次性项目竣工验收。规模较大且比较复杂的项目，可以分阶段验收。

表 7-4 工程验收告知单

工程名称				结构类型/层数	
建设单位				建筑面积（m²）	
地勘单位				验收部位	
施工单位				工程地址	
设计单位				验收地点	
监理单位				验收时间	
工程验收条件情况		项目内容			
		完成工程设计和合同约定的情况			
		技术档案和施工管理资料			
		有关单位对幕墙、网架等特殊工程审查意见			
		消防验收合格手续			
		工程施工安全评价			
		监督站责令整改问题的执行情况			

施工单位意见：
已完成设计和合同约定的各项内容，工程质量符合法律、法规和工程建设强制性标准，特申请办理竣工验收手续。

　　　　项目经理：　　　　　　　　　　　　　　　　　　　　　年　　月　　日

监理单位意见：

　　　　总监理工程师（注册方章）：　　　　　　　　　　　　　年　　月　　日

建设单位意见：

　　　　项目负责人：　　　　　　　　　　　　　　　　　　　　年　　月　　日

此表由建设单位签字后送质量监督机构和相关部门。

　　按照现行建设工程项目划分标准，单位工程是单项工程的组成部分，有独立的施工图纸，承包人施工完毕，征得发包人同意，或原施工合同已有约定的，可进行分阶段验收。这种验收方式，在一些较大型的、群体式的、技术较复杂的建设工程中比较普遍地存在。

　　我国加入世贸组织后，建设工程领域利用外资或合作搞建设的会越来越多，采用国际惯例的做法也会日益增多。分段验收或中间验收的做法也符合国际惯例，它可以有效控制分项、分部和单位工程的质量，保证建设工程项目系统目标的实现。

　　我国近几年来也借鉴了国际上的一些经验和做法，修订了施工合同示范文本，增加了中间交工的条款。新的《建设工程施工合同（示范文本）》（GF-1999-0201）"通用条款" 32.6款规定："中间交工工程的范围和竣工时间，双方在专用条款内约定，其验收程序按本通用条款 32.1 款至 32.4 款办理❶。"

在施工合同"专用条款"中,双方一旦约定了中间交工工程的范围和竣工时间,如群体工程中,哪个(些)单位工程先行交工,再如公路工程的哪个合同段先行交工等,则应按合同约定的程序进行分阶段的竣工验收。

2. 单项工程竣工验收

指在一个总体建设项目中,一个单项工程或一个车间,已按设计图纸规定的工程内容完成,能满足生产要求或具备使用条件,承包人向监理人提交《工程竣工报告》和《工程竣工报验单》经签认后,应向发包人发出《交付竣工验收通知书》,说明工程完工情况,竣工验收准备情况,设备无负荷单机试车情况,具体约定交付竣工验收的有关事宜。

对于投标竞争承包的单项工程施工项目,则根据施工合同的约定,仍由承包人向发包人发出交工通知书请予组织验收。竣工验收前,承包人要按照国家规定,整理好全部竣工资料并完成现场竣工验收的准备工作,明确提出交工要求,发包人应按约定的程序及时组织正式验收。

对于工业设备安装工程的竣工验收,则要根据设备技术规范说明书和单机试车方案,逐级进行设备的试运行。验收合格后应签署设备安装工程的竣工验收报告。

3. 全部工程竣工验收

指整个建设项目已按设计要求全部建设完成,并已符合竣工验收标准,由发包人组织设计、施工、监理等单位和档案部门进行全部工程的竣工验收。全部工程的竣工验收,一般是在单位工程、单项工程竣工验收的基础上进行。对已经交付竣工验收的单位工程(中间交工)或单项工程并已办理了移交手续的,原则上不再重复办理验收手续,但应将单位工程或单项工程竣工验收报告作为全部工程竣工验收的附件加以说明。

对一个建设项目的全部工程竣工验收而言,大量的竣工验收基础工作已在单位工程和单项工程竣工验收中进行。实际上,全部工程竣工验收的组织工作,大多由发包人负责,承包人主要是为竣工验收创造必要的条件。

全部工程竣工验收的主要任务是:负责审查建设工程的各个环节验收情况;听取各有关单位(设计、施工、监理等)的工作报告;审阅工程竣工档案资料的情况;实地察验工程并对设计、施工、监理等方面工作和工程质量、试车情况等作综合全面评价。承包人作为建设工程的承包(施工)主体,应全过程参加有关的工程竣工验收。

(二)项目竣工验收的依据

建设工程产品的形成,是承包人依据若干技术、经济、管理文件,组织项目实施,最终达成的竣工成果。交付竣工验收,是承包人完成承建工程后办理的交工手续。办理竣工验收手续应依据与该建设工程有关的文件,这些文件具有设计、合同、技术的规定性和约束力。

---

❶ 《建设工程施工合同(示范文本)》(GF-1999-0201)"通用条款"规定:

32.1 工程具备竣工验收条件,承包人按国家工程竣工验收有关规定,向发包人提供完整竣工资料及竣工验收报告。双方约定由承包人提供竣工图的,应当在专用条款内约定提供的日期和份数。

32.2 发包人收到竣工验收报告后 28 天内组织有关单位验收,并在验收后 14 天内给予认可或提出修改意见。承包人按要求修改,并承担由自身原因造成修改的费用。

32.3 发包人收到承包人送交的竣工验收报告后 28 天内不组织验收,或验收后 14 天内不提出修改意见,视为竣工验收报告已被认可。

32.4 工程竣工验收通过,承包人送交竣工验收报告的日期为实际竣工日期。工程按发包人要求修改后通过竣工验收的,实际竣工日期为承包人修改后提请发包人验收的日期。

1. 批准的设计文件、施工图纸及说明书

这是由发包人提供的,主要内容应涵盖:上级批准的设计任务书或可行性研究报告;用地、征地、拆迁文件;地质勘察报告;设计施工图及有关说明等。

《建筑法》第五十八条中规定:"建筑施工企业必须按照工程设计图纸和施工技术标准施工,不得偷工减料。"照图施工是承包人的重要责任,这种责任是质量和技术的责任。所以,设计文件、施工图纸是组织施工的第一手技术资料,施工完毕是竣工验收的重要依据。

2. 双方签订的施工合同

建设工程合同是发包人和承包人为完成约定的工程,明确相互权利、义务的协议。

《合同法》第八条规定:"依法成立的合同,对当事人具有法律约束力。当事人应当按照约定履行自己的义务,不得擅自变更或者解除合同。依法成立的合同,受法律保护。"工程竣工验收时,对照合同约定的主要内容,可以检查承包人和发包人的履约情况,有无违约责任,是重要的合同文件和法律依据,受法律保护。

3. 设备技术说明书

发包人供应的设备,承包人应按供货清单接收并有设备合格证明和设备的技术说明书,据此按照施工图纸进行设备安装。设备技术说明书是进行设备安装调试、检验、试车、验收和处理设备质量、技术等问题的重要依据。

若由承包人采购的设备,应符合设计和有关标准的要求,按规定提供相关的技术说明书,并对采购的设备质量负责。

4. 设计变更通知书

设计变更通知书,是施工图纸补充和修改的记录。《建筑法》第五十八条中规定:"工程设计的修改由原设计单位负责。建筑施工企业不得擅自修改工程设计。"

根据这一规定,明确了工程变更设计的程序,以及发包人和承包人的责任。设计变更原则上由设计单位主管技术负责人签发,发包人认可签章后由承包人执行。

5. 施工验收规范及质量验收标准

项目实施中要遵循的工程建设规范和标准很多,主要有设计、施工及验收规范、工程质量检验评定标准等。在建设工程项目管理中,经常使用的工程建设国家和行业标准与施工有关的就达数十个。对不按强制性标准施工,质量达不到合格标准的,不得进行竣工验收。

6. 外资工程应依据我国有关规定提交竣工验收文件

国家规定,凡有引进技术和引进设备的建设项目,要做好引进技术和引进设备的图纸、文件的收集、整理工作,无论通过何种渠道得到的与引进技术或引进设备有关的档案资料,均应交档案部门统一管理。

(三) 项目竣工验收的要求

建设工程达到竣工验收条件,必须有相应的验收标准和要求,可供遵循。

1. 设计文件和合同约定的各项施工内容已经施工完毕

(1) 民用建筑工程完工后,包括单体工程和群体工程,承包人按照施工及验收规范和质量检验标准进行自检,不合格品已自行返修或整改,达到验收标准。水、电、气、设备、智能化、电梯经过试验,符合使用要求。

(2) 生产性工程、辅助设施及生活设施,按合同约定全部施工完毕,室内工程和室外工程全部完成,建筑物、构筑物周围 2m 以内的场地平整,障碍物已清除,给水排水、动力、照明、通迅畅通，达到竣工条件。

(3) 工业项目的各种管道设备、电气、空调、仪表、通信等专业施工内容，已全部安装结束，已做完清洗、试压、吹扫、油漆、保温等，经过试运转，全部符合工业设备安装施工及验收规范和质量标准的要求。

(4) 其他专业工程按照合同的约定和施工图规定的工程内容，全部施工完毕，已达到相关专业技术标准，质量验收合格，达到了交工的条件。

2. 有完整并经核定的工程竣工资料，符合验收规定

项目竣工资料的整理和移交归档的文件应符合《建设工程文件归档整理规范》的规定，分类组卷应符合自然形成规律，并按国家有关规定，把竣工档案资料装订成册，达到归档范围的要求。

3. 有勘察、设计、施工、监理等单位签署确认的工程质量合格文件

工程施工完毕，勘察、设计、施工、监理单位按照《建设工程质量管理条例》的规定，并按各自的质量责任和义务，签署了工程质量合格文件。

承包人按照合同要求，提交的全套竣工资料应经专业监理工程师审查，确认无误后，由总监理工程师签署认可意见。承包人提交监理机构审查的文件表式主要有10种，各种表格的填写要求在《建设工程监理规范》中均有说明，包括：

(1) 工程开工／复工报审表；

(2) 施工组织设计（方案）报审表；

(3) 分包单位资格报审表；

(4) 报验申请表；

(5) 工程款支付申请表；

(6) 监理工程师通知回复单；

(7) 工程临时延期申请表；

(8) 费用索赔申请表；

(9) 工程材料/构配件/设备报审表；

(10) 工程竣工报验单。

4. 有工程使用的主要建筑材料、构配件、设备进场的证明及试验报告

(1) 现场使用的主要建筑材料（水泥、钢材、砖、砂、沥青等）应有材质合格证，还必须有符合国家标准、规范要求的抽样试验报告。对水泥、钢材等尚应注明主要使用部位。

(2) 混凝土预制构件、钢构件、钢（木）铝、塑门窗等应有生产单位的出厂合格证书，必要时，应附主要建筑材料的材质证明。

(3) 混凝土、砂浆等施工试验报告，应按结构部位和楼层依次填写清楚，取样组数应符合施工及验收规范和设计规定，并列表注明。

(4) 设备进场必须开箱检验，并有出厂质量合格证，检验完毕要如实做好各种进场设备的检查验收记录。

(四) 项目竣工验收的标准

由于工程建设是复杂的系统工程，涉及多部门、多行业、多专业，而各部门、各行业、各专业的要求又有所不同，质量验收标准很难以一概全。因此，对各类工程的检查、验收和评定，都有相应的技术标准。对竣工验收而言，总的要求必须依法办事，符合工程建设强制

性标准、设计文件和施工合同的规定。具体内涵是：

1. 合同约定的工程质量标准

《建设工程施工合同（示范文本）》第二部分通用条款15.1规定："工程质量应达到协议书约定的质量标准，质量标准的评定以国家或行业的质量检验评定标准为依据。因承包人原因工程质量达不到约定的质量标准，承包人承担违约责任。"通用条款15.2还规定："双方对工程质量有争议，由双方同意的工程质量检测机构鉴定，所需费用及因此造成的损失，由责任方承担。双方均有责任，由双方根据其责任分别承担。"

合同约定的质量标准具有强制性，合同的约束规范了承发包双方的质量责任和义务，承包人必须确保工程质量达到验收标准，不合格不得交付验收和使用。

2. 单位工程竣工验收的合格标准

国家标准《建筑工程施工质量验收统一标准》（GB 50300—2001）对单位（子单位）工程质量验收合格规定如下：

(1) 单位（子单位）工程所含分部（子分部）工程的质量均应验收合格；
(2) 质量控制资料应完整；
(3) 单位（子单位）工程所含分部工程有关安全和功能的检测资料应完整；
(4) 主要功能项目的抽查结果应符合相关专业质量验收规范的规定；
(5) 观感质量验收应符合要求。

其他专业工程的竣工验收标准，也必须符合各专业工程质量验收标准的规定。合格标准是工程验收的最低标准，不合格一律不允许交付使用。

3. 单项工程达到使用条件或满足生产要求

建设项目的某个单项工程已按设计要求完成，即每个单位工程都已竣工、相关的配套工程整体收尾已完成无影响，能满足生产要求或具备使用条件，工程质量经检验合格，竣工资料整理符合规定，发包人可组织竣工验收。

4. 建设项目能满足建成投入使用或生产的各项要求

建设项目的全部子项工程均已完成，符合交付竣工验收的要求。在此基础上，项目能满足使用或生产要求，并应达到以下标准：

(1) 生产性工程和辅助公用设施，已按设计要求建成，能满足生产使用；
(2) 主要工艺设备配套，设施经试运行合格，形成生产能力，能产出设计文件规定的产品；
(3) 必要的设施已按设计要求建成；
(4) 生产准备工作能适应投产的需要；
(5) 其他环保设施、劳动安全卫生、消防系统已按设计要求配套建成。

三、项目竣工验收❶备案程序

项目竣工验收是国家通过立法规范工程建设活动行为确立的一项基本法律制度。所谓项

---

❶ 《建设工程项目管理规范》（GB/T 50326—2006）规定：
18.3.3 项目竣工验收应依据有关法规，必须符合国家规定的竣工条件和竣工验收要求。
条文说明：组织项目竣工验收应依据批准的建设文件和工程实施文件，达到国家法律、行政法规、部门规章对竣工条件的规定和合同约定的竣工验收要求，提出《工程竣工验收报告》，有关承发包当事人和项目相关组织应签署验收意见，签名并盖单位公章。

目竣工验收制度，就是按照法律、法规和有关工程建设标准的规定，坚持项目竣工预验、竣工验收、竣工报告、竣工备案等程序和方法的总称。

（一）项目竣工验收报验方法

1. 项目竣工报验的规定

《建筑法》第三十条规定，"国家推行建筑工程监理制度"；第三十二条规定，"建筑工程监理应当依照法律、行政法规及有关的技术标准、设计文件和建筑工程承包合同，对承包单位在施工质量、建设工期和建设资金使用等方面，代表建设单位实施监督"。

《建设工程质量管理条例》第三十七条规定："未经监理工程师签字，建筑材料、建筑构配件和设备不得在工程上使用或者安装，施工单位不得进行下一道工序的施工。未经总监理工程师签字，建设单位不拨付工程款，不进行竣工验收。"

未经总监理工程师签字，不进行竣工验收。根据这个基本要求，《建设工程监理规范》（GB 50319—2000）对竣工验收阶段总监理工程师的职责作了明确规定：审核签认分部工程和单位工程的质量检验评定资料，审查承包单位的竣工申请，组织监理人员对待验收的工程项目进行质量检查，参与工程项目的竣工验收。承包人递交的《工程竣工报验单》必须由总监理工程师签署。

2. 项目竣工报验的做法

（1）分包与总包项目经理部应在竣工验收准备阶段完成各项竣工条件的自检工作，报所在企业复检。

（2）该工程已完成设计和施工合同约定的各项内容，工程质量符合有关法律、法规和工程建设强制性标准的规定。

（3）《竣工工程申请验收报告》如表 7-2 所示，内容按表式要求填写，自检意见应表述明确，项目经理、企业技术负责人、企业法定代表人应签字，并加盖企业公章。此表由承包人填写，报送发包人。

（4）递交《工程竣工报验单》（《建设监理规范》规定承包单位用表 A10），如表 7-3 所示。《工程竣工报验单》的附件应齐全，足以证明工程已按合同约定完成并符合竣工验收要求。

（5）总监理工程师组织专业监理工程师对承包人报送的竣工资料进行审查，并对工程质量进行竣工验收。对存在的问题应要求承包人所在项目经理部及时进行整改。整改完毕，总监理工程师应签署工程竣工报验单，提出工程质量评估报告。

（6）承包人根据工程监理机构签署认可的工程竣工报验单和质量评估结论，向发包人递交竣工验收通知函件，具体约定工程交付竣工验收的时间、会议地点和有关安排。

（二）项目竣工验收组织形式

发包人收到承包人递交的预约竣工验收的通知后，应及时研究并按竣工验收程序和约定的时间，成立竣工验收组织，严格履行竣工验收职责。

建设行政主管部门应委托工程质量监督机构对工程竣工验收的组织形式、验收程序、执行标准等情况实施监督。

1. 竣工验收组织的成立

成立竣工验收组织要根据建设工程的重要性、规模大小、隶属关系、承发包关系、工程项目管理方式等具体情况而定。重点工程、大型项目、技术较复杂的工程应组成验收委员会；一般小型工程项目，组成验收小组即可。

竣工验收工作由发包人组织，参加单位应包括勘察、设计、施工、监理和相关单位。参加验收的主要人员是：

（1）主持竣工验收的发包方负责人和现场总代表；
（2）勘察单位的负责人；
（3）设计单位的设计负责人；
（4）总承包单位和分包单位的负责人、项目经理、技术负责人等；
（5）监理单位的总监理工程师和专业监理工程师；
（6）建设主管部门和备案部门的代表。

2. 竣工验收组织的职责

经竣工验收组织审查，确认工程达到竣工验收的各项条件，应形成竣工验收会议纪要和《工程竣工验收报告》。参加验收的各单位负责人应在竣工验收报告上签字并加盖公章，竣工验收组织的具体职责是：

（1）听取各单位的情况报告；
（2）审查各种竣工资料；
（3）对工程质量进行评估、鉴定；
（4）形成工程竣工验收会议纪要；
（5）签署工程竣工验收报告；
（6）对遗漏问题作出处理决定。

（三）项目竣工验收报告内容

根据专业特点和工程类别不同，各地采用的工程竣工验收报告的格式也不尽相同。按照国家对建设工程竣工验收条件的规定，工程竣工验收报告应包括以下主要内容：

1. 工程概况。
2. 竣工验收组织情况：①竣工验收委员会；②竣工验收小组；③验收组织单位和代表。
3. 质量验收情况：①建筑工程质量；②给水排水与采暖工程质量；③建筑电气安装工程质量；④通信与空调工程质量；⑤电梯安装工程质量；⑥建筑智能化工程质量；⑦工程竣工资料审查结论；⑧其他专业工程质量（略）等。
4. 竣工验收程序：①按工程规模大小划分；②按工程项目竣工先后组织；③按施工合同约定的程序进行。
5. 竣工验收意见：①建设单位执行基本建设程序的情况；②对勘察、设计、施工、监理等各方面的评价；③对整个建设工程竣工验收的综合评估。
6. 签名盖章确认：①参加竣工验收各单位代表签名；②加盖竣工验收各单位公章。
7. 竣工验收报告附件：①施工许可证、施工图设计文件审查意见；②勘察、设计单位的质量检查报告；③施工单位的竣工资料分类目录及汇总表；④监理单位对工程质量的评估报告；⑤中间交工工程验收报告；⑥竣工验收遗留问题处理结果报告；⑦建设行政主管部门、质量监督机构责令整改的结果报告；⑧法律、法规、规章规定应交的其他文件资料。

《工程竣工验收报告》的一般格式如表7-5所示。

表 7-5 工程竣工验收报告

工程概况	工程名称		建设面积	
	工程地址		结构类型	
	层　数	地上　　层；地下　　层	总高	
	电　梯	台	自动扶梯	台
	开工日期		竣工日期	
	建设单位		施工单位	
	勘察单位		监理单位	
	设计单位		质量监督	
	完成设计与合同约定内容情况			

验收组织形式	

验收组组成情况	专　　业	
	建筑工程	
	建筑给排水与采暖工程	
	建筑电气安装工程	
	通风与空调工程	
	电梯安装工程	
	建筑智能化工程	
	工程竣工资料审查	

竣工验收程序	

工程竣工验收意见	建设单位执行基本建设程序情况：
	对工程勘察方面的评价：
	对工程设计方面的评价：
	对工程施工方面的评价：
	对工程监理方面的评价：

续表

建设单位		(单位公章)	
	项目负责人：		年 月 日
勘察单位		(单位公章)	
	勘察负责人：		年 月 日
设计单位		(单位公章)	
	设计负责人：		年 月 日
施工单位		(单位公章)	
	项目经理：		
	企业技术负责人：		年 月 日
监理单位		(单位公章)	
	总监理工程师：		年 月 日

竣工验收报告附件：
1. 施工许可证；
2. 施工图设计文件审查意见；
3. 勘察单位对工程勘察文件的质量检查报告；
4. 设计单位对工程设计文件的质量检查报告；
5. 施工单位对工程施工质量的检查报告，包括工程竣工资料明细、分类目录、汇总表；
6. 监理单位对工程质量的评估报告；
7. 地基与勘察、主体结构分部工程以单位工程质量验收记录；
8. 工程有关质量检测和功能性试验资料；
9. 建设行政主管部门、质量监督机构责令整改问题的整改结果；
10. 验收人员签署的竣工验收原始文件；
11. 竣工验收遗留问题处理结果；
12. 施工单位签署的工程质量保修书；
13. 法律、行政法规、规章规定必须提供的其他文件。

  为了规范房屋建筑工程和市政基础设计工程的竣工验收，原建设部以"建建〔2000〕142号文件"印发了《房屋建筑工程和市政基础设施工程竣工验收暂行规定》。

（四）项目竣工验收备案规定

根据《建设工程质量管理条例》规定，国家建设行政主管部门制定了相关的部门规章。项目竣工验收后，发包人作为项目建设单位，应按照有关规定，办理工程项目竣工验收备案。原建设部令第78号颁发了《房屋建筑工程和市政基础设施工程竣工验收备案管理暂行办法》。

建设单位办理项目竣工验收备案应提交下列文件：

1. 工程竣工验收备案表。
2. 工程竣工验收报告。
3. 法律、行政法规规定应当由有关部门出具的认可文件或者准许使用文件。
4. 施工单位签署的工程质量保修书。
5. 法规、规章规定必须提供的其他文件。

原建设部制定的《房屋建筑工程和市政基础设施工程竣工验收备案表》如表7-6所示。

表7-6 房屋建筑工程和市政基础设施工程竣工验收备案表

建设单位名称			
备案日期			
工程名称			
工程地点			
建设面积（m^2）			
结构类型			
工程用途			
开工日期			
竣工验收日期			
施工许可证号			
施工图审查意见			
勘察单位名称		资质等级	
施工单位名称		资质等级	
监理单位名称		资质等级	
工程质量监督机构名称			
竣工验收意见	勘察单位意见	单位（项目）负责人： （公章） 年 月 日	
	设计单位意见	单位（项目）负责人： （公章） 年 月 日	

续表

竣工验收意见	施工单位意见	单位（项目）负责人： （公章） 年　月　日
	监理单位意见	总监理工程师： （公章） 年　月　日
	建设单位意见	单位（项目）负责人： （公章） 年　月　日
工程竣工验收备案文件目录	1. 工程竣工验收报告； 2. 工程施工许可证； 3. 施工图设计文件审查意见； 4. 单位工程质量综合验收文件； 5. 市政基础设施的有关质量检测和功能性试验资料； 6. 规划、公安消防、环保等部门出具的认可文件或者准许使用文件； 7. 施工单位签署的工程质量保修书； 8. 商品住宅的《住宅质量保证书》和《住宅使用说明书》； 9. 法规、规章规定必须提供的其他文件。	
备案意见	该工程的竣工验收备案文件已于　　年　月　日收讫，文件齐全。 （公章） 年　月　日	
备案机关负责人		备案经手人

四、项目竣工验收文件档案

工程文件是建设工程档案资料的总和，应从工程准备阶段开始就建立工程档案，收集、整理有关资料，并把这项工作贯穿到项目实施全过程直到交付竣工验收为止❶。

凡是列入归档范围的工程文件，都必须按规定的竣工验收程序、建设工程文件归档整理规范和工程档案验收办法进行正式审定。承包人在工程承包范围内的工程文件应按分类组卷的要求移交发包人，发包人则按照竣工验收备案制的规定，汇总整理全部工程文件，向档案

---

❶ 《建设工程项目管理规范》（GB/T 50326—2006）规定：
18.3.4 文件的归档整理应符合国家有关标准、法规的规定，移交工程档案应符合有关规定。
条文说明：工程文件的归档整理应按国家发布的现行标准、规定执行，《建设工程文件归档整理规范》GB/T 50328、《科学技术档案案卷构成的一般要求》GB/T 11822等。承包人向发包人移交工程文件档案应与编制的清单目录保持一致，须有交接签认手续，并符合移交规定。

主管部门移交备案。

（一）工程文件的归档范围

工程文件的归档范围应符合《建设工程文件归档整理规范》（GB/T 50328—2001）的规定。保管期限分为永久、长期、短期三种。

（二）工程文件的交接程序

1. 承包人，包括勘察、设计、施工必须对工程文件的质量负全面责任，对各分包人做到"开工前有交底，实施中有检查，竣工时有预验"，确保工程文件达到一次交验合格。

2. 承包人，包括勘察、设计、施工根据总分包合同的约定，负责对分包人的工程文件进行中检和预验，有整改的待整改完成后，进行整理汇总一并移交发包人。

3. 承包人根据建设工程合同的约定，在项目竣工验收后，按规定和约定的时间，将全部应移交的工程文件交给发包人，并符合档案管理的要求。

4. 根据工程文件移交验收办法，建设工程发包人应组织有关单位的项目负责人、技术负责人对资料的质量进行检查，验证手续应完备，应移交的资料不齐全，不得进行验收。

（三）工程文件的目录清单

交付竣工验收的项目，必须有工程文件目录清单。目录清单应与移交的分类组卷档案资料的内容相符，以备核查。文字材料、图纸声像材料可按专业分类，如建筑安装工程综合卷和建筑（土建）、暖卫、燃气、电气、通风与空调、电梯等；市政基础设施工程如道路、桥梁、广场、隧道、铁路、人防、供水、供热、供气、供电、电信等分类。

编制卷内工程文件页号应符合下列要求：

1. 均按书写内容页面编号，每卷单独编号，页号从"1"开始。

2. 单面书写页号在右下角；双面书写的，正面在右下面，背面在左下角；折叠的图纸一律在右下角。

3. 成套图纸或印刷成册的文件资料，自成一卷的，原目录可代替卷内目录。

4. 案卷封面、卷内目录、卷内备考表不编写页号。

（四）工程文件的验收办法

工程文件档案的移交验收是项目交付竣工验收的重要内容。工程文件档案的移交验收应当符合国家档案局《建设项目（工程）档案验收办法》和国家标准《建设工程文件归档整理规范》的规定和各地档案管理部门的规定。承包人应当在工程竣工验收前，将形成的工程竣工文件向发包人归档。移交时，承发包双方应按编制的移交清单签字、盖章后方可交接。具体见国档发［1992］8号《建设项目（工程）档案验收办法》。

第四节　项目竣工结算

一、项目竣工结算[1]编制

竣工验收合格并签署了《工程竣工验收报告》，承包人应编制项目竣工结算，承发包双

---

[1] 《建设工程项目管理规范》（GB/T 50326—2006）规定：
18.4.1 项目竣工结算应由承包人编制，发包人审查，双方最终确定。
条文说明：项目竣工结算的编制、审查、确定，按建设部令第107号《建筑工程施工发包与承包计价管理办法》及有关规定执行。

方应按国家有关规定进行工程价款的最终结算。

原建设部和国家工商行政管理总局制定的《建设工程施工合同（示范文本）》通用条款中对竣工结算作了详细规定：

1. 工程竣工验收报告经发包人认可后的28天内，承包人向发包人递交竣工结算报告及完整的结算资料，双方按照协议书约定的合同价款及专用条款约定的合同价款调整内容，进行工程竣工结算。

2. 发包人收到承包人递交的竣工结算报告及结算资料后28天内进行核实，给予确认或者提出修改意见。发包人确认竣工结算报告后通知经办银行向承包人支付工程竣工结算价款。承包人收到竣工结算价款后14天内将竣工工程交付发包人。

3. 发包人收到竣工结算报告及结算资料后28天内无正当理由不支付工程竣工结算价款，从29天起按承包人同期向银行贷款利率支付拖欠工程价款的利息，并承担违约责任。

4. 发包人收到竣工结算报告及结算资料后28天内不支付工程竣工结算价款，承包人可以催告发包人支付结算价款。发包人在收到竣工结算报告及结算资料后56天内仍不支付的，承包人可以与发包人协议将该工程折价，也可以由承包人申请人民法院将该工程依法拍卖，承包人就该工程折价或者拍卖的价款优先受偿。

5. 工程竣工验收报告经发包人认可后28天内，承包人未能向发包人递交竣工结算报告及完整的结算资料，造成工程竣工结算不能正常进行或工程竣工结算价款不能及时支付，发包人要求交付工程的，承包人应当交付；发包人不要求交付工程的，承包人承担保管责任。

6. 发包人承包人对工程竣工结算价款发生争议时，按关于争议的约定处理。

在办理工程竣工结算的实际工作中，当年开工、当年竣工的项目，一般实行全部工程竣工后一次结算。跨年施工项目，应按合同约定，根据工程形象进度实行分段结算。工程实行总承包的，总包人将工程部分或专业分包给其他分包人，其工程价款的结算由总包人统一向发包人按规定办理。

二、项目竣工结算依据

《建设工程项目管理规范》（GB/T 50326—2006）第18.4.2条规定："编制项目竣工结算可依据下列资料：

1. 合同文件。
2. 竣工图纸和工程变更文件。
3. 施工技术核准资料和材料代用核准资料。
4. 工程计价文件、工程量清单取费标准及有关调价规定。
5. 双方确认的有关签证和工程索赔资料。"

项目竣工结算由承包人编制，发包人审查或委托工程造价咨询单位审核，承包人和发包人最终确定。编制项目竣工结算，除应具备设计施工图和竣工图、工程量清单、取费标准、调价规定等依据外，还应包括工程变更、修改、签证和办理竣工结算有关的其他资料。

（一）整理项目竣工结算资料

承包人尤其是项目经理部在编制项目竣工结算时，应注意收集、整理有关结算资料。

1. 建设工程施工合同

施工合同中约定了有关竣工结算价款的,应按约定的内容执行。承发包双方可约定完整的结算资料的具体内容,还可涉及竣工结算的其他内容。例如:合同价采用固定价的,合同总价或单价在合同约定的风险范围内不可调整;合同价采用可调价方式的,合同总价或单价在合同实施期内,根据合同约定的办法进行调整。

2. 中标投标书的报价表

无论是公开招标或邀请招标,招标人与中标人应当根据中标价订立合同。中标投标书的报价表是订立合同且是竣工结算的重要依据。在招标投标中,因采用的计价方式不同,编制投标报价表的方法和内容会有一定的区别。在原中标价的基础上,根据施工的设计变更等增减变化,经过调整之后,编制竣工结算。报价表的内容一般包括:

(1) 报价汇总表,包括工程总价表、单项工程费、单位工程费汇总表;

(2) 工程量清单计价表;

(3) 措施项目清单计价表、其他项目清单计价表、零星工作项目计价表;

(4) 材料清单及材料差价表或差价报价表;

(5) 设备清单及报价表;

(6) 现场因素、施工技术措施及赶工措施费用报价表等。

3. 工程变更及技术经济签证

(1) 施工中发生的设计变更,由原设计单位提供变更的施工图和设计变更通知单,承包人已按签发的变更通知单执行(表7-7)。

(2) 因施工条件、施工工艺、材料规格、品种数量不能完全满足设计要求以及合理化建议等原因发生的施工变更,已执行的技术核定单(表7-8)。

表7-7 设计变更通知单

编号:

工程名称		变更图号	
变更原因			
变更内容			
执行结果			
设计单位	建设单位	监理单位	施工单位
签发人: (签字) 年 月 日	现场代表: (签字) 年 月 日	总监理工程师: (签字) 年 月 日	项目负责人: (签字) 年 月 日

表 7-8 技术核定单　　　　　　　　　　　　　　　　　　　　　　编号：

工程名称		施工单位	
图纸编号		核定性质	
核定内容			
建设单位意见			签字： 年　月　日
设计单位意见			签字： 年　月　日
监理单位意见			签字： 年　月　日
执行结果			
	提出单位	核定单位	
技术负责人： （签字） 年　月　日		（公章） 核定人： （签字） 年　月　日	

（3）在合同履约中，发包人要求承包人改变工程内容和标准，导致施工中用工数和工程量增加，改变了工程施工程序和施工时间，承包人在施工中办理的技术经济签证（表 7-9）。

表 7-9 技术经济签证单　　　　　　　　　　　　　　　　　　编号：

工程名称			
建设单位		施工单位	
分部或分项			
临时用工数			
增加工程量			
用工事由			
增加工程量事由			
建设单位核定意见			
监理单位核定意见			
建设单位鉴证人	（签名）		年　月　日
监理单位鉴证人	（签名）		年　月　日
施工单位填报人	（签名）		年　月　日
建设单位	监理单位	施工单位	
负责人（现场代表）： （签字） 年　月　日	总监理工程师： （签字） 年　月　日	项目经理： （签字） 年　月　日	

4. 其他与竣工结算有关的资料

承包人在施工中应建立完整的竣工结算资料保证制度，项目经理部在施工中还要注意收集其他相关的结算资料：

（1）发包人的指令文件；
（2）商品混凝土供应记录；
（3）材料代用资料；
（4）材料价格变动文件；
（5）隐蔽工程记录及施工日志；
（6）竣工图和竣工验收报告等。

（二）进行项目竣工结算核实

项目竣工结算是由于施工过程中发生的工程变更和技术经济签证等，使工程造价或合同价款发生变化，对原来的工程造价或合同价款进行了调整，最终确定工程造价的结算方式。

项目经理部处在施工生产第一线，对施工各阶段的变化、变更情况最了解，有许多基础资料是从项目上产生的。离开项目经理部这个责任主体、执行主体，项目竣工结算工作就无法搞好。项目竣工结算工作搞得好与不好，对项目经济核算和考核都有直接影响。

在办理项目竣工结算中，项目经理部的主要职责是切实做好竣工结算的各项基础工作，核对施工合同条款，按约定的结算方式、计价规范、取费标准、主材价格、优惠条款、调整变更、项目内容等，对项目竣工结算书进行逐项检查，核对有无漏洞或计算失误的情况，一旦发现误差要尽快纠正，保证竣工结算书的编制质量。

在实际工作中，项目经理要安排专职人员对竣工结算书的内容进行核对，检查各种设计变更签证、资料有无遗漏，依据竣工图和变更签证核实工程数量，要按统一规定的计算规则核算工程量，按合同约定计价，还要特别注意各项费用的计取是否正确。检查项目竣工结算书一般包括以下内容：

1. 工程开工前的施工准备和"三通一平"的费用计算是否准确；
2. 钢筋混凝土结构工程中含钢量是否按规定进行了调整；
3. 加工订货的项目、规格、数量、单价与清单及实际安装的规格、数量、单价是否相符；
4. 特殊工程中使用的特殊材料的单价有无变化；
5. 施工变更记录、技术经济签证与清单价或合同价的调整是否相符；
6. 分包工程费用支出与收入是否相符；
7. 图纸要求与实际施工有无不相符的项目；
8. 施工项目的工程量有无漏算、多算或计算失误等；
9. 检查各项费率、价格指数或换算系数正确与否，价格调整是否符合要求；
10. 项目竣工结算书的项目多、篇目多，要认真核对和计算。

（三）编制项目竣工结算原则

编制项目竣工结算的目的，一是为发包人编制建设项目竣工决算提供基础资料，二是为承包人确定工程的最终收入，考核工程成本和进行核算提供依据。

编制项目竣工结算的方法，是在原工程投标报价或合同价的基础上，根据所收集、整理的各种结算资料，如设计变更、技术核定、现场签证、工程量核定单等，进行直接费的增减调整计算，按取费标准的规定计算各项费用，最后汇总为工程结算造价。

办理项目竣工结算,应掌握以下原则:

1. 以单位工程或施工合同约定为基础,对工程量清单报价的主要内容,包括项目名称、工程量、单价及计算结果,进行认真的检查和核对,若是根据中标价订立合同的应对原报价单的主要内容进行检查和核对;

2. 在检查和核对中若发现有不符合有关规定,单位工程结算书与单项工程综合结算书有不相符的地方,有多算、漏算或计算误差等情况时,均应及时进行纠正调整;

3. 建设工程项目由多个单位工程构成的,应按建设项目划分标准的规定,将各单位工程竣工结算书汇总,编制单项工程竣工综合结算书;

4. 若建设工程是由多个单项工程构成的项目,实行分段结算并办理了分段验收计价手续的,应将各单项工程竣工综合结算书汇总编制成建设项目总结算书,并撰写编制说明。

三、项目竣工结算递交[❶]

项目竣工结算报告和结算资料经主管部门审定,加盖工程造价执业资格专用章后,应及时递交发包人或其委托的咨询单位审查,并按有关规定进行竣工结算。

(一)进行项目竣工结算的规定

《建筑工程施工发包与承包计价管理办法》(建设部令第107号)第十六条规定:

工程竣工验收合格,应当按照下列规定进行竣工结算:

(一)承包方应当在工程竣工验收合格的约定期限内提交竣工结算文件。

(二)发包方应当在收到竣工结算文件后的约定期限内予以答复。逾期未答复的,竣工结算文件视为已被认可。

(三)发包方对竣工结算文件有异议的,应当在答复期内向承包方提出,并可以在提出之日起的约定期限内与承包方协商。

(四)发包方在协商期内未与承包方协商或者经协商未能与承包方达成协议的,应当委托工程造价咨询单位进行竣工结算审核。

(五)发包方应当在协商期满后的约定期限内向承包方提出工程造价咨询单位出具的竣工结算审核意见。

发承包双方在合同中对上述事项的期限没有明确约定的,可认为其约定期限均为28日。

发承包双方对工程造价咨询单位出具的竣工结算审核意见仍有异议的,在接到该审核意见后一个月内可以向县级以上地方人民政府建设行政主管部门申请调解,调解不成的,可以依法申请仲裁或者向人民法院提起诉讼。

工程竣工结算文件经发包方与承包方确认即应当作为工程决算的依据。

(二)项目竣工结算价款的支付

《合同法》第二百七十九条规定,"验收合格的,发包人应当按照约定支付价款,并接收该建设工程";第二百八十六条规定,"发包人未按约定支付价款的,承包人可以催告发包人在合理期限内支付价款。发包人逾期不支付的,除按照建设工程的性质不宜折价、拍卖的以

[❶] 《建设工程项目管理规范》(GB/T 50326—2006)规定:

18.4.3 项目竣工验收后,承包人应在约定的期限内向发包人递交项目竣工结算报告及完整的结算资料,经双方确认并按规定进行竣工结算。

条文说明:项目竣工结算报告及完整的结算资料递交后,承发包双方应在规定的期限内进行竣工结算核实,若有修改意见,应及时协商沟通达成共识。对结算价款有争议的,应按约定方式处理。

外,承包人可以与发包人协议将该工程折价,也可以申请人民法院将该工程依法拍卖。建设工程的价款就该工程折价或者拍卖的价款优先受偿"。

项目竣工结算是项目管理的重要工作,竣工结算价款的收取,是项目经理的重要职责和义务。

项目竣工结算报告和结算资料向发包人递交后,项目经理应根据法律、法规、规章的规定,按照《项目管理目标责任书》规定的义务,积极配合企业主管部门催促发包人及时办理工程竣工结算的签认。

项目竣工结算经发包人签认后,主管部门应将竣工结算书送交财务部门一份,财务部门据此与发包人进行工程价款的最终结算和收款。

对于承包人来说,只有当发包人将竣工结算价款支付完毕,才意味着承包人获得了工程成本和相应的利润,实现了既定的经营目标和经济效益目标。

对于项目经理部来说,只有当工程价款结算完毕,才意味着考核项目成本目标和决定奖罚有了可靠的根据。

项目竣工结算价款支付的一般公式:

项目竣工结算最终价款支付=工程中标价或合同价+工程变更调整数额-预付及已结算工程价款

项目竣工结算价款的支付,与合同中约定的工程进度和预付备料款等方式有着十分密切的关系。一般而言,承包人完成的工程量越多,施工产值越多,工程结算的价款也就较多。项目经理部根据已结算的工程款与项目结算总价款的比例,就能发现工程项目管理效益的基本情况。

(三)项目工程价款结算的方式

项目工程价款的结算方式,根据合同的约定,主要有以下几种:

1. 按月结算,即实行旬末或月中预支,月终结算,竣工后清算的办法。跨年度竣工的工程,在年终进行工程盘点,办理年度结算。我国现行建设工程价款结算中,相当一部分是实行这种按月结算。

2. 竣工后一次结算,即建设项目或单位工程全部建筑安装工程建设期在12个月以内,或者工程承包合同价值在100万元以下的,可实行工程价款每月月中预支,竣工后一次结算。

3. 分段结算,即当年开工、当年不能竣工的单项工程或单位工程按照工程形象进度,划分不同阶段进行结算。分段结算,可以按月预支工程款。

对上述三种主要结算方式的收支确认,财政部在1999年1月1日起实行的《企业会计准则——建造合同》讲解中有如下规定:

实行旬末或月中预支,月中结算,竣工后清算办法的工程合同,应分期确认合同价款收入的实现,即:各月份终了,与发包单位进行已完工程价款结算时,确认为承包合同已完部分的工程收入实现,本期收入额为月终结算的已完工程价款金额。

实行合同完成后一次结算工程款办法的工程合同,应于合同完成、施工企业与发包单位进行工程合同价款结算时,确认为收入实现,实现的收入额为承发包双方结算的合同价实行按工程形象进度划分不同阶段;分段结算工程款办法的工程合同,应按合同规定的形象进度分次确认已完阶段工程收益实现,即:应于完成合同规定的工程形象进度或工程阶段,与发包单位进行工程价款结算时,确认为工程收入的实现。

4. 承发包双方约定的其他结算方式。

四、项目竣工移交❶撤场

承包人在收到工程竣工结算价款后,应在规定的期限内将竣工项目移交发包人,及时转移撤出施工现场,解除施工现场全部管理责任。

(一) 办理工程移交的工作内容

1. 向发包人移交钥匙时,工程室内外应清扫干净,达到窗明、地净、灯亮、水通、排污畅通,动力系统可以使用。

2. 向发包人移交工程竣工资料,在规定的时间内,按工程竣工资料清单目录,进行逐项交接,办清交验签章手续。

原施工合同中未包括工程质量保修书附件的,在移交竣工工程时,应按有关规定签署或补签工程质量保修书。

(二) 撤出施工现场的计划安排

1. 项目经理部应按照工程竣工验收、移交的要求,编制工地撤场计划,规定撤场时间,明确负责人、执行人,保证工地及时清场转移。

2. 撤场计划安排的具体工作要求:

(1) 暂设工程拆除,场内残土、垃圾要文明清运;

(2) 对机械、设备进行油漆保养,组织有序退场;

(3) 周转材料要按清单数量转移、交接、验收、入库;

(4) 退场物资运输要防止重压、撞击,不得野蛮倾卸;

(5) 转移到新工地的各类物资要按指定位置堆放,符合平面管理要求;

(6) 清场转移工作结束,恢复临时占用土地,解除施工现场管理责任。

第五节 项目竣工决算

一、项目竣工决算编制概述

按照国家的有关规定,依法立项的新建、改建、扩建的各类建设工程项目,在项目竣工验收阶段都要编制项目竣工决算。

项目竣工决算由建设单位亦称建设项目法人编制。一般情况是,整个建设工程项目完工验收后,项目发包人即建设单位与承包人办理了项目竣工结算手续,应按国家规定的建设项目竣工决算编制办法,编制好项目竣工决算,报上级主管部门审批。

(一) 项目竣工决算的概念

项目竣工决算是建设工程项目竣工后,由建设单位向国家报告项目建设成果和财务情况的总结性文件,且是项目竣工验收的重要组成部分。

为了贯彻执行国家法律规定的项目竣工验收制度,正确核定新增固定资产价值,考核项目投资效果,所有建设工程项目竣工后都要编制项目竣工决算。

按照我国全过程造价管理的思想和观念,项目竣工决算综合反映了项目从筹建开始到项

---

❶ 《建设工程项目管理规范》(GB/T 50326—2006) 规定:

18.4.4 承包人应按照项目竣工验收程序办理项目竣工结算并在合同约定的期限内进行项目移交。

目交付使用、投产的全部建设费用,所以,项目竣工决算又是反映项目实际造价和投资效果的综合性文件。

项目竣工决算属于建设单位项目管理的范围。必须指出的是,项目竣工决算与承包人(即施工单位)办完项目竣工结算后所编制的单位工程或单项工程项目竣工成本决算,在范围、内容和方法上都完全不同。项目竣工决算由建设单位编制,报上级主管部门审查批准。项目竣工结算由施工单位编制,建设单位审查,最终由双方确认。项目竣工成本决算是施工单位核算实际成本、计划成本(预算成本),降低成本状况,反映施工项目管理成果和水平的控制考核手段。

(二)项目竣工决算的意义

《建设项目(工程)竣工验收办法》(计建设〔1990〕1215号)中规定:"所有竣工验收的项目(工程)在办理验收手续之前,必须对所有财产和物资进行清理,编制好竣工决算,分析预(概)算执行情况,考核投资效果,报上级主管部门(公司)审查。竣工项目(工程)经验收交接后,应及时办理固定资产移交手续,加强固定资产的管理。"

根据国家有关项目竣工验收和编制竣工决算的规定,不难看出,项目竣工决算有以下意义:

1. 项目竣工决算是加强固定资产投资管理的重要手段。建设项目从筹建开始到竣工交付使用或竣工投产的项目全过程中,固定资产投资,即工程造价各项费用控制和实际执行情况,只有通过编制项目竣工决算才能全面反映。进行投资的节超原因分析和经验总结,有利于加强固定资产投资管理,提高工程建设的投资效益。

2. 项目竣工决算是进行项目竣工验收管理的重要部分。按照基本建设程序规定,当批准的设计文件规定的工业项目建成,进行负荷试车和试运转,并生产出合格产品;民用项目符合设计要求,能正常使用时,应及时组织项目竣工验收。建设单位提出的项目竣工验收报告,其重要部分是项目竣工决算文件。

3. 项目竣工决算是办理项目财产移交管理的重要依据。建设单位编制的项目竣工决算包括基本建设的全部费用,详细地计算了项目所有的建筑安装工程费用、设备及工器具购置费用、工程建设其他费用等新增固定资产投资和流动资产投资,作为项目实施的建设成果,是建设单位向使用单位移交财产的重要依据。

4. 项目竣工决算是评价建设工程项目管理的重要内容。项目竣工决算不仅涵盖了项目竣工财务决算说明、财务决算报表、工程造价分析比较、工程竣工图等内容,而且还包括了项目全过程的建设工期、工程质量、实物数量、实际成本、资源耗费等技术经济指标,因而是全面考核评价建设活动、进行建设项目管理总结的重要内容和指标体系。

(三)项目竣工决算的依据

凡新建、改建和扩建的工程项目,按国家的有关规定,在项目竣工后,都必须编制项目竣工决算。综上所述,项目竣工决算的编制意义,说明项目竣工决算是全面、综合、系统考核评价项目建设成果的资料,在编制形成文件、说明、报表时,依据的资料必须充分,数据必须准确,体系必须完整。

除了国家有关部门已颁发的规章规定外,《建设工程项目管理规范》(GB/T 50326—2006)第18.5.1条规定:

组织进行项目竣工决算编制的主要依据:

1. 项目计划任务书和有关文件。

2. 项目总概算和单项工程综合概算书。
3. 项目设计图纸及说明书。
4. 设计交底、图纸会审资料。
5. 合同文件。
6. 项目竣工结算书。
7. 各种设计变更、经济签证。
8. 设备、材料调价文件及记录。
9. 竣工档案资料。
10. 相关的项目资料、财务决算及批复文件。

编制项目竣工决算除上述主要依据外，还应涵盖其他与该项目竣工决算有关的工程计价与控制资料，如招标标底、历年基建资料、历年财务决算及审批文件等。

二、项目竣工决算编制内容

无论大中小型建设项目竣工，都必须编制项目竣工决算。国家规定，建设项目在竣工验收后，应在要求的时间内，由建设单位将编制的项目竣工决算报主管部门和财政部门审批。

《建设工程项目管理规范》（GB/T 50326—2006）第 18.5.2 条规定：

项目竣工决算应包括下列内容：

1. 项目竣工财务决算说明书。
2. 项目竣工财务决算报表。
3. 项目造价分析资料表等。

建设项目的竣工决算，包括项目从筹建开始到项目建成后交付使用为止的全部工程建设费用。编制项目竣工决算一般应包括以下几个方面的内容：

（一）项目竣工财务决算说明

项目竣工财务决算说明书是综合归纳项目竣工情况的报告性文件，主要反映项目建设成果、各项技术经济指标完成情况，亦是全面考核评价工程建设投资和工程造价控制的文字总结说明。

编写项目竣工财务决算说明，应注重综合性、准确性、系统性的统一，报告和文体要层次清晰、条理分明，其主要内容是：

1. 建设项目概况，主要是对项目的建设工期、工程质量、投资效果，以及设计、施工等各方面的情况进行概括分析和说明；
2. 建设项目投资来源、占用（运用）、会计财务处理、财产物资情况，以及项目债权债务的清偿情况等作分析说明；
3. 建设项目资金节超、竣工项目资金结余、上交分配等说明；
4. 建设项目各项主要技术经济指标的完成比较、分析评价等；
5. 建设项目管理及竣工决算中存在的问题和处理意见；
6. 建设项目竣工决算中需要说明的其他事项等。

（二）项目竣工财务决算报表

为正确反映建设项目的建设规模，适应项目分级管理的需要，按照国家规定的标准，建设项目划分为大型、中型和小型三类。具体依据《基本建设项目大中小型划分标准》进行划分。

项目竣工财务决算报表的编制要求也应按此原则执行。

根据财政部的规定，项目竣工财务决算报表分为两种情况编制，其财务决算报表的内容要求如下：

1. 大、中型建设项目竣工财务决算报表内容

(1) 建设项目竣工财务决算审批表。

(2) 大、中型建设项目概况表。

(3) 大、中型建设项目竣工财务决算表。

(4) 大、中型建设项目交付使用资产总表。

(5) 建设项目交付使用资产明细表。

2. 小型建设项目竣工财务决算报表内容

(1) 建设项目竣工财务决算审批表。

(2) 小型建设项目竣工财务决算总表。

(3) 建设项目交付使用资产明细表。

由于小型建设项目一般比较简单，建设内容不如大型建设项目复杂，所以小型建设项目不单独编制《建设项目概况表》，其项目概况纳入《小型建设项目竣工财务决算总表》中，小型建设项目不编制《交付使用资产总表》，只编制《建设项目交付使用资产明细表》。

(三) 项目竣工图的编制要求

竣工图和工程造价比较分析资料，是编制项目竣工决算的重要技术档案和工程结算依据。

1. 竣工图的编制要求

为了满足项目竣工验收和项目竣工决算的需要，项目竣工后，还应编制反映项目竣工全部内容的竣工图，作为项目竣工决算的真实记录和技术档案。

竣工图的编制方法应按国家有关竣工图编制的规定执行。

2. 工程造价比较分析资料

编制项目竣工决算，还应对工程造价控制中所采取的措施和效果进行比较分析，用以确定竣工项目工程总造价的情况，总结建设项目节约工程造价，提高投资效益的经验，或找出超支的原因，提出改进的意见。

工程造价比较分析资料的主要内容应涵盖主要实物工程量、主要材料消耗量和工程造价构成的主要费用等。

三、项目竣工决算编制程序

为了规范建设工程项目管理中"项目竣工决算"的编制行为，遵循科学的编制和审批程序。《建设工程项目管理规范》(GB/T 50326—2006) 第 18.5.3 条规定：

编制项目竣工决算应遵循下列程序：

1. 收集、整理有关项目竣工决算依据。

2. 清理项目账务、债务和结算物资。

3. 填写项目竣工决算报表。

4. 编写项目竣工决算说明书。

5. 报上级审查。

项目竣工决算应由建设单位编制。所有新建、改建、扩建的建设项目竣工后都应当及

时、准确、完整地编制好项目竣工决算。编制之前，建设单位应确定编制的程序和方法，做好各项准备，有计划、有步骤地开展工作。其工作流程如图7-6所示，绘制项目竣工决算应按下列程序做好各项工作：

图7-6 项目竣工决算工作流程

（一）保证竣工决算依据的完整性

项目竣工决算的编制依据是各种研究报告、投资估算、设计文件、设计概算、批复文件、变更记录、招标标底、投标报价、工程合同、工程结算、调价文件、基建计划、竣工档案等各种工程文件资料。

在项目竣工决算编制之前，应认真收集、整理各种有关的项目竣工决算依据，做好各项基础工作，保证项目竣工决算编制的完整性。

（二）清理项目账务债务的准确性

项目账务债务的清理核对是保证项目竣工决算编制工作准确有效的重要环节。要认真核实项目交付使用资产的成本，做好各种账务、债务和结余物资的清理工作，做到及时清偿、及时回收。清理的具体工作要做到逐项清点、核实账目、整理汇总、妥善管理。

在清理项目债权债务和核实账目的基础上，正确编制项目竣工财务决算，汇总建设期财务决算资料，保证项目竣工决算编制的准确性。

（三）填写项目决算报表的符合性

项目竣工决算报表的编制内容是项目建设成果的综合反映。竣工财务决算表格中的内容应依据编制资料进行计算和统计，并符合有关规定。

项目竣工财务决算报表内容，应根据大、中、小型项目的不同情况和不同要求分别对号入座，完成报表的填写。

（四）编写竣工决算说明的概括性

项目竣工决算说明具有建设项目竣工决算系统性的特点，综合反映项目从筹建开始到竣工交付使用为止，全过程的建设情况，包括项目建设成果和主要技术经济指标的完成情况。

编写内容较为全面、概括性较强的项目竣工财务决算说明书，是全面、正确考核和评价建设项目投资效果的重要文件。应按项目竣工决算编写说明的内容要求，根据编制报表中的结果，编写成文字总结说明材料。

（五）报送上级审查批准的及时性

项目竣工决算编制完毕，应将编写的文字说明和填写的各种报表，经过反复认真校稿核对，无误后装帧成册，形成完整的项目竣工决算文件报告，及时上报审批。

按照国家有关部门对建设项目分类、分级管理的政策、法规、办法的规定，项目竣工决算应在项目竣工验收移交使用后的一个月内编制好，按规定程序报送审批。《建设项目竣工财务决算审批表》的审批程序是：

1. 建设项目开户银行应签署意见并盖章；
2. 建设项目所在地财政监察专员办事机构应签署审批意见盖章；
3. 最后由主管部门或地方财政部门签署审批意见。

第六节　项目回访保修

一、项目回访保修制度[❶]

项目交工后回访用户是一种"售后服务"方式,项目交工后保修是我国工程建设的一项基本法律制度。通过建立和完善回访保修服务制度,贯彻"顾客至上"的服务宗旨,可以展示企业良好的形象。

贯彻回访保修服务制度,要求承包人在项目交付竣工验收后,自签署工程质量保修书起的一定期限内,应对发包人和使用人进行工程回访,发现由施工原因造成的质量问题,承包人应负责工程保修,直到在正常使用条件下,建设工程的质量保修期结束为止。

《建筑法》规定,建筑工程实行质量保修制度。《建设工程质量管理条例》规定,建设工程实行质量保修制度。实行工程质量保修制度,对于促进承包人加强工程质量管理,保护用户及消费者的合法权益可以起到重要的保障作用。

（一）回访保修的意义

承包人进行项目回访保修的重要意义在于:

1. 有利于项目经理部重视项目管理,提高工程质量。只有加强项目的过程控制,增强项目管理层和作业层的责任心,严格按操作工艺和规程施工,以防止和消除质量缺陷的要求出发,才能从源头上杜绝工程质量问题的发生。

2. 有利于承包人听取用户意见,履行回访保修承诺。发现工程质量缺陷,应采取相应的措施,及时派出人员登门进行修理;收集、倾听用户的意见,做好回访保修记录,纳入承包人回访用户和工程保修的管理程序进行控制。

3. 有利于改进服务方式,增强用户对承包人的信任感。通过建立回访与保修的服务制度,组织编写一些用户服务卡、使用说明书、维修注意事项等资料,在回访中馈赠使用人或用户,真正树立全心全意为用户提供优质服务的企业形象。

（二）回访保修的程序

坚持项目回访与保修制度,加强承包人与发包人及使用人或用户的广泛联系,并按规定的程序开展工作,可以赢得发包人的信任,创造"服务换合作"的机遇,提高承包人的社会信誉。

进行项目回访保修的工作方法:

1. 总的指导原则是瞄准建设市场,提高工程质量,与发包人建立良好的公共关系,并将回访保修工作纳入计划实施。

2. 适时召开一些易于融洽、有益双方交流的座谈会、经验交流会、节庆茶话会,以加强联系,增进双方友好感和信赖感。

3. 及时研究解决施工问题、质量问题,听取发包人对工程质量、保修管理、在建工程

---

❶ 《建设工程项目管理规范》（GB/T 50326—2006）规定:
　18.6.1　承包人应制定项目回访和保修制度并纳入质量管理体系。
　　条文说明:项目回访和质量保修应纳入承包人的质量管理体系。没有建立质量管理体系的承包人,也应进行项目回访,并按法律、法规的规定履行质量保修义务。

的意见，不断改善项目管理，才能真正提高工程质量水平，树立承包人的社会信誉。

4. 千方百计为发包人提供各种跟踪服务，不断满足他们提出的各种变更修改要求，建立健全工程项目登记、变更、修改等技术质量管理基础资料，把管理工作做得扎扎实实。

5. 妥善处理与发包人、监理人和外部环境的关系，捕捉机会，创造有利条件，精心组织，细心管理，形成"我精心，你放心，他尽心"的"三位一体"工程质量保证体系。

6. 组织发放有关工程质量保修、维修的注意事项等资料，切实贯彻企业服务宗旨，进行工程质量问卷调查，收集反馈工程质量保修信息，对实施效果应有验证和总结报告。

（三）回访保修的依据

按照《合同法》第二百七十五条规定，"建设工程施工合同的内容应包括：质量保修范围和质量保证期"；第二百八十一条规定，"因施工人的原因致使建设工程质量不符合约定的，发包人有权要求施工人在合理期限内无偿修理或者返工、改建"。

《建设工程施工合同（示范文本）》通用条款中对质量保修作了详细规定：

1. 承包人应按法律、行政法规或国家关于工程质量保修的有关规定，对交付发包人使用的工程在质量保修期内承担质量保修责任。

2. 质量保修工作的实施。承包人应在工程竣工验收之前，与发包人签订质量保修书，作为本合同附件。

3. 质量保修书的主要内容包括：质量保修项目内容及范围；质量保修期；质量保修责任。

4. 质量保修金的支付方法。

二、项目回访工作计划

《建设工程项目管理规范》(GB/T 50326—2006) 第 18.6.2 条规定：

承包人应根据合同和有关规定编制回访保修工作计划，回访保修工作计划应包括下列内容：

1. 主管回访保修的部门。

2. 执行回访保修工作的单位。

3. 回访时间及主要内容和方式。❶

项目交付竣工验收并签署了工程质量保修书，承包人应将回访与保修工作列入议事日程，编制工作计划，规定服务控制程序，纳入质量管理与质量保证体系，使其得到执行的保证。

（一）回访保修控制程序的要求

1. 目的和适用范围

（1）通过回访，了解工程交付使用后，用户对工程质量的意见，促进承包人改进工程质量管理，为顾客提供优质服务。

（2）服务要素及控制程序的内容适用于承包人承建并交工的项目和交付竣工验收后的服务工作。

---

❶ 《建设工程项目管理规范》(GB/T 50326—2006) 中第 18.6.2 条文说明：回访和保修工作计划应形成文件，每次回访结束应填写回访记录，并对质量保修进行验证。回访应关注发包人及其他相关方对竣工项目质量的反馈意见，并及时根据情况实施改进措施。

2. 术语

采用 GB/T 6583—ISO 8402：1994 标准的术语。

3. 职责

（1）承包人应明确服务要素的责任领导，确定本要素及程序制订、修订、实施的归口管理部门和相关部门、人员应执行本要素及程序的规定。

（2）执行单位或项目经理部应参与用户回访调查，代表企业履行保修承诺，具体执行质量保修、维修业务。

4. 措施和方法

（1）承包人应制订并实施项目回访保修服务控制程序。

（2）在项目交付竣工验收后按工作计划组织回访用户。

（3）严格按相关规定和约定，搞好质量保修服务，履行服务承诺。

（4）正确划分保修和维修的责任界限，处理好与用户的关系。

（5）采取多种形式听取用户意见，分析信息，为质量改进提供资料。

（二）回访保修工作计划的要求

回访保修工作计划应由承包人的归口管理部门统一编制，相关部门要积极配合，执行单位或项目经理部要尽职尽责，履行承诺，搞好项目回访及保修服务。

回访保修工作要有计划、有步骤地进行，根据工程交付竣工验收的先后、交工工程所在区域，分别组织。对回访保修工作计划应引起重视，不能草率行事，流于形式。编制回访保修工作计划的一般表式如表 7-10 所示。

表 7-10　回访工作计划

（　　年度）

序号	建设单位	工程名称	保修期限	回访时间安排	参加回访部门	执行单位

单位负责人：　　　　　　　　　　　归口部门：　　　　　　　　　　　编制人：

根据回访保修工作计划的安排，每次回访结束，执行单位或项目经理部应填写《回访工作记录》撰写回访纪要，执行负责人应在回访记录上签字确认。回访用户记录格式如表7-11所示。

表 7-11　回访工作记录

编号：

建设单位		使用单位	
工程名称		建筑面积	
施工单位		保修期限	
项目组织		回访日期	
回访工作纪要			
回访负责人		回访记录人	

撰写回访工作纪要的主要内容一般应包括：存在哪些质量问题；使用人有什么意见；事后应采取什么措施处理；公正、客观地记录正反两方面的评价意见。

回访保修的归口管理部门应依据《回访工作记录》，对回访服务的实施效果进行检查验证，并填写《主控要素监督检查记录（回访用表）》（表 7-12)，检查验证部门的有关人员应签字确认。

表 7-12　主控要素监督检查记录（回访用表）

使用编号：

建设单位		使用单位	
要素名称		检查依据	
检查内容			
检查记录			
	检查部门：	检查人：	年　月　日
验证记录			
	验证部门：	验证人：	年　月　日
质量问题及部位：			
承修人自检评定			
			年　月　日
使用人（用户）验收意见：			
			年　月　日
使用人（用户）地址： 电话： 联系人：			
		通知书发出日期：	年　月　日

全部回访工作结束，应提出回访服务报告，收集用户对工程质量的评价，分析质量缺陷的原因，总结正反两方面的经验和教训，采取相应的对策措施，加强施工过程质量控制，改进完善项目管理。

回访服务报告的主要内容应涵盖：回访建设单位和工程项目的概况；使用单位或用户对交工工程的意见；对回访工作的单项分析和全面总结；举一反三提出质量改进的对策措施等。

三、项目回访工作方式

《建设工程项目管理规范》(GB/T 50326—2006) 第 18.6.3 条规定:"回访可采取电话询问、登门座谈、例行回访等方式。回访应以业主对竣工项目质量的反馈及特殊工程采用的新技术、新材料、新设备、新工艺等的应用情况为重点,并根据需要及时采取改进措施。"

承包人的归口管理部门负责组织回访用户的业务工作,可采用电话询问、登门拜访、会议座谈等多种形式,搞好回访的服务工作。执行单位应随时听从召唤,及时履行服务承诺,做好记录并提交预防措施主管部门验收证明。

根据回访计划安排,可采取灵活多样并有针对性的回访工作方式:

(一)例行性回访

按回访工作计划的统一安排,对已交付竣工验收并在保修期限内的工程,组织例行回访,一般半年或一年进行一次,广泛收集用户对工程质量的反映。对回访难以覆盖的地方,可采取电话询问方式,也可以适时采取召开一些易于融洽、有益交流的座谈会、茶话会等形式,把回访工作搞活。

(二)季节性回访

主要是针对具有季节性特点、容易造成负面影响、经常发生质量问题的工程部位进行回访,如夏季回访屋面工程、墙面工程的防水和渗水情况、空调系统,冬季回访采暖系统等;了解有无施工质量缺陷或使用不当造成的损坏等问题,要区分情况处置,妥善处理好外部公共关系,认真负责地解答用户提出的问题,必要时可分发一些资料,进行维护知识的宣传教育。

(三)技术性回访

根据建筑新技术在工程上应用日益增多的情况,通过回访用户的方式,及时了解施工过程中采用新材料、新技术、新工艺、新设备的技术性能,从用户那里获得使用后的第一手材料,掌握设备安装竣工使用后的技术状态、运行中有无安装施工质量缺陷,若发现有质量问题,应及时进行处理。

(四)专题性回访

对某些特殊工程、重点工程、有影响的工程应组织专访,可将服务工作往前延伸,一般由项目经理部自行组织为好,包括交工前对发包人的访问和交工后对使用人的访问,听取他们的意见,为其提供跟踪服务,满足他们提出的合理要求,改进服务方式和质量管理。交工验收后仍然要建立联系,发生问题应及时上门服务,为以后创造"服务换合作"的新机会。

四、项目工程质量保修

《建设工程项目管理规范》(GB/T 50326—2006) 第 18.6.4 条规定:"签发工程质量保修书应确定质量保修范围、期限、责任和费用的承担等内容。"

《建设工程质量管理条例》第三十九条规定:"建设工程实行质量保修制度。建设工程承包单位在向建设单位提交工程竣工验收报告时,应当向建设单位出具质量保修书。质量保修书中应当明确建设工程的保修范围、保修期限和保修责任等。"

(一)工程质量保修书的示范文本

详细内容见附录 7-3。

（二）工程质量最低保修期限规定

《建设工程质量管理条例》第四十条规定：

在正常使用条件下，建设工程的最低保修期限为：

（一）基础设施工程、房屋建筑的地基基础工程和主体结构工程，为设计文件规定的该工程的合理使用年限；

（二）屋面防水工程、有防水要求的卫生间、房间和外墙面的防渗漏，为5年；

（三）供热与供冷系统，为2个采暖期、供冷期；

（四）电气管线、给排水管道、设备安装和装修工程，为2年。其他项目的保修期限由发包方与承包方约定。

建设工程的保修期，自竣工验收合格之日起计算。

根据《建设工程质量管理条例》的规定，发包人和承包人在签署工程质量保修书时，应约定在正常使用条件下的最低保修期限。保修期限应符合下列原则：

1. 条例已有规定的，应按规定的最低保修期限执行；
2. 条例中没有明确规定的，应在工程质量保修书中具体约定保修期限；
3. 保修期应自竣工验收合格之日起计算，保修有效期限至保修期满为止。

（三）工程质量缺陷修理联系方式

在保修期内发生的非使用原因的质量问题，使用人应填写《工程质量修理通知书》告知承包人，并注明质量问题及部位、联系维修方式。

《工程质量修理通知书》由承包人统一印制，格式如表7-13所示。

表7-13　工程质量修理通知书

（施工单位名称）：

　　本工程于××××年××月××日发生质量问题，根据国家有关工程质量保修规定和《工程质量保修书》约定，请贵单位派人检查修理为盼。

质量问题及部位：
承修人自检评定 年　月　日
使用人（用户）验收意见： 年　月　日
使用人（用户）地址： 电话： 联系人： 　　　　　　　　　　　　　　　　　通知书发出日期：　年　月　日

交付竣工验收投入使用的工程当发生施工质量问题时，使用人可直接到承包人接待处领取《工程质量修理通知书》表式，并如实填写一式两份，一份交接待处据此安排保修工作，

另一份由使用人（用户）自留备查。

原承包人在约定的时间和地点不派人修理的，使用人（用户）可委托其他单位修理，因修理发生的费用，应由原承包人承担赔偿责任。

《工程质量修理通知书》的主要内容是：

1. 质量问题及部位，由使用人具体填写清楚，对专用名词不清楚的，可在接待处咨询后正确填写；

2. 修理通知书发出日期，为约定的起始时间，承包人应在 7 天内派出人员执行保修任务。

（四）工程质量保修义务承诺履行

《建设工程质量管理条例》第四十一条规定："建设工程在保修范围和保修期限内发生质量问题的，施工单位应当履行保修义务，并对造成的损失承担赔偿责任。"

按照国家有关规定，承包人自收到使用人（用户）提交的《工程质量修理通知书》后，应按工程质量保修的承诺，在规定的期限内，为使用人及时提供保修服务，对执行修理任务的单位和人员，实行严格的修理责任制，使保修业务工作落到实处。

若工程属于发包人或使用人委托的修理、维护内容，承包人仍然应按另有约定的承诺，为发包人或使用人提供应有的服务。

修理任务完成，执行项目经理部应安排专职质量人员到现场对修理结果进行自检评定，并签署评定结论。使用人（用户）对修理结果认可，应在《工程质量修理通知书》上签署验收意见，将自留的一份一并移交承包人归档，建立保修业务档案。

（五）工程质量缺陷保修责任界定

工程质量缺陷是产生工程质量保修的根源。进行质量保修，必须划清经济责任。所谓质量缺陷，是指工程发生了不符合国家或行业现行的有关技术标准、设计文件及合同中对质量的要求等。但是，工程发生质量缺陷问题的情况比较复杂，不能"一刀切"。因设计、施工、供应、建设、使用等多方面的影响，都有可能产生质量缺陷问题。

对产生工程质量缺陷的问题应进行具体分析，对经济责任的性质应进行区别、划分，主要目的是便于澄清问题，加强质量管理。因设计、施工、供应、建设、使用等不同原因造成的质量问题，应当由责任方承担经济责任。

1. 质量管理的法律依据

《建筑法》对建筑市场主体各方的质量管理行为作了具体规定：

建设单位不得以任何理由，要求建筑设计单位或者建筑施工企业在工程设计或者施工作业中，违反法律、行政法规和建筑工程质量、安全标准，降低工程质量。

建筑工程的勘察、设计单位必须对其勘察、设计的质量负责。勘察、设计文件应当符合有关法律、行政法规的规定和建筑工程质量、安全标准、建筑工程勘察、设计技术规范以及合同的约定。

建筑施工企业必须按照工程设计要求、施工技术标准和合同的约定，对建筑材料、建筑构配件和设备进行检验，不合格的不得使用。

建筑工程竣工时，屋顶、墙面不得留有渗漏、开裂等质量缺陷；对已发现的质量缺陷，建筑施工企业应当修复。

2. 质量责任的行政法规

《建设工程质量管理条例》对建设工程质量管理各方的质量责任和义务作了明确的规定：

按照合同约定，由建设单位采购建筑材料、建筑构配件和设备的，建设单位应当保证建筑材料、建筑构配件和设备符合设计文件和合同要求。

建设单位不得明示或者暗示施工单位使用不合格的建筑材料、建筑构配件和设备。

设计单位在设计文件中选用的建筑材料、建筑构配件和设备，应当注明规格、型号、性能等技术指标，其质量要求必须符合国家规定的标准。

除有特殊要求的建筑材料、专用设备、工艺生产线等外，设计单位不得指定生产厂、供应商。

施工单位对建筑工程的施工质量负责。

3. 经济责任的划分原则

根据有关法律、行政法规和部门规章的规定，由不同原因造成的质量问题，应由责任方负责修理并承担由此而产生的经济责任。

（1）属于承包人的原因

承包人未严格按照国家现行施工及验收规范、工程质量验收标准、设计文件要求和施工合同约定组织施工，由此而造成的工程质量缺陷，所产生的工程质量保修，应当由承包人负责修理并承担经济损失。

由承包人采购的建筑材料、建筑构配件、设备等不符合质量要求或承包人应进行而没有进行试验或检验，进入施工现场放行使用造成工程质量问题的，应由承包人负责修理并承担经济责任。

（2）属于设计人的原因

因设计原因造成的工程质量缺陷，可由承包人进行修理，但设计人应承担经济责任，其费用可按合同约定，通过发包人向设计人索赔，不足部分由发包人补偿。

（3）属于发包人及使用人的原因

因发包人供应的建筑材料、构配件、设备不合格，发包人明示或暗示承包人使用造成工程质量缺陷的，或使用人竣工验收后自行改建造成的工程质量缺陷，应由发包人或使用人自行承担经济责任。

因发包人指定分包人或不该肢解而肢解发包的工程，致使施工中接口处理不好，造成工程质量缺陷的，或因发包人或使用人竣工验收后使用不当造成的损坏，应由发包人或使用人自行承担经济责任。

（4）其他原因

《房屋建筑工程质量保修办法》（建设部令第80号）规定，不可抗力造成的质量缺陷不属于规定的保修范围。所以，因地震、洪水、台风等不可抗力造成损坏或非施工原因造成的紧急抢修事故，承包人不承担经济责任。

不属于承包人保修范围的工程，但发包人或使用人有意委托承包人修理、维护时，承包人应本着"为用户服务"的精神，为发包人或使用人提供修理、维护等服务，但应签订协议约定。所发生的费用，应由委托人按协议约定的结算方式支付。

4. 保修保险

推行工程风险管理可以有效地转移、分解和规避风险，对发承包双方都是有利的，这种做法符合国际惯例。有的建设工程项目经发包人与承包人协商，根据工程合理使用年限，采用保修保险方式投保的项目，保险费用由发包人支付，承包人应按约定的保修承诺，履行其保修职责和义务。保修保险，解决了费用立项和来源问题，合情合理，最终受益还是发包人或投资人。

第七节 项目考核评价

一、项目考核评价❶的一般概念

项目考核评价工作是建设工程项目管理活动中一个很重要的环节,是对管理主体行目实施效果的检验和评估,是客观反映项目管理目标实现情况的总结。通过项目考核评价,总结经验,找出差距,制定措施,对提高建设工程项目管理水平具有十分重要的作用。

(一) 项目考核评价的含义

建设工程项目管理通常由立项、规划、施工、收尾四个阶段构成。项目考核评价是项目收尾阶段的一项重要工作或一个重要环节。

所谓项目考核评价,顾名思义,就是项目实施后的考核评价,分为中间考核评价和终结考核评价。中间考核评价,方法比较灵活,可以根据项目的需要来组织,如过程考核、年度考核等,主要对象是建设工期较长的的大中型项目,考核的要求是控制和确保建设工程目标的实现。终结考核评价,则是在项目收尾完成,竣工验收后,办完项目竣工结算,编制好项目竣工决算并报批备案,由组织进行的项目终结性考核评价。

说得更通俗一点,项目结束包括项目中间过程的结束,亦指某一阶段或专业过程的结束;项目总体过程的结束,亦指项目建设全过程的结束。组织进行项目考核评价,就是如何为项目的中间、专业和整体画上圆满的句号。

(二) 项目考核评价的载体

项目考核评价的目的是规范项目管理行为,鉴定项目管理水平,评价项目管理成果。中国建筑业协会工程项目管理委员会颁发的《建筑业企业工程项目管理评估办法》,为开展建设工程项目管理考核评价活动提供了一个可参照的依据。

项目考核评价的载体应包括项目考核评价的管理主体、责任主体和工程客体三个方面。

1. 项目考核评价的管理主体

项目考核评价的管理主体应是派出项目管理机构的主管单位。

(1) 建设工程项目的发包人,是指具有发包主体资格的建设单位或项目法人。

(2) 建设工程项目的承包人,是指具有承包主体资格的当事人,可以是勘察、设计、施工等在内的项目承包单位或项目承包人。

(3) 其他方式建设工程项目考评组织。

2. 项目考核评价的责任主体

项目考核评价的责任主体是派驻项目现场的一次性管理组织机构,通常称为项目经理部。因项目范围管理的不同,接受项目考核评价的责任主体,可以分别是:

(1) 建设单位项目经理部;

(2) 设计单位项目经理部;

(3) 施工单位项目经理部;

(4) 总包单位项目经理部;

---

❶ 《建设工程项目管理规范》(GB/T 50326—2006) 规定:
18.7.1 组织应在项目结束后对项目的总体和各专业进行考核评价。

（5）其他单位项目经理部等。

3. 项目考核评价的工程客体

项目考核评价的工程客体是指实行建设工程项目管理的工程项目。工程客体可以分别是：

（1）大、中、小型建设工程项目；
（2）群体工程项目；
（3）单项工程项目；
（4）单位工程项目；
（5）其他工程项目等。

项目考核评价可以在工程项目全部完成后进行，也可以在实施过程中间进行。

（三）项目考核评价的作用

对项目进行考核评价，在我国建设工程项目管理中还是一项比较新的事业。过去十多年来，在对建设工程施工项目管理进行考核评价方面已经摸索了一些成熟的经验，但对建设项目全过程进行综合考核评价的经验还不足，这与我国建设工程的管理体制和市场发育程度有密切的关系。对项目进行全过程、全方位的考核评价，还需要通过建设工程项目管理的实践逐步总结经验，不断完善项目考核评价体系，丰富项目考核评价的内容及形式。

在我国现阶段，对建设工程项目进行考核评价可以产生以下作用：

1. 提高项目管理的决策水平

通过项目实施后的决策考核，可以对项目立项决策的正确与否作出评价。考核评价虽然是事后总结，但得到的经验能够为后来项目的决策提供依据，起到很好的项目决策参考作用。

2. 提高项目管理的设计水平

通过项目实施后的设计考核，可以对项目勘察设计的方案和水平作出评价，并在项目实施过程中得到验证，不断改进优化设计方案，为项目勘察设计单位提高设计能力和水平起到很好的项目设计促进作用。

3. 提高项目管理的采购水平

通过项目实施后的采购考核，可以对项目采购的设备是否先进、适用、可靠作出评价，检验项目投产或交付使用的运行情况，是否达到了设计能力和要求，总结好的经验，减少失误，起到很好的项目采购借鉴作用。

4. 提高项目管理的施工水平

通过项目实施后的施工考核，可以对项目施工过程的管理控制作出评价，考核项目"四控制"、"三管理"、"一协调"的项目管理效果，提高项目施工组织管理水平，在不断完善项目管理中起到很好的施工示范作用。

5. 提高项目管理的总包水平

通过项目实施后的总包考核，可以对项目总承包管理涉及的项目准备、设计、采购、施工、交工等全过程目标和任务的实现情况作出评价，为摸索项目总承包经验，提高总承包项目管理水平，起到很好的试点推动作用。

（四）项目考核评价的要求

随着建设工程项目管理形式的多样化，对项目考核评价工作也提出了新的更高的要求，涉及到项目参与的各方组织，根据各自的需要，都应当建立一套科学的项目考核评价内容和指标体系，作为项目完成后考核评价的依据。

1. 项目考核评价条件

进行项目考核评价应具备以下条件：

(1) 有进行项目评价的组织，包括建设、勘察、设计、施工、供应的企业或单位，其组织结构按照项目管理的要求进行了调整；

(2) 单位对项目组织实施方式进行了改革，建立了项目管理组织，且有明确的职责、权限和项目所需的各类管理人员；

(3) 单位对项目管理实行了项目经理责任制，并运用项目的计划、组织、指挥、协调、控制职能，确保项目管理各项目标实现；

(4) 单位对项目考核评价的基础工作已经准备到位，有考核评价的组织、办法、方案和资料，考评组织接到任务可立即进入程序。

2. 项目考核评价依据

项目考核评价依据，是指对项目考核评价起到评估作用的目标性、管理性、法规性、标准性文件的总称。

(1) 目标性文件。是指领导与被领导、委托与被委托之间签订的《项目管理目标责任书》，实行了项目经理责任制，用以明确项目经理部应达到的项目管理复合目标及承担的责任，并作为项目完成后考核评价项目管理成果的目标性文件。目标性文件是项目考核评价的目标性基本依据。

(2) 管理性文件。是指为规范项目管理行为，由企业管理层制定的各项管理制度、管理办法、管理程序、管理方案等文件，如质量、进度、成本、安全、技术、合同、劳资等方面管理工作的规定。管理性文件是项目考核评价的管理性行为依据。

(3) 法规性文件。是指对项目进行考核评价具有强制约束力的文件，包括国家发布的法律、行政法规、部门规章和地方法规等与工程建设有关的规定。法规性文件是项目考核评价的法规性约束依据。

(4) 标准性文件。是指由行业协会（或单位）主编，国家政府行政主管部门批准发布的有关工程建设的国家标准、行业标准以及地方性的标准等工程技术、管理的规范。如《建设工程项目管理规范》、《建设工程监理规范》、《建设工程文件归档整理规范》等国家标准。标准性文件是项目考核评价的标准性规范依据。

3. 项目考核评价的方式

随着建设工程项目组织实施方式改革，对项目进行考核评价所选择的方式也不尽相同。项目考核评价的方式是项目考评组织运用科学的评价办法对项目管理是否有效及结果是否达到预期目标所做的系统的、综合的项目考核、鉴定、评估和咨询。

鉴于我国建设工程项目管理的现状，可供选择的项目考核评价方式主要有如下几种：

(1) 业主方项目考核评价方式。亦称建设项目管理考核评价，其项目管理的目标包括项目的投资目标、进度目标和质量目标等。其中：投资目标是指项目的总投资目标；进度目标是指项目交付使用的时间目标或工期目标；质量目标涉及设计、施工、材料、设备、环境的质量目标。

(2) 设计方项目考核评价方式。亦称设计项目管理考核评价，其项目管理的目标主要在设计阶段，考核评价的内容应包括设计成本、造价、进度、质量的控制和设计合同、信息管理以及与设计工作有关的沟通管理等。

（3）施工方项目考核评价方式。亦称施工项目管理考核评价，其项目管理的目标主要在施工承包阶段，其考核评价的内容应包括施工成本、进度、质量、安全控制和施工合同、采购、资源、信息、环境、风险、收尾管理以及与项目施工交叉有关的组织协调等沟通管理。

（4）总承包项目考核评价方式。亦称总承包项目管理考核评价，其项目管理目标涉及项目实施全过程，包括设计、施工、采购、试车、交工验收的全部实施阶段，考核评价的内容涵盖了与总承包项目管理有关的投资、成本、进度、质量、安全控制和合同、信息、环境、采购、风险、沟通、收尾管理等。

（5）其他的项目考核评价方式。如供货方、专业方、监理方、咨询方项目管理的考核评价，应根据各自的管理特点和项目实施的内在规律，灵活进行具有自身特性的项目考核评价工作和管理。

二、项目考核评价的指标体系

项目考核评价的指标体系，是由定量指标和定性指标构成，能对项目管理的实施效果作出客观、正确、科学分析和论证的依据❶。

项目考核评价指标体系具有项目管理指标系统全面、单项剖析的明显特征。选择一组适用的指标对某一项目的管理目标进行定量或定性分析，是考核评价项目管理成果的需要。

项目考核评价指标体系的应用，要结合项目组织实施方式的特点选择，一般应涵盖以下三个方面的工作内容：

（一）项目考核评价定量指标

考核评价定量指标的主要内容有：

1. 工程质量指标

工程质量是项目考核评价的关键性指标，它是依据工程建设强制性标准的规定，对工程质量合格与否作出的鉴定。

评价工程质量的依据是工程勘察质量检查报告、工程设计质量检查报告、工程施工质量检查报告以及工程监理质量评估报告等。

以建筑工程施工质量验收为例，标准对单位（子单位）工程质量验收合格的条件规定是：单位（子单位）工程所含分部（子分部）工程均应验收合格；质量控制资料应完整；单位（子单位）工程所含分部工程有关安全和功能的检测资料应完整；主要功能项目的抽查结果应符合相关专业质量验收规范的规定；观感质量验收应符合要求。

在进行工程质量验收评价时，均应按照现行的各专业质量验收标准规定进行检查，并作出结论。国家或地方评选的优质工程奖，应是评价质量管理水平的复合性指标及优质工程成果。

2. 工期及工期提前率

建设工程的工期长短是综合反映工程项目管理水平、项目组织协调能力、施工技术设备能力、各种资源配置能力等方面情况的指标。在评价项目管理效果时，一般都把工期作为一

---

❶ 《建设工程项目管理规范》（GB/T 50326—2006）规定：
18.7.2 项目考核评价的定量指标可包括工期、质量、成本、职业健康安全、环境保护等。
18.7.3 项目考核评价的定性指标可包括经营管理理念，项目管理策划，管理制度及方法，新工艺、新技术推广，社会效益及其社会评价等。

个重要指标来考核。

工期提前率,是用实际工期与计划工期或合同工期进行对比,按公式计算,即得出工期提前率或提前量的效果指标。

缩短工期,对建设项目尽快发挥投效效益、施工项目降低工程成本都有非常多的优越性。

3. 工程成本降低额及降低率

工程成本降低指标是直接反映工程项目管理经济效果的重要指标。工程成本降低通常用成本降低额和成本降低率来表示。

工程成本降低额是实际成本额低于计划成本额的绝对指标。

工程成本降低率是实际成本低于计划成本的绝对额与计划成本额的相对比率。在项目考核评价中通常用成本降低率这一相对评价指标,以便直观反映工程项目的成本管理水平。

4. 安全控制目标

安全控制目标是工程项目管理的重要目标之一,按照原建设部1999年发布的行业标准《建筑施工安全检查标准》(JGJ 59—99)的规定,项目施工安全标准分为优良、合格、不合格三个等级。

建设工程职业健康安全事故的分类,应按照国家标准《企业伤亡事故分类》(GB 6441—1986)的规定执行。

安全控制目标包括杜绝重大伤亡事故、杜绝重大机械事故、杜绝重大火灾事故和工伤频率控制等。

贯彻"安全第一,预防为主"的方针,坚持安全控制程序,消除、减少安全事故,保证人员健康安全和财产免受损失,是实现安全控制目标的重要保证。

5. 环境保护目标及指标

环境保护是按照法律、法规、标准的规定,各级行政主管部门和企业的要求,保护和改善项目现场的环境,控制现场的各种粉尘、废水、废气、固体废弃物、噪声、振动等对环境的污染和危害。

(1) 环境保护目标的要求:

1) 现场施工噪声达到国家控制标准,符合《建筑施工场界噪声限值》(GB 12523—90)规定;

2) 工作环境符合国家标准要求;

3) 固体废弃物的处理和处置达到控制标准;

4) 废水排放应按规定进行处理,符合《污水综合排放标准》(GB 8978—1996)标准;

5) 节能降耗,减少资源浪费等。

(2) 环境保护指标的内容:

1) 项目现场噪声限值;

2) 现场土方、粉状材料管理覆盖率、道路硬化率;

3) 项目资源能源节约率等。

(二) 项目考核评价定性指标

项目考核评价定性指标的主要内容包括:

1. 经营管理理念

经营管理理念是项目组织实施的理性观念。一般情况是,有什么样的经营理念,就会给项目组织实施带来什么样的管理效果。

评价项目经营管理理念,主要是审视项目实施者是否实现了围绕项目运行的管理、机制、组织和技术上的创新,关键体现在如下方面:

(1) 潜移默化的内在功能和高超绝强的管理水平;
(2) 各类人才的素质集聚和综合优势的充分发挥;
(3) 组织内部的高效体制和适应市场的经营机制。

2. 项目管理策划

项目管理策划是项目组织实施的对策谋划。无论哪种项目管理方式,项目经理都要认真策划,做好项目管理这篇文章。

评价项目管理策划,主要是审视项目实施者是否遵循了项目管理规范,建立起精干高效、目标明确、自我约束、协调运行的管理模式。策划构思要从科学的思维创造开始,以良好的管理效果结尾,尽量做到:项目管理组织是精干高效的;项目目标要求是激扬奋进的;项目运行机制是规范有效的;项目协调沟通是运转灵活的。

3. 管理基础工作

管理基础工作是项目组织实施的基础管理,包括项目管理制度、规定、标准、资料、信息等多方面的基础工作。

评价项目管理基础工作,主要是审视项目实施中各项基础工作是否及时、准确、严格、持续的贯彻执行,思想政治工作是否有效,管理规定能否做到令行禁止。具体工作应包括:项目管理有关的标准、规范的执行情况;项目管理有关的制度、办法的贯彻情况;项目管理有关的文件、档案的整理情况。

4. 项目管理方法

项目管理方法是项目组织实施的管理创新。项目管理有无创新,敢为人先,把创新的方法经过加工提炼,融入项目管理之中,体现项目管理创新的特点,为项目管理注入新的内容,使其产生组合效应,形成自己的管理模式。

评价项目管理方法是否创新,主要是审视项目管理过程中采用了哪些独具匠心的方法。

5. 新技术的推广

新技术推广是项目组织实施的技术创新。项目技术创新应以科技为先导,在项目实施中积极推广新技术、新工艺、新材料、新设备的应用,把适用科技成果及时转化为项目生产力。

评价项目新技术的推广应用,主要是审视项目管理中是否用创新的理念,以一流的技术成果、一流的质量水平、一流的施工工艺组织项目实施。

6. 项目社会评价

项目社会评价是项目组织实施的市场反映。项目管理的知名度和美誉度,从某种程度上说是建立在社会评价基础上的。

项目实施效果的最终评价人是用户或使用单位、中介机构或社会各界,他们的评价是最具有说服力的。市场和社会对项目的认同,一般取决于以下四个条件:

(1) 项目管理机制有无效率,能否吸引业主(顾客);
(2) 项目管理水平有无硬功,能否征服业主(顾客);
(3) 项目管理信用有无承诺,能否取信业主(顾客);
(4) 项目管理传媒有无宣传,能否抓住业主(顾客)。

以上四个条件缺一不可。由此建立起来的项目社会评价基石才是巩固的和适应市场竞争的，才是真正意义上的管理机制、管理水平、管理信用和管理传媒的整合。

（三）项目考核评价指标分析

项目考核评价的基本手段是应用项目选择确定的指标体系，对项目的最终效果和过程效果进行定量和定性的分析、论证、评估。项目考核评价的结论是进行项目管理总结的基础。

项目考核评价是在综合考虑项目实施的内、外部因素和主、客观条件基础上，对项目管理的效果进行的考核验证。

项目考核评价指标分析的作用如下：

1. 通过项目考核评价指标的分析评价，肯定项目管理目标的实现水平。如项目的建设工期、工程质量、投资效果、成本降低、安全管理、环境保护等各方面的管理水平；

2. 通过项目考核评价指标的计算比较，用数据说话，分析项目各项可比指标的状况，掌握合格率、差异率、完成率、降低率、利润率等，确认项目管理目标实现的准确性；

3. 通过项目考核评价指标的鉴定论证，识别客观因素和主观因素对项目管理目标实现的影响以及这些因素对项目影响的程度，客观、公正地评价项目管理成果，并为项目的审计、考核提供依据；

4. 通过项目考核评价指标的综合分析，真实反映项目管理主体的业绩，避免考核评价失真，在考核中找出成绩、问题或差距，总结工程项目管理经验，为以后的工程项目管理提供借鉴参考。

三、项目考核评价基本程序

《建设工程项目管理规范》（GB/T 50326—2006）第18.7.4条规定：

项目考核评价应按下列程序进行：

1. 制定考核评价办法。
2. 建立考核评价组织。
3. 确定考核评价方案。
4. 实施考核评价工作。
5. 提出考核评价报告。

项目考核评价是一项科学的评估方法。按照项目管理的共性规律，即对一次性的项目、一次性的组织、一次性的管理，在进行考核评价时，必须坚持既定的基本程序，做到项目考核评价有办法、有组织、有方案、有实施、有报告。

组织在对项目进行考核评价时，除了坚持《建设工程项目管理规范》（GB/T 50326—2006）规定的基本程序外，尚应根据特定项目的具体情况，切实做好以下五个环节的考评管理工作：

（一）制定项目考核评价办法

项目考核评价办法是专为考核评价制定的管理制度。考核评价的管理制度是开展项目考核评价工作的行为规范。常言道："没有规矩，不成方圆。"制定项目考核评价办法，就是为组织进行项目考核评价工作立的规矩。

鉴于建设工程项目管理方式的多样化，因此选择、制定项目考核评价的方法和内容会有所不同。如业主方项目管理的考核评价，虽然过程很长，涵盖了项目建设的寿命周期，但考核的重点则主要是项目的决策正确与否，包括建设工期、工程质量、投资效果等；承包方项目管理的考核评价，则是不包括立项决策的项目实施过程的多指标、多管理的考核评价，评价的内容和方法一般比较具体。

无论哪种项目管理方式，在制定项目考核评价办法时，都应包括如下内容：
1. 项目考核评价的目的；
2. 项目考核评价的机构；
3. 项目考核评价的指标；
4. 项目考核评价的方法；
5. 项目考核评价的总结。

（二）建立项目考核评价组织

项目考核评价组织是为项目考核评价提供智力服务的专家组织。项目考核评价的组织因项目的需要而建立，既可以委托第三方进行项目考核、评估，也可以由企业内部各方面的专家组成，按照考核评价办法的规定进行项目的考核、评估。

项目考核评价组织的成员，应熟悉项目管理理论，有一定的学术造诣和专业管理经验，宣讲和文字表达能力较强，热心项目考核评价工作。

项目考核评价组织的职责和任务是：
1. 编制项目考核评价的实施方案；
2. 负责评价期间的工作联系和组织协调；
3. 具体实施项目考核评价的各项工作；
4. 查阅资料，考察项目现场，作出评价结论；
5. 整理移交项目，考核评价各类资料等。

（三）确定项目考核评价方案

项目考核评价方案是指导项目考核评价工作的实施文件。在编制过程中，应认真听取项目所在单位的部门和项目经理部的意见，修订、完善项目考核评价的内容，统一工作步调，达成考核评价共识，使项目考核评价的各项工作按计划、有步骤地进行。

项目考核评价方案编制完成，应按考核评价办法的规定，将文本报送评价组织的负责人审核、批准，然后按认同、批准的方案具体组织实施。

项目考核评价方案的编制内容应包括：
1. 工程项目概况；
2. 项目考核评价组织的构成情况；
3. 项目考核评价的指标分解；
4. 项目考核评价的时间安排；
5. 项目考核评价的具体方法；
6. 项目考核评价的结论报告；
7. 项目考核评价的统一表式等。

（四）实施项目考核评价工作

开展项目考核评价的各项工作应按批准的项目考核评价方案组织实施。具体的考评工作，应按确定的评价对象、评价范围和评价进度，本着指标、专业分工的原则逐步展开，同时要沟通评价期间交叉和上下的工作信息。

项目考核评价组织进入项目后，应向项目经理部提交评价方案，召开必要的沟通协调会议，争取项目经理部的工作支持，使项目考评实施工作按预定的时间、内容和要求进行。

实施项目考核评价应按下列步骤进行：
1. 项目考评组织进入现场，听取项目管理组织（项目经理部）的情况汇报；
2. 查阅项目实施过程中形成的工程文件、管理制度、各类报表、原始记录等；
3. 考察工程项目现场，召开必要的座谈会，查看场容场貌、质量安全、环境保护；
4. 项目考评组织按专业分工进行定量和定性指标分析、比较，提出评价意见；
5. 项目考评组织按评价程序，对项目实现目标、考核指标完成情况进行评分；
6. 项目考评组织对项目作考核评价结论，尤其对敏感性问题应广泛听取意见，统一认识。

（五）提出项目考核评价报告

项目考核评价报告是综合反映项目考核评价结果的文件，亦是项目考评组织全面评价项目管理情况的书面报告。

项目考核评价报告的内容应全面、具体，具有较强的逻辑性、客观性和说服力，本着肯定成绩、找出差距的原则，对项目管理行为、项目管理效果、项目管理目标的实施和完成情况作出公平、公正的评价，以理服人，并提出建设性的咨询意见。

项目考核评价报告的主要内容一般应包括：
1. 项目考核评价报告正文。
2. 项目考核评价报告附件：若干项目考核评价表；项目考核评价鉴定书；其他附件等。

为了便于企业对工程项目管理进行综合评价，中国建筑业协会工程项目管理委员会制定了《建筑业企业工程项目管理评估办法》，为建设工程项目管理开展评估活动提供了一个参考依据。

四、工程项目管理的全面总结

工程项目管理总结是全面、系统反映项目管理实施情况的综合性文件。项目管理结束后，项目管理实施责任主体或项目经理部应进行项目管理总结。项目管理总结应在项目考核评价工作完成后编制。

《建设工程项目管理规范》（GB/T 50326—2006）第18.7.5条规定：

项目管理结束后，组织应按照下列内容编制项目管理总结。
1. 项目概况。
2. 组织机构、管理体系、管理控制程序。
3. 各项经济技术指标完成情况及考核评价。
4. 主要经验及问题处理。
5. 其他需要提供的资料。

编制项目管理总结具有十分重要的意义。根据上述规定，项目管理责任主体要十分重视项目管理总结，绝不能采取"猴子掰玉米、掰一节丢一节"的做法，需从以下几个方面做好项目管理总结的基础工作：

（一）收集整理项目管理的有关资料

项目管理资料是项目管理基础工作的重要内容，也是分析总结项目管理经验的原始材料。在进行项目管理总结前，应注意收集整理如下资料：
1. 工程技术档案的汇总资料；
2. 各项技术经济指标完成情况的分析资料和统计报表；

3. 项目实施过程中的获奖业绩材料;
4. 项目的各项专业管理制度及总结的经验材料;
5. 项目考核评价组织提交的项目考核评价报告;
6. 贯彻现代管理体系,推广适用、先进施工技术的材料;
7. 项目开展思想政治工作的好经验、好做法的资料;
8. 其他与项目管理总结有关的材料。

(二)全面分析项目管理的实施效果

全面分析项目管理实施效果是正确反映项目管理水平,编写项目管理总结材料的需要。分析项目管理效果要充分依据有关资料实事求是地科学评价。全面分析实施效果应注意以下问题:

1. 结合项目具体情况进行综合分析,选择适用的评价指标,如质量、工期、产值、利润、成本等分析指标,对项目实施的各个方面进行系统的分析,综合评价项目效益和管理效果。

2. 结合项目具体情况进行单项分析,即针对某个单项指标或问题进行剖析,总结好的经验,找出问题的原因,为改进、完善项目管理中的某项工作制定对策措施。

3. 结合项目具体情况总结项目管理经验,应与项目考核评价的指标体系同口径,不能与项目考核评价的结论意见有矛盾,客观地反映项目管理的业绩和效果。

(三)认真撰写项目管理的总结材料

撰写项目管理总结材料,是在资料收集、效果分析的基础上,按照编写提纲的要求进行的文字总结。总结材料编写完,须经项目管理总负责人(即项目经理)审核同意后打印上报备案。

项目管理总结是工程文件归档整理的重要资料之一,应按照工程文件归档整理的规定及时存入建设工程文件档案和企业档案。

附录 7-1

建设工程质量管理条例

(2000年1月10日国务院第25次常务会议通过,2000年1月30日
中华人民共和国国务院令第279号公布,自公布之日起施行)

第一章 总 则

第一条 为了加强对建设工程质量的管理,保证建设工程质量,保护人民生命和财产安全,根据《中华人民共和国建筑法》,制定本条例。

第二条 凡在中华人民共和国境内从事建设工程的新建、扩建、改建等有关活动及实施对建设工程质量监督管理的,必须遵守本条例。

本条例所称建设工程,是指土木工程、建筑工程、线路管道和设备安装工程及装修工程。

第三条 建设单位、勘察单位、设计单位、施工单位、工程监理单位依法对建设工程质量负责。

第四条 县级以上人民政府建设行政主管部门和其他有关部门应当加强对建设工程质量

的监督管理。

第五条 从事建设工程活动，必须严格执行基本建设程序，坚持先勘察、后设计、再施工的原则。

县级以上人民政府及其有关部门不得超越权限审批建设项目或者擅自简化基本建设程序。

第六条 国家鼓励采用先进的科学技术和管理方法，提高建设工程质量。

第二章 建设单位的质量责任和义务

第七条 建设单位应当将工程发包给具有相应资质等级的单位。

建设单位不得将建设工程肢解发包。

第八条 建设单位应当依法对工程建设项目的勘察、设计、施工、监理以及与工程建设有关的重要设备、材料等的采购进行招标。

第九条 建设单位必须向有关的勘察、设计、施工、工程监理等单位提供与建设工程有关的原始资料。

原始资料必须真实、准确、齐全。

第十条 建设工程发包单位不得迫使承包方以低于成本的价格竞标，不得任意压缩合理工期。

建设单位不得明示或者暗示设计单位或者施工单位违反工程建设强制性标准，降低建设工程质量。

第十一条 建设单位应当将施工图设计文件报县级以上人民政府建设行政主管部门或者其他有关部门审查。施工图设计文件审查的具体办法，由国务院建设行政主管部门会同国务院其他有关部门制定。

施工图设计文件未经审查批准的，不得使用。

第十二条 实行监理的建设工程，建设单位应当委托具有相应资质等级的工程监理单位进行监理，也可以委托具有工程监理相应资质等级并与被监理工程的施工承包单位没有隶属关系或者其他利害关系的该工程的设计单位进行监理。

下列建设工程必须实行监理：

（一）国家重点建设工程；

（二）大中型公用事业工程；

（三）成片开发建设的住宅小区工程；

（四）利用外国政府或者国际组织贷款、援助资金的工程；

（五）国家规定必须实行监理的其他工程。

第十三条 建设单位在领取施工许可证或者开工报告前，应当按照国家有关规定办理工程质量监督手续。

第十四条 按照合同约定，由建设单位采购建筑材料、建筑构配件和设备的，建设单位应当保证建筑材料、建筑构配件和设备符合设计文件和合同要求。

建设单位不得明示或者暗示施工单位使用不合格的建筑材料、建筑构配件和设备。

第十五条 涉及建筑主体和承重结构变动的装修工程，建设单位应当在施工前委托原设计单位或者具有相应资质等级的设计单位提出设计方案；没有设计方案的，不得施工。

房屋建筑使用者在装修过程中，不得擅自变动房屋建筑主体和承重结构。

第十六条 建设单位收到建设工程竣工报告后,应当组织设计、施工、工程监理等有关单位进行竣工验收。

建设工程竣工验收应当具备下列条件:
(一)完成建设工程设计和合同约定的各项内容;
(二)有完整的技术档案和施工管理资料;
(三)有工程使用的主要建筑材料、建筑构配件和设备的进场试验报告;
(四)有勘察、设计、施工、工程监理等单位分别签署的质量合格文件;
(五)有施工单位签署的工程保修书。

建设工程经验收合格的,方可交付使用。

第十七条 建设单位应当严格按照国家有关档案管理的规定,及时收集、整理建设项目各环节的文件资料,建立、健全建设项目档案,并在建设工程竣工验收后,及时向建设行政主管部门或者其他有关部门移交建设项目档案。

第三章 勘察、设计单位的质量责任和义务

第十八条 从事建设工程勘察、设计的单位应当依法取得相应等级的资质证书,并在其资质等级许可的范围内承揽工程。

禁止勘察、设计单位超越其资质等级许可的范围或者以其他勘察、设计单位的名义承揽工程。禁止勘察、设计单位允许其他单位或者个人以本单位的名义承揽工程。

勘察、设计单位不得转包或者违法分包所承揽的工程。

第十九条 勘察、设计单位必须按照工程建设强制性标准进行勘察、设计,并对其勘察、设计的质量负责。

注册建筑师、注册结构工程师等注册执业人员应当在设计文件上签字,对设计文件负责。

第二十条 勘察单位提供的地质、测量、水文等勘察成果必须真实、准确。

第二十一条 设计单位应当根据勘察成果文件进行建设工程设计。

设计文件应当符合国家规定的设计深度要求,注明工程合理使用年限。

第二十二条 设计单位在设计文件中选用的建筑材料、建筑构配件和设备,应当注明规格、型号、性能等技术指标,其质量要求必须符合国家规定的标准。

除有特殊要求的建筑材料、专用设备、工艺生产线等外,设计单位不得指定生产厂、供应商。

第二十三条 设计单位应当就审查合格的施工图设计文件向施工单位作出详细说明。

第二十四条 设计单位应当参与建设工程质量事故分析,并对因设计造成的质量事故,提出相应的技术处理方案。

第四章 施工单位的质量责任和义务

第二十五条 施工单位应当依法取得相应等级的资质证书,并在其资质等级许可的范围内承揽工程。

禁止施工单位超越本单位资质等级许可的业务范围或者以其他施工单位的名义承揽工程。禁止施工单位允许其他单位或者个人以本单位的名义承揽工程。

施工单位不得转包或者违法分包工程。

第二十六条 施工单位对建设工程的施工质量负责。

施工单位应当建立质量责任制，确定工程项目的项目经理、技术负责人和施工管理负责人。

建设工程实行总承包的，总承包单位应当对全部建设工程质量负责；建设工程勘察、设计、施工、设备采购的一项或者多项实行总承包的，总承包单位应当对其承包的建设工程或者采购的设备的质量负责。

第二十七条 总承包单位依法将建设工程分包给其他单位的，分包单位应当按照分包合同的约定对其分包工程的质量向总承包单位负责，总承包单位与分包单位对分包工程的质量承担连带责任。

第二十八条 施工单位必须按照工程设计图纸和施工技术标准施工，不得擅自修改工程设计，不得偷工减料。

施工单位在施工过程中发现设计文件和图纸有差错的，应当及时提出意见和建议。

第二十九条 施工单位必须按照工程设计要求、施工技术标准和合同约定，对建筑材料、建筑构配件、设备和商品混凝土进行检验，检验应当有书面记录和专人签字；未经检验或者检验不合格的，不得使用。

第三十条 施工单位必须建立、健全施工质量的检验制度，严格工序管理，做好隐蔽工程的质量检查和记录。隐蔽工程在隐蔽前，施工单位应当通知建设单位和建设工程质量监督机构。

第三十一条 施工人员对涉及结构安全的试块、试件以及有关材料，应当在建设单位或者工程监理单位监督下现场取样，并送具有相应资质等级的质量检测单位进行检测。

第三十二条 施工单位对施工中出现质量问题的建设工程或者竣工验收不合格的建设工程，应当负责返修。

第三十三条 施工单位应当建立、健全教育培训制度，加强对职工的教育培训；未经教育培训或者考核不合格的人员，不得上岗作业。

第五章 工程监理单位的质量责任和义务

第三十四条 工程监理单位应当依法取得相应等级的资质证书，并在其资质等级许可的范围内承担工程监理业务。

禁止工程监理单位超越本单位资质等级许可的范围或者以其他工程监理单位的名义承担工程监理业务。禁止工程监理单位允许其他单位或者个人以本单位的名义承担工程监理业务。

工程监理单位不得转让工程监理业务。

第三十五条 工程监理单位与被监理工程的施工承包单位以及建筑材料、建筑构配件和设备供应单位不得有隶属关系或者其他利害关系的，不得承担该项建设工程的监理业务。

第三十六条 工程监理单位应当依照法律、法规以及有关技术标准、设计文件和建设工程承包合同，代表建设单位对施工质量实施监理，并对施工质量承担监理责任。

第三十七条 工程监理单位应当选派具备相应资格的总监理工程师和监理工程师进驻施工现场。

未经监理工程师签字，建筑材料、建筑构配件和设备不得在工程上使用或者安装，施工单位不得进行下一道工序的施工。未经总监理工程师签字，建设单位不拨付工程款，不进行竣工验收。

第三十八条 监理工程师应当按照工程监理规范的要求，采取旁站、巡视和平行检验等形式，对建设工程实施监理。

第六章 建设工程质量保修

第三十九条 建设工程实行质量保修制度。

建设工程承包单位在向建设单位提交工程竣工验收报告时，应当向建设单位出具质量保修书。质量保修书中应当明确建设工程的保修范围、保修期限和保修责任等。

第四十条 在正常使用条件下，建设工程的最低保修期限为：

（一）基础设施工程、房屋建筑的地基基础工程和主体结构工程，为设计文件规定的该工程的合理使用年限；

（二）屋面防水工程、有防水要求的卫生间、房间和外墙面的防渗漏，为5年；

（三）供热与供冷系统，为2个采暖期、供冷期；

（四）电气管线、给排水管道、设备安装和装修工程，为2年。

其他项目的保修期限由发包方与承包方约定。

建设工程的保修期，自竣工验收合格之日起计算。

第四十一条 建设工程在保修范围和保修期限内发生质量问题的，施工单位应当履行保修义务，并对造成的损失承担赔偿责任。

第四十二条 建设工程在超过合理使用年限后需要继续使用的，产权所有人应当委托具有相应资质等级的勘察、设计单位鉴定，并根据鉴定结果采取加固、维修等措施，重新界定使用期。

第七章 监 督 管 理

第四十三条 国家实行建设工程质量监督管理制度。

国务院建设行政主管部门对全国的建设工程质量实施统一监督管理。国务院铁路、交通、水利等有关部门按照国务院规定的职责分工，负责对全国的有关专业建设工程质量的监督管理。

县级以上地方人民政府建设行政主管部门对本行政区域内的建设工程质量实施监督管理。县级以上地方人民政府交通、水利等有关部门在各自的职责范围内，负责对本行政区域内的专业建设工程质量的监督管理。

第四十四条 国务院建设行政主管部门和国务院铁路、交通、水利等有关部门应当加强对有关建设工程质量的法律、法规和强制性标准执行情况的监督检查。

第四十五条 国务院发展计划部门按照国务院规定的职责，组织稽察特派员，对国家出资的重大建设项目实施监督检查。

国务院经济贸易主管部门按照国务院规定的职责，对国家重大技术改造项目实施监督检查。

第四十六条 建设工程质量监督管理，可以由建设行政主管部门或者其他有关部门委托的建设工程质量监督机构具体实施。

从事房屋建筑工程和市政基础设施工程质量监督的机构，必须按照国家有关规定经国务院建设行政主管部门或者省、自治区、直辖市人民政府建设行政主管部门考核；从事专业建设工程质量监督的机构,必须按照国家有关规定经国务院有关部门或者省、自治区、直辖市人民政府有关部门考核。经考核合格后,方可实施质量监督。

第四十七条 县级以上地方人民政府建设行政主管部门和其他有关部门应当加强对有关建设工程质量的法律、法规和强制性标准执行情况的监督检查。

第四十八条 县级以上人民政府建设行政主管部门和其他有关部门履行监督检查职责时,有权采取下列措施:

(一)要求被检查的单位提供有关工程质量的文件和资料;

(二)进入被检查单位的施工现场进行检查;

(三)发现有影响工程质量的问题时,责令改正。

第四十九条 建设单位应当自建设工程竣工验收合格之日起15日内,将建设工程竣工验收报告和规划、公安消防、环保等部门出具的认可文件或者准许使用文件报建设行政主管部门或者其他有关部门备案。

建设行政主管部门或者其他有关部门发现建设单位在竣工验收过程中有违反国家有关建设工程质量管理规定行为的,责令停止使用,重新组织竣工验收。

第五十条 有关单位和个人对县级以上人民政府建设行政主管部门和其他有关部门进行的监督检查应当支持与配合,不得拒绝或者阻碍建设工程质量监督检查人员依法执行职务。

第五十一条 供水、供电、供气、公安消防等部门或者单位不得明示或者暗示建设单位、施工单位购买其指定的生产供应单位的建筑材料、建筑构配件和设备。

第五十二条 建设工程发生质量事故,有关单位应当在24小时内向当地建设行政主管部门和其他有关部门报告。对重大质量事故,事故发生地的建设行政主管部门和其他有关部门应当按照事故类别和等级向当地人民政府和上级建设行政主管部门和其他有关部门报告。

特别重大质量事故的调查程序按照国务院有关规定办理。

第五十三条 任何单位和个人对建设工程的质量事故、质量缺陷都有权检举、控告、投诉。

第八章 罚 则

第五十四条 违反本条例规定,建设单位将建设工程发包给不具有相应资质等级的勘察、设计、施工单位或者委托给不具有相应资质等级的工程监理单位的,责令改正,处50万元以上100万元以下的罚款。

第五十五条 违反本条例规定,建设单位将建设工程肢解发包的,责令改正,处工程合同价款百分之零点五以上百分之一以下的罚款;对全部或者部分使用国有资金的项目,并可暂停项目执行或者暂停资金拨付。

第五十六条 违反本条例规定,对建设单位有下列行为之一的,责令改正,处20万元以上50万元以下的罚款:

(一)迫使承包方以低于成本的价格竞标的;

(二)任意压缩合理工期的;

(三)明示或者暗示设计单位或者施工单位违反工程建设强制性标准,降低工程质量的;

(四)施工图设计文件未经审查或者审查不合格,擅自施工的;

(五)建设项目必须实行工程监理而未实行工程监理的;

(六)未按照国家规定办理工程质量监督手续的;

（七）明示或者暗示施工单位使用不合格的建筑材料、建筑构配件和设备的；

（八）未按照国家规定将竣工验收报告、有关认可文件或者准许使用文件报送备案的。

第五十七条 违反本条例规定，建设单位未取得施工许可证或者开工报告未经批准，擅自施工的，责令停止施工，限期改正，处工程合同价款百分之一以上百分之二以下的罚款。

第五十八条 违反本条例规定，建设单位有下列行为之一的，责令改正，处工程合同价款百分之二以上百分之四以下罚款；造成损失的，依法承担赔偿责任。

（一）未组织竣工验收，擅自交付使用的；

（二）验收不合格，擅自交付使用的；

（三）对不合格的建设工程按照合格工程验收的。

第五十九条 违反本条例规定，建设工程竣工验收后，建设单位未向建设行政主管部门或者其他有关部门移交建设项目档案的，责令改正，处1万元以上10万元以下的罚款。

第六十条 违反本条例规定，勘察、设计、施工、工程监理单位超越本单位资质等级承揽工程的，责令停止违法行为，对勘察、设计单位或者工程监理单位处合同约定的勘察费、设计费或者监理酬金1倍以上2倍以下的罚款；对施工单位处工程合同价款百分之二以下百分之四以下的罚款，可以责令停业整顿，降低资质等级；情节严重的，吊销资质证书；有违法所得的，予以没收。

未以得资质证书承揽工程的，予以取缔，依照前款规定处以罚款；有违法所得的，予以没收。

以欺骗手段取得资质证书，承揽工程的，吊销资质证书，依照本条例第一款规定处以罚款；有违法所得的，予以没收。

第六十一条 违反本条例规定，勘察、设计、施工、工程监理单位允许其他单位或者个人以本单位名义承揽工程的，责令改正，没收违法所得，对勘察、设计单位和工程监理单位处合同约定的勘察费、设计费和监理酬金1倍以上2倍以下的罚款；对施工单位处工程合同百分之二以上百分之四以下的罚款；可以责令停业整顿，降低资质等级；情节严重的，吊销资质证书。

第六十二条 违反本条例规定，承包单位将承包的工程或者违法分包的，责令改正，没收违法所得，对勘察、设计单位处合同约定勘察费、设计费百分之二十五以上百分之五十以下的罚款；对施工单位处工程合同价款百分之零点五以上百分之一以下的罚款；可以责令停业整顿，降低资质等级；情节严重的，吊销资质证书。

工程监理单位转让工程监理业务的，责令改正，没收违法所得，处合同约定的监理酬金百分之二十五以上百分之五十以下的罚款；可以责令停业整顿，降低资质等级；情节严重的，吊销资质证书。

第六十三条 违反本条例规定，有下列行为之一的，责令改正，处10万元以上30万元以下的罚款：

（一）勘察单位未按照工程建设强制性标准进行勘察的；

（二）设计单位未根据勘察成果文件进行标准进行设计的；

（三）设计单位指定建筑材料、建筑构配件的生产厂、供应商的；

（四）设计单位未按照工程建设强制性标准进行设计的。

前款所列行为，造成工程质量事故的，责令停业整顿，降低资质等级；情节严重的，吊销资质证书；造成损失的，依法承担赔偿责任。

第六十四条 违反本条例规定,施工单位在施工中偷工减料的,使用不合格的建筑材料、建筑构配件和设备的,或者有不按照工程设计图纸或者施工技术标准施工的其他行为的,责令改正,处工程合同价款百分之二以上百分之四以下的罚款;造成建设工程质量不符合规定的质量标准的,负责返工、修理,并赔偿因此造成的损失;情节严重的,责令停业整顿,降低资质等级或者吊销资质证书。

第六十五条 违反本条例规定,施工单位未对建筑材料、建筑构配件、设备和商品混凝土进行检验,或者未对涉及结构安全的试块、试件以及有关材料取样检测的,责令改正,处10万元以上20万元以下的罚款;严重的,责令停业整顿,降低资质等级或者吊销资质证书;造成损失的,依法承担赔偿责任。

第六十六条 违反本条例规定,遮蔽履行保修义务或拖延履行保修义务的,责令改正,处10万元以上20万元以下的罚款,并对在保修期内因质量缺陷造成的损失承担赔偿责任。

第六十七条 工程监理单位有下列行为之一的,责令改正,处50万元上100万元以下的罚款,降低资质等级或者吊销资质证书;有违法所得的,予以没收;造成损失的,承担连带赔偿责任:

(一)与建设单位或者施工单位串通,弄虚作假、降低工程质量的;

(二)将不合格的建设工程、建筑材料、建筑构配件和设备按照合格签字的。

第六十八条 违反本条例规定的,工程监理单位与被监理工程的施工承包单位以及建筑材料、建筑构配件和设备供应单位有隶属关系或者其他利害关系承担该项建设工程的监理业务的,责令改正,处5万元以上10万元以下的罚款,降低资质等级或者吊销资质证书;有违法所得的,予以没收。

第六十九条 违反本条例规定,涉及建筑主体或者承重结构变动的装修工程,没有设计方案擅自施工的,责令改正,处50万元以上100万元以下的罚款;房屋建筑使用者在装修过程中擅自变动房屋建筑主体和承重结构的,责令改正,处5万元以上10万元以下的罚款。

有前款所列行为,造成损失的,依法承担赔偿责任。

第七十条 发生重大工程质量事故隐瞒不报、谎报或者拖延报告期限的,对直接负责的主管人员和其他责任人员依法给予行政处分。

第七十一条 违反本条例规定,供水、供电、供气、公安消防等部门或者单位明示或者暗示建设单位或者施工单位购买其指定的生产供应单位的建筑材料、建筑构配件和设备的,责令改正。

第七十二条 违反本条例规定,注册建筑师、注册结构工程师、监理工程师等注册执业人员因过错造成质量事故的,吊销执业资格证书,5年以内不予注册;情节特别恶劣的,终身不予注册。

第七十三条 依照本条例规定,给予单位罚款处罚的,对单位直接负责的主管人员和其他直接责任人员处单位罚款数额百分之五以上百分之十以下的罚款。

第七十四条 建设单位、设计单位、施工单位、工程监理前段时间违反国家规定,降低工程质量标准,造成重大安全事故,构成犯罪的,对直接责任人员依法追究刑事责任。

第七十五条 本条例规定的责令停业整顿,降低资质等级和吊销资质证书的行政处罚,由颁发资质证书的机关决定;其他行政处罚,由建设行政主管部门或者其他有关部门依照法定职权决定。

依照本条例规定被吊销资质证书的,由工商行政主管部门吊销其营业执照。

第七十六条 国家机关工作人员在建设工程质量监督管理工作中玩忽职守、滥用职权、徇私舞弊，构成犯罪的，依法追究刑事责任；尚不构成犯罪的，依法给予行政处分。

第七十七条 建设、勘察、设计、施工、工程监理单位的工作人员因调动工作、退休等原因离开该单位后，被发现在该单位工作期间违反国家有关建设工程质量管理规定，造成重大工程质量事故的，仍应当依法追究法律责任。

第九章 附 则

第七十八条 本条例所称肢解发包，是指建设单位将应当由一个承包单位完成的建设工程分解成若干部分发包给不同的承包单位的行为。

本条例所称违法分包，是指下列行为：

（一）总承包单位将建设工程分包给不具备相应资质条件的单位的；

（二）建设工程总承包合同中未有约定，又未经建设单位认可，承包单位将其承包的部分建设工程交由其他单位完成的；

（三）施工总承包单位将建设工程主体结构的施工分包给其他单位的；

（四）分包单位将其承包的建设工程再分包的。

本条例所称转包，是指承包单位承包建设工程，不履行合同约定的责任和义务，将其承包的全部建设工程转给他人或者将其承包的全部建设工程肢解以后以分包的名义分别转给其他单位承包的行为。

第七十九条 本条例规定的罚款和没收的违法所得，必须全部上缴国库。

第八十条 抢险救灾及其他临时性房屋建筑和农民自建低层住宅的建设活动，不适用本条例。

第八十一条 军事建设工程的管理，按照中央军事委员会的有关规定执行。

第八十二条 本条例自 2000 年 1 月 30 日起施行。

附：刑法有关条款

第一百三十七条 建设单位、设计单位、施工单位、工程监理单位违反国家规定，降低工程质量标准，造成重大安全事故的，对直接责任人员处五年以下有期徒刑或者拘役，并处罚金；后果特别严重的，处五年以上十年以下有期徒刑，并处罚金。

附录 7-2

房屋建筑工程质量保修办法

（建设部令第 80 号）

《房屋建筑工程质量保修办法》已于 2000 年 6 月 26 日经第 24 次部常务会讨论通过，现予发布，自发布之日起施行。

部长 俞正声

二〇〇〇年六月三十日

第一条 为保护建设单位、施工单位、房屋建筑所有人和使用人的合法权益，维护公共安全和公众利益，根据《中华人民共和国建筑法》和《建设工程质量管理条例》，制定本办法。

第二条 在中华人民共和国境内新建、扩建、改建各类房屋建筑工程（包括装修工程）的质量保修，适用本办法。

第三条 本办法所称房屋建筑工程质量保修，是指对房屋建筑工程竣工验收后在保修期限内出现的质量缺陷，予以修复。本办法所称质量缺陷，是指房屋建筑工程的质量不符合工程建设强制性标准以及合同的约定。

第四条 房屋建筑工程在保修范围和保修期限内出现质量缺陷，施工单位应当履行保修义务。

第五条 国务院建设行政主管部门负责全国房屋建筑工程质量保修的监督管理。

县级以上地方人民政府建设行政主管部门负责本行政区域内房屋建筑工程质量保修的监督管理。

第六条 建设单位和施工单位应当在工程质量保修书中约定保修范围、保修期限和保修责任等，双方约定的保修范围、保修期限必须符合国家有关规定。

第七条 在正常使用下，房屋建筑工程的最低保修期限为：

（一）地基基础和主体结构工程，为设计文件规定的该工程的合理使用年限；

（二）屋面防水工程、有防水要求的卫生间、房间和外墙面的防渗漏，为5年；

（三）供热与供冷系统，为2个采暖期、供冷期；

（四）电气系统、给排水管道、设备安装为2年；

（五）装修工程为2年。

其他项目的保修期限由建设单位和施工单位约定。

第八条 房屋建筑工程保修期从工程竣工验收合格之日起计算。

第九条 房屋建筑工程在保修期限内出现质量缺陷，建设单位或者房屋建筑所有人应当向施工单位发出保修通知。施工单位接到保修通知后，应当到现场核查情况，在保修书约定的时间内予以保修。发生涉及结构安全或者严重影响使用功能的紧急抢修事故，施工单位接到保修通知后，应当立即到达现场抢修。

第十条 发生涉及结构安全的质量缺陷，建设单位或者房屋建筑所有人应当立即向当地建设行政主管部门报告，采取安全防范措施；由原设计单位或者具有相应资质等级的设计单位提出保修方案，施工单位实施保修，原工程质量监督机构负责监督。

第十一条 保修完后，由建设单位或者房屋建筑所有人组织验收。涉及结构安全的，应当报当地建设行政主管部门备案。

第十二条 施工单位不按工程质量保修书约定保修的，建设单位可以另行委托其他单位保修，由原施工单位承担相应责任。

第十三条 保修费用由质量缺陷的责任方承担。

第十四条 在保修期内，因房屋建筑工程质量缺陷造成房屋所有人、使用人或者第三方人身、财产损害的，房屋所有人、使用人或者第三方可以向建设单位提出赔偿要求。建设单位向造成房屋建筑工程质量缺陷的责任方追偿。

第十五条 因保修不及时造成新的人身、财产损害，由造成拖延的责任方承担赔偿责任。

第十六条 房地产开发企业售出的商品房保修，还应当执行《城市房地产开发经营管理条例》和其他有关规定。

第十七条 下列情况不属于本办法规定的保修范围：

（一）因使用不当或者第三方造成的质量缺陷；

（二）不可抗力造成的质量缺陷。

第十八条 施工单位有下列行为之一的，由建设行政主管部门责令改正，并处1万元以上3万元以下的罚款。

（一）工程竣工验收后，不向建设单位出具质量保修书的；

（二）质量保修的内容、期限违反本办法规定的。

第十九条 施工单位不履行保修义务或者拖延履行保修义务的，由建设行政主管部门责令改正，处10万元以上20万元以下的罚款。

第二十条 军事建设工程的管理，按照中央军事委员会的有关规定执行。

第二十一条 本办法由国务院建设行政主管部门负责解释。

第二十二条 本办法自发布之日起施行。

附录7-3

房屋建筑工程质量保修书

（示范文本）

（建建［2000］185号）

发包人（全称）：_____

承包人（全称）：_____

发包人、承包人根据《中华人民共和国建筑法》、《建设工程质量管理条例》和《房屋建筑工程质量保修办法》，经协商一致，对_____（工程全称）签订工程质量保修书。

一、工程质量保修范围和内容

承包人在质量保修期内，按照有关法律、法规、规章的管理规定和双方约定，承担本工程质量保修责任。

质量保修范围包括地基基础工程、主体结构工程、屋面防水工程、有防水要求的卫生间、房间和外墙面的防渗漏、供热与供冷系统、电气管线、给排水管道、设备安装和装修工程，以及双方约定的其他项目。具体保修的内容，双方约定如下：

_____。

二、质量保修期

双方根据《建设工程质量管理条例》及有关规定，约定本工程的质量保修期如下：

1. 地基基础工程和主体结构工程为设计文件规定的该工程合理使用年限；
2. 屋面防水工程、有防水要求的卫生间、房间和外墙面的防渗漏为_____年；
3. 装修工程为_____年；
4. 电气管线、给排水管道、设备安装工程为_____年；

5. 供热与供冷系统为_____个采暖期、供冷期；

6. 住宅小区内的给排水设施、道路等配套工程为_____年；

7. 其他项目保修期限约定如下：
_____。

质量保修期限自工程竣工验收合格之日起计算。

三、质量保修责任

1. 属于保修范围、内容的项目，承包人应当在接到保修通知之日起 7 天内派人保修。承包人不在约定期限内派人保修的，发包人可以委托他人修理。

2. 发生紧急抢修事故的，承包人在接到事故通知后，应当立即到达事故现场抢修。

3. 对于涉及结构安全的质量问题，应当按照《房屋建筑工程质量保修办法》的规定，立即向当地建设行政主管部门报告，采取安全防范措施；由原设计单位或者具有相应资质等级的设计单位提出保修方案，承包人实施保修。

4. 质量保修完成后，由发包人组织验收。

四、保修费用

保修费用由造成质量缺陷的责任方承担。

五、其他

双方约定的其他工程质量保修事项：
_____。

本工程质量保修书，由施工合同发包人、承包人双方在竣工验收前共同签署，作为施工合同附件，其有效期限至保修期满。

发包人（公章）	承包人（公章）
法定代表人（签字）	法定代表人（签字）
年　月　日	年　月　日

第八章 建设工程施工监理

工程监理，在国际上具有悠久的历史。西方发达国家，无论在组织机构和方法、手段方面，还是在法规制度方面，都已经形成了一个较为完善的体系和运行机制。

我国实施建设工程监理的时间虽然不长，但已经发挥出明显的作用，越来越为政府和社会所承认。1998年3月实行的《中华人民共和国建筑法》以法律制度的形式作出规定："国家推行建设工程监理制度"，标志着建设工程监理在全国范围内进入全面推行阶段。

第一节 建设工程监理概述

一、建设工程监理的概念

所谓建设工程监理，是指针对建设工程项目，具有相应资质的工程监理企业接受建设单位的委托，依据国家批准的工程建设文件、有关的法律法规和标准规范、建设工程委托监理合同以及有关的建设合同所进行的工程项目管理活动。

建设工程监理的行为主体是工程监理企业；建设工程实施监理的前提是建设单位的委托；工程监理活动主要涉及建设单位、承包单位和社会监理单位等三个主体。

建设工程监理适用于工程建设投资决策阶段和实施阶段，其中实施阶段包括勘察、设计阶段和施工阶段。目前我国的建设工程监理的阶段范围主要是建设工程施工阶段。在这个阶段，建筑市场的发包体系、承包体系、管理服务体系的各主体在建设工程中会合，由建设单位、勘察单位、设计单位、施工单位和监理企业各自承担工程建设的责任和义务，最终将建设工程建成投入使用。在施工阶段委托监理，其目的是更有效地发挥监理的规划、控制、协调作用，为在计划目标内建成工程提供最好的管理。本章只涉及施工监理。

二、建设单位、监理企业、承包单位的概念及三者之间的关系❶

建设单位，也称业主，是委托监理的一方。建设单位在工程建设中拥有确定建设工程规

---

❶ 《建设工程监理规范》（GB 50319—2000）规定：
1.0.3 实施建设工程监理前，监理单位必须与建设单位签订书面建设工程委托监理合同，合同中应包括监理单位对建设工程质量、造价、进度进行全面控制和管理的条款。建设单位与承包单位之间与建设工程合同有关的联系活动应通过监理单位进行。
条文说明：监理工作的依据主要是建设工程委托监理合同和建设单位与承包单位签订的承包合同，因此实施建设工程监理前，监理单位必须与建设单位签订合法的书面委托监理合同，以明确双方的权利和义务。
工程建设的综合效益主要体现在工程质量、造价和工期三个方面，使之满足承包合同的要求，从而确保工程的投资效益。为了达到这一目的，建设单位应委托监理单位对工程质量、造价、进度三个目标进行全面控制和管理，并授予监理单位在三项目标控制中的相应权力，才能真正发挥监理作用。
鉴于建设单位已将工程项目的管理工作全部委托监理单位实施，监理单位即为代表建设单位的现场管理者，为了明确建设工程合同双方的责任，保证监理单位独立公正地做好监理工作，顺利完成工程建设任务，避免出现不必要的合同纠纷，建设单位与承包单位之间的各项联系工作，如果涉及建设工程合同，均应通过监理单位完成。

模、标准、功能以及选择勘察、设计、施工、监理单位等重大问题的决定权。

工程监理企业是指取得企业法人营业执照，具有监理资质证书的依法从事建设工程监理业务活动的经济组织。

承包单位是指通过投标或其他方式取得某项工程的施工权、材料、设备的制造与供应权，并和建设单位签订合同，承担工程费用、进度、质量责任的单位和个人。

在工程建设过程中，必须明确上述三个主体之间的关系。第一，建设单位和承包单位的关系是通过合同确定的经济法律关系，业主将工程发包给承包商，承包商按合同的约定完成工程，得到利润，违约者要赔偿对方损失；第二，建设单位和监理单位之间关系是委托合同关系，按监理合同的约定，监理代表业主利益工作，业主不得随意干涉监理工作，否则为侵权违约。同时，监理必须保持公正，不得和承包商有经济联系，更不能串通承包商侵犯业主利益；第三，监理单位和承包单位没有合同关系，而是监理、被监理的关系，这个关系在业主与承包商签订的合同中予以明确。在监理过程中，监理单位代表业主利益工作，但也要维护承包商的合法权益，正确而公正地处理好工程变更、索赔和款项支付，若监理的行为是不公正的，承包商可以向有关部门申诉。

本节重点阐述监理机构与承包人之间的关系。

（一）承包单位的项目经理部有义务向项目监理机构报送有关方案

承包单位的项目经理部是代表承包单位履行施工合同的现场机构，它应该按照施工合同及监理规范的有关规定，向项目监理机构报送有关文件供监理机构审查，并接受项目监理机构的审查意见。

承包单位在完成了隐蔽工程施工、材料进场应报请项目监理机构现场进行验收。这是项目监理机构的义务和权力，也是保证监理工作效果的一个重要手段。

（二）承包单位应接受项目监理机构的指令

《建筑法》第三十二、三十三条规定，"工程监理人员认为工程施工不符合工程设计要求、施工技术标准或合同约定的，有权要求建筑施工企业改正"；"实施建筑工程监理前，建设单位应当将委托的工程监理单位、监理内容及监理的权限，书面通知被监理的建筑施工企业"，这就规定了在监理的内容范围和权限内，承包单位应当接受监理人员对于承包单位不履行合同约定、违反施工技术标准或设计要求所发出的有关监理工程师指令。应该强调，基本的监理服务内容是不能减少的，基本的监理权限也是不可缺少的。

对于项目监理机构中的总监理工程师代表或专业监理工程师发出的监理指令，承包单位的项目经理部认为不合理时，应在合同约定的时间内书面要求总监理工程师进行确认或修改。如果总监理工程师仍决定维持原指令，承包单位应执行监理指令。

（三）项目监理机构与承包单位的项目管理机构是平等的

项目监理机构与承包单位的管理人员都是为了工程项目的建设而共同工作，承包单位的任务是提供工程建设产品，它对它所生产或建设的产品（包括工程的质量、进度和合同造价）负责，监理单位提供的是针对工程项目建设的监理服务，它对自己所提供的监理服务水平和行为负责。双方只是分工不同而已，不存在地位高低的问题或谁领导谁的问题。

双方都应遵守工程建设的有关法律、行政法规和工程技术标准或规范、工程建设的有关合同。在施工阶段，都应该按照经过审查批准的施工设计文件组织施工或提供监理服务。

三、建设工程监理的目的

建设工程监理的目的就是控制工程项目目标，力求使工程项目能够在计划的投资、进度和质量目标内实现。

由于建设工程监理具有委托性，所以工程监理企业可以根据建设单位意愿，并结合自身的情况来协商确定监理范围和业务内容。既可以承担全过程监理，也可以承担阶段性监理，甚至还可以只承担某专项监理服务工作。因此，具体到某监理单位承担的工程建设监理活动要达到什么目的，由于它们服务范围和内容的差异，会有所不同。全过程监理要力求全面实现工程项目总目标，阶段性监理力求实现本阶段工程项目的目标。

值得注意的是，工程监理企业和监理工程师不是任何承建单位的保证人。实行工程监理，并不能改变谁设计谁负责，谁施工谁负责，谁供应材料和设备谁负责的原则。在监理过程中，工程监理企业只承担服务的相应责任，也就是在委托监理合同中明确的职权范围内的责任。监理方的责任就是力求通过目标规划、动态控制、组织协调、合同管理、风险管理、信息管理，与建设单位和承包单位一起共同实现工程目标。

四、建设工程监理的作用

建设工程监理是一种专业化、社会化管理的一种综合性管理行为，在国外已有一百多年的历史，在提高投资效益方面发挥着十分重要的作用，现在越来越显现出强劲的生命力，具体来说有以下几点：

（一）有利于提高建设工程投资决策的科学化

在建设单位委托工程监理企业实施全方位全过程监理的条件下，在建设单位有了初步的工程投资意向之后，工程监理企业可协助建设单位选择适当的工程咨询机构，管理工程咨询合同的实施，并对咨询结果（如工程建议书、可行性研究报告）进行评估，提出有价值的修改意见和建议；有相应咨询资质的工程监理企业也可以直接从事工程咨询工作。工程监理企业参与和承担工程决策阶段的监理工作，有利于提高工程投资决策的科学化水平，避免工程投资决策失误，也为实现建设工程投资综合效益最大化打下良好基础。

（二）有利于规范工程建设参与各方的建设行为

一方面，在建设工程实施过程中，工程监理企业可依据委托监理合同和有关的建设工程合同，采用事前、事中和事后控制相结合的方式，对承建单位的建设行为进行监督管理。由于这种约束机制贯穿于工程建设的全过程，因此可以有效地规范承建单位的建设行为，最大限度地避免不当建设行为的发生；即使出现不当行为，也可以及时加以制止，最大限度地减少其不良后果。

另一方面，由于建设单位不了解建设工程有关的法律、法规、规章、管理程序和市场行为准则，也可能发生不当建设行为。在这种情况下，工程监理单位可以向建设单位提出适当的建议，从而避免建设单位发生不当建设行为，这对规范建设单位的建设行为也可起到一定的约束作用。

（三）有利于保证建设工程质量和使用安全

工程监理企业对承建单位建设行为的监督管理，实际上是从产品需求者的角度对建设工程生产过程的管理，这与产品生产者自身的管理有很大的不同；而工程监理企业又不同于建设工程的实际需求者，其监理人员都是既懂工程技术，又懂经济管理的专业人士。他们有能力及时发现建设工程实施过程中出现的问题，发现工程材料、设备以及产品存在的问题，从而避免留下工程质量隐患。因此，实行建设工程监理制度之后，在加强承建单位自身对工程质量管理的基础上，由工程监理企业介入建设工程生产过程的管理，对保证建设工程质量和使用安全有着重要作用。

（四）有利于实现建设工程投资效益最大化

建设工程投资效益最大化有以下三种不同表现：

1. 在满足建设工程预定功能和质量标准的前提下,建设投资额最少;
2. 在满足建设工程预定功能和质量标准的前提下,建设工程寿命周期费用最少;
3. 建设工程本身的投资效益与环境、社会效益的综合效益最大化。

实行建设工程监理制之后,工程监理企业一般都能协助建设单位实现上述建设工程投资效益最大化的第一种表现,也能在一定程度上实现上述第二种和第三种表现。随着建设工程寿命周期费用思想和综合效益理念被越来越多的建设单位所接受,建设工程投资效益最大化的第二种和第三种表现比例将越来越大,从而将大大地提高我国全社会的投资效益,促进国民经济的发展。

五、建设工程监理的性质

(一) 服务性

建设工程监理的服务性,是由它的业务性质决定的。建设工程监理的主要手段是规划、控制、协调;主要任务是控制建设工程的投资、进度和质量;最终应当达到的基本目的是协助建设单位在计划的目标内将建设工程建成投入使用。

工程监理企业既不直接进行设计,也不直接进行施工,既不向建设单位承包造价,也不参与承包商的利益分成。在工程建设中,监理人员利用自己的知识、技能和经验、信息以及必要的试验、检测手段,为建设单位提供管理服务。

工程监理企业不能完全取代建设单位的管理活动。它不具有工程建设重大问题的决策权,它只能在授权范围内代表建设单位进行管理。

建设工程监理的服务对象是建设单位。监理服务是按照委托监理合同的规定进行的,是受法律约束和保护的。

(二) 科学性

科学性是由建设工程监理要达到的基本目的决定的。建设工程监理以协助建设单位实现其投资目的为己任,力求在计划的目标内建成工程。面对工程规模日趋庞大,环境日益复杂,功能、标准要求越来越高,新技术、新工艺、新材料、新设备不断涌现,参加建设的单位越来越多,市场竞争日益激烈,风险日渐增加的情况,只有采用科学的思想、理论、方法和手段才能驾驭工程建设。

科学性主要表现在:工程监理企业应当由组织管理能力强、工程建设经验丰富的人员担任领导,应当有足够数量的、有丰富的管理经验和应变能力的监理工程师组成骨干队伍,要有一套健全的管理制度,要有现代化的管理手段,要掌握先进的管理理论、方法,要积累足够的技术资料和数据,要有科学的工作态度和严谨的工作作风,要实事求是、创造性地开展工作。

(三) 独立性❶

《建筑法》第三十四条明确指出,"工程监理企业应当根据建设单位的委托,客观、公正

---

❶《中华人民共和国建筑法》规定:
第三十四条 工程监理单位应当在其资质等级许可的监理范围内,承担工程监理业务。工程监理单位应当根据建设单位的委托,客观、公正地执行监理任务。工程监理单位与被监理工程的承包单位以及建筑材料、建筑构配件和设备供应单位不得有隶属关系或者其他利害关系。
《建设工程监理规范》(GB 50319—2000) 规定:
1.0.5 监理单位应公正独立自主地开展监理工作,维护建设单位和承包单位的合法权益。
条文说明:监理单位作为独立于工程建设承包合同双方之外的第三方,其工作职能是受建设单位委托管理承包合同、监督承包合同的履行,其工作依据主要是法律、法规及承包合同,其工作方式是依靠自身的专业技术知识管理工程建设的实施,因而监理工作具有公正、独立、自主的特点。监理单位必须依法执业,既要维护建设单位的利益,也不能损害承包单位的合法利益。

地执行监理任务"。《建设工程监理规范》（GB 50319—2000）也明确要求"监理单位应公正、独立、自主地开展监理工作"。

建设工程监理独立性的要求是一项国际惯例。国际咨询工程师联合会（FIDIC）认为，工程监理企业是"作为一个独立的专业公司受聘于业主去履行服务的一方"，应当"根据合同进行工作"，监理工程师应当"作为一名独立的专业人员进行工作"，工程监理企业"相对于承包商、制造商、供应商，必须保持其行为的绝对独立性，不得从他们那里接受任何形式的好处，而使他决定的公正性受到影响或不利于他行使委托人赋予他的职责"，监理工程师"不得与任何妨碍他作为一个独立咨询工程师工作的商务活动有关"。

按照独立性要求，工程监理单位应当严格地按照有关法律、法规、规章、工程建设文件、工程建设技术标准、委托监理合同等实施监理。在委托的监理工程中，与承包单位不得有隶属关系和其他利害关系，在开展工程监理的过程中，必须建立自己的组织，按照自己的工作计划、程序、方法、手段，根据自己的判断，独立地开展工作。

（四）公正性

公正性是社会公认的职业道德准则，是监理行业能够长期生存和发展的基本职业道德准则。在开展建设工程监理的过程中，工程监理企业应当排除各种干扰，客观、公正地对待监理委托单位和承包单位。特别是当这两方发生利益冲突或矛盾时，工程监理企业应以事实为依据，以法律和有关合同为准绳，在维护建设单位的合法权益时，不损害承建单位的合法权益。

六、建设工程监理的实施

建设监理单位接受业主委托，签订委托监理合同后，就意味着监理业务正式成立，进入工程项目建设监理实施阶段。

（一）建设工程监理实施原则

1. 公正、独立、自主的原则

监理工程师在建设工程监理中必须尊重科学、尊重事实，组织各方协调配合，维护有关各方的合法权益。为此，必须坚持公正、独立、自主的原则。业主与承包单位虽然都是独立运行的经济主体，但他们追求的经济目标有差异，监理工程师应在按合同约定的权、责、利关系的基础上，协调双方的一致性。只有按合同的约定完成工程建设，业主才能实现投资的目的，承包单位也才能实现自己生产产品的价值，取得工程款和实现盈利。

2. 权责一致的原则

监理工程师承担的职责应与业主授予的权限相一致。监理工程师的监理职权，依赖于业主的授权。这种权力的授予，除体现在业主与监理单位之间签订的委托监理合同之中，而且还应作为业主与承包单位之间建设合同的合同条件。因此，监理工程师在明确业主提出的监理目标和监理工作内容后，应与业主协商，明确相应的授权，达成共识后明确反映在委托监理合同中及建设工程合同中，监理工程师据此才能开展监理活动。

3. 总监理工程师负责制的原则

总监理工程师是工程监理全部工作的负责人，要建立和健全总监理工程师负责制，就要明确权、责、利关系，健全工程监理机构，具有科学的运行制度、现代化的管理手段，形成以总监理工程师为首的高效能的决策指挥体系。

(二) 建设工程监理实施程序

1. 确定工程总监理工程师❶，成立项目监理机构❷

监理单位应根据建设工程的规模、性质以及业主对监理的要求，委派称职的人员担任项目总监理工程师，代表监理单位负责该项目的监理工作。总监理工程师是一个建设项目监理工作的总负责人，他对内向监理单位负责，对外向业主负责。总监理工程师在组建工程监理机构时，应根据监理大纲内容和签订的委托监理合同内容进行组建，并在监理规划和具体实施计划中及时进行调整。

2. 搜集监理依据，编制项目监理规划❸

根据《建筑法》的规定，进行建设项目监理主要有以下依据：（1）法律、行政法规；（2）技术标准；（3）设计文件；（4）合同，包括施工合同、采购合同、委托监理合同和其他相关合同。除上述监理依据外，主要应收集反映建设项目特征的有关资料，反映当地建设政策、法规的资料，反映工程所在地区技术经济状况等建设条件的资料，类似工程建设情况的有关资料。

监理规划是在总监理工程师的主持下编制、经监理单位技术负责人批准，用来指导项目监理机构全面开展监理工作的指导性文件。

3. 制定各专业监理实施细则❹

在编制监理规划之后，应编写监理实施细则，它是由专业监理工程师根据监理规划编写并经监理工程师批准，针对工程项目中某一专业或某两方面监理工作的操作性文件。

4. 根据监理规划和监理实施细则，规范地开展监理工作

监理工作的规范化体现在：工作的时序性，职责分工的严密性，工作目标的确定性。

---

❶ 《建设工程监理规范》（GB 50319—2000）术语中规定：总监理工程师是指由监理单位法定代表人书面授权，全面负责委托监理合同的履行、主持项目监理机构工作的监理工程师。

条文说明：总监理工程师是由监理单位法定代表人任命，并书面授权，按合同项目设立的行政职务。在项目监理机构中，总监对外代表监理单位，对内负责项目监理机构日常工作。

❷ 《建设工程监理规范》（GB 50319—2000）术语中规定：项目监理机构是指监理单位派驻工程项目负责履行委托监理合同的组织机构。

条文说明：项目监理机构是监理单位为履行委托监理合同，实施工程项目的监理工作而按合同项目设立的临时组织机构。随着工作项目监理工作的结束而撤销。项目监理机构的组织形式应结合工程特点、规模、难易程度等因素综合考虑，可采用直线式、职能式、直线-职能式和矩阵式等不同的组织形式。

❸ 《建设工程监理规范》（GB 50319—2000）规定：

4.1.1 监理规划的编制应针对项目的实际情况，明确项目监理机构的工作目标，确定具体的监理工作制度、程序、方法和措施，并应具有可操作性。

条文说明：监理规划是在项目监理机构充分分析和研究工程项目的目标、技术、管理、环境以及参与工程建设各方等方面的情况后制定的指导工程项目监理工作的实施方案。监理规划要真正能够起到指导项目监理机构进行该项目监理工作的作用，所以监理规划中应明确具体的、符合项目要求的工作内容、工作方法、监理措施工作程序和工作制度。

❹ 《建设工程监理规范》（GB 50319—2000）规定：

4.2.1 对中型及以上或专业性较强的工程项目，项目监理机构应编制监理实施细则。监理实施细则应符合监理规划的要求，并应结合工程项目的专业特点，做到详细具体、具有可操作性。

条文说明：中型工程项目对应于建设部第16号部令《工程建设监理单位资质管理试行办法》附表中的二等工程项目。在二等及以上工程项目开展监理工作之前，项目监理机构应分专业编制监理工作实施细则，以达到规范监理工作行为的目的。对项目规模较小、技术不复杂且管理有成熟经验和措施，并且监理规划可以起到监理实施细则的作用时，监理实施细则可不必另行编写。

监理实施细则应体现项目监理机构对于该工程项目在各专业技术、管理和目标控制方面的具体要求。

5. 参加项目的竣工预验收，签署监理意见

监理业务完成后，向业主提交监理档案资料，包括：监理设计变更，工程变更资料，监理指令文件，各科签证资料，其他约定提交的档案资料。

6. 向业主提交建设工程监理档案资料

建设工程监理工作完成后，监理单位向业主提交的监理档案资料应在委托监理合同中约定。如在合同中没有作出明确规定，监理单位一般应提交的内容包括：设计变更、工程变更资料；监理指令性文件；各种签证资料等资料。

7. 监理工作总结

主要包括的内容是：

（1）向建设单位提交的工作总结：监理委托合同履行情况；监理任务或监理目标的完成情况；由建设单位提供的用品清单；表明监理工作终结的说明。

（2）向监理单位提交的工作总结：包括：监理工作经验；监理方法经验；技术经济措施经验，协调关系的经验。

（3）存在问题及改进意见。

七、工程监理机构中各类人员的基本职责

工程监理机构中的人员构成是：总监理工程师、总监理工程师代表、专业监理工程师和监理员等。各类监理人员的基本职责应按照工程建设阶段和建设工程的情况确定。

在施工阶段，工程总监理工程师、总监理工程师代表、专业监理工程师和监理员应分别履行以下职责：

（一）总监理工程师职责

1. 确定工程监理机构人员的分工和岗位职责。
2. 主持编写工程监理规划、审批工程监理实施细则，并负责管理工程监理机构的日常工作。
3. 审查分包单位的资质，并提出审查意见。
4. 检查和监督监理人员的工作，根据工程项目的进展情况进行人员调配，对不称职的人员应调换其工作。
5. 主持监理工作会议，签发工程监理机构的文件和指令。
6. 审定承包单位提交的开工报告、施工组织设计、技术方案和进度计划。
7. 审核签署承包单位的申请，支付证书和竣工结算。
8. 审查和处理工程变更。
9. 主持或参与工程质量事故的调查。
10. 调解建设单位与承包单位的合同争议，处理索赔，审批工程延期。
11. 组织编写并签发监理月报、监理工作阶段报告、专题报告和工程监理工作总结。
12. 审核签认分部工程和单位工程的质量检验评定资料，审查承包单位的竣工申请，组织监理人员对待验收的工程项目进行质量检查，参与工程项目的竣工验收。
13. 主持整理工程项目的监理资料。

总监理工程师不得将下列工作委托给总监理工程师代表：

1. 主持编写工程监理规划、审批工程监理实施细则；
2. 签发工程开工/复工报审表、工程暂停令、工程款支付证书、工程竣工报验单；

3. 审核签认竣工结算；

4. 调解建设单位与承包单位的合同争议、处理索赔；

5. 根据工程项目的进展情况进行监理人员的调配，调换不称职的监理人员。

（二）总监理工程师代表职责

1. 负责总监理工程师指定或交办的监理工作。

2. 按总监理工程师的授权，行使总监理工程师的部分职责和权力。

（三）专业监理工程师职责

1. 负责编制本专业的监理实施细则。

2. 负责本专业监理工作的具体实施。

3. 组织、指导、检查和监督本专业监理员的工作；当人员需要调整时，向总监理工程师提出建议。

4. 审查承包单位提交的涉及本专业的计划、方案、申请、变更，并向总监理工程师提出报告。

5. 负责本专业分项工程验收及隐蔽工程验收。

6. 定期向总监理工程师提交本专业监理工作实施情况报告，对重大问题及时向总监理工程师汇报和请示。

7. 根据本专业监理工作实施情况做好监理日记。

8. 负责本专业监理资料的收集、汇总及整理，参与编写监理月报。

9. 检查进场材料、设备、构配件的原始凭证、检测报告等质量证明文件及其质量情况，根据实际情况认为有必要时对进场材料、设备、构配件进行平行检查，合格时予以签认。

10. 负责本专业的工程计量工作，审核工程计量的数据和原始凭证。

（四）监理员职责

1. 在专业监理工程师的指导下开展现场监理工作。

2. 检查承包单位投入工程的人力、材料、主要设备及其使用、运行状况，并做好检查记录。

3. 复核或从施工现场直接获取工程计量的有关数据并签署原始凭证。

4. 按设计图及有关标准，对承包单位的工艺过程或施工工序进行检查和记录，对加工制作及工序质量检查结果进行记录。

5. 担任旁站工作，发现问题及时指出并向专业监理工程师报告。

6. 做好监理日记和有关的监理记录。

第二节 施工准备阶段的监理工作及工地例会

一、施工准备阶段的监理工作

（一）组建项目监理机构，并进驻施工现场

建立项目监理机构是实现监理工作目标的组织保证。在这一阶段，监理单位应按中标通知书或委托监理合同的规定及投标承诺的人员进场计划及中标通知（或合同）要求，迅速将相关人员派到现场，建立起工作制度，明确人员职责，使项目监理机构开始运转工作。

（二）参加设计交底❶

1. 设计交底前，总监理工程师必须组织监理人员熟悉、了解图纸，了解工程特点，对图纸中出现的问题和差错提出建议，以书面形式报建设单位。

2. 监理工程师还应督促承包单位组织图纸会审，并在约定时间内向项目监理机构报送审图记录；经项目监理机构汇总后书面报建设单位。

3. 设计交底由建设单位主持，设计单位、建设单位、承包单位和项目监理机构有关专业人员参加。一般情况，总监及相关专业的专业监理工程师应该参加。

4. 监理工程师通过设计交底应主要了解以下主要内容：

（1）建设单位提出的设计要求，施工现场的自然条件（地形、地貌），工程地质和水文地质条件，施工环境，环保要求等；

（2）设计主导思想、建筑艺术构思和要求，采用的设计规范和施工规范，确定的抗震烈度，基础、结构、装修、机电设备设计（设备选型）等；

（3）对土建施工（基础、主体结构、装修）和设备安装施工的要求，对主要建筑材料的要求，对所采用新技术、新工艺、新材料的要求，以及施工中应特别注意的事项等；

（4）设计单位对承包单位和监理机构提交的图纸会审记录予以答复；

（5）在设计交底会上确认的设计变更应由建设单位、设计单位、承包单位和监理单位确认；

（6）一般情况下，承包单位负责整理设计交底会议纪要。经设计单位、建设单位、承包单位和监理单位签认后分发有关各方；

（7）如分期分批供图，应通过建设单位确定分批进行设计交底的时间安排。

（三）施工组织设计的审查❷

1. 施工组织设计的审查程序

（1）在工程项目开工前约定的时间（一般为7天）内，承包单位必须完成施工组织设计的编制及自审工作，并填写《施工组织设计（方案）报审表》。

（2）总监理工程师应在约定的时间（一般为7天）内，组织专业监理工程师审查，提出意见后，由总监理工程师审定批准。需要承包单位修改时，由总监理工程师签发书面意见，退回承包单位修改后再报审，总监理工程师重新审定。

（3）已审定的施工组织设计由项目监理机构报送建设单位。

（4）承包单位应按审定的施工组织设计文件组织施工。如需对其内容作较大变更，应在实施前将变更内容书面报送项目监理机构审定。

---

❶《建设工程监理规范》（GB 50319—2000）规定：

5.2.2 项目监理人员应参加由建设单位组织的设计技术交底会，总监理工程师应对设计技术交底会议纪要进行签认。

条文说明：项目监理人员参加设计技术交底会应了解的基本内容是：

1. 设计主导思想、建筑艺术构思和要求、采用的设计规范、确定的抗震等级、防火等级、基础、结构、内外装修及机电设备设计（设备选型）等；

2. 对主要建筑材料、构配件和设备的要求、所采用的新技术、新工艺、新材料、新设备的要求以及施工中应特别注意的事项等；

3. 对建设单位、承包单位和监理单位提出的对施工图的意见和建议的答复、在设计交底会上确认的设计变更应由建设单位、设计单位、施工单位和监理单位会签。

❷《建设工程监理规范》（GB 50319—2000）规定：

5.2.3 工程项目开工前，总监理工程师应组织专业监理工程师审查承包单位报送的施工组织设计（方案）报审表，提出审查意见，并经总监理工程师审核、签认后报建设单位。

(5) 规模大、结构复杂或属新结构、特种结构的工程，项目监理机构对施工组织设计审查后，还应报送监理单位技术负责人审查，提出审查意见后由总监理工程师签发。必要时与建设单位协商，组织有关专业部门和有关专家会审。

(6) 规模大、工艺复杂的工程，群体工程或分期出图的工程经建设单位批准可分阶段报审施工组织设计；技术复杂或采用新技术的分项、分部工程，承包单位还应编制该分项、分部工程的施工方案，报项目监理机构审查。

2. 审查施工组织设计时应掌握的原则

(1) 程序要符合要求。

(2) 施工组织设计应符合当前国家基本建设的方针和政策，突出"质量第一、安全第一"的原则。

(3) 施工组织设计中工期、质量目标应与施工合同相一致。

(4) 施工总平面图的布置应与地貌环境、建筑平面协调一致。

(5) 施工组织设计中的施工布置和程序应符合本工程的特点及施工工艺，满足设计文件要求。

(6) 施工组织设计应优先选用成熟的、先进的施工技术，且对本工程的质量、安全和降低造价有利。

(7) 进度计划应采用流水施工方法和网络计划技术，以保证施工的连续性和均衡性，且工、料、机进场计划应与进度计划保持协调性。

(8) 质量管理和技术管理体系健全，质量保证措施切实可行且有针对性。

(9) 安全、环保、消防和文明施工措施切实可行并符合有关规定。

(10) 总监理工程师批准的施工组织设计，实施过程中如出现问题，不解除承包单位的责任。由此引起的质量缺陷改正、工期延长、费用的增加，不应成为施工单位索赔的依据。

3. 审查施工组织设计的基本要求

(1) 施工组织设计应有承包单位负责人签字。

(2) 施工组织设计应符合施工合同要求。

(3) 施工组织设计应由专业监理工程师审核后，经总监理工程师签认。

(4) 发现施工组织设计中存在问题应提出修改意见，由承包单位修改后重新报审。

(四) 审查承包单位项目管理机构的质量管理、技术管理和质保体系❶

施工单位健全的质保体系对于取得良好的施工效果具有重要作用，因此，项目监理机构一定要检查、督促施工单位不断健全及完善质保体系，这一点是搞好监理工作很重要的环节，也是取得好的工程质量的重要条件。

1. 承包单位应填写《承包单位质量管理体系报验申请表》，向项目监理机构报送项目经理部的质量管理、技术管理和质量保证体系的有关资料。

2. 审核质量管理、技术管理和质量保证体系。

3. 经总监理工程师审核，承包单位的质量保证体系和技术管理体系符合有关规定并满

---

❶ 《建设工程监理规范》（GB 50319—2000）规定：

5.2.4 工程项目开工前，总监理工程师应审查承包单位现场项目管理机构的质量管理体系、技术管理体系和质量保证体系，确能保证工程项目施工质量时予以确认。对质量管理体系、技术管理体系和质量保证体系应审核以下内容：

1. 质量管理、技术管理和质量保证的组织机构；

2. 质量管理、技术管理制度；

3. 专职管理人员和特种作业人员的资格证、上岗证。

足工程需要，予以签认。

（五）审查分包单位资格❶

1. 承包单位对部分分部、分项工程（主体结构工程除外）实行分包必须符合施工合同的规定。

2. 对分包单位资格的审核应在工程项目开工前或拟分包的分项、分部工程开工前完成。

3. 承包单位应填写《分包单位资格报审表》，附上经其自审认可的分包单位的有关资料，报项目监理机构审核。

4. 项目监理机构和建设单位认为必要时，可会同承包单位对分包单位进行实地考察，以验证分包单位有关资料的符合性。

5. 分包单位的资格符合有关规定并满足工程需要，由总监理工程师签发《分包单位资格报审表》，予以确认。

6. 分包合同签订后，承包单位应填写《分包合同报验申报表》，并附上分包合同报送项目监理机构备案。

7. 项目监理机构发现承包单位存在转包、肢解分包、层层分包等情况，应签发《监理工程师通知单》予以制止，同时报告建设单位及有关部门。

8. 总监对分包单位资格的确认不解除总包单位应负的责任。

（六）施工测量放线控制成果审查❷

这里所说的施工测量放线，是指开工前的交桩复测及施工单位建立的控制网，水准点系统。开工前的交桩是建设单位的责任，一般通过设计单位或监理单位交桩。交桩后施工单位必须进行复测，并对所交的桩位进行确认。

1. 承包单位应填写《施工测量方案报审表》，将施工测量方案、专职测量人员的岗位证书及测量设备检定证书报送项目监理机构审批认可。

2. 承包单位按报送的《施工测量方案》对建设单位交给施工单位的红线桩、水准点进行校核复测，并在施工场地设置平面坐标控制网（或控制导线）及高程控制网后，填写《施工测量放线报验申请表》，并附相应放线的依据资料及测量放线成果表项目监理机构审核查验。

3. 专业监理工程师审核测量成果及现场查验桩、线的准确性及桩点、桩位保护措施的有效，符合规定时，予以签认，完成交桩过程。

4. 当施工单位对交验的桩位通过复测提出质疑时，应通过建设单位约请政府规定的规划勘察部门或勘察设计单位复核红线桩及水准点引测的成果，最终完成交桩过程，并通过会

---

❶《建设工程监理规范》（GB 50319—2000）规定：
5.2.5 分包工程开工前，专业监理工程师应审查承包单位报送的分包单位资格报审表和分包单位有关资质资料，符合有关规定后，由总监理工程师予以签认。
5.2.6 对分包单位资格应审核以下内容：
1. 分包单位的营业执照、企业资质等级证书、特殊行业施工许可证、国外（境外）企业在国内承包工程许可证；
2. 分包单位的业绩；
3. 拟分包工程的内容和范围；
4. 专职管理人员和特种作业人员的资格证、上岗证。

❷《建设工程监理规范》（GB 50319—2000）规定：
5.2.7 专业监理工程师应按以下要求对承包单位报送的测量放线控制成果及保护措施进行检查，符合要求时，专业监理工程师对承包单位报送的施工测量成果报验申请表予以签认：
1. 检查承包单位专职测量人员的岗位证书及测量设备检定证书；
2. 复核控制桩的校核成果、控制桩的保护措施以及平面控制网、高程控制网和临时水准点的测量成果。

议纪要的方式予以确认。

（七）审查《开工报告》❶

1. 承包单位认为施工准备工作已完成，具备开工条件时，应向项目监理机构报送《工程开工报审表》。

2. 项目监理机构应按以下内容进行审查：

(1) 政府建设主管部门已签发《建设工程施工许可证》；

(2) 征地拆迁工作能够满足工程施工进度的需要；

(3) 施工图纸及有关设计文件已齐备；

(4) 施工现场的场地、道路、水、电、通讯和临时设施已满足开工要求，地下障碍物已清除或查明；

(5) 施工组织设计（施工方案）已经项目监理机构审定；

(6) 测量控制桩已经项目监理机构复验合格；

(7) 施工人员已按计划到位，施工设备、料具已按需要到场，主要材料供应已落实。

3. 经专业监理工程师核查，具备开工条件时报项目总监，由总监理工程师签发《工程开工报审表》，并报送建设单位备案。如委托监理合同需建设单位批准，项目总监审核后报建设单位，由建设单位批准，工期自批准之日起计算。

二、第一次工地会议❷

1. 第一次工地会议一般应在承包单位和项目监理机构进驻现场后、工程开工前召开，并由建设单位主持。

2. 第一次工地会议应由下列人员参加：

(1) 建设单位驻现场代表及有关职能部门人员；

(2) 承包单位项目经理部经理及有关职能部门人员，分包单位主要负责人；

(3) 项目监理机构总监理工程师及主要监理人员；

(4) 可邀请有关设计人员参加。

3. 第一次工地会议应包括以下内容：

(1) 建设单位、承包单位和监理单位分别介绍各自驻现场的组织机构、人员及其分工；

(2) 建设单位根据监理委托合同宣布对总监理工程师的授权；

(3) 建设单位介绍开工准备情况；

(4) 承包单位介绍施工准备情况；

(5) 建设单位和总监理工程师对施工准备情况提出意见和要求；

---

❶《建设工程监理规范》（GB 50319—2000）规定：
5.2.8 专业监理工程师应审查承包单位报送的工程开工报审表及相关资料，具备以下开工条件时，由总监理工程师签发，并报建设单位：
1. 施工许可证已获政府主管部门批准；
2. 征地拆迁工作能满足工程进度的需要；
3. 施工组织设计已获总监理工程师批准；
4. 承包单位现场管理人员已到位，机具、施工人员已进场，主要工程材料已落实；
5. 进场道路及水、电、通讯等已满足开工要求。
❷《建设工程监理规范》（GB 50319—2000）规定：
5.2.9 工程项目开工前，监理人员应参加由建设单位主持召开的第一次工地会议。

(6) 总监理工程师介绍监理规划的主要内容；

(7) 研究确定各方在施工过程中参加工地例会的主要人员，召开工地例会周期、地点及主要议题。

4. 第一次工地会议纪要应由项目监理机构负责起草，并经各方与会代表会签。

三、工地例会

1. 在施工过程中，总监理工程师应定期主持召开工地例会。会议纪要由项目监理机构负责起草，并经与各方代表会签。

2. 工地例会的内容如下：

(1) 检查上次例会议定事项的落实情况，分析未完事项原因；

(2) 检查分析进度计划完成情况，提出下一阶段进度目标及其落实措施；

(3) 检查分析工程质量状况，针对存在的质量问题提出改进措施；

(4) 检查工程量核定及工程款支付情况；

(5) 解决需要协调的有关事项；

(6) 其他有关事宜。

3. 总监理工程师或专业监理工程师应根据需要及时组织专题会议，解决施工过程中的各种专项问题❶。

第三节 监理机构的目标控制

一、进度控制

(一) 进度控制的依据❷

1. 国家有关的经济法规和规定。

2. 施工合同中所确定的工期目标及其他有关工期问题的约定。

3. 经监理工程师确认的施工进度计划。

---

❶ 此条为《建设工程监理规范》(GB 50319—2000) 5.3.3 条规定的内容。
条文说明：专题工地会议是为解决施工过程中的专门问题而召开的会议，由总监理工程师或其授权的监理工程师主持。工程项目各主要参建单位均可向项目监理机构书面提出召开专题工地会议的动议。动议内容包括：主要议题，与会单位、人员及召开时间。经总监理工程师与有关单位协商，取得一致意见后，由总监理工程师签发召开专题工地会议的书面通知，与会各方应认真做好会前准备。专题工地会议纪要的形成过程与工地例会相同。

❷ 《建设工程监理规范》(GB 50319—2000) 规定：
5.6.2 专业监理工程师应依据施工合同有关条款、施工图及经过批准的施工组织设计制定进度控制方案，对进度目标进行风险分析，制定防范性对策，经总监理工程师审定后报送建设单位。
条文说明：施工进度控制方案的主要内容包括：
1. 施工进度控制目标分解图；
2. 实现施工进度控制目标的风险分析；
3. 施工进度控制的主要工作内容及深度；
4. 监理人员对进度控制的职责分工；
5. 进度控制工作流程；
6. 进度控制的方法（包括进度检查周期、数据采集方式、进度报表格式、统计分析方法等）；
7. 进度控制的具体措施（包括组织措施、技术措施、经济措施及合同措施等）；
8. 尚待解决的有关问题。

4. 经监理工程师批准的工程延期。

（二）进度控制的基本程序❶

建议工程监理机构进度控制的基本程序如图 8-1 所示。

（三）工程进度控制的方法和手段

1. 工程进度控制的方法

（1）审核。监理工程师应及时审核有关技术文件、报告和报表。审核的具体内容包括以下几方面：

1）审批施工总进度计划、年、季、月度进度计划、进度调整计划；

2）审批《工程动工报审表》、《（　　）月完成工程量报审表》、《复工报审表》、《工程延期申请表》、《工程延期审批表》；

3）审批承包单位报送的有关工程进度的报告；

4）审阅《（　　）月工、料、机动态表》。

（2）检查、分析和报告。监理工程师应及时检查承包单位报送的进度报表和分析资料；应跟踪检查实际形象进度；应经常分析进度偏差的程度、影响面及产生原因，并提出纠偏对策；应定期（监理月报）或不定期地向建设单位报告进度情况并提出防止因建设单位因素而导致工程延误和费用索赔的合理化建议。

（3）组织协调。项目监理部应定期或不定期地组织不同层级的组织协调会，在建设单位、承包单位及其他相关参建单位之间的不同层面解决相应的进度协调问题。

（4）积累资料。监理工程师应及时收集、整理有关工程进度方面的资料，为公正、合理地处理进度拖延、费用索赔及工期奖罚问题提供证据。

2. 工程进度控制的手段

（1）下达监理指令。监理工程师应通过工地会议及书面文件，及时发布监理指令，向承包单位指出施工进度发生的偏差、影响程度及其产生原因，提出采取进度调整措施的要求和指示。承包单位应积极执行。

---

❶《建设工程监理规范》（GB 50319—2000）规定：

5.6.1　项目监理机构应按下列程序进行工程进度控制：

1. 总监理工程师审批承包单位报送的施工总进度计划；
2. 总监理工程师审批承包单位编制的年、季、月度施工进度计划；
3. 专业监理工程师对进度计划实施情况检查、分析；
4. 当实际进度符合计划进度时，应要求承包单位编制下一期进度计划；当实际进度滞后于计划进度时，专业监理工程师应书面通知承包单位采取纠偏措施并监督实施。

条文说明：施工进度计划审核的主要内容有：

1. 进度计划是否符合施工合同中开竣工日期的规定；
2. 进度计划中的主要工程项目是否有遗漏，分期施工是否满足分批动用的需要和配套动用的要求，总承包、分承包单位分别编制的各单项工程进度计划之间是否相协调；
3. 施工顺序的安排是否符合施工工艺的要求；
4. 工期是否进行了优化，进度安排是否合理；
5. 劳动力、材料、构配件、设备及施工机具、设备、水、电等生产要素供应计划是否能保证施工进度计划的需要，供应是否均衡；
6. 对由建设单位提供的施工条件（资金、施工图纸、施工场地、采供的物资等），承包单位在施工进度计划中所提出的供应时间和数量是否明确、合理，是否有造成因建设单位违约而导致工程延期和费用索赔的可能。

编制和实施施工进度计划是承包单位的责任。因此，监理工程师对施工进度计划的审查或批准，并不解除承包单位对施工进度计划的责任和义务。

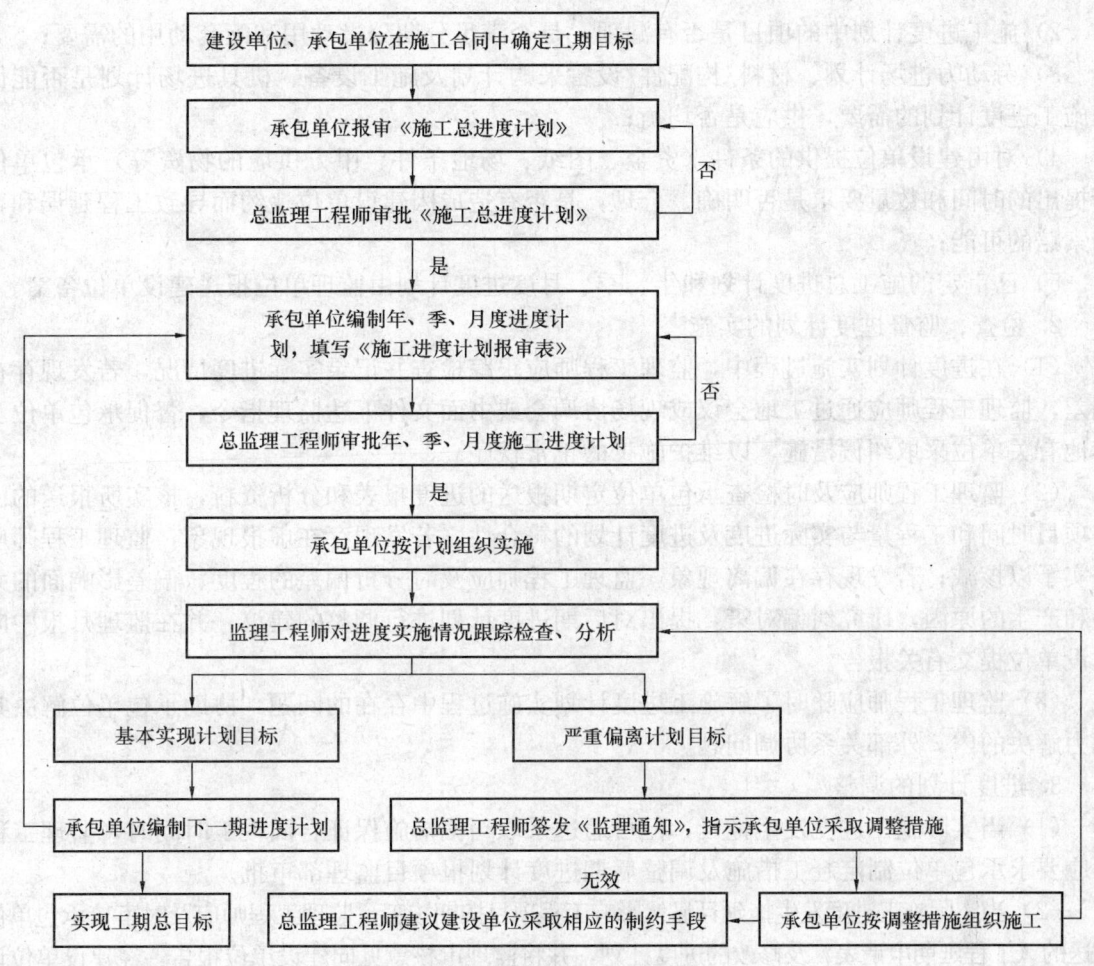

图 8-1 进度控制程序

（2）采取组织措施。总监理工程师发现承包单位或分包单位或其主要管理人员不称职，不进行调整或撤换将对工程进度造成极大影响时，可向建设单位提出相应的调整或撤换承包单位或分包单位或其主要管理人员的建议。

（3）采取经济制约手段。总监理工程师应依据建设工程施工合同中的约定，当工期提前或延期时，签发有关文件，向建设单位建议采取相应的经济制约手段，如停止付款、赔偿误期损失、发放提前竣工奖金等。

（四）工程进度控制的内容

1．审批施工进度计划

（1）承包单位应按照建设工程施工合同的约定编制施工总进度计划及年度、季度、月度进度计划，并按时填写《施工进度计划报审表》，报送项目监理部。

（2）总监理工程师应在约定的时间内，组织监理工程师审查，提出审查意见后，由总监理工程师审定、批准。需要承包单位修改或重新编制时，由总监理工程师签发书面意见，退回承包单位修改或重新编制后再报审，总监理工程师应重新审定。

（3）施工进度计划的审核内容主要有：

1）进度安排是否符合建设项目总进度计划中总目标和分解目标的要求，是否符合施工合同中开、竣工日期的规定；

2) 施工进度计划中的项目是否有漏项,是否满足分期分批动用和配套动用的需要;

3) 劳动力进场计划、材料/构配件/设备采购计划及施工设备、机具进场计划是否能保证施工进度计划的需要,供应是否均衡;

4) 对由建设单位提供的条件(资金、图纸、场地条件、甲方供应的物资等)承包单位所提出的时间和数量要求是否明确、合理,是否有造成因建设单位违约而导致工程延误和费用索赔的可能;

5) 已审定的施工总进度计划和年、季、月度进度计划由监理单位报送建设单位备案。

2. 检查、监督进度计划的实施❶

(1) 在进度计划实施过程中,监理工程师应跟踪检查并记录实际进度情况,若发现存在偏差,监理工程师应通过工地会议或现场协调会或书面文件下达监理指令,督促承包单位及其他有关单位采取纠偏措施,以维护施工的正常秩序。

(2) 监理工程师应及时检查承包单位定期报送的进度报表和分析资料,核实所报送的已完项目时间和工程量与实际进度及进度计划的符合性。若发现存在虚报现象,监理工程师应据实予以核减;若发现存在偏离现象,监理工程师应及时分析偏差的程度、偏差影响面的大小和产生的原因,研究纠偏对策,提出对后期进度计划进行调整的建议,并在监理月报中向建设单位提交有关报告。

(3) 监理工程师应随时了解施工进度计划实施过程中存在的问题,协助承包单位解决其无力解决的内、外部关系协调问题。

3. 进度计划的调整

(1) 当实际施工进度发生拖延,但可通过采取纠偏措施保证合同竣工时间时,监理工程师应要求承包单位制定赶工措施及调整后期进度计划报项目监理部审批。

(2) 当实际施工进度发生拖延且显然影响工程项目按期竣工,监理工程师应及时审核承包单位报送的《工程延期申请表》及修改的进度计划,并将监理审核意见向建设单位报告,经建设单位认可后,由总监理工程师签认批准。承包单位应按经监理工程师确认的修改进度计划组织实施。

(3) 若造成拖延的责任方是承包单位,虽然监理工程师确认了经修改而使工期有所推迟的新进度计划,但承包单位仍不能解除其应负的一切责任,而要承担赶工的全部额外开支和误期损失赔偿。

(4) 若造成拖延的责任方不是承包单位,则监理工程师在《工程延期审批表》中批准延长新的竣工日期,并以此作为工程进度控制的依据。

二、质量控制

(一) 质量控制概述

1. 质量控制的依据

(1) 国家和本地区(部门)有关工程建设的法律、法规、法令。

---

❶ 《建设工程监理规范》(GB 50319—2000) 规定:
5.6.3 专业监理工程师应检查进度计划的实施,并记录实际进度及其相关情况,当发现实际进度滞后于计划进度时,应签发监理工程师通知单指令承包单位采取调整措施。当实际进度严重滞后于计划进度时应及时报总监理工程师,由总监理工程师与建设单位商定采取进一步措施。
条文说明:在实施进度控制过程中,专业监理工程师的主要工作是:
1. 检查和记录实际进度完成情况;
2. 通过下达监理指令、召开工地例会、各种层次的专题协调会议,督促承包单位按期完成进度计划;
3. 当发现实际进度滞后于计划进度时,总监理工程师应指令承包单位采取调整措施。

(2) 设计规范和施工规范、规程、标准。
(3) 施工图及相关技术文件。
(4) 承包合同、供货合同、监理合同及其他有关合同、文件。

2. 质量控制的原则

(1) 以质量预控为重点，对工程项目实施全过程的质量控制。

(2) 以督促承包单位建立、健全质量管理和质量保证体系为重点，对工程项目建设的人（人力资源）、机（机械）、料（材料）、法（技术管理）、环（现场及环境管理）等生产要素实施全方位的质量控制。

(3) 未经监理工程师审核或经审核其承包资格不合格的承包单位、供货单位不准承接施工、供货任务。

(4) 未经监理工程师检验或经检验不合格的材料、构配件、设备，不准在工程上使用。

(5) 未经监理工程师验收或经验收不合格的工序不予签认，且承包单位不准转入下一道工序施工。

3. 质量控制的基本程序

(1) 工程材料、构配件和设备质量控制基本程序如图8-2所示。

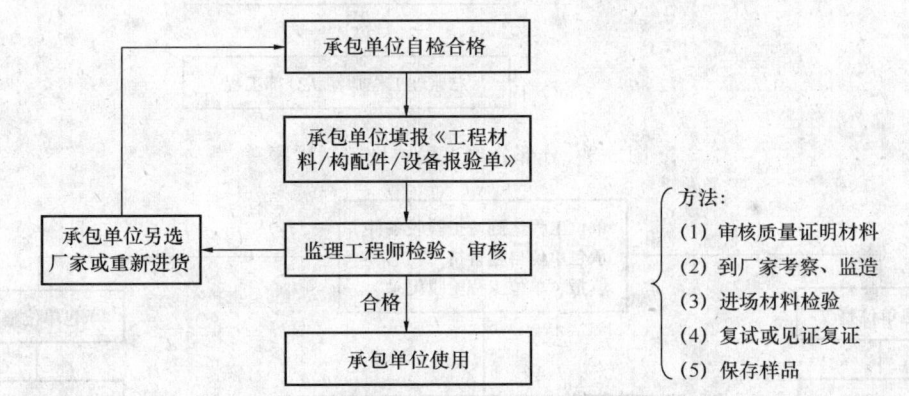

图8-2 材料、构配件和设备质量控制程序

(2) 分项、分部工程质量控制基本程序如图8-3所示。
(3) 单位工程竣工验收基本程序如图8-4所示。

(二) 质量控制的方法和手段

1. 质量控制的方法

(1) 审核。监理工程师在分部、分项工程动工前应审核有关技术文件、报告和报表。审核的具体内容包括以下几方面：

1) 审核承包单位的开工申请书；
2) 审查设计图纸、设计变更、设计文件；
3) 审定施工组织设计、施工方案、技术措施等；
4) 审查分包单位的资质证明文件；
5) 审查材料、构配件、设备的质量证明文件；
6) 审核承包单位的反映工序质量动态统计资料或管理图表；
7) 审批分项、分部和单位工程质量报验文件；
8) 审核有关工程质量缺陷或质量事故的调查、处理报告等。

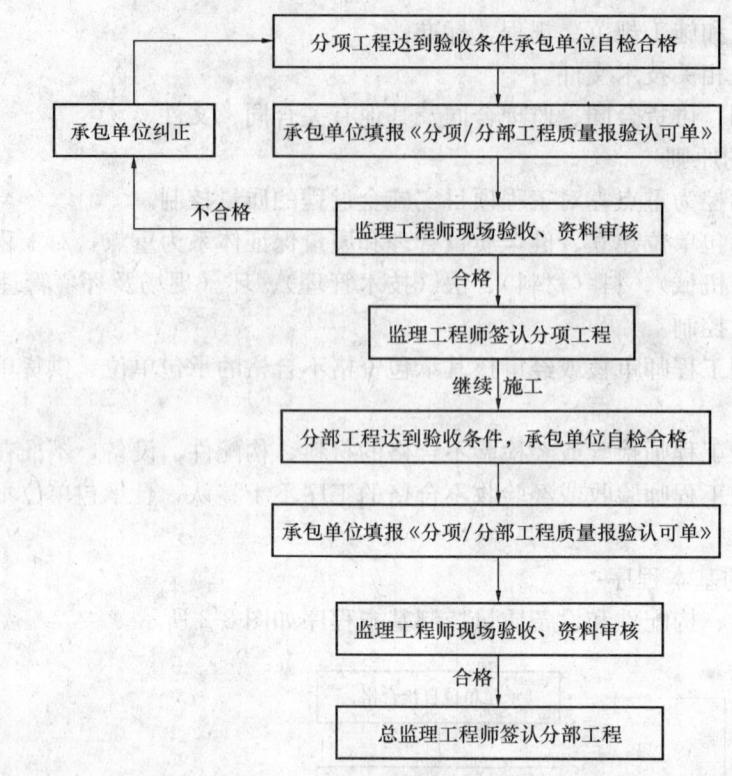

图 8-3 分部分项工程质量控制程序

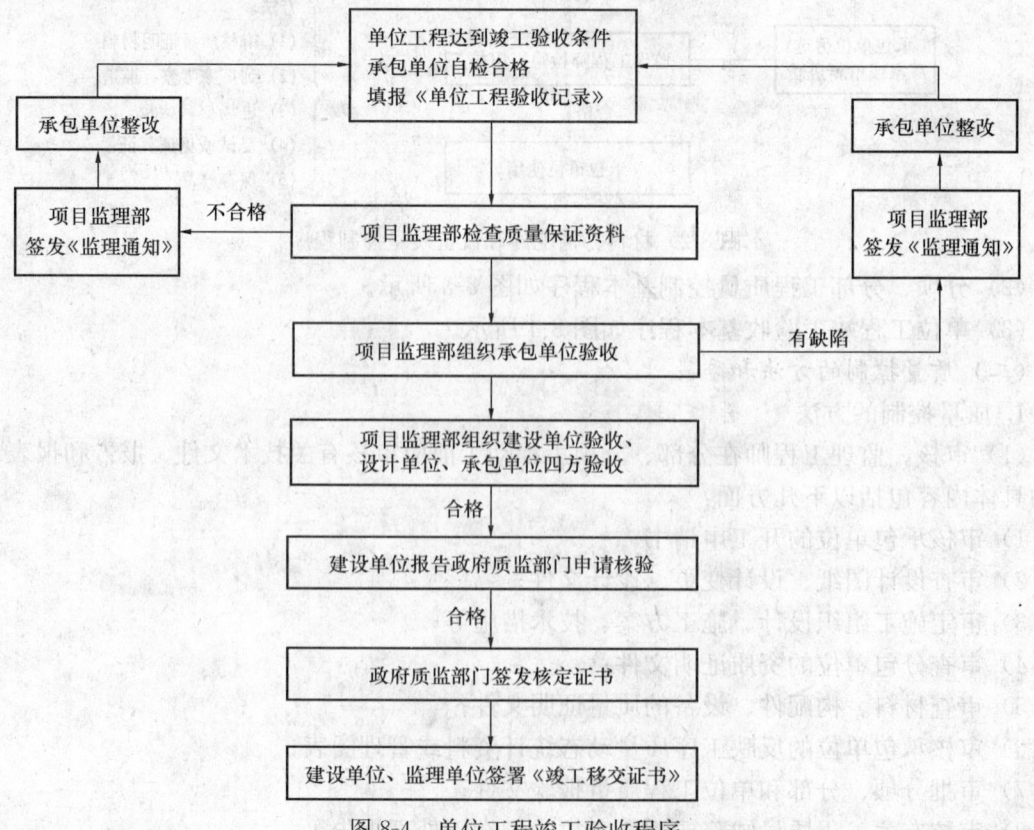

图 8-4 单位工程竣工验收程序

(2) 现场检查和监督。监理工程师应对进场材料、构配件、设备和施工过程的质量状况进行巡视检查；应跟踪检查质量问题纠正过程；应对某些质量控制点的施工全过程或关键过程进行现场监督、检测。

(3) 量测和试验。监理工程师应采用必要的量测和试验手段，验证材料、构配件、设备的质量及施工质量。

(4) 分析和报告。监理工程师应收集、整理各种有关的质量记录，采用数理统计分析的方法，发现存在的质量问题，分析影响工程质量的主要因素，提出相应的纠偏措施，并定期（监理月报）或不定期向建设单位报告。

2. 质量控制的手段

(1) 下达监理指令。监理工程师应通过工地会议和书面文件，及时发布监理指令，向承包单位指出施工中出现的质量问题提出相应的要求和指示。承包单位应积极执行。

(2) 拒绝签认。对未验收或验收不合格的材料、构配件、设备，监理工程师应拒绝签认，承包单位不得在工程中使用或安装；对未验收或验收不合格的工序，监理工程师应拒绝签认，承包单位不得进行下一道工序的施工。

(3) 拒绝支付。对未验收或验收不合格的材料、构配件、设备及施工质量，监理工程师应拒绝签认材料款及工程款支付证书。

(4) 建议撤换。在监理过程中如发现承包单位（含分包单位）的人员工作不称职，监理工程师有权提出撤换有关人员的建议。

(5) 下令停工。当施工中出现下列情况之一者，总监理工程师有权下达停工令，要求承包单位停工整改、返工：

1) 未经监理工程师审查同意，擅自变更设计或修改施工方案进行施工者；

2) 未经监理工程师进行资质审查的人员或经审查不合格的人员进入现场施工者；

3) 擅自使用未经监理工程师审查认可的分包单位进入现场施工者；

4) 使用不合格的或未经监理工程师检查验收的材料、构配件、设备，或擅自使用未经审查认可的代用材料者；

5) 工序施工完成后，未经监理工程师验收或验收不合格而擅自进行下一道工序施工者；

6) 隐蔽工程未经监理工程师验收确认合格而擅自隐蔽者；

7) 施工中出现质量异常情况，经监理工程师指出后，承包单位未采取有效改正措施或措施不力、效果不好仍继续作业者；

8) 已发生质量事故迟迟不按监理工程师要求进行处理，或已发生质量缺陷、质量事故，如不停工则质量缺陷、质量事故将继续发展，或已发生质量事故，承包单位隐瞒不报，私自处理者。

总监理工程师下达停工令和复工令，应事先向建设单位报告。对拒不执行监理停工指令的行为，监理单位有权向政府建设主管部门报告。

(三) 质量控制的内容

1. 审查主要分部（分项）工程施工方案

(1) 对主要的，或技术复杂的，或采用新技术、新工艺的，或在冬、雨期施工的分部、分项工程，项目监理部应要求承包单位编制专项施工方案。

(2) 承包单位编制上述专项施工方案时，应符合经项目监理部审定的施工组织设计的基本原则，并应具有针对性和可操作性。

(3) 承包单位项目部的技术部门应根据上述专项施工方案及其相关的操作规程和工艺标准，对操作人员进行技术交底。

(4) 承包单位应按监理单位审定批准的专项施工方案组织施工。

2. 审查设计变更

(1) 无论设计变更建议来自设计单位、建设单位、承包单位或监理单位，监理工程师均应进行审查。

(2) 监理工程师对设计变更的审查原则是：

1) 是否对施工图进一步明确、完善；

2) 是否进一步满足建设单位的设计要求；

3) 是否满足规程、规范和验评标准的要求；

4) 是否便于施工；

5) 在技术经济上是否合理，对质量、工期和造价造成的影响是否在允许范围内；

6) 监理工程师认为应该掌握的其他原则。

(3) 经监理工程师审查，设计变更符合上述原则，在设计变更通知上签认。

(4) 经监理工程师审查，设计变更不符合上述原则，监理工程师应提出合理化建议，与有关各方协商取得一致意见。

(5) 设计变更经建设单位、设计单位、承包单位和监理单位四方签认后，分发有关各方执行。设计变更未经四方签认，承包单位不得施工。

3. 查验测量放线❶

(1) 承包单位在分部、分项工程测量放线完毕，应进行自检，合格后填写《施工测量放线报验单》，并附上放线的依据材料及放线成果表报送监理单位；

(2) 监理工程师应对《施工测量放线报验单》进行审核；

(3) 监理工程师应实地查验放线精度是否符合规范及标准要求，施工轴线控制桩的位置、轴线和高程的控制标志是否牢靠、明显等；

(4) 经审核、查验合格，签认《施工测量报验单》。

4. 审核施工试验室资格❷

(1) 承包单位应填写《分包单位资格报审表》，将拟委托施工试验室的营业执照、企业资质等级证书，委托试验内容等有关资料报送项目监理部。监理工程师审核合格，签认《分包单位资格报审表》。

---

❶ 《建设工程监理规范》（GB 50319—2000）规定：

5.4.4 项目监理机构应对承包单位在施工过程中报送的施工测量放线成果进行复验和确认。

条文说明：承包单位在测量放线完毕，应进行自检，合格后填写施工测量放线报验申请表，并附上放线的依据材料及放线成果表报送项目监理机构。专业监理工程师应实地查验放线精度是否符合规范及标准要求，施工轴线控制桩的位置、轴线和高程的控制标志是否牢靠、明显等。经审核、查验合格，签认施工测量报验申请表。

❷ 《建设工程监理规范》（GB 50319—2000）规定：

5.4.5 专业监理工程师应从以下五个方面对承包单位的试验室进行考核：

1. 试验室的资质等级及其试验范围；

2. 法定计量部门对试验设备出具的计量检定证明；

3. 试验室的管理制度；

4. 试验人员的资格证书；

5. 本工程的试验项目及其要求。

(2) 承包单位利用本企业试验室时，应填写《承包单位通用申报表》，将试验室资质、委托试验内容、试验设备的规格、型号、数量及定期检定证明（法定检测部门）、试验室管理制度、试验员资格证书等有关资料报送项目监理部。监理工程师审核合格，签发《监理通知》予以确认。

(3) 监理工程师认为必要时，可对试验室进行实地考察。

(4) 监理工程师应对现场试验室的混凝土、砂浆试块养护条件进行实地考察。

5. 查验进场材料、构配件和设备❶

(1) 承包单位应对进场材料、构配件和设备进行自检、复试，合格后填写《材料/构配件/设备报验单》并附上相应的准用证明、出厂质量证明、复试结果等有关资料报监理单位审核、签认。

(2) 对新材料、新产品、承包单位还应报送经有关部门鉴定、确认的证明文件。

(3) 对进口材料、构配件和设备，承包单位还应报送进口商检证明文件。

(4) 监理工程师应对进场材料、构配件和设备进行检查、测试或监理见证抽样复试。

(5) 对进口材料、构配件和设备，应按照事先约定，由建设单位、承包单位、供货单位、监理单位及其他有关单位进行联合检查。

(6) 经监理工程师审核，检查合格，签认《材料/构配件/设备报验单》。

6. 审查混凝土、砌筑砂浆《配合比申请单和配合比通知单》及《混凝土浇灌申请单》

(1) 承包单位在混凝土、砌筑分项工程动工前，应填写混凝土、砌筑砂浆《配合比申请单和配合比通知单》以及《混凝土浇灌申请单》，并附上有关资料报项目监理部审核。

(2) 经监理工程师审核合格，签认混凝土、砌筑砂浆《配合比通知单》。

(3) 经监理工程师对现场混凝土浇灌准备工作情况检查，具备浇灌条件，签认《混凝土浇灌申请单》。

7. 检查进场主要施工设备

(1) 凡直接影响工程质量的施工设备，如混凝土拌合系统、钢筋加工、焊接机械、钢结构焊接设备、预应力张拉设备等，承包单位安装、调试合格后，应填写《进场设备报验单》，并附上有关技术说明、调试结果等资料，报项目监理部审核。

(2) 施工用的衡器、量具、计量装置等设备，承包单位还应向项目监理部报审有关法定检测部门的检定证明。

(3) 监理工程师应实地检查进场施工设备安装、调试情况，经审核、检查合格，签认《进场设备报验单》。

8. 监督检查承包单位的质保体系运行情况

(1) 在施工过程中，监理工程师应经常监督、检查承包单位的质量管理和质量保证体系

---

❶ 《建设工程监理规范》（GB 50319—2000）规定：

5.4.6 专业监理工程师应对承包单位报送的拟进场工程材料、构配件和设备的工程材料/构配件/设备报审表及其质量证明资料进行审核，并对进场的实物按照委托监理合同约定或有关工程质量管理文件规定的比例，采用平行检验或见证取样方式进行抽检。

对未经监理人员验收或验收不合格的工程材料、构配件、设备，监理人员应拒绝签认，并应签发监理工程师通知单，书面通知承包单位限期将不合格的工程材料、构配件、设备撤出现场。

条文说明：对新材料、新产品，承包单位应报送经有关部门鉴定、确认的证明文件；对进口材料、构配件和设备，承包单位还应报送进口商检证明文件，并按照事先约定，由建设单位、承包单位、供货单位、监理单位及其他有关单位进行联合检查。

的运行情况。主要检查内容如下：

1) 承包单位各管理部门，尤其是质量和技术管理部门是否正常、有效运行，总承包作用是否正常发挥；

2) 承包单位各级管理人员，尤其是质检人员是否配备到岗到位，其水平、能力、责任心是否满足施工要求；

3) 承包单位各项管理制度，尤其是"三检制"是否健全并得到有效贯彻；

4) 承包单位是否积极执行监理工作程序和监理指令，能否正确填报各类报表；

5) 承包单位对施工质量问题的反应能力、自我纠正和预防能力等。

(2) 监理工程师应积极督促承包单位不断强化全员质量意识，帮助其健全和完善质量管理和质量保证体系，监控承包单位质量管理的运行。

9. 施工过程的检查和监督❶

(1) 监理工程师应经常地、有目的地对承包单位的施工过程进行检查检测。主要检查内容如下：

1) 是否按照施工图、设计变更及设计说明施工；

2) 是否按照审定的施工方案及施工规程施工；

3) 是否使用合格的材料、构配件和设备；

4) 施工现场管理人员，尤其是质检人员是否到岗到位；

5) 施工操作人员的技术水平、操作条件是否满足工艺操作要求、特种操作人员是否持证上岗；

6) 施工计量是否准确；

7) 施工环境是否对工程质量产生不利影响；

8) 已施工部位是否存在质量缺陷、质量问题。

(2) 监理工程师在现场检查时，发现违反合同技术规定，存在影响或可能影响工程质量的施工活动时，应及时向施工管理人员发出监理指令予以劝阻或制止。

(3) 监理工程师对指出的质量问题，应跟踪检查承包单位的纠正过程，验证纠正结果，以消除质量隐患。

(4) 对某些质量控制点，如隐蔽工程的隐蔽过程、工序施工完成后难以检查的关键环节

---

❶ 《建设工程监理规范》(GB 50319—2000) 规定：

5.4.8 总监理工程师应安排监理人员对施工过程进行巡视和检查。对隐蔽工程的隐蔽过程、下道工序施工完成后难以检查的重点部位，专业监理工程师应安排监理员进行旁站。

条文说明：监理人员应经常地、有目的地对承包单位的施工过程进行巡视检查、检测。主要检查内容如下：

1. 是否按照设计文件、施工规范和批准的施工方案施工；

2. 是否使用合格的材料、构配件和设备；

3. 施工现场管理人员，尤其是质检人员是否到岗到位；

4. 施工操作人员的技术水平、操作条件是否满足工艺操作要求，特种操作人员是否持证上岗；

5. 已施工环境是否对工程质量产生不利影响；

6. 已施工部位是否存在质量缺陷。

对施工过程中出现的较大质量问题或质量隐患，监理工程师宜采用照相、摄影等手段予以记录。

5.4.9 专业监理工程师应根据承包单位报送的隐蔽工程报验申请表和自检结果进行现场检查，符合要求予以签认。对未经监理人员验收或验收不合格的工序，监理人员应拒绝签认，并要求承包单位严禁进行下一道工序的施工。

条文说明：承包单位完成隐蔽工程作业并自检合格后，应填写隐蔽工程报验申请表，报送项目监理机构。经检验合格，专业监理工程师应签认隐蔽工程报验申请表，承包单位方可进行下一道工序施工。

或重点部位、工序施工完成后存在质量问题难以返工或返工影响大的关键环节或重点部位等，监理工程师应进行施工全过程或关键过程的现场监督、检测，以及时了解、记录施工作业的状况和结果，及时纠正出现的质量问题。

(5) 对施工过程中出现的较大质量问题或质量隐患，监理工程师宜采用照相、摄影等手段予以记录。

10. 中间施工检查和验收

(1) 中间施工检查和验收包括工程施工预检、工序间交接检查和验收及隐蔽工程检查和验收。

(2) 承包单位完成工程施工预检、工序作业或隐蔽工程作业并自检合格后，应填写《预检工程检查记录单》或《隐蔽工程检查记录》，并附上相关的质量保证资料，报送项目监理部。

(3) 监理工程师应对《预检工程检查记录单》或《隐蔽工程记录》的全部资料进行检查，并应组织承包单位有关管理人员到现场进行检测、核查。

(4) 对不合格的施工作业，监理工程师应签发《不合格项目通知单》，指令承包单位整改，合格后由监理工程师复查。

(5) 经核查合格，监理工程师应签认《预检工程检查记录单》或《隐蔽工程检查记录》，承包单位方可进行下一道工序的施工。

11. 分项工程检查和验收❶

(1) 承包单位按施工方案完成分区或分层的分项工程施工并自检合格后，填写《分项/分部工程质量报验认可单》，并附上相关的质量保证资料，如《预检工程检查记录单》、《隐蔽工程记录》、《分项工程质量检验评定表》等资料，报送项目监理部。

(2) 监理工程师应对报验的《分项/分部工程质量报验认可单》的全部资料进行核查，并应组织承包单位的有关管理人员到现场进行抽检、核查。

(3) 对符合要求的分项工程，监理工程师应签认《分项/分部工程质量报验认可单》，并评定质量等级。

(4) 对不符合要求的分项工程，监理工程师应签发《不合格项目通知》，指令承包单位整改。合格后，监理工程师应按质量评定标准进行签认和再评定。

(5) 建筑采暖、卫生、燃气、电气、通风与空调及其他设备安装工程的分项工程签认，必须在检测、试验或试运转完成，并由承包单位自检合格后进行。

12. 分部工程验收

(1) 承包单位在分部工程完成后，应根据监理工程师签认和评定的分项工程质量评定结果，进行分部工程的质量等级汇总并自评后，填写《分项/分部工程质量报验认可单》，并附《分部工程质量检验评定表》，报项目监理部审核。

(2) 监理工程师对分部工程质量评定资料的审核，应包括以下几方面的内容：

1) 应核查分部工程所包含的全部分项工程均得到了监理工程师的签认和质量等级评定；

2) 应核查分项工程质量等级统计汇总的准确性；

---

❶ 《建设工程监理规范》(GB 50319—2000) 规定：
5.4.10 专业监理工程师应对承包单位报送的分项工程质量验评资料进行审核，符合要求后予以签认；总监理工程师应组织监理人员对承包单位报送的分部工程和单位工程质量验评资料进行审核和现场检查，符合要求后予以签认。

3）应核查各分项工程质量保证项目的评定的正确性。

（3）监理工程师在对分部工程质量评定资料进行全面、系统审核后，符合国家质量验评标准，签认并评定该分部工程的质量等级。

（4）承包单位完成单位工程的基础分部工程或主体结构分部工程并自检合格，在进行回填或装修前，应填写《基础/主体工程验收记录》，并附上相关的质量保证资料，报项目监理部审核。总监理工程师应组织建设单位、承包单位和设计单位共同核查承包单位的申报资料及进行现场质量检查，最后由各方签署验收意见。验收合格，各方代表在《基础/主体工程验收记录》上签字认可，承包单位方可进行回填或装修工程施工。

（5）根据单位工程实际情况，经各方协商确定，主体结构分部工程的验收可分段进行。

（四）竣工验收

1. 竣工验收的准备

（1）当工程项目或单位工程全部完成时，总监理工程师应组织各专业监理工程师对本专业工程的质量情况进行全面检查、检测，对发现的影响竣工验收的问题，签发《监理通知》，要求承包单位整改。

（2）对需要进行功能试验的工程项目（包括单机试车和无负荷试车），监理工程师应督促承包单位及时进行试验，并对重要项目进行现场监督、检查，必要时请建设单位和设计单位参加；监理工程师应认真审查试验报告单。

（3）监理工程师应督促承包单位搞好成品保护和现场清理。

（4）监理工程师应督促承包单位按国家有关规定整理竣工资料。

2. 竣工预验收

（1）当工程项目或单位工程达到竣工验收条件，承包单位应在本企业自审、自查、自评工作完成后，填写《单位工程验收记录》，并将全部竣工资料报送项目监理部，申请竣工验收。

（2）总监理工程师应组织各专业监理工程师对竣工资料进行审查，对审查出的问题，应督促承包单位及时完善。

（3）总监理工程师应组织建设单位、设计单位、承包单位（必要时可请有关专家及部门参加）共同对工程进行检查，并签署验收意见。

（4）对四方验收时提出的必须进行整修的质量问题，总监理工程师应在承包单位整修完成后再验收，直至达到国家（部门）质量标准和合同的要求。

（5）对某些剩余工程和缺陷工程，在不影响交付的前提下，经四方协商，承包单位应在竣工验收后的限定时间内完成。

（6）验收结果符合规定要求后，由四方在《单位工程验收记录》上签认，并评定工程质量等级。

3. 正式竣工验收

（1）竣工预验收完成后，应由建设单位向负责验收的主管单位或部门提出竣工验收申请报告。

（2）监理工程师应参加由建设单位组织的正式竣工验收，并如实向负责验收的单位或部门提供其需要的相关监理资料，记录其检查出的问题。

（3）对验收时提出的必须进行整改的问题，监理工程师应督促承包单位及时整改直至达到要求，并将整改结果报送建设单位。

(4) 正式竣工验收完成并收到主管验收的单位或部门的《工程质量核定证书》后,由建设单位和项目总监理工程师共同签署《竣工移交证书》,并由建设单位和监理单位盖章后,送交承包单位一份。工程项目进入保修期(缺陷责任期)。

(五) 质量问题和质量事故的处理❶

(1) 对发生的质量问题和质量事故,监理工程师应及时进行现场调查,并根据国家的有关规定,界定质量问题和质量事故的等级类别。

(2) 对在施工过程中通过监理巡视和现场监督发现的质量不合格,监理工程师应按照规定,及时发出监理指令,要求承包单位进行整改或返工予以纠正。

(3) 对可以通过返修弥补的质量缺陷,总监理工程师应签发监理指令,要求承包单位先向项目监理部报送《质量问题调查报告》及《质量问题处理方案》,经监理工程师审核后(必要时经建设单位和设计单位认可),批复承包单位处理。监理工程师应跟踪检查处理情况,并验收处理结果。

(4) 对需要返工处理或加固补强的质量问题,总监理工程师除应签发监理指令,要求承包单位报送《质量问题调查报告》、《质量问题处理意见》外,还应签发《工程部分暂停指令》。质量问题的技术处理方案应由原设计单位提出,或由设计单位书面委托承包单位或其他单位提出,由设计单位签认,经总监理工程师批复承包单位处理。监理工程师(必要时请建设单位和设计单位参加)应对处理过程和结果进行跟踪检查和验收。

(5) 施工中发现的质量事故,承包单位应按国家的有关规定上报;项目总监理工程师应书面报告监理单位。

(6) 项目监理部应将完整的质量问题和质量事故处理记录整理归档。

三、造价控制

(一) 造价控制概述

1. 工程造价控制的依据

(1) 国家有关的经济法规和规定。

(2) 国家和本地区(部门)现行工程概(预)算定额、费用定额、工期定额及其他有关文件。

(3) 本地区工程造价管理机构定期发布的市场价格信息。

(4) 建设工程施工合同及其他有关工程价格的协议。

(5) 工程设计图纸、设计文件、设计变更及洽商。

(6) 经监理工程师签认合格的《分项/分部工程质量报验单》及经建设单位和监理单位签发的《竣工移交证书》。

---

❶ 《建设工程监理规范》(GB 50319—2000) 规定:

5.4.12 监理人员发现施工存在重大质量隐患,可能造成质量事故或已经造成质量事故时,应通过总监理工程师及时下达工程暂停令,要求承包单位停工整改。整改完毕并经监理人员复查,符合规定要求后,总监理工程师应及时签署工程复工报审表。总监理工程师下达工程暂停令和签署工程复工报审表,宜事先向建设单位报告。

5.4.13 对需要返工处理或加固补强的质量事故,总监理工程师应责令承包单位报送质量事故调查报告和经设计单位等相关单位认可的处理方案,项目监理机构应对质量事故的处理过程和处理结果进行跟踪检查和验收。

总监理工程师应及时向建设单位及本监理单位提交有关质量事故的书面报告,并应将完整的质量事故处理记录整理归档。

2. 工程造价控制的原则

(1) 应严格执行建设工程施工合同中所确定的合同价、单价、有关计价依据及所约定的工程款支付时间、方式。

(2) 工程量和工作量的计算应符合有关的计算规则。

(3) 应坚持对报验资料不全或未经监理工程师签认合格或与合同文件的约定不符的不予审核和计量。

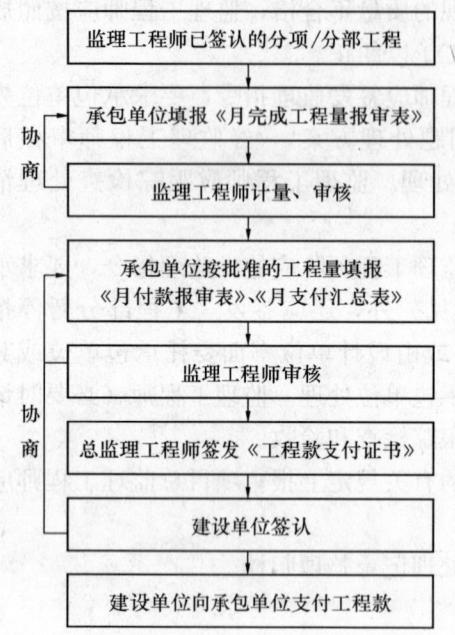

图 8-5 月工程计量和工程款支付程序

(4) 应坚持公正、合理地处理因合同变更、设计变更、违约索赔而引起的费用增减和工程延期。

(5) 应采取协商的方法处理有争议的工程量计量和工程款的计算；当协商无效，建设单位或承包单位按合同条款约定的办法提请有关部门调解或申请仲裁或向人民法院起诉时，监理单位应公正、客观地向调解部门或仲裁机构或人民法院提供有关证据。

3. 工程造价控制的基本程序

(1) 月工程计量和工程款支付基本程序[1]如图 8-5 所示。

(2) 竣工结算基本程序[2]如图 8-6 所示。

(二) 工程造价控制的方法

1. 审核

监理工程师应审核有关的经济技术文件报告和报表。审核的具体内容包括以下几方面：

(1) 审核设计图纸、设计文件和设计变更；

(2) 审查施工组织设计、施工方案、技术措施；

(3) 审查承包单位编制的工程项目各阶段及各年、季、月度资金使用计划；

(4) 审核承包单位报送的《工程预付款报审表》、《（ ）月工、料、机动态表》、《（ ）月完成工程量报审表》、《（ ）月付款报审表》、《（ ）月支付汇总表》、《设计变更、洽商费用报审表》、《工程延期申请表》、《费用索赔申请表》等；

(5) 审核工程竣工结算资料。

2. 分析与报告

---

[1] 《建设工程监理规范》(GB 50319—2000) 规定：
5.5.1 项目监理机构应按下列程序进行工程计量和工程款支付工作：
1. 承包单位统计经专业监理工程师质量验收合格的工程量，按施工合同的约定填报工程量清单和工程款支付申请表；
2. 专业监理工程师进行现场计量，按施工合同的约定审核工程量清单和工程款支付申请表，并报总监理工程师审定；
3. 总监理工程师签署工程款支付证书，并报建设单位。

[2] 《建设工程监理规范》(GB 50319—2000) 规定：
5.5.2 项目监理机构应按下列程序进行竣工结算：
1. 承包单位按施工合同规定填报竣工结算报表；
2. 专业监理工程师审核承包单位报送的竣工结算报表；
3. 总监理工程师审定竣工结算报表，与建设单位、承包单位协商一致后，签发竣工结算文件和最终的工程款支付证书报建设单位。

（1）监理工程师应进行风险分析，找出工程造价最易突破的部分、最易发生费用索赔的原因和部位，制定防范性对策，并向建设单位提交有关报告。

（2）监理工程师应经常检查工程计量和工程款支付的情况，对实际发生值与计划控制值进行分析、比较，制定纠偏措施，并在监理月报上向建设单位报告。

（3）监理工程师应对设计变更、洽商进行经济技术分析和比较，并向建设单位提出相关的合理化建议。

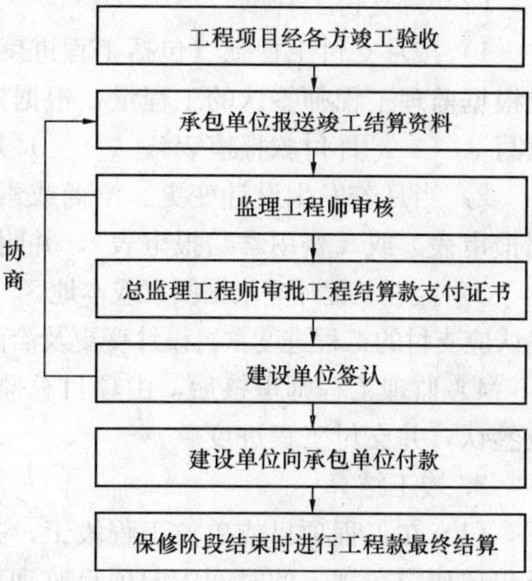

3. 积累资料

监理工程师应及时建立工程量和工作量台账，对工程造价进行跟踪控制；应全面收集、整理有关的施工和监理资料，为公正、合理地处理索赔提供证据。

图 8-6 竣工结算的基本程序

4. 协商

当有关各方对工程量计量、工作量计算、设计变更、洽商费用增减、索赔事由及费用发生异议时，助理工程师应积极组织各方协商，以合同约定为依据，以事实为证据，搞好协调工作。

（三）工程造价控制的内容

1. 工程量计量

（1）工程量计量原则上每月计量一次，计量周期为上月 26 日至本月 25 日。

（2）承包单位每月 26 日前，根据工程实际完成工程量及监理工程师签认的分项工程，填写《（　）月完成工程量报审表》，并附上有关的资料，报送项目监理部。

（3）监理工程师应会同承包单位对现场实际完成情况进行计量（必要时应与承包单位协商），并对《（　）月完成工程量报审表》进行复核，所计量的工程量应由监理工程师审核，由总监理工程师签认。

（4）对某些特定的分项、分部工程的计量方法，由建设单位、承包单位和项目监理部协商约定。

（5）对已发生的某些不可预见的工程量（如地基基础处理等），监理工程师应会同承包单位如实进行计量。

（6）未经监理工程师签认合格的工程量，或与设计图纸不符的工程量，或因承包单位自身原因造成返工的工程量等，监理工程师应拒绝计量。

2. 工程款支付

（1）工程预付款

1）承包单位填写《工程预付款报审表》，报送项目监理部。

2）经项目总监理工程师审核，符合建设工程施工合同的规定，应及时签发《工程预付款支付证书》。

3）监理工程师应按照建设工程施工合同的规定，及时抵扣工程预付款。

(2) 月支付工程款

1) 按月支付工程款（包括工程进度款、设计变更及洽商款、索赔款等）时，承包单位应根据监理工程师签认的工程量，根据建设工程施工合同所规定的计价方法计算工程款，并填写《（　）月付款报审表》、《（　）月支付汇总表》报送项目监理部。

2) 当月若发生设计变更、洽商或索赔情况时，承包单位还应填写《设计变更、洽商费用报审表》或《费用索赔报审表》，并附上有关资料，报送项目监理部。

3) 监理工程师应依据国家或本地区（部）的有关规定及建设工程施工合同的规定进行审核，确认应支付的工程进度款、设计变更及洽商款、索赔款等，应扣除的保留金、违约罚金等。

4) 监理工程师审核后，由项目总监理工程师核定并签发《工程款支付证书》，报建设单位签认，并支付工程进度款。

3. 竣工结算

(1) 在工程项目或单位工程竣工，并由建设单位、监理单位签发《竣工移交证书》后，承包单位应在规定的时间内向项目监理部提交竣工结算资料。

(2) 监理工程师应及时审核竣工结算资料，并与建设单位、承包单位协商和协调，提出审核意见。

(3) 总监理工程师根据各方协商的结论，签发《工程竣工结算款支付证书》，报建设单位审核。

(4) 建设单位收到总监理工程师签发的《工程竣工结算款支付证书》后，应及时按合同的约定，与承包单位办理竣工结算的有关事项。

第四节　施工合同管理

一、工程暂停及复工

1. 总监理工程师在签发工程暂停令时，应根据暂停工程的影响范围和影响程度，按照施工合同和委托监理合同的约定签发❶。

2. 在发生下列情况之一时，总监理工程师可签发工程暂停令❷：（1）建设单位要求暂停施工，且工程需要暂停施工；（2）为了保证工程质量而需要进行停工处理；（3）施工出现了安全隐患，总监理工程师认为有必要停工以消除隐患；（4）发生了必须暂时停止施工的紧急事件；（5）承包单位未经许可擅自施工，或拒绝项目监理机构管理。

---

❶ 此条为《建设工程监理规范》（GB 50319—2000）6.1.1 的规定。
　条文说明：签发"工程暂停令"的权限应属于总监理工程师，但实施程序应按施工合同和委托监理合同中的规定来执行。

❷ 此条为《建设工程监理规范》（GB 50319—2000）6.1.2 的规定。
　条文说明：在发生条文所列五种情况时，总监理工程师有权按照规定的程序签发工程暂停令。其中：
　第1款表明：建设单位要求停工，但总监理工程师经过独立的判断，也认为有必要暂停施工时，可签发工程暂停指令。若总监理工程师经过独立的判断认为没有必要暂停施工，则不应签发工程暂停令。
　发生第2、3、4款的情况时，不论建设单位是否要求停工，总监理工程师均应及时按程序签发工程暂停令。
　第5款表明：当总监理工程师签发工程暂停令后，在签发复工令之前，承包单位擅自施工，总监理工程师应再次签发工程暂停令，并采取进一步措施保证项目施工和监理的正常秩序。当承包单位拒绝执行项目监理机构的要求或指令时，总监理工程师应视情况签发工程暂停令。

3. 总监理工程师在签发工程暂停令时，应根据停工原因的影响范围和影响程度，确定工程项目停工范围。总监理工程师在签发工程暂停令之前，应就有关工期和费用等事宜与承包单位进行协商。

4. 由于建设单位原因，或其他非承包单位原因导致工程暂停时，项目监理机构应如实记录所发生的实际情况。总监理工程师应在施工暂停原因消失、具备复工条件时，及时签署工程复工报审表，指令承包单位继续施工。❶

5. 由于承包单位原因导致工程暂停，在具备恢复施工条件时，项目监理机构应审查承包单位报送的复工申请及有关材料，同意后由总监理工程师签署工程复工报审表，指令承包单位继续施工。❷

6. 总监理工程师在签发工程暂停令到签发工程复工报审表之间的时间内，宜会同有关各方按照施工合同的约定，处理因工程暂停引起的与工期、费用等有关的问题。❸

二、工程变更的管理

1. 项目监理机构应按下列程序处理工程变更❹：

（1）设计单位对原设计存在的缺陷提出的工程变更，应编制设计变更文件；建设单位或承包单位提出的工程变更，应提交总监理工程师，由总监理工程师组织专业监理工程师审查。审查同意后，应由建设单位转交原设计单位编制设计变更文件。当工程变更涉及安全、环保等内容时，应按规定经有关部门审定。

（2）项目监理机构应了解实际情况和收集与工程变更有关的资料。

（3）总监理工程师必须根据实际情况、设计变更文件和其他有关资料，按照施工合同的有关条款，在指定专业监理工程师完成下列工作后，对工程变更的费用和工期作出评估：

1）确定工程变更项目与原工程项目之间的类似程度和难易程度；

2）确定工程变更项目的工程量；

3）确定工程变更的单价或总价。

（4）总监理工程师应就工程变更费用及工期的评估情况与承包单位和建设单位进行协调。

（5）总监理工程师签发工程变更单。变更单中应包括工程变更要求、工程变更说明、工程变更费用和工期、必要的附件等内容，有设计变更文件的工程变更应附设计变更文件。

（6）项目监理机构应根据工程变更单监督承包单位实施。

2. 项目监理机构处理工程变更应符合下列要求❺：

---

❶ 此条为《建设工程监理规范》(GB 50319—2000) 6.1.5 的规定。
　条文说明：由于建设单位原因或非承包单位原因导致工程暂停时，一般要根据实际的工程延期和费用损失，并通过协商给予承包单位工期和费用方面的补偿，所以项目监理机构应如实记录所发生的实际情况以备查。

❷ 此条为《建设工程监理规范》(GB 50319—2000) 6.1.6 的规定。
　条文说明：由于承包单位的原因导致工程暂停，承包单位申请复工时，除了填报《工程复工报审表》外，还应报送针对导致停工的原因而进行的整改工作报告等有关材料。

❸ 此条为《建设工程监理规范》(GB 50319—2000) 6.1.7 的规定。
　条文说明：总监理工程师在签发工程暂停令之后，应尽快按施工合同的规定处理因工程暂停引起的与工期、费用等有关问题。

❹ 此条为《建设工程监理规范》(GB 50319—2000) 6.2.1 的规定。

❺ 此条为《建设工程监理规范》(GB 50319—2000) 6.2.2 的规定。
　条文说明：项目监理机构应按照委托监理合同的约定进行工程变更的处理，不应超越所授权限，并应协助建设单位与承包单位签定工程变更的补充协议。

(1) 项目监理机构在工程变更的质量、费用和工期方面取得建设单位授权后,应按施工合同规定与承包单位进行协商,经协商达成一致后,总监理工程师应将协商结果向建设单位通报,并由建设单位与承包单位在变更文件上签字;

(2) 在项目监理机构未能就工程变更的质量、费用和工期方面取得建设单位授权时,总监理工程师应协助建设单位和承包单位进行协商,并达成一致;

(3) 在建设单位和承包单位未能就工程变更的费用等方面达成协议时,项目监理机构应提出一个暂定的价格,作为临时支付工程进度款的依据。该项工程款最终结算时,应以建设单位和承包单位达成的协议为依据。

3. 在总监理工程师签发工程变更单之前,承包单位不得实施工程变更。❶

4. 未经总监理工程师审查同意而实施的工程变更,项目监理机构不得予以计量。❷

三、费用索赔的处理

1. 项目监理机构处理费用索赔应依据下列内容:(1) 国家有关的法律、法规和工程项目所在地的地方法规;(2) 本工程的施工合同文件;(3) 国家、部门和地方有关的标准、规范和定额;(4) 施工合同履行过程中与索赔事件有关的凭证。❸

2. 当承包单位提出费用索赔的理由同时满足以下条件时,项目监理机构应予以受理:(1) 索赔事件造成了承包单位直接经济损失;(2) 索赔事件是由于非承包单位的责任发生的;(3) 承包单位已按照施工合同规定的期限和程序提出费用索赔申请表,并附有索赔凭证材料。❹

3. 承包单位向建设单位提出费用索赔,项目监理机构应按下列程序处理:(1) 承包单位在施工合同规定的期限内向项目监理机构提交对建设单位的费用索赔意向通知书;(2) 总监理工程师指定专业监理工程师收集与索赔有关的资料;(3) 承包单位在承包合同规定的期限内向项目监理机构提交对建设单位的费用索赔申请表;(4) 总监理工程师初步审查费用索赔申请表,符合监理规范第6.3.2条所规定的3项条件时予以受理;(5) 总监理工程师进行费用索赔审查,并在初步确定一个额度后,与承包单位和建设单位进行协商;(6) 总监理工程师应在施工合同规定的期限内签署费用索赔审批表,或在施工合同规定的期限内发出要求承包单位提交有关索赔报告的进一步详细资料的通知,待收到承包单位提交的详细资料后,按本条的第4、5、6款的程序进行。❺

---

❶ 此条为《建设工程监理规范》(GB 50319—2000) 6.2.3 的规定。
❷ 此条为《建设工程监理规范》(GB 50319—2000) 6.2.4 的规定。
❸ 此条为《建设工程监理规范》(GB 50319—2000) 6.3.1 的规定。
条文说明:施工合同文件是处理索赔的重要依据,处理索赔时除了依据合同的明示条款外,还应考虑合同的暗示条款。
❹ 此条为《建设工程监理规范》(GB 50319—2000) 6.3.2 的规定。
条文说明:索赔理由要同时满足本条所规定的三个条件才能成立。
❺ 此条为《建设工程监理规范》(GB 50319—2000) 6.3.3 的规定。
条文说明:在本条第5款规定审查和初步确定索赔批准额时,项目监理机构要审查以下三个方面:
1. 索赔事件发生的合同责任;
2. 由于索赔事件的发生,施工成本及其他费用的变化和分析;
3. 索赔事件发生后,承包单位是否采取了减少损失的措施。承包单位报送的索赔额中是否包含了让索赔事件任意发展而造成的损失额。
项目监理机构在确定索赔批准额时,可采用实际费用法。索赔批准额等于承包单位为了某项索赔事件所支付的合理实际开支减去施工合同中的计划开支,再加上应得的管理费和利润。
总监理工程师在签署费用索赔审批表时,可附一份索赔审查报告。索赔审查报告可包括以下内容:
1. 正文:受理索赔的日期,工作概况,确认的索赔理由及合同依据,经过调查、讨论、协商而确定的计算方法及由此而得出的索赔批准额和结论。
2. 附件:总监理工程师对该索赔的评价,承包单位的索赔报告及其有关证据和资料。

4. 当承包单位的费用索赔要求与工程延期要求相关联时，总监理工程师在作出费用索赔的批准决定时，应与工程延期的批准联系起来，综合作出费用索赔和工程延期的决定。❶

5. 由于承包单位的原因造成建设单位的额外损失，建设单位向承包单位提出费用索赔时，总监理工程师在审查索赔报告后，应公正地与建设单位和承包单位进行协商，并及时作出答复。

四、工程延期及工程延误的处理

1. 当承包单位提出工程延期要求符合施工合同文件的规定条件时，项目监理机构应予以受理。❷

2. 当影响工期事件具有持续性时，项目监理机构可在收到承包单位提交的阶段性工程延期申请表并经过审查后，先由总监理工程师签署工程临时延期审批表并通报建设单位。当承包单位提交最终的工程延期申请表后，项目监理机构应复查工程延期及临时延期情况，并由总监理工程师签署工程最终延期审批表。❸

3. 项目监理机构在作出临时工程延期批准或最终的工程延期批准之前，均应与建设单位和承包单位进行协商。❹

4. 项目监理机构在审查工程延期时，应依下列情况确定批准工程延期的时间：（1）施工合同中有关工程延期的约定；（2）工期拖延和影响工期事件的事实和程度；（3）影响工期事件对工期影响的量化程度。❺

5. 工程延期造成承包单位提出费用索赔时，项目监理机构应按前述办法处理。

6. 当承包单位未能按照施工合同要求的工期竣工交付造成工期延误时，项目监理机构应按施工合同规定从承包单位应得款项中扣除误期损害赔偿费。

五、合同争议的调解

1. 项目监理机构接到合同争议的调解要求后，应进行以下工作：

---

❶ 此条为《建设工程监理规范》（GB 50319—2000）6.3.4 的规定。
条文说明：费用索赔与工程索赔有时候会相互关联，在这种情况下，建设单位可能不愿给予工程延期批准或只给予部分工程延期批准，此时的费用索赔批准不仅要考虑费用补偿还要给予赶工补偿。所以总监理工程师要综合作出费用索赔和工程延期的批准决定
❷ 此条为《建设工程监理规范》（GB 50319—2000）6.4.1 的规定。
❸ 此条为《建设工程监理规范》（GB 50319—2000）6.4.2 的规定。
条文说明：总监理工程师在作出临时延期批准时，要按正常的工程延期批准审查的同样程序和同样要求进行审查。在最终进行工程延期审查与批准时，总监理工程师应复查与工程延期有关的全部情况。因此，总监理工程师在作临时延期批准时，不应认为其具有临时性而放松控制。
❹ 此条为《建设工程监理规范》（GB 50319—2000）6.4.3 的规定。
条文说明：项目监理机构审查和批准临时延期或最终工程延期的程序与费用索赔的处理程序相同。
❺ 此条为《建设工程监理规范》（GB 50319—2000）6.4.4 的规定。
条文说明：在确定各影响工期事件对工期或区段工期的综合影响程度时，可按下列步骤进行：
1. 以事先批准的详细的施工进度计划为依据，确定假设工程不受影响工期事件影响时应该完成的工作或应该达到的进度；
2. 详细核实受该影响工期事件影响后，实际完成的工作或实际达到的进度；
3. 查明因受该影响工期事件的影响而受到延误的作业工种；
4. 查明实际的进度滞后是否还有其他影响因素，并确定其影响程度；
5. 最后确定该影响工期事件对工程竣工时间或区段竣工时间的影响值。

(1) 及时了解合同争议的全部情况,包括进行调查和取证;

(2) 及时与合同争议的双方进行磋商;

(3) 在项目监理机构提出调解方案后,由总监理工程师进行争议调解;

(4) 当调解未能达成一致时,总监理工程师应在施工合同规定的期限内提出处理该合同争议的意见;

(5) 在争议调解过程中,除已达到了施工合同规定的暂停履行合同的条件之外,项目监理机构应要求施工合同的双方继续履行施工合同。

2. 在总监理工程师签发合同争议处理意见后,建设单位或承包单位在施工合同规定的期限内未对合同争议处理决定提出异议,在符合施工合同的前提下,此意见应成为最后的决定,双方必须执行。

3. 在合同争议的仲裁或诉讼过程中,项目监理机构接到仲裁机关或法院要求提供有关证据的通知后,应公正地向仲裁机关或法院提供与争议有关的证据。

六、合同的解除

1. 施工合同的解除必须符合法律程序。

2. 当建设单位违约导致施工合同最终解除时,项目监理机构应就承包单位按施工合同规定应得到的款项与建设单位和承包单位进行协商,并应按施工合同的规定从下列应得的款项中确定承包单位应得到的全部款项,并书面通知建设单位和承包单位:

(1) 承包单位已完成的工程量表中所列的各项工作所应得的款项;

(2) 按批准的采购计划订购工程材料、设备、构配件的款项;

(3) 承包单位撤离施工设备至原基地或其他目的地的合理费用;

(4) 承包单位所有人员的合理遣返费用;

(5) 合理的利润补偿;

(6) 施工合同规定的建设单位应支付的违约金。

3. 由于承包单位违约导致施工合同终止后,项目监理机构应按下列程序清理承包单位的应得款项,或偿还建设单位的相关款项,并书面通知建设单位和承包单位:

(1) 施工合同终止时,清理承包单位已按施工合同规定实际完成的工作所应得的款项和已经得到支付的款项;

(2) 施工现场余留的材料、设备及临时工程的价值;

(3) 对已完工程进行检查和验收、移交工程资料、该部分工程的清理、质量缺陷修复等所需的费用;

(4) 施工合同规定的承包单位应支付的违约金;

(5) 总监理工程师按照施工合同的规定,在与建设单位和承包单位协商后,书面提交承包单位应得款项或偿还建设单位款项的证明。

4. 由于不可抗力或非建设单位、承包单位原因导致施工合同终止时,项目监理机构应按施工合同规定处理合同解除后的有关事宜。

第九章 施工项目管理内容概述

第一节 施工项目进度管理

一、施工项目管理的共性问题

施工项目管理,是指为实现项目目标和计划中确定的管理目标而实施的收集数据、与计划目标对比分析、采取措施纠正偏差等活动,包括项目进度管理、项目质量管理、项目安全管理和项目成本管理,其共性问题如下:

1. 项目管理的责任主体是项目经理,因此,应组织以项目经理为首的目标管理体系,且应由项目经理和相应的专业人员及各专业的相关人员组成各目标管理分体系,集体履行目标管理的责任。

2. 项目管理应遵循 PDCA 循环法则,以实现目标管理的持续改进。因此,目标管理应按规定程序依次操作。

3. 项目管理的基本方法是"目标管理方法"(MBO),其本质是"以目标指导行动"。因此,首先要确定管理总目标,然后自上而下地进行目标分解(WBS),落实责任,制定措施,按措施控制实现目标的活动,从而自下而上地实现项目管理目标责任书中确定的责任目标。

4. 项目管理措施是在项目管理实施规划的基础上确定的。项目管理实施规划以项目管理目标责任书中确定的目标为依据编制。因此,项目管理实施规划的编制质量极大地影响着管理的效果。

5. 进度、质量、安全、成本四项目标是各自独立的,也是平等的,其管理不需围绕着哪个"核心",但是它们之间却有着对立统一的关系。过于强调任何一个都会影响到其他,因此,确定目标必须进行认真设计和科学决策。要进行动态控制,搞好协调。总的精神是:不求全优,只求综合为优,要在保证质量和安全的前提下,使进度合理、成本节约。

6. 项目管理要以执行法律、法规、标准、规范、制度等作保证。

7. 实行总分包的项目,管理由总包人全面负责,分包人进行分包任务的管理并向总包人负责。对分包人发生的问题,总包人和分包人对发包人承担连带责任。

8. 实施施工项目管理应执行《建设工程项目管理规范》(GB/T 50326—2006)相应章节的规定,并按其中"项目沟通管理"一章的规定搞好组织协调。

9. 在施工项目管理中充满了风险,因此要进行风险管理,防止风险对实现目标产生干扰或造成损失。

二、施工项目进度管理目标和施工进度计划

(一)施工项目进度管理目标

项目进度管理的程序是:确定进度管理目标→编制施工进度计划→申请开工并按指令日

期开工→实施施工进度计划→进度管理总结→编写施工进度管理报告。因此，项目进度管理的第一项任务就是确定进度管理目标。项目进度管理应以实现合同约定的竣工日期为最终目标。这个目标，首先是由企业管理层承担的。企业管理层根据经营方针在《项目管理目标责任书》中确定项目经理部的进度管理目标。项目经理部根据这个目标在《施工项目管理实施规划》中编制施工进度计划，确定计划进度管理目标，并进行进度目标分解。总进度目标分解可按单位工程分解为交工目标，可按承包的专业分解为完工目标，亦可按年、季、月计划期分解为时间目标。

（二）施工进度计划

施工进度计划是进度管理的依据。因此，如何编制施工进度计划以提高进度管理的质量便成为进度管理的关键问题。由于施工进度计划分为施工总进度计划和单位工程施工进度计划两类，故其编制应分别对待。

1. 施工总进度计划

施工总进度计划是对建设项目施工或对群体工程施工时编制的施工进度计划。由于施工的内容较多，施工期较长，故其计划项目综合性大，较多控制性，很少作业性。

（1）编制依据。施工总进度计划的编制依据有：施工合同，施工进度目标，工期定额，有关技术经济资料，施工部署与主要工程施工方案。

（2）编制内容。施工总进度计划的内容应包括：编制说明，施工总进度计划表，资源需要量及供应平衡表等。施工总进度计划表为最主要内容，用来安排各单位工程的计划开竣工日期、工期、搭接关系及其实施步骤。资源需要量及供应平衡表是根据施工总进度计划表编制的保证计划，可包括劳动力、材料、预制构件和施工机械等资源的计划。

2. 单位工程施工进度计划

单位工程施工进度计划是对单位工程、单体工程或单项工程编制的施工进度计划的总称。由于它所包含的施工内容比较具体明确，施工期较短，故其作业性较强，是进度管理的直接依据。

（1）编制依据。单位工程施工进度计划有 7 项编制依据，包括：《项目管理目标责任书》；施工总进度计划；施工方案；主要材料和设备的供应能力；施工人员的技术素质和劳动效率；施工现场条件，气候条件，环境条件；已建成的同类工程实际进度及经济指标。

（2）编制内容。单位工程施工进度计划应包含的 4 项内容，包括：编制说明，进度计划图，资源需要量计划，风险分析及控制措施。其中最主要的是进度计划图（或表）。如果编制成表，表头的内容是：分部分项工程，单位，工程量，用工工日数（或机械台班数），人数（或机械数），每日工作班数，工作天数，日程进度线。如果编制成图，除包含前述的表中内容外，还应编制网络计划图。资源需要量计划根据进度计划图（或表）进行平衡编制，用以保证进度计划的实现，必须做到积极可靠。风险分析及管理措施是根据《项目管理实施规划》中的《项目风险管理规划》和《保证进度目标的措施》调整并细化编制的，应具有可操作性。

（3）编制单位工程施工进度计划应采用工程网络计划技术，即提倡使用网络计划。这是因为工程网络计划比横道计划有许多优点，主要是：计划项目之间的关系一目了然，关键线路明确，便于使用计算机进行绘图、计算、优化、调整和统计等；还因为它是国际上通行的惯例，也是世行投资工程对投标文件的要求。我国已经颁布了国标《网络计划技术》（GB/T 13400.1～3—1992）和行业标准《工程网络计划技术规程》（JGJ/T 121—99），编制工程网络计划时应当执行。

三、施工进度计划的实施

施工进度计划的实施实际上就是进度目标的过程管理，是PDCA循环的D（DO）阶段。在这一阶段中主要应做好以下工作：

1. 编制并执行时间周期计划。时间周期计划包括年、季、月、旬、周施工进度计划。该计划落实施工进度计划，并以短期计划落实、调整并实施长期计划，做到短期保长期、周期保进度（计划）、进度（计划）保目标。

2. 用施工任务书把计划任务落实到班组。施工任务书是几十年来我国坚持使用的有效班组管理工具，是管理层向作业人员下达任务的好形式，可用来进行作业控制和核算，特别有利于进度管理，故应当坚持使用。它的内容包括：施工任务单、考勤表和限额领料单。

3. 坚持进度过程管理。应做好以下工作：跟踪监督并加强调度，记录实际进度，执行施工合同对进度管理的承诺，跟踪进行统计与分析，落实进度管理措施，处理进度索赔，确保资源供应进度计划实现，等等。

4. 加强分包进度管理。措施如下：由分包人根据施工进度计划编制分包工程施工进度计划并组织实施；项目经理部将分包工程施工进度计划纳入项目管理范畴；项目经理部协助分包人解决进度管理中的相关问题。

四、施工进度检查

施工进度的检查与进度计划的执行是融汇在一起的。计划检查是计划执行信息的主要来源，是施工进度调整和分析的依据，是进度管理的关键步骤。

进度计划的检查方法主要是对比法，即实际进度与计划进度进行对比，从而发现偏差，以便调整或修改计划。最好是在图上对比。故计划图形的不同便产生了多种检查方法：利用横道计划检查，利用网络计划检查，和利用"香蕉"曲线进行检查。

五、施工进度计划调整

施工进度计划的调整的依据是施工进度计划检查结果。调整的内容包括：施工内容，工程量，起止时间，持续时间，工作关系和资源供应。调整施工进度计划应采用科学方法，如网络计划计算机调整方法，并应编制调整后的施工进度计划付诸实施。

利用网络计划对进度进行调整，一种较为有效的方法是采用"工期—成本"优化原理。就是当进度拖期以后进行赶工时，要逐次缩短那些有压缩可能，且费用最低的关键工作。

六、进度管理的分析与总结

（一）进度管理分析

进度管理的分析比其他阶段更为重要，因为它对实现管理循环和信息反馈起重要作用。进度管理分析是对进度管理进行评价的前提，是提高管理水平的阶梯。

1. 进度管理分析的内容

进度管理分析阶段的主要工作内容是：各项目标的完成情况分析；进度管理中的问题及原因分析；进度管理中经验的分析；提高进度管理工作水平的措施。

2. 目标完成情况分析

(1) 时间目标完成情况的分析应计算下列指标：

$$\text{合同工期节约值} = \text{合同工期} - \text{实际工期} \tag{9-1}$$

$$\text{指令工期节约值} = \text{指令工期} - \text{实际工期} \tag{9-2}$$

$$\text{定额工期节约值} = \text{定额工期} - \text{实际工期} \tag{9-3}$$

$$\text{计划工期提前率} = \frac{\text{计划工期} - \text{实际工期}}{\text{计划工期}} \times 100\% \tag{9-4}$$

$$\text{缩短工期的经济效益} = \text{缩短一天产生的经济效益} \times \text{缩短工期天数} \tag{9-5}$$

还要分析缩短工期的原因，大致有以下几种：计划积极可靠；执行认真；控制得力；协调及时有效；劳动效率高。

(2) 资源情况分析使用下列指标：

$$\text{单方用工} = \text{总用工数}/\text{建筑面积} \tag{9-6}$$

$$\text{劳动力不均衡系数} = \text{最高日用工数}/\text{平均日用工数} \tag{9-7}$$

$$\text{节约工日数} = \text{计划用工工日} - \text{实际用工工日} \tag{9-8}$$

$$\text{主要材料节约量} = \text{计划材料用量} - \text{实际材料用量} \tag{9-9}$$

$$\text{主要机械台班节约量} = \text{计划主要机械台班数} - \text{实际主要机械台班数} \tag{9-10}$$

$$\text{主要大型机械节约率} = \frac{\text{各种大型机械计划费之和} - \text{实际费之和}}{\text{各种大型机械计划费之和}} \times 100\% \tag{9-11}$$

资源节约的原因大致有以下几种：资源优化效果好；按计划保证供应；认真制定并实施了节约措施；协调及时得力；劳动力及机械的效率高。

(3) 成本目标分析

成本分析的主要指标如下：

$$\text{降低成本额} = \text{计划成本} - \text{实际成本} \tag{9-12}$$

$$\text{降低成本率} = \frac{\text{降低成本额}}{\text{计划成本额}} \times 100\% \tag{9-13}$$

节约成本的原因主要是：计划积极可靠；成本优化效果好；认真制定并执行了节约成本措施；工期缩短；成本核算及成本分析工作效果好。

3. 进度管理中的问题分析

这里所指的问题是：某些进度管理目标没有实现，或在计划执行中存在缺陷。在总结分析时可以定量计算（指标与前项分析相同），也可以定性地分析。对产生问题的原因也要从编制和执行计划中去找。问题要找够，原因要摆透，不能文过饰非。遗留的问题应反馈到下一循环解决。

进度管理中大致有以下一些问题：工期拖后，资源浪费，成本浪费，计划变化太大等。管理中出现上述问题的原因大致是：计划本身的原因，资源供应和使用中的原因，协调方面的原因，环境方面的原因。

4. 进度管理中经验的分析

经验是指对成绩及其取得的原因进行分析以后，归纳出来的可以为以后进度管理借鉴的本质的、规律性的东西。分析进度管理的经验可以从以下几方面进行：

(1) 怎样编制计划，编制什么样的计划才能取得更大效益，包括准备、绘图、计算；

(2) 怎样优化计划才更有实际意义，包括优化目标的确定、优化方法的选择、优化计算、优化结果的评审、计算机应用等；

(3) 怎样实施、调整与管理计划，包括组织保证、宣传、培训、建立责任制、信息反馈、调度、统计、记录、检查、调整、修改、成本控制方法、资源节约措施等；

(4) 进度管理工作的创新。

总结出来的经验应有应用价值，通过企业和有关领导部门的审查与批准，形成规程、标准及制度，作为指导以后工作的参照执行文件。

5. 进度管理分析的方法

(1) 在计划编制执行中，应积累资料，作为执行的基础。

(2) 在分析之前应实际调查，取得原始记录中没有的情况和信息。

(3) 召开总结分析会议。

(4) 用定量的对比分析法。

(5) 尽量用计算机，以提高分析的速度和准确性。

(6) 分析资料要分类归档。

(二) 进度管理总结

1. 施工进度计划实施检查后，应向企业提供月度施工进度报告，这是进度管理的中间总结。总结的内容是：进度执行情况的综合描述，实际施工进度图，工程变更，价格调整，索赔及工程款收支情况，进度偏差的状况及导致偏差的原因分析，解决问题的措施，计划调整意见。

2. 在施工进度计划完成后，进行进度管理最终总结。总结的依据是：施工进度计划，实际记录，检查结果，调整资料。总结的内容是：合同工期目标及计划工期目标完成情况，施工进度管理经验，施工进度管理中存在的问题及分析，科学的施工进度计划方法的应用情况，施工进度管理的改进意见。

施工进度管理总结是进度管理持续改进的重要一环，是信息积累和信息反馈的主要方法，必须高度重视。

第二节　施工项目质量管理

一、质量管理体系

由国际标准化组织 2000 年发布的质量管理体系标准被我国等同采用，文件有：GB/T 19000，表述质量管理体系基础知识并规定质量管理体系术语；GB/T 19001，规定质量管理体系要求，用于证实组织具有提供满足顾客要求和适用的法规要求的产品的能力，目的在于增进顾客满意；GB/T 19004，提供考虑质量管理体系的有效性和效率两方面的指南，该标准的目的是组织业绩改进和顾客及其他相关方满意；GB/T 19011，提供审核质量管理体系指南。

(一) 质量管理原则

为了成功地领导和运作一个组织，需要采用一种系统和透明的方式进行管理。针对所有相关方的需求，实施并保持持续改进其业绩的管理体系，可使组织获得成功。质量管理是组织各项管理的内容之一。以下的八项质量管理原则已得到确认，最高管理者可运用这些原则，领导其组织进行业绩改进：

1. 以顾客为关注焦点。组织依存于顾客。因此，组织应当理解顾客当前和未来的需求，满足顾客要求并争取超越顾客期望。

2. 领导作用。领导者确立组织统一的宗旨及方向。他们应当创造并保持使员工能充分参与实现组织目标的内部环境。

3. 全员参与。各级人员都是组织之本,只有他们的充分参与,才能使他们的才干为组织带来收益。

4. 过程方法。将活动和相关的资源作为过程进行管理,可以更高效地得到期望的结果。

5. 管理的系统方法。将相互关联的过程作为系统加以识别、理解和管理,有助于组织提高实现目标的有效性和效率。

6. 持续改进。持续改进总体业绩应当是组织的一个永恒目标。

7. 基于事实的决策方法。有效决策是建立在数据和信息分析的基础上。

8. 与供方互利的关系。组织与供方是相互依存的,互利的关系可增强双方创造价值的能力。

这八项质量管理原则形成了 GB/T 19000 族质量管理体系标准的基础。

(二) 质量管理体系基础

1. 质量管理体系的理论说明

质量管理体系能够帮助组织增强顾客满意。

顾客要求产品具有满足其需求和期望的特性,这些需求和期望在产品规范中表述,并集中归结为顾客要求。顾客要求可以由顾客以合同方式规定或由组织自己确定。在任一情况下,产品是否可接受最终由顾客确定。因为顾客的需求和期望是不断变化的以及竞争的压力和技术的发展,这些都促使组织持续地改进产品和过程。

质量管理体系方法鼓励组织分析顾客要求,规定相关的过程,并使其持续受控,以实现顾客能接受的产品。质量管理体系能提供持续改进的框架,以增加顾客和其他相关方满意的机会。质量管理体系还就组织能够提供持续满足要求的产品,向组织及其顾客提供信任。

2. 质量管理体系要求与产品要求

GB/T 19000 族标准区分了质量管理体系要求和产品要求。

GB/T 19001 规定了质量管理体系要求。质量管理体系要求是通用的,适用于所有行业或经济领域,不论其提供何种类别的产品。GB/T 19001 本身并不规定产品要求。

产品要求可由顾客规定,或由组织通过预测顾客的要求规定,或由法规规定。在某些情况下,产品要求和有关过程的要求可包含在诸如技术规范、产品标准、过程标准、合同协议和法规要求中。

3. 质量管理体系方法

建立和实施质量管理体系的方法包括以下步骤:

(1) 确定顾客和其他相关方的需求和期望;

(2) 建立组织的质量方针和质量目标;

(3) 确定实现质量目标必需的过程和职责;

(4) 确定和提供实现质量目标必需的资源;

(5) 规定测量每个过程的有效性和效率的方法;

(6) 应用这些测量方法确定每个过程的有效性和效率;

(7) 确定防止不合格并消除产生原因的措施;

(8) 建立和应用持续改进质量管理体系的过程。

上述方法也适用于保持和改进现有的质量管理体系。采用上述方法的组织能对其过程能力和产品质量树立信心,为持续改进提供基础,从而增进顾客和其他相关方满意并使组织成功。

4. 过程方法

任何使用资源将输入转化为输出的活动或一组活动可视为一个过程。

为使组织有效运行,必须识别和管理许多相互关联和相互作用的过程。通常,一个过程的输出将直接成为下一个过程的输入。系统地识别和管理组织所应用的过程,特别是这些过程之间的相互作用,称为"过程方法"。鼓励采用过程方法管理组织。

5. 质量方针和质量目标

建立质量方针和质量目标为组织提供了关注的焦点。两者确定了预期的结果,并帮助组织利用其资源达到这些结果。质量方针为建立和评审质量目标提供了框架。质量目标需要与质量方针和持续改进的承诺相一致,其实现应是可测量的。质量目标的实现对产品质量、运行有效性和财务业绩都有积极影响,因此对相关方的满意和信任也产生积极影响。

6. 最高管理者在质量管理体系中的作用

最高管理者通过其领导作用及各种措施可以创造一个员工充分参与的环境,质量管理体系能够在这种环境中有效运行。最高管理者可以运用质量管理原则作为发挥以下作用的基础:

(1) 制定并保持组织的质量方针和质量目标;

(2) 通过增强员工的意识、积极性和参与程度,在整个组织内促进质量方针和质量目标的实现;

(3) 确保整个组织关注顾客要求;

(4) 确保实施适宜的过程以满足顾客和其他相关方要求并实现质量目标;

(5) 确保建立、实施和保持一个有效的质量管理体系以实现这些质量目标;

(6) 确保获得必要资源;

(7) 定期评审质量管理体系;

(8) 决定有关质量方针和质量目标的措施;

(9) 决定改进质量管理体系的措施。

7. 文件

(1) 文件的价值

文件能够沟通意图、统一行动,其使用有助于以下各方面:

1) 满足顾客要求和质量改进;

2) 提供适宜的培训;

3) 重复性和可追溯性;

4) 提供客观证据;

5) 评价质量管理体系的有效性和持续适宜性。

文件的形成本身并不是目的,它应是一项增值的活动。

(2) 质量管理体系中使用的文件类型

在质量管理体系中使用下述几种类型的文件:

1) 向组织内部和外部提供关于质量管理体系的一致信息的文件,这类文件称为质量手册;

2) 表述质量管理体系如何应用于特定产品、项目或合同的文件,这类文件称为质量计划；

3）阐明要求的文件，这类文件称为规范；

4）阐明推荐的方法或建议的文件，这类文件称为指南；

5）提供如何一致地完成活动和过程的信息的文件，这类文件包括形成文件的程序、作业指导书和图样；

6）为完成的活动或达到的结果提供客观证据的文件，这类文件称为记录。

每个组织确定其所需文件的多少和详略程度及使用的媒体。这取决于下列因素，诸如组织的类型和规模、过程的复杂性和相互作用、产品的复杂性、顾客要求、适用的法规要求、经证实的人员能力以及满足质量管理体系要求所需证实的程度。

8. 质量管理体系评价

(1) 质量管理体系过程的评价

评价质量管理体系时，应对每一个被评价的过程提出如下四个基本问题：

1）过程是否已被识别并适当规定？

2）职责是否已被分配？

3）程序是否得到实施和保持？

4）在实现所要求的结果方面，过程是否有效？

综合上述问题的答案可以确定评价结果。质量管理体系评价，如质量管理体系审核和质量管理体系评审以及自我评定，在涉及的范围上可以有所不同，并可包括许多活动。

(2) 质量管理体系审核

审核用于确定符合质量管理体系要求的程度。审核发现用于评定质量管理体系的有效性和识别改进的机会。

第一方审核用于内部目的，由组织自己或以组织的名义进行，可作为组织自我合格声明的基础。

第二方审核由组织的顾客或由其他人以顾客的名义进行。

第三方审核由外部独立的组织进行。这类组织通常是经认可的，提供符合（如 GB/T 19001）要求的认证或注册。

GB/T 19011 提供审核指南。

(3) 质量管理体系评审

最高管理者的任务之一是就质量方针和质量目标，有规则地、系统地评价质量管理体系的适宜性、充分性、有效性和效率。这种评审可包括考虑修改质量方针和质量目标的需求以响应相关方需求和期望的变化。评审包括确定采取措施的需求。

审核报告与其他信息源一同用于质量管理体系的评审。

(4) 自我评定

组织的自我评定是一种参照质量管理体系或优秀模式对组织的活动和结果所进行的全面和系统的评审。

自我评定可提供一种对组织业绩和质量管理体系成熟程度的总的看法。它还有助于识别组织中需要改进的领域并确定优先开展的事项。

9. 持续改进

持续改进质量管理体系的目的在于增加顾客和其他相关方满意的机会，改进包括下述活动：

（1）分析和评价现状，以识别改进区域；
（2）确定改进目标；
（3）寻找可能的解决办法，以实现这些目标；
（4）评价这些解决办法并作出选择；
（5）实施选定的解决办法；
（6）测量、验证、分析和评价实施的结果，以确定这些目标已经实现；
（7）正式采纳更改。

必要时，对结果进行评审，以确定进一步改进的机会。从这种意义上说，改进是一种持续的活动。顾客和其他相关方的反馈以及质量管理体系的审核和评审均能用于识别改进的机会。

10. 统计技术的作用

应用统计技术可帮助组织了解变异，从而有助于组织解决问题并提高有效性和效率。这些技术也有助于更好地利用可获得的数据进行决策。

在许多活动的状态和结果中，甚至是在明显的稳定条件下，均可观察到变异。这种变异可通过产品和过程可测量的特性观察到，并且在产品的整个寿命周期（从市场调研到顾客服务和最终处置）的各个阶段，均可看到其存在。

统计技术有助于对这类变异进行测量、描述、分析、解释和建立模型，甚至在数据相对有限的情况下也可实现。这种数据的统计分析能对更好地理解变异的性质、程度和原因提供帮助。从而有助于解决，甚至防止由变异引起的问题，并促进持续改进。

11. 质量管理体系与其他管理体系的关注点

质量管理体系是组织的管理体系的一部分，它致力于使与质量目标有关的结果适当地满足相关方的需求、期望和要求。组织的质量目标与其他目标，如增长、资金、利润、环境及职业卫生与安全等目标相辅相成。一个组织的管理体系的各个部分，连同质量管理体系可以合成一个整体，从而形成使用共有要素的单一的管理体系。这将有利于策划、资源配置、确定互补的目标并评价组织的整体有效性。组织的管理体系可以对照其要求进行评价，也可以对照国家标准如 GB/T 19001 和 GB/T 24001—1996 的要求进行审核。这些审核可以分开进行，也可以合并进行。

12. 质量管理体系与优秀模式之间的关系

GB/T 19000 族标准和组织优秀模式提出的质量管理体系方法依据共同的原则。它们两者均使组织能够识别它的强项和弱项；均包含对照通用模式进行评价的规定；均为持续改进提供基础；均包含外部承认的规定。GB/T 19000 族质量管理体系与优秀模式之间的差别在于它们应用范围不同，前者提出了质量管理体系要求和业绩改进指南，质量管理体系评价可确定这些要求是否得到满足；后者包含能够对组织业绩进行比较评价的准则，并能适用于组织的全部活动和所有相关方。优秀模式评定准则提供了一个组织与其他组织的业绩相比较的基础。

（三）质量管理体系要求

1. 总要求

组织应按 GB/T 19001—2000 建立质量管理体系，形成文件，加以实施和保持，并持续改进其有效性。

2. 文件要求

（1）总则。质量体系文件应包括：形成文件的质量方针和质量目标；质量手册；形成文件的程序；组织为确保其过程的有效策划、运行和控制所需的文件；记录。

（2）质量手册。组织应编制和保持质量手册，质量手册包括：质量管理体系的范围，包括任何删减的细节与合理性；为质量管理体系编制的形成文件的程序或对其引用；质量管理体系过程之间的相互作用的表述。

（3）文件控制。应编制形成文件的程序，以规定以下方面所需的控制：文件发布前得到批准，以确保文件是充分与适宜的；必要时对文件进行评审与更新，并再次批准；确保文件的更改和现行修订状态得到识别；确保在使用处可获得适用文件的有关版本；确保文件保持清晰、易于识别；确保外来文件得到识别，并控制其分发；防止作废文件的非预期使用。

（4）记录控制。应建立并保持记录，以提供符合要求和质量管理体系有效运行的证据。记录应保持清晰、易于识别和检索。应编制形成文件的程序，以规定记录的标识，贮存、保护、检索、保存期限和处置所需的控制。

3. 管理职责

（1）管理承诺。最高管理者应通过以下活动对其建立实施质量管理体系并持续改进其有效性的承诺提供证据：向组织传达满足顾客和法律法规要求的重要性；制定质量方针；确保质量目标的制定；进行管理评审；确保资源的获得。

（2）以顾客为关注焦点。

（3）质量方针。最高管理者应确保质量方针与组织的宗旨相适应；质量方针应包括对满足要求和持续改进质量管理体系有效性的承诺；提供制定和评审目标的框架；在组织内得到沟通和理解；在持续适宜性方面得到评审。

（4）策划。策划的内容包括：质量目标和质量管理体系。

（5）职责、权限与沟通。最高管理者应指定一名管理者代表使其有以下职责和权限：确保质量管理体系所需的过程得到建立、实施和保持；向最高管理者报告质量管理体系的业绩和任何改进的需求，确保在整个组织内提高满足顾客要求的意识。

（6）管理评审。最高管理者应按策划的时间间隔评审质量管理体系，以确保其持续的适宜性、充分性和有效性。

4. 资源管理

（1）资源提供。组织应确定并提供以下方面所需资源：实施、保持质量管理体系并持续改进其有效性；通过满足顾客要求，增强顾客满意。

（2）人力资源。基于适当的教育、培训、技能和经验，从事影响产品质量工作的人员应是能够胜任的。

（3）基础设施。组织应确定、提供并维护为达到产品符合要求所需的基础设施，包括：建筑物、工作场所和相关设施，过程设备（硬件和软件），支持性服务。

（4）工作环境。组织应确定并管理为达到产品符合要求所需的工作环境。

5. 产品实现

（1）产品实现策划。组织应策划和开发产品实现所需过程。产品实现的策划应与质量管理体系其他过程的要求相一致。

（2）与顾客有关的过程。包括：与产品有关的要求的确定；与产品有关的要求的评审；顾客沟通。

（3）设计和开发。包括：设计和开发策划；设计和开发输入；设计和开发输出；设计和开发评审；设计和开发验证；设计和开发更改的控制。

（4）采购。组织应确保采购的产品符合规定的采购要求，根据供方按组织的要求提供产品的能力评价和选择供方。在与供方沟通前，应确保所规定的采购要求是充分与适宜的。组织应确定并实施检验或其他必要的活动，以确保采购的产品满足规定的采购要求。

（5）生产和服务提供。包括：生产和服务提供的控制；生产和服务提供过程的确认；标识和可追溯性；爱护在组织控制下或使用的顾客财产；针对产品的符合性提供防护。

（6）监视和测量装置的控制。组织应确定需要实施的监视和测量及其装置，建立监视与测量过程。

6. 测量、分析和改进

组织应策划并实施以下监视、测量、分析和改进过程：证实产品的符合性；确保质量管理体系的符合性；持续改进质量管理体系的有效性。

（1）监视和测量。内容包括：顾客满意；内部审核；过程的监视和测量；产品的监视和测量。

（2）不合格品控制。组织应通过下列一种或几种途径处置不合格品：采取措施，消除已发现的不合格品；经授权人员或顾客批准让步使用放行或接收不合格品；采取措施，防止其原预期的使用或应用。

（3）数据分析。数据分析应提供以下信息：顾客满意；与产品要求的符合性；过程和产品的特性及趋势，包括采取预防措施的机会；供方。

（4）改进。包括：持续改进；纠正措施；预防措施。

二、施工项目质量管理的主要环节

（一）质量管理程序

无论承包人还是分包人，进行质量管理均应依次完成下列工作内容：

1. 确定项目质量目标。项目质量目标是指项目在质量方面所追求的目的。一般说来，该目的是指质量验收标准的合格要求。国家规定了分项工程、分部工程和单位工程的质量验收标准。国家标准《建筑工程施工质量验收规范》就是工程项目的质量目标。有时项目质量目标是发包人提出的质量要求。发包人在实施质量标准的前提下，也可以根据自身的质量管理，施工阶段的质量管理和竣工验收阶段的质量管理。

2. 编制项目质量计划。项目质量计划是规定项目由谁及何时应使用哪些程序和相关资源的文件。这些程序通常包括所涉及的那些质量管理过程和工程实现过程。通常，质量计划引用质量手册的部分内容和程序文件。质量计划通常是质量策划的结果之一。对施工项目而言，质量计划主要是针对特定项目所编制的规定程序和相应资源的文件。

3. 项目质量计划实施。项目质量计划实施通常是按阶段进行的，包括施工准备阶段的质量管理，施工阶段的质量管理和竣工验收阶段的质量管理。

4. 项目质量持续改进与检查、验证。项目质量持续改进指对项目质量增强满足要求的能力的循环活动。该循环活动通过不断制定改进目标和寻求改进机会实现。该过程使用审核发现、审核结论、数据分析、管理评审或其他方法，其结果通常导致纠正措施或预防措施。项目检查、验证，是对项目质量计划执行情况组织的检查、内部审核和考核评价，验证实施效果。对考核中出现的问题、缺陷或不合格，应召开有关专业人员参加的质量分析会，并制定整改措施。

（二）项目质量计划

1. 项目质量计划的作用和内容

质量计划的第一项作用是为质量控制提供依据，使工程的特殊质量要求能通过有效的措施得以满足；第二项作用是在合同情况下，供方用质量计划向顾客证明其如何满足特定合同的特殊质量要求，并作为顾客实施质量监督的依据。根据以上作用的要求，项目质量计划应包括的内容是：编制依据；项目概况；质量目标；组织机构；质量控制及管理组织协调的系统描述；必要的质量控制手段，施工过程、服务、检验和试验程序等；确定关键工序和特殊过程的作业指导书；与施工阶段相适应的检验、试验、测量、验证要求；更改和完善质量计划的程序。

2. 质量计划的编制

编制质量计划应注意以下几点：

(1) 由于项目质量计划的重要作用，作为最高领导者的项目经理应亲自主持编制；

(2) 项目质量计划应集体编制。编制者应有丰富的知识、实践经验、较强的沟通能力和创新精神；

(3) 始终以业主为关注焦点，准确无误地找出关键质量问题，反复征询对质量计划草案的意见以修改完善；

(4) 质量计划应体现从工序、分项工程、分部工程、单位工程的过程控制，且应体现从资源投入到完成工程质量最终检验和试验的全过程控制，使质量计划成为对外质量保证和对内质量控制的依据。

3. 质量计划的实施与验证

质量计划实施时，质量管理人员应按照分工进行控制，按规定保存质量控制记录。当发生质量缺陷或事故时，必须分析原因、分清责任，进行整改。项目负责人应定期组织具有资格的质量检查人员和内部质量审检员验证质量计划的实施效果。发现质量控制中的问题或隐患时，提出措施予以解决。对重复出现的不合格责任人应按规定承担责任，并依据验证评价的结果进行处罚。

（三）施工准备阶段的质量控制

1. 技术资料及文件准备的质量控制

(1) 施工项目所在地的自然条件和技术经济条件调查资料应做到周密、详细，科学、妥善保存，为施工准备提供依据。

(2) 施工组织设计文件的质量控制要求是：一要使施工顺序施工方法和技术措施等能保证质量，二要进行技术经济比较，使质量好，经济效果也好。

(3) 要认真收集并学习有关质量管理方面的法律、法规和质量验收标准、质量管理体系标准等。

(4) 工程测量控制资料应按规定收集、整理和保管。

2. 设计交底和图纸审核的质量控制

应通过设计交底、图纸审核（或会审），使施工者了解设计意图、工程特点、工艺要求和质量要求，发现、纠正和减少设计差错，消灭图纸中的质量隐患，做好记录，以保证工程质量。

3. 采购和分包质量控制

(1) 项目经理应按质量计划中的物资采购和分包的规定选择和评价供应人，并保存评价记录。

(2) 采购要求包括：产品质量要求或外包服务要求；有关产品提供的程序要求；对供方人员资格的要求；对供方质量管理体系的要求。采购要求的形式可以是合同、订单、技术协议、询价单及采购计划等。

(3) 物资采购应符合设计文件、标准、规范、相关法规及承包合同的要求。

(4) 对采购的产品应根据验证要求规定验证部门及验证方式，当拟在供方现场实施验证时，应在采购要求中事先作出规定。

(5) 对各种分包服务选用的控制应根据其规模和控制的复杂程度区别对待，一般通过分包合同对分包服务进行动态控制。

4. 质量教育与培训

通过质量教育培训，增强质量意识和顾客意识，使员工具有所从事的质量工作要求的能力。可以通过考试或实际操作等方式检查培训的有效性，并保存教育、培训及技能认可的记录。

(四) 施工阶段的质量控制

1. 施工阶段质量控制的内容

施工阶段质量控制的内容涉及范围包括：技术交底，工程测量，材料，机械设备，环境，计量，工序，特殊过程，工程变更，质量事故处理等。

2. 施工阶段质量控制的要求

(1) 技术交底的质量控制应注意：交底时间，交底分工，交底内容，交底方式（书面）和交底资料保存。

(2) 工程测量的质量控制应注意：编制控制方案；由技术负责人管理；保存测量记录；保护测量点线。还应注意对原有基准点、基准线、参考标高、控制网的复测和测量结果的复核。

(3) 材料的质量控制应注意：在合格材料供应人名录中选择供应人；按计划采购；按规定进行搬运和储存；加以标识；不合格的材料不准投入使用；发包人供应的材料应按规定检验和验收；监理工程师对承包人供应的材料进行验证等。

(4) 机械设备的质量控制应注意：按计划进行调配；满足施工需要；配套合理使用；操作人员应进行确认并持证上岗；搞好维修与保养等。

(5) 为保证项目质量，对环境的要求是：建立环境控制体系；实施环境监控；对影响环境的因素进行监控，包括工程技术环境、工程管理环境和劳动环境。

(6) 计量工作的主要任务是统一计量单位，组织量值传递，保证量值的统一。对计量质量控制的要求是：建立计量管理部门、配备计量人员；建立计量规章制度；开展计量意识教育；按规定控制计量器具的使用、保管、维修和检验。

(7) 工序质量控制应注意：作业人员按规定经考核后持证上岗；按操作规程、作业指导书和技术交底文件进行施工；工序的检验和试验应符合过程检验和试验的规定；对查出的质量缺陷按不合格控制程序及时处理；记录工序施工情况；把质量的波动限制在要求的界限内。

(8) 特殊过程是指在质量计划中规定的特殊过程，其质量控制要求是：设置其工序质量控制点；由专业技术人员编制专门的作业指导书，经技术负责人审批后执行。

(9) 工程变更质量控制要求：严格按程序变更并办理批准手续；管理和控制那些能引起

工程变更的因素和条件；要分析提出工程变更的合理性和可行性；当变更发生时，应进行管理；注意分析工程变更引起的风险。

（10）成品保护要求：首先要加强教育，提高成品保护意识；其次要合理安排施工顺序，采取有效的成品保护措施。成品保护措施包括护、包、盖、封，可根据需要选择。

（五）竣工验收阶段的质量控制

竣工验收阶段的质量控制包括最终质量检验和试验，技术资料的整理，施工质量缺陷处理，工程竣工验收文件的编制和移交准备，产品防护，撤场计划。这个阶段的质量控制要求主要有以下几点：

（1）最终质量检验和试验指单位工程竣工验收前的质量检验和试验，必须按施工质量验收规范的要求进行检验和试验；

（2）对查出的质量缺陷应按不合格控制程序进行处理，处理方案包括：修补处理、返工处理、限制使用和不作处理；

（3）应按要求整理竣工资料的规定整理技术资料、竣工资料和档案，做好移交准备；

（4）在最终检验和试验合格后，对产品采取防护措施，防止丢失或损坏；

（5）工程交工后应编制符合文明施工要求和环境保护要求的撤场计划，拆除、运走多余物资，达到场清、地平，乃至树活、草青的目的。

（六）质量持续改进

质量持续改进指增强满足要求的能力的循环活动。持续改进的规定如下：

（1）项目经理部应分析和评价项目控制现状，识别质量持续改进区域，确定改进目标，实施选定的解决办法。

（2）质量持续改进应按全面质量管理的方法进行。

（3）项目经理部按不合格控制的规定控制不合格：按程序控制不合格；按规定对不合格产品进行鉴别、标识、记录、评价、隔离和处置；进行不合格评审；根据不合格严重程度，按返工、返修或让步接受、降级使用、拒收或报废四种情况进行处理；构成等级质量事故的不合格，按法律、法规进行处理；对返修或返工后的产品，应按规定重新进行检验和试验，并保存记录；进行不合格让步接收时，承发包双方签字确认让步接收协议和标准；对影响主体结构安全和使用功能的不合格，各方共同确定处理方案；保存不合格控制记录。

（4）采取"纠正措施"，包括：对各单位提出的质量问题进行分析，找出原因，制定纠正措施；对已发生的潜在的不合格信息进行分析并记录结果；由项目技术负责人对质量问题判定不合格程度，制定纠正措施；对严重的不合格或重大事故，必须实施纠正措施；实施纠正措施的结果应验证、记录；项目经理部或责任单位应定期评价纠正措施的有效性。

（5）采取"预防措施"，包括：项目经理部定期召开质量分析会，对影响质量的潜在原因采取预防措施；对可能出现的不合格制定防止再发生的措施并实施；采取预防质量通病的措施；对潜在的严重不合格实施预防措施程序；项目经理部定期评价预防措施的有效性。

三、建筑工程施工质量验收

2002年1月1日起施行的《建筑工程施工质量验收统一标准》（GB 50300—2001），为加强工程质量管理、统一建筑工程施工质量的验收、保证工程质量提供了依据。其主要内容如下：

(一) 基本规定

1. 施工现场质量管理应有相应的施工技术标准,健全的质量管理体系、施工质量检验制度和综合施工质量水平评定考核制度。

施工现场质量管理可按该标准附录 A 的要求进行检查记录。

2. 建筑工程应按下列规定进行施工质量控制:

(1) 建筑工程采用的主要材料、半成品、成品、建筑构配件、器具和设备应进行现场验收。凡涉及安全、功能的有关产品,应按各专业工程质量验收规范规定进行复验,并应经监理工程师(建设单位技术负责人)检查认可;

(2) 各工序应按施工技术标准进行质量控制,每道工序完成后,应进行检查;

(3) 相关各专业工种之间,应进行交接检验,并形成记录。未经监理工程师(建设单位技术负责人)检查认可,不得进行下道工序施工。

3. 建筑工程施工质量应按下列要求进行验收(以下 10 条均为强制性条文):

(1) 建筑工程施工质量应符合《建筑工程施工质量验收统一标准》和相关专业验收规范的规定;

(2) 建筑工程施工应符合工程勘察、设计文件的要求;

(3) 参加工程施工质量验收的各方人员应具备规定的资格;

(4) 工程质量的验收均应在施工单位自行检查评定的基础上进行;

(5) 隐蔽工程在隐蔽前应由施工单位通知有关单位进行验收,并应形成验收文件;

(6) 涉及结构安全的试块、试件以及有关材料,应按规定进行见证取样检测;

(7) 检验批的质量应按主控项目和一般项目验收;

(8) 对涉及结构安全和使用功能的重要分部工程应进行抽样检测;

(9) 承担见证取样检测及有关结构安全检测的单位应具有相应资质;

(10) 工程的观感质量应由验收人员通过现场检查,并应共同确认。

4. 检验批的质量检验,应根据检验项目的特点在下列抽样方案中进行选择:

(1) 计量、计数或计量-计数等抽样方案;

(2) 一次、两次或多次抽样方案;

(3) 根据生产连续性和生产控制稳定性情况,尚可采用调整型抽样方案;

(4) 对重要的检验项目当可采用简易快速的检验方法时,可选用全数检验方案;

(5) 经实践检验有效的抽样方案。

5. 在制定检验批的抽样方案时,对生产方风险(或错判概率 α)和使用方风险(或漏判概率 β)可按下列规定采取:

(1) 主控项目:对应于合格质量水平的 α 和 β 均不宜超过 5%;

(2) 一般项目:对应于合格质量水平的 α 不宜超过 5%,β 不宜超过 10%。

(二) 主要术语解释

1. 验收:建筑工程在施工单位自行质量检查评定的基础上,参与建设活动的有关单位共同对检验批、分项、分部、单位工程的质量进行抽样复验,根据相关标准以书面形式对工程质量达到合格与否作出确认。

2. 进场验收:对进入施工现场的材料、构配件、设备等按相关标准规定要求进行检验,对产品达到合格与否作出确认。

3. 检验批:按同一生产条件或按规定的方式汇总起来供检验用的,由一定数量样本组成的检验体。

4. 检验：对检验项目中的性能进行量测、检查、试验等，并将结果与标准规定要求进行比较，以确定每项性能是否合格所进行的活动。

5. 见证取样检测：在监理单位或建设单位监督下，由施工单位有关人员现场取样，并送至具备相应资质的检测单位所进行的检测。

6. 交接检验：由施工的承接方与完成方经双方检查并对可否继续施工作出确认的活动。

7. 主控项目：建筑工程中的对安全、卫生、环境保护和公众利益起决定性作用的检验项目。

8. 一般项目：除主控项目以外的检验项目。

9. 抽样检验：按照规定的抽样方案，随机地从进场的材料、构配件、设备或建筑工程检验项目中，按检验批抽取一定数量的样本所进行的检验。

10. 抽样方案：根据检验项目的特性所确定的抽样数量和方法。

11. 计数检验：在抽样的样本中，记录每一个体有某种属性或计算每一个体中的缺陷数目的检查方法。

12. 计量检验：在抽样检验的样本中，对每一个体测量其某个定量特性的检查方法。

13. 观感质量：通过观察和必要的量测所反映的工程外在质量。

14. 返修：对工程不符合标准规定的部位采取整修等措施。

15. 返工：对不合格的工程部位采取的重新制作、重新施工等措施。

（三）建筑工程质量验收的划分

1. 建筑工程质量验收应划分为单位（子单位）工程、分部（子分部）工程、分项工程和检验批。

2. 单位工程的划分应按下列原则确定：

（1）具备独立施工条件，并能形成独立使用功能的建筑物及构筑物为一个单位工程；

（2）建筑规模较大的单位工程，可将其能形成独立使用功能的部分为一个子单位工程。

3. 分部工程的划分应按下列原则确定：

（1）分部工程的划分应按专业性质、建筑部位确定；

（2）当分部工程较大或较复杂时，可按材料种类、施工特点、施工程序、专业系统及类别等划分为若干子分部工程。

4. 分项工程应按主要工种、材料、施工工艺、设备类别等进行划分。建筑工程的分部工程有9个：地基与基础、主体结构、建筑装饰装修、建筑屋面、建筑给水排水与采暖、建筑电气、智能建筑、通风与空调和电梯。

5. 分项工程可由一个或若干检验批组成，检验批可根据施工及质量控制和专业验收需要按楼层、施工段、变形缝等进行划分。

6. 室外工程可根据专业类别和工程规模划分单位（子单位）工程。室外单位（子单位）工程划分为：室外建筑环境（附属建筑，室外环境）和室外安装（给水排水与采暖、电气）。

（四）建筑工程质量验收

1. 检验批合格质量应符合下列规定：

（1）主控项目和一般项目的质量经抽样检验合格；

（2）具有完整的施工操作依据、质量检查记录。

2. 分项工程质量验收合格应符合下列规定：

(1) 分项工程所含的检验批均应符合合格质量的规定；
(2) 分项工程所含的检验批的质量验收记录应完整。

3. 分部（子分部）工程质量验收合格应符合下列规定：
(1) 分部（子分部）工程所含分项工程的质量均应验收合格；
(2) 质量控制资料应完整；
(3) 地基与基础、主体结构和设备安装等分部工程有关安全及功能的检验和抽样检测结果应符合有关规定；
(4) 观感质量验收应符合要求。

4. 单位（子单位）工程质量验收合格应符合下列规定：
(1) 单位（子单位）工程所含分部（子分部）工程的质量均应验收合格；
(2) 质量控制资料应完整；
(3) 单位（子单位）工程所含分部工程有关安全和功能的检测资料应完整；
(4) 主要功能项目的抽查结果应符合相关专业质量验收规范的规定；
(5) 观感质量验收应符合要求。

5. 建筑工程质量验收记录应符合下列规定：
(1) 批质量验收可按《建筑工程施工质量验收统一标准》（GB 50300—2001）附录 D 进行；
(2) 分项工程质量验收可按《建筑工程施工质量验收统一标准》（GB 50300—2001）附录 E 进行；
(3) 分部（子分部）工程质量验收应按《建筑工程施工质量验收统一标准》（GB 50300—2001）附录 F 进行；
(4) 单位（子单位）工程质量验收，质量控制资料核查，安全和功能检验资料核查及主要功能抽查记录，观感质量检查应按《建筑工程施工质量验收统一标准》（GB 50300—2001）附录 G 进行。

6. 当建筑工程质量不符合要求时，应按下列规定进行处理：
(1) 经返工重做或更换器具、设备的检验批，应重新进行验收；
(2) 经有资质的检测单位检测鉴定能够达到设计要求的检验批，应予以验收；
(3) 经有资质的检测单位检测鉴定达不到设计要求、但经原设计单位核算认可能够满足结构安全和使用功能的检验批，可予以验收；
(4) 经返修或加固处理的分项、分部工程，虽然改变外形尺寸但仍能满足安全使用要求，可按技术处理方案和协商文件进行验收。

7. 通过返修或加固处理仍不能满足安全使用要求的分部工程、单位（子单位）工程，严禁验收。

（五）建筑工程质量验收程序和组织

1. 检验批及分项工程应由监理工程师（建设单位项目技术负责人）组织施工单位项目专业质量（技术）负责人等进行验收。

2. 分部工程应由总监理工程师（建设单位项目负责人）组织施工单位项目负责人和技术、质量负责人等进行验收；地基与基础、主体结构分部工程的勘察、设计单位工程项目负责人和施工单位技术、质量部门负责人也应参加相关分部工程验收。

3. 单位工程完工后，施工单位应自行组织有关人员进行检查评定，并向建设单位提交工程验收报告。

4. 建设单位收到工程验收报告后，应由建设单位（项目）负责人组织施工（含分包单位）、设计、监理等单位（项目）负责人进行单位（子单位）工程验收。

5. 单位工程有分包单位施工时，分包单位对所承包的工程项目应按《建筑工程施工质量验收统一标准》（GB 50300—2001）规定的程序检查评定，总包单位应派人参加。分包工程完成后，应将工程有关资料交总包单位。

6. 当参加验收各方对工程质量验收意见不一致时，可请当地建设行政主管部门或工程质量监督机构协调处理。

7. 单位工程质量验收合格后，建设单位应在规定时间内将工程竣工验收报告和有关文件，报建设行政管理部门备案。

第三节　施工项目安全管理

一、《建筑法》对建筑安全生产管理的规定

1. 建筑工程安全生产管理必须坚持安全第一、预防为主的方针，建立健全安全生产的责任制度和群防群治制度。

2. 建筑工程设计应当符合按照国家规定制定的建筑安全规程和技术规范，保证工程的安全性能。

3. 建筑施工企业在编制施工组织设计时，应当根据建筑工程的特点制定相应的安全技术措施；对专业性较强的工程项目，应当编制专项安全施工组织设计，并采取安全技术措施。

4. 建筑施工企业应当在施工现场采取维护安全、防范危险、预防火灾等措施；有条件的应当对施工现场实行封闭管理。施工现场对毗邻的建筑物、构筑物和特殊作业环境可能造成损害的，建筑施工企业应当采取安全防护措施。

5. 建设单位应当向建筑施工企业提供与施工现场相关的地下管线资料，建筑施工企业应当采取措施加以保护。

6. 建筑施工企业应当遵守有关环境保护和安全生产的法律、法规的规定，采取控制和处理施工现场的各种粉尘、废气、废水、固体废物以及噪声、振动对环境的污染和危害的措施。

7. 有下列情形之一的，建设单位应当按照国家有关规定办理申请批准手续：
（1）需要临时占用规划批准范围以外场地的；
（2）可能损坏道路、管线、电力、邮电通讯等公共设施的；
（3）需要临时停水、停电、中断道路交通的；
（4）需要进行爆破作业的；
（5）法律、法规规定需要办理报批手续的其他情形。

8. 建设行政主管部门负责建筑安全生产的管理，并依法接受劳动行政主管部门对建筑安全生产的指导和监督。

9. 建筑施工企业必须依法加强对建筑安全生产的管理，执行安全生产责任制度，采取有效措施，防止伤亡和其他安全生产事故的发生。建筑施工企业的法定代表人对本企业的安

全生产负责。

10. 施工现场安全由建筑施工企业负责。实行施工总承包的，由总承包单位负责。分包单位向总承包单位负责，服从总承包单位对施工现场的安全生产管理。

11. 建筑施工企业应当建立健全劳动安全生产教育培训制度，加强对职工安全生产的教育培训；未经安全生产教育培训的人员，不得上岗作业。

12. 建筑施工企业和作业人员在施工过程中，应当遵守有关安全生产的法律、法规和建筑行业安全规章、规程，不得违章指挥或者违章作业。作业人员有权对影响人身健康的作业程序和作业条件提出改进意见，有权获得安全生产所需的防护用品。作业人员对危及生命安全和人身健康的行为有权提出批评、检举和控告。

13. 建筑施工企业必须为从事危险作业的职工办理意外伤害保险，支付保险费。

14. 涉及建筑主体和承重结构变动的装修工程，建设单位应当在施工前委托原设计单位或者具有应资质条件的设计单位提出设计方案；没有设计方案的，不得施工。

15. 房屋拆除应当由具备保证安全条件的建筑施工单位承担，由建筑施工单位负责人对安全负责。

16. 施工中发生事故时，建筑施工企业应当采取紧急措施减少人员伤亡和事故损失，并按照国家有关规定及时向有关部门报告。

二、《建设工程安全生产管理条例》的主要规定

（一）总则

1. 建设工程安全生产管理，坚持安全第一、预防为主的方针。

2. 建设单位、勘察单位、设计单位、施工单位、工程监理单位及其他与建设工程安全生产有关的单位，必须遵守安全生产法律、法规的规定，保证建设工程安全生产，依法承担建设工程安全生产责任。

3. 国家鼓励建设工程安全生产的科学技术研究和先进技术的推广应用，推进建设工程安全生产的科学管理。

（二）建设单位的安全责任

1. 建设单位应当向施工单位提供施工现场及毗邻区域内供水、排水、供电、供气、供热、通信、广播电视等地下管线资料，气象和水文观测资料，相邻建筑物和构筑物、地下工程的有关资料，并保证资料的真实、准确、完整。建设单位因建设工程需要，向有关部门或者单位查询以上资料时，有关部门或者单位应当及时提供。

2. 建设单位不得对勘察、设计、施工、工程监理等单位提出不符合建设工程安全生产法律、法规和强制性标准规定的要求，不得压缩合同约定的工期。

3. 建设单位在编制工程概算时，应当确定建设工程安全作业环境及安全施工措施所需费用。

4. 建设单位不得明示或者暗示施工单位购买、租赁、使用不符合安全施工要求的安全防护用具、机械设备、施工机具及配件、消防设施和器材。

5. 建设单位在申请领取施工许可证时，应当提供建设工程有关安全施工措施的资料。依法批准开工报告的建设工程，建设单位应当自开工报告批准之日起15日内，将保证安全施工的措施报送建设工程所在地的县级以上地方人民政府建设行政主管部门或者其他有关部门备案。

6. 建设单位应当将拆除工程发包给具有相应资质等级的施工单位。在拆除工程施工15日前，建设单位应当将下列资料报送建设工程所在地的县级以上地方人民政府建设行政主管部门或者其他有关部门备案：

（1）施工单位资质等级证明；
（2）拟拆除建筑物、构筑物及可能危及毗邻建筑的说明；
（3）拆除施工组织方案；
（4）堆放、清除废弃物的措施。

实施爆破作业的，应当遵守国家有关民用爆炸物品管理的规定。

（三）勘察、设计、工程监理及其他有关单位的安全责任

1. 勘察单位应当按照法律、法规和工程建设强制性标准进行勘察，提供的勘察文件应当真实、准确，满足建设工程安全生产的需要。勘察单位在勘察作业时，应当严格执行操作规程，采取措施保证各类管线、设施和周边建筑物、构筑物的安全。

2. 设计单位应当按照法律、法规和工程建设强制性标准进行设计，防止因设计不合理导致生产安全事故的发生；应当考虑施工安全操作和防护的需要，对涉及施工安全的重点部位和环节在设计文件中注明，并对防范生产安全事故提出指导意见。采用新结构、新材料、新工艺的建设工程和特殊结构的建设工程，设计单位应当在设计中提出保障施工作业人员安全和预防生产安全事故的措施建议。设计单位和注册建筑师等注册执业人员应当对其设计负责。

3. 工程监理单位应当审查施工组织设计中的安全技术措施或者专项施工方案是否符合工程建设强制性标准。在实施监理过程中，工程监理单位发现存在安全事故隐患的，应当要求施工单位整改；情况严重的，应当要求施工单位暂时停止施工，并及时报告建设单位。施工单位拒不整改或者不停止施工的，工程监理单位应当及时向有关主管部门报告。工程监理单位和监理工程师应当按照法律、法规和工程建设强制性标准实施监理，并对建设工程安全生产承担监理责任。

4. 为建设工程提供机械设备和配件的单位，应当按照安全施工的要求配备齐全有效的保险、限位等安全设施和装置。

5. 出租的机械设备和施工机具及配件，应当具有生产（制造）许可证、产品合格证。出租单位应当对出租的机械设备和施工机具及配件的安全性能进行检测，在签订租赁协议时，应当出具检测合格证明。禁止出租检测不合格的机械设备和施工机具及配件。

6. 在施工现场安装、拆卸施工起重机械和整体提升脚手架、模板等自升式架设设施，必须由具有相应资质的单位承担。安装、拆卸施工起重机械和整体提升脚手架、模板等自升式架设设施，应当编制拆装方案、制定安全施工措施，并由专业技术人员现场监督。施工起重机械和整体提升脚手架、模板等自升式架设设施安装完毕后，安装单位应当自检，出具自检合格证明，并向施工单位进行安全使用说明，办理验收手续并签字。

7. 施工起重机械和整体提升脚手架、模板等自升式架设设施的使用达到国家规定的检验检测期限的，必须经具有专业资质的检验检测机构检测。经检测不合格的，不得继续使用。

8. 检验检测机构对检测合格的施工起重机械和整体提升脚手架、模板等自升式架设设施，应当出具安全合格证明文件，并对检测结果负责。

（四）施工单位的安全责任

1. 施工单位从事建设工程的新建、扩建、改建和拆除等活动，应当具备国家规定的注册资本、专业技术人员、技术装备和安全生产等条件，依法取得相应等级的资质证书，并在其资质等级许可的范围内承揽工程。

2. 施工单位主要负责人依法对本单位的安全生产工作全面负责。施工单位应当建立健全安全生产责任制度和安全生产教育培训制度，制定安全生产规章制度和操作规程，保证本单位安全生产条件所需资金的投入，对所承担的建设工程进行定期和专项安全检查，并做好安全检查记录。施工单位的项目负责人应当由取得相应执业资格的人员担任，对建设工程项目的安全施工负责，落实安全生产责任制度、安全生产规章制度和操作规程，确保安全生产费用的有效使用，并根据工程的特点组织制定安全施工措施，消除安全事故隐患，及时、如实报告生产安全事故。

3. 施工单位对列入建设工程概算的安全作业环境及安全施工措施所需费用，应当用于施工安全防护用具及设施的采购和更新、安全施工措施的落实、安全生产条件的改善，不得挪作他用。

4. 施工单位应当设立安全生产管理机构，配备专职安全生产管理人员。专职安全生产管理人员负责对安全生产进行现场监督检查。发现安全事故隐患，应当及时向项目负责人和安全生产管理机构报告；对违章指挥、违章操作的，应当立即制止。专职安全生产管理人员的配备办法由国务院建设行政主管部门会同国务院其他有关部门制定。

5. 建设工程实行施工总承包的，由总承包单位对施工现场的安全生产负总责。总承包单位应当自行完成建设工程主体结构的施工。总承包单位依法将建设工程分包给其他单位的，分包合同中应当明确各自的安全生产方面的权利、义务。总承包单位和分包单位对分包工程的安全生产承担连带责任。分包单位应当服从总承包单位的安全生产管理，分包单位不服从管理导致生产安全事故的，由分包单位承担主要责任。

6. 垂直运输机械作业人员、安装拆卸工、爆破作业人员、起重信号工、登高架设作业人员等特种作业人员，必须按照国家有关规定经过专门的安全作业培训，并取得特种作业操作资格证书后，方可上岗作业。

7. 施工单位应当在施工组织设计中编制安全技术措施和施工现场临时用电方案，对下列达到一定规模的危险性较大的分部分项工程编制专项施工方案，并附具安全验算结果，经施工单位技术负责人、总监理工程师签字后实施，由专职安全生产管理人员进行现场监督：

（1）基坑支护与降水工程；

（2）土方开挖工程；

（3）模板工程；

（4）起重吊装工程；

（5）脚手架工程；

（6）拆除、爆破工程；

（7）国务院建设行政主管部门或者其他有关部门规定的其他危险性较大的工程。

对以上所列工程中涉及深基坑、地下暗挖工程、高大模板工程的专项施工方案，施工单位还应当组织专家进行论证、审查。

8. 建设工程施工前，施工单位负责项目管理的技术人员应当对有关安全施工的技术要求向施工作业班组、作业人员作出详细说明，并由双方签字确认。

9. 施工单位应当在施工现场入口处、施工起重机械、临时用电设施、脚手架、出入通道口、楼梯口、电梯井口、孔洞口、桥梁口、隧道口、基坑边沿、爆破物及有害危险气体和液体存放处等危险部位，设置明显的安全警示标志。安全警示标志必须符合国家标准。施工单位还应当根据不同施工阶段和周围环境及季节、气候的变化，在施工现场采取相应的安全施工措施。施工现场暂时停止施工的，施工单位应当做好现场防护，所需费用由责任方承担，或者按照合同约定执行。

10. 施工单位应当将施工现场的办公、生活区与作业区分开设置，并保持安全距离；办公、生活区的选址应当符合安全性要求。职工的膳食、饮水、休息场所等应当符合卫生标准。施工单位不得在尚未竣工的建筑物内设置员工集体宿舍。同时，施工现场临时搭建的建筑物应当符合安全使用要求。施工现场使用的装配式活动房屋应当具有产品合格证。

11. 施工单位对因建设工程施工可能造成损害的毗邻建筑物、构筑物和地下管线等，应当采取专项防护措施；应当遵守有关环境保护法律、法规的规定，在施工现场采取措施，防止或者减少粉尘、废气、废水、固体废物、噪声、振动和施工照明对人和环境的危害和污染。在城市市区内的建设工程，施工单位应当对施工现场实行封闭围挡。

12. 施工单位应当在施工现场建立消防安全责任制度，确定消防安全责任人，制定用火、用电、使用易燃易爆材料等各项消防安全管理制度和操作规程，设置消防通道、消防水源，配备消防设施和灭火器材，并在施工现场入口处设置明显标志。

13. 施工单位应当向作业人员提供安全防护用具和安全防护服装，并书面告知危险岗位的操作规程和违章操作的危害。作业人员有权对施工现场的作业条件、作业程序和作业方式中存在的安全问题提出批评、检举和控告，有权拒绝违章指挥和强令冒险作业。在施工中发生危及人身安全的紧急情况时，作业人员有权立即停止作业或者在采取必要的应急措施后撤离危险区域。

14. 作业人员应当遵守安全施工的强制性标准、规章制度和操作规程，正确使用安全防护用具、机械设备等。

15. 施工单位采购、租赁的安全防护用具、机械设备、施工机具及配件，应当具有生产（制造）许可证、产品合格证，并在进入施工现场前进行查验。施工现场的安全防护用具、机械设备、施工机具及配件必须由专人管理，定期进行检查、维修和保养，建立相应的资料档案，并按照国家有关规定及时报废。

16. 施工单位在使用施工起重机械和整体提升脚手架、模板等自升式架设设施前，应当组织有关单位进行验收，也可以委托具有相应资质的检验检测机构进行验收；使用承租的机械设备和施工机具及配件的，由施工总承包单位、分包单位、出租单位和安装单位共同进行验收。验收合格的方可使用。《特种设备安全监察条例》规定的施工起重机械，在验收前应当经有相应资质的检验检测机构监督检验合格。施工单位应当自施工起重机械和整体提升脚手架、模板等自升式架设设施验收合格之日起 30 日内，向建设行政主管部门或者其他有关部门登记。登记标志应当置于或者附着于该设备的显著位置。

17. 施工单位的主要负责人、项目负责人、专职安全生产管理人员应当经建设行政主管部门或者其他有关部门考核合格后方可任职。施工单位应当对管理人员和作业人员每年至少进行一次安全生产教育培训，其教育培训情况记入个人工作档案。安全生产教育培训考核不合格的人员，不得上岗。

18. 作业人员进入新的岗位或者新的施工现场前，应当接受安全生产教育培训。未经教育培训或者教育培训考核不合格的人员，不得上岗作业。在采用新技术、新工艺、新设备、新材料时，施工单位应当对作业人员进行相应的安全生产教育培训。

19. 施工单位应当为施工现场从事危险作业的人员办理意外伤害保险。意外伤害保险费由施工单位支付。实行施工总承包的，由总承包单位支付意外伤害保险费。意外伤害保险期限自建设工程开工之日起至竣工验收合格止。

（五）监督管理

1. 国务院负责安全生产监督管理的部门依照《中华人民共和国安全生产法》的规定，对全国建设工程安全生产工作实施综合监督管理。县级以上地方人民政府负责安全生产监督管理的部门依照《中华人民共和国安全生产法》的规定，对本行政区域内建设工程安全生产工作实施综合监督管理。

2. 国务院建设行政主管部门对全国的建设工程安全生产实施监督管理。国务院铁路、交通、水利等有关部门按照国务院规定的职责分工，负责有关专业建设工程安全生产的监督管理。县级以上地方人民政府建设行政主管部门对本行政区域内的建设工程安全生产实施监督管理。县级以上地方人民政府交通、水利等有关部门在各自的职责范围内，负责本行政区域内的专业建设工程安全生产的监督管理。

3. 建设行政主管部门在审核发放施工许可证时，应当对建设工程是否有安全施工措施进行审查，对没有安全施工措施的，不得颁发施工许可证。建设行政主管部门或者其他有关部门对建设工程是否有安全施工措施进行审查时，不得收取费用。

4. 县级以上人民政府负有建设工程安全生产监督管理职责的部门在各自的职责范围内履行安全监督检查职责时，有权采取下列措施：

（1）要求被检查单位提供有关建设工程安全生产的文件和资料；

（2）进入被检查单位施工现场进行检查；

（3）纠正施工中违反安全生产要求的行为；

（4）对检查中发现的安全事故隐患，责令立即排除；重大安全事故隐患排除前或者排除过程中无法保证安全的，责令从危险区域内撤出作业人员或者暂时停止施工。

（六）生产安全事故的应急救援和调查处理

1. 县级以上地方人民政府建设行政主管部门应当根据本级人民政府的要求，制定本行政区域内建设工程特大生产安全事故应急救援预案。

2. 施工单位应当制定本单位生产安全事故应急救援预案，建立应急救援组织或者配备应急救援人员，配备必要的应急救援器材、设备，并定期组织演练。

3. 施工单位应当根据建设工程施工的特点、范围，对施工现场易发生重大事故的部位、环节进行监控，制定施工现场生产安全事故应急救援预案。实行施工总承包的，由总承包单位统一组织编制建设工程生产安全事故应急救援预案，工程总承包单位和分包单位按照应急救援预案，各自建立应急救援组织或者配备应急救援人员，配备救援器材、设备，并定期组织演练。

4. 施工单位发生生产安全事故，应当按照国家有关伤亡事故报告和调查处理的规定，及时、如实地向负责安全生产监督管理的部门、建设行政主管部门或者其他有关部门报告；特种设备发生事故的，还应当同时向特种设备安全监督管理部门报告。接到报告的部门应当按照国家有关规定，如实上报。实行施工总承包的建设工程，由总承包单位负责上报事故。

5. 发生生产安全事故后，施工单位应当采取措施防止事故扩大，保护事故现场。需要移动现场物品时，应当作出标记和书面记录，妥善保管有关证物。

6. 建设工程生产安全事故的调查、对事故责任单位和责任人的处罚与处理，按照有关法律、法规的规定执行。

三、施工项目安全管理的依据、方针和程序

（一）施工项目安全管理的依据

施工项目安全管理的依据主要有：《中华人民共和国安全生产法》，《中华人民共和国建筑法》，《中华人民共和国消防法》，《中华人民共和国劳动法》，《建筑安装工程安全技术规程》（国发［56］第40号），《企业职工伤亡事故报告和处理规定》（国务院第75号令），有关安全技术的国家标准，有关建筑施工安全强制性标准条文，安全技术行业标准，《环境管理系列标准》（GB/T 24000—ISO 14000），《职业健康安全管理体系—规范》（GB/T 28001—2001），《建设工程安全生产管理条例》，等等。员工应熟悉安全控制的依据，做好安全控制工作。

（二）施工项目安全管理的方针

根据安全生产法和建筑法的规定，施工项目安全管理的方针是"安全第一，预防为主"。"安全第一"是重要的意思，体现了"以人为本"的理念，在生产中应把安全工作放在第一位，处理好安全与生产的辩证关系。"预防为主"是强调在生产中要做好预防工作，把事故消灭在发生之前，它是实现安全生产的基础。

（三）施工项目安全管理的程序

施工项目安全管理的程序是：确定施工安全目标，编制项目安全技术措施计划，项目安全技术措施计划实施，项目安全技术措施计划验证，持续改进直至兑现合同承诺。

（四）安全生产管理制度

根据国务院和建筑法的规定，建筑业企业应建立的安全生产管理制度有：安全生产责任制度，安全技术措施计划制度，安全生产教育制度，安全生产检查制度，伤亡事故、职业病统计报告和处理制度，安全监察制度等。项自经理部必须执行上述制度。

四、施工项目安全技术措施计划

（一）项目安全管理目标

项目的安全管理目标是施工中人的不安全行为、物的不安全状态、环境的不安全因素和管理缺陷，确保没有危险，不出事故，不造成人身伤亡和财产损失。项目的安全管理目标应按"目标管理"方法在以项目经理为首的安全管理体系内进行分解，然后制定责任制度，实现责任安全控制目标。

（二）危险源与事故

危险源是可能导致人身伤害或疾病、财产损失、工作环境破坏或以上情况组合的危险因素或有害因素。危险源可分为两类：第一类危险源是可能发生意外释放的能量的载体或危险物质。如电线和电、硫酸容器和硫酸、爆炸物品等；第二类危险源是造成约束、限制能量措施失效或破坏的各种不安全因素。如工人违反操作规程、不良的操作环境和条件、物的不安全状态等。

事故的发生是两类危险源共同作用的结果。第一类危险源是事故发生的前提，第二类危险源的出现是第一类危险源导致事故发生的必要条件。在事故的发生发展过程中，两类危险

源相互依存，相辅相成。第一类危险源是事故发生的主体，决定事故的严重程度；第二类危险源的出现难易，决定事故发生的可能性大小。

（三）不安全因素分析

1. 人的不安全行为

管理靠人，人也是管理的对象。人的行为是安全的关键。人的不安全行为可能导致安全事故，所以要对人的不安全行为加以分析。人的不安全行为是人的生理和心理特点的反映，主要表现在身体缺陷、错误行为和违纪违章三个方面。

身体缺陷指疾病、职业病、精神失常、智商过低、紧张、烦躁、疲劳、易冲动、易兴奋、动作迟钝、对自然条件和其他环境过敏、不适应复杂和快速的工作、应变能力差等。

错误行为指嗜酒、吸毒、吸烟、赌博、玩耍、嬉闹、追逐、误视、误听、误嗅、误触、误动作、误判断、意外碰撞和受阻、误入险区等。

违纪违章指粗心大意、漫不经心、注意力不集中、不履行安全措施、安全检查不认真、不按工艺规程或标准操作、不按规定使用防护用品、玩忽职守、有意违章等。

统计资料表明：有88％的安全事故是由人的不安全行为所造成的，而人的生理和心理特点直接影响人的不安全行为。因此在安全管理中，一定要抓住人的不安全行为这一关键因素，采取相应对策。在采取对策时，又必须针对人的生理和心理特点对安全的影响，培养劳动者的自我保护能力，以结合自身生理和心理特点预防不安全行为发生，增强安全意识，搞好安全管理。

2. 物的不安全状态

如果人的心理和生理状态能适应物质和环境条件，而物质和环境条件又能满足劳动者生理和心理的需要，便不会产生不安全行为，反之就可能导致安全伤害事故。物的不安全状态表现为三方面，即设备和装置的缺陷、作业场所的缺陷、物质和环境的危险源。

设备和装置的缺陷指机械设备的装置的技术性能降低、强度不够、结构不良、磨损老化、失灵、腐蚀、物理和化学性能达不到要求等。作业场所的缺陷指施工场地狭窄、立体交叉作业组织不当、多工种交叉作业不协调、道路狭窄、机械拥挤、多单位同时施工等。物质和环境的危险源有化学方面的、机械方面的、电气方面的、环境方面的等。

3. 环境的不安全因素

物质和环境均有危险源存在，是产生安全事故的另一类主要因素。在安全管理中，必须根据施工的具体条件，采取有效的措施断绝危险源。当然，在分析物质、环境因素对安全的影响时，也不能忽视劳动者本身生理和心理的特点。故在创造和改善物质、环境的安全条件时，也应从劳动者生理和心理状态出发，使两方面能相互适应。解决采光照明、树立色彩标志、调节环境温度、加强现场管理等，都是将人的不安全行为导因和物的不安全状态的排除结合起来考虑，并将心理和生理特点结合考虑以控制安全事故、确保安全的重要措施。

（四）项目安全技术措施计划

在项目开工前，项目经理部应编制安全技术措施计划，经项目经理批准后实施。项目安全技术措施计划的作用是配置必要的资源，建立保证安全的组织和制度，明确安全责任，制定安全技术措施，确保安全目标实现。

项目安全技术措施计划的内容有：工程概况，控制目标，控制程序，组织结构，职责权限，规章制度，资源配置，安全措施，检查评价，奖惩制度。在编制安全技术措施计划时，以下几点特殊情况应予遵守：

1. 专业性较强的施工项目,应编制专项安全施工组织设计并采取安全技术措施。

2. 对结构复杂、施工难度大的项目,除制定项目总体安全技术措施计划外,还必须制定单位工程或分部分项工程的安全技术措施。

3. 高空作业、井下作业等专业性强的作业,电器、压力容器等特殊工种作业,应制定单项安全技术方案和措施,并应对管理人员和操作人员的安全作业资格和身体状况进行合格检查。

4. 安全预防的内容,归纳起来就是防火、防毒、防爆、防洪、防尘、防雷击、防触电、防高空坠落、防物体打击、防坍塌、防机械伤害、防溜车、防交通事故、防寒、应暑、防疫、防环境污染。

5. 安全技术措施。施工安全技术措施是在施工中为防止工伤事故和职业病危害,从技术上采取的措施,包括安全防护设施和安全预防措施,是安全技术措施计划的主要内容,是施工组织设计的组成部分。制定安全技术措施要有超前性、针对性、可靠性和操作性。由于工程分为结构共性较多的"一般工程"和结构比较复杂的"特殊工程",故应当根据工程施工特点、不同的危险因素和季节要求,按照有关安全技术规程的规定,并结合以往的施工经验与教。

五、安全计划实施及安全管理的基本要求

(一)实施安全教育

根据住房和城乡建设部的规定,建筑企业应实施三级安全教育,即公司、项目经理部和班组三级安全教育:

1. 公司的教育内容是:国家和地方有关安全生产的方针、政策、法规、标准、规范、规程和企业的安全规章制度等,包括《建筑法》和《建设工程安全管理条例》的有关规定。

2. 项目经理部的安全教育内容是:施工现场安全管理制度,施工现场环境管理制度,预防施工现场的不安全因素等。

3. 施工班组的安全教育内容是:本工种的安全操作规程,安全劳动纪律,事故案例剖析,正确使用安全防护装置(设施)及个人劳动防护用品的知识,本班组作业中的不安全因素及防范对策,作业环境安全知识,所使用的机具安全知识等。

(二)安全技术交底的实施

1. 单位工程开工前,项目经理部的技术负责人必须将工程概况、施工方法、施工工艺、施工程序、安全技术措施,向承担施工的作业队负责人、工长、班组长和相关人员进行交底。

2. 结构复杂的分部分项工程施工前,项目经理部的技术负责人应有针对性地进行全面、详细的安全技术交底。

3. 项目经理部应保存双方签字确认的安全技术交底记录。

(三)安全检查

安全检查是为了预知危险和消除危险。它告诉人们如何去识别危险和防止事故的发生。安全检查的目标是预防伤亡事故,不断改善生产条件和作业环境,达到最佳安全状态。安全检查的方式有:定期检查,日常巡回检查,季节性和节假日安全检查,班组的自检查和交接检查。安全检查的内容主要是查思想,查制度,查机械设备,查安全设施,查安全教育培训,查操作行为,查劳保用品使用,查伤亡事故的处理。要求如下:

(1)定期对安全管理计划的执行情况进行检查和考核评价;

(2)根据施工过程的特点和安全目标的要求确定安全检查的内容;

（3）安全检查应配备必要的设备或器具；

（4）检查应采取随机抽样、现场观察和实地检测的方法，并记录检查结果，纠正违章指挥和违章作业；

（5）对检查结果进行分析，找出安全隐患部位，确定危险程度；

（6）编写安全检查报告并上报。

安全检查可使用以下方法：

（1）一般方法。常采用看、听、嗅、问、查、测、验、析等八种方法。

1）看：看现场环境和作业条件，看实物和实际操作，看记录和资料等。

2）听：听汇报、听介绍、听反映、听意见或批评、听机械设备的运转响声或承重物发出的微弱声等。

3）嗅：对挥发物、腐蚀物、有毒气体进行辨别。

4）问：问影响安全问题，详细询问，寻根究底。

5）查：查明问题、查对数据、查清原因，追查责任。

6）测：测量、测试、监测。

7）验：进行必要的试验或化验。

8）析：分析安全事故的隐患、原因。

（2）安全检查表法。是一种原始的、初步的定性分析方法，它通过事先拟定的安全检查明细表或清单，对安全生产进行初步的诊断和控制。

（四）安全控制的基本要求

1. 只有在取得了安全行政主管部门颁发的《安全施工许可证》后方可施工。

2. 总包单位和分包单位都应持有《施工企业安全资格审查认可证》方可组织施工。

3. 各类人员必须具备相应的安全资格方可上岗。

4. 所有施工人员必须经过三级安全教育。

5. 特殊工程作业人员必须持有特种作业操作证。

6. 对查出的安全隐患要做到"五定"：定整改责任人；定整改措施；定整改完成时间；定整改完成人；定整改验收人。

7. 必须把好安全生产"六关"：措施关、交底关、教育关、防护关、检查关、改进关。

（五）安全隐患

1. 区别通病、顽症、首次出现、不可抗力等类型，修订和完善安全整改措施。

2. 对查出的隐患立即发出整改通知单，由受检单位分析原因，制定纠正和预防措施。

3. 当场指出检查出的违章指挥和违章作业，限期纠正。

4. 跟踪检查与记录纠正措施和预防措施的执行情况。

（六）职业健康安全事故分类

1. 职业伤害事故

职业伤害事故分为20类，包括：物体打击，车辆伤害，机械伤害，起重伤害，触电，淹溺，灼烫，火灾，高处坠落，坍塌，冒顶片帮，透水，放炮，火药爆炸，瓦斯爆炸，锅炉爆炸，容器爆炸，其他爆炸，中毒窒息，其他伤害。

2. 按事故后果严重程度分类

（1）轻伤事故。造成职工肢体或者某些器官功能性或器质性轻度损伤，表现为劳动能力轻度或暂时丧失的伤害，一般每个受伤人员休息1个工作日以上，105个工作日以下。

（2）重伤事故。一般指受伤人员肢体残缺或视觉、听觉等器官受到严重损伤，能引起人体长期存在功能障碍或劳动能力有重大损失的伤害，或造成每个受伤人员损失105工作日以上的失能伤害。

（3）死亡事故。一次事故中死亡职工1～2人的事故。

（4）重大伤亡事故。一次事故中死亡3人以上（含3人）的事故。

（5）特大伤亡事故。一次死亡10人以上（含10人）的事故。

（6）急性中毒事故。指生产性毒物一次或短期内通过人的呼吸道、皮肤或消化道大量进入人体内，使人体在短时间内发生病变，导致职工立即中断工作，并须进行急救或死亡的事故；急性中毒的特点是发病快，一般不超过一个工作日，有的毒物因毒性有一定的潜伏期，可在下班后数小时发病。

3. 职业病

经诊断因从事接触有毒有害物质或不良环境的工作而造成急慢性疾病的称为职业病。职业病分为10大类共115种。主要包括：尘肺，职业性放射性疾病，职业中毒，物理因素所致职业病，生物因素所致职业病，职业性皮肤病，职业性眼病，职业性耳鼻喉口腔疾病，职业性肿瘤，其他职业病。

（七）安全事故处理

1. 安全事故处理原则

对安全事故的处理必须坚持"四不放过"的原则：事故原因不清楚不放过，事故责任者和员工没有受到教育不放过，事故责任者没有处理不放过，没有制定防范措施不放过。

2. 安全事故处理程序

（1）报告安全事故。安全事故发生后，受伤者或最先发现事故的人员应立即用最快的传递手段，将发生事故的时间、地点、伤亡人数、事故原因等情况上报至企业安全主管部门。企业安全主管部门视事故造成的伤亡人数或直接经济损失情况，按规定向政府主管部门报告。

（2）事故处理。抢救伤员、排除险情、防止事故蔓延扩大，做好标识，保护好现场。

（3）事故调查。项目经理应指定技术、安全、质量等部门的人员，会同企业工会代表组成调查组，开展调查。

（4）调查报告。调查组应把事故发生的经过、原因、性质、损失责任、处理意见、纠正和预防措施撰写成调查报告，并经调查组全体人员签字确认后报企业安全主管部门。

3. 伤亡事故处理

伤亡事故的处理程序是：（1）迅速抢救伤员并保护好现场，（2）组织调查组，（3）现场勘察，（4）分析事故原因，（5）制定预防措施，（6）写出调查报告，（7）事故的审查和结案，（8）员工伤亡事故登记记录。

（八）建筑施工安全检查评定

《建筑施工安全检查标准》（JGJ 59—99）对建筑施工安全检查评定作出下列规定：

（1）对建筑施工中易发生伤亡事故的主要环节、部位和工艺等的完成情况作安全检查评价时，应采用检查评分表的形式，分为安全管理、文明工地、脚手架、基坑支护与模板工程、三宝（安全帽、安全带、安全网）四口（通道口、预留洞口、楼梯口、电梯井口）防护、施工用电、物料提升机与外用电梯、塔吊、起重吊装、施工机具共十项分项检查评分表和一张检查评分汇总表。

(2) 除三宝四口防护和施工机具外的检查评分表,均设立保证项目和一般项目,前者是检查的重点和关键。

(3) 各分项检查评分表中,满分为100分。

(4) 在检查评分中,当保证项目中有一项不得分或保证项目小计得分不足40分时,此检查评分表不得分。

(5) 汇总表满分为100分,10个分项评分表分配如表9-1所示。

表9-1 分项检查评分表在汇总报中所占分数

检查表名	安全管理	文明施工	脚手架	基坑支护与模板工程	三宝四口防护	施工用电	物料提升机与外用电梯	塔吊	起重吊装	施工机具
在汇总表中所占分数	10	20	10	10	10	10	10	10	5	5

(6) 在汇总表中各分项项目实得分数按下式计算:

$$在汇总表中各分项项目实得分数 = \frac{汇总表中该项应得满分值 \times 该项检查表实得分数}{100}$$

(7) 建筑施工安全检查评分,以汇总表的总得分及保证项目达标与否,作为对一个施工现场安全生产情况评价依据,分为优良、合格、不合格三个等级;

优良级为保证项目均应达到规定的评分标准,汇总表得分应在80分及其以上。

合格级为:①保证项目均应达到规定的评分标准,汇总表得分应在80分及其以上;②有一个分表未得分,但汇总表得分值在75分及其以上;③起重吊装检查评分表或施工机具检查评分表未得分,但汇总表得分值在80分及其以上。

不合格为:①汇总表得分值不足70分;②有一个分表未得分,且汇总表得分在75分以下;③起重吊装检查评分表或施工机具检查评分表未得分,且汇总表得分在80分以下。

第四节 施工项目环境管理

一、施工项目环境管理概述

环境是组织运行活动的外部存在,包括人与社会、土地、水、空气、自然资源、动物、植物、现场以及以上各方之间的关系等。环境管理体系是组织整个管理体系的一部分,包括为制定、实施、实现、评审和保持环境方针所需的组织结构、计划活动、职责惯例、程序、过程和资源。工程项目环境管理的目的是控制作业现场可能产生污染的各种活动,保护生态环境,节约能源,避免资源浪费,进而为社会的经济发展与人类的生存环境相协调作出贡献。

二、环境管理体系

(一) 环境管理体系结构和要素

《环境管理体系——规范及使用指南》(GB/T 24001—1996) 规定了环境管理体系的总体结构,包括:范围,引用标准,术语和定义,环境管理体系要求四部分。其中环境管理体系要求有五个一级要素和与一级要素相对应的17个二级要素,如表9-2所示。

表 9-2 环境管理体系要素

一级要素	二级要素	一级要素	二级要素
(一) 环境方针	1. 环境因素	(三) 实施和运行	10. 文件控制
(二) 规划	2. 环境因素		11. 运行控制
	3. 法律和其他要求		12. 应急准备和相应
	4. 目标和指标	(四) 检查和纠正	13. 检测和测量
	5. 环境管理方案		14. 不符合,纠正与预防措施
(三) 实施和运行	6. 组织结构和职责		15. 记录
	7. 培训、意识和能力		16. 环境评审
	8. 信息交流	(五) 管理评审	17. 管理评审
	9. 环境管理体系文件		

(二) 环境管理体系的运行模式

环境管理体系的运行模式是其一级要素按"计划—实施—检查—处置"的循环模式运行,体现了环境持续改进的理念。

三、施工项目污染的防治

(一) 大气污染的防治

大气污染物有气体状态污染物,粒子状态污染物,施工中产生的烟尘和粉尘。

现场空气污染防治措施有:(1) 严格控制施工现场和运输过程中的降尘和飘尘污染。措施有清扫、洒水、遮盖、密封等;(2) 严格控制有毒有害气体排放。措施有禁止燃烧各种包装物和废弃物、尽量不使用有毒有害涂料和化学物质;(3) 按标准限制机动车辆和施工机械的尾气排放。

(二) 水污染的防治

水污染源有工业污染源、生活污染源、农业污染源。

水体污染物有:各种有机和无机有毒物质及热温;施工现场废水和固体废物随水流入水体部分。防止水体污染的措施有:控制污水的排放,减少污水的产生,废水治理。

(三) 施工现场噪声控制

噪声控制技术有:声源控制、传播途径控制、接收者防护。

1. 声源控制。采用低噪声设备和工艺;在声源处安装消声器消声;严格控制人为噪声。
2. 传播途径控制。吸声;隔声;消声;减震降噪。
3. 接收者的防护。让处于噪声环境下的人员使用耳塞、耳罩等防护用品。
4. 施工现场噪声限值。在人口稠密区进行强噪声作业时,严格控制作业时间,一般在晚 10 点到次早 6 点之间停止强噪声作业;根据《建筑施工场界噪声限值的要求》(GB 12523—90) 实施 (表 9-3)。

表 9-3 建筑施工现场噪声限值表

施工阶段	主要噪声源	噪声限值 (dB)	
		白 天	夜 间
土石方	推土机、挖掘机、装载机	75	55
打桩	各种打桩机械	85	禁止施工
结构	混凝土搅拌机振捣棒、电锯	70	55
装修	吊车、升降机等	65	55

（四）施工现场固体废弃物处理

施工现场的固体废弃物包括建筑渣土、废弃的散装建筑材料、生活垃圾、设备材料的包装物、粪便。固体废弃物处理的基本思想是采取资源化、减量化和无害化处理，可综合利用和回收等。固体废弃物的主要处理处置方法有：①物理处理。压实浓缩，破碎，分选，脱水干燥等；②化学处理。氧化还原，中和，化学浸出等；③生物处理。好氧处理，厌氧处理；④热处理。焚烧，热解，焙烧，烧结等；⑤固化处理。水泥固化法，沥青固化法等；⑥回收利用。回收利用和集中处理等资源化、减量化方法；⑦处置。填埋，焚烧，贮留池贮存等。

四、环境管理措施

1. 实行环境保护目标责任制，把环境保护责任落实到部门或人员，并明确项目经理是环境保护第一责任人。
2. 加强环境检查和监控工作，以便采取有针对性的措施。
3. 建立并有效运转环境管理体系，调动与现场有关组织的积极性，进行综合治理。
4. 采取有效的技术措施。
5. 加强现场管理，组织文明施工。

第五节　施工项目成本管理

一、施工项目成本管理概述

（一）成本的概念

施工项目成本是指在施工项目上发生的全部费用总和。制造成本包括直接成本和间接成本。其中直接成本包括人工费、材料费、机械费和措施费；间接成本指施工项目经理部发生的现场管理费。

（二）成本管理的环节

施工项目成本管理包括成本预测和决策、成本计划编制、成本计划实施、成本核算、成本检查、成本分析和考核等环节。其中成本计划编制与成本计划实施是关键环节。因此，进行施工项目成本管理，必须具体研究每个环节的有效工作方式和关键管理措施，从而取得施工项目整体的成本控制效果。

1. 施工项目成本预测。施工项目成本预测是其成本管理的首要环节，是事前控制的环节之一。成本预测的目的是预见成本的发展趋势，为成本管理决策和编制成本计划提供依据。
2. 施工项目成本决策。施工项目成本决策是根据成本预测情况，经过认真分析作出决定，确定成本管理目标。成本决策是先提出几个成本目标方案，然后再从中选择理想的成本目标作出决定。
3. 施工项目成本计划的编制。成本计划是实现成本目标的具体安排，是成本管理工作的行动纲领，是根据成本预测、决策结果，并考虑企业经营需要和经营水平编制的，它也是事先成本控制的环节之一。成本控制必须以成本计划作依据。
4. 成本计划实施。根据成本计划所作的具体安排，对施工项目的各项费用实施有效控制，不断检查，收集实施信息，并与计划比较，发现偏差，分析原因，采取措施纠正偏差，从而实现成本目标。

5. 成本核算。施工项目成本核算是对施工中各种费用支出和成本的形成进行核算。项目经理部应作为企业的成本中心，加强施工项目成本核算，为成本控制各环节提供必要的资料。成本核算应贯穿于成本管理的全过程。

6. 施工项目的成本检查。成本检查是根据核算资料及成本计划实施情况，检查成本计划完成的情况，以评价成本控制水平，并为企业调整与修正成本计划提供依据。

7. 成本分析与考核。施工项目成本分析分为中间成本分析和竣工成本分析，是为了对成本计划的执行情况和成本状况进行的分析，也是总结经验教训的重要方法和信息积累的关键步骤。成本考核的目的在于通过考察责任成本的完成情况，调动责任者成本管理的积极性。

以上各个环节构成成本管理的 PDCA 循环，每个施工项目在施工成本管理中，不断地进行着大大小小（工程组成部分）的成本管理循环，促使成本管理水平不断提高。

（三）施工项目成本管理的手段

1. 计划管理。即是用计划的手段对施工项目成本进行管理。施工项目的成本预测和决策为成本计划的编制提供依据。编制成本计划首先要设计降低成本技术组织措施，然后编制降低成本计划，将承包成本额降低而形成计划成本，成为施工过程中的成本管理标准。

2. 预算管理。预算是在施工前根据一定标准（如定额）或要求（如利润）计算的买卖（交易）价格，在市场经济中也可称为估算价格或承包价格。它作为一种收入的最高限额，减去预期利润，便是工程成本（预算成本）数额，也可用以作为成本的控制标准。用预算管理成本可分为两种类型：一是包干预算，即一次包死预算总额，不论中间有何变化，成本总额不予调整；二是弹性预算，即先确定包干总额，但可根据工程变更进行洽商，费用作相应的变更。我国目前大部分是弹性预算控制。

3. 会计管理。会计管理是以会计方法为手段，以记录实际发生的经济业务及证明经济业务发生的合法凭证为依据，对成本支出进行核算与监督，从而发挥成本管理作用。会计控制方法系统性强、严格、具体、计算准确、政策性强，是理想的和必须的成本管理方法。

4. 制度管理。制度是对例行性活动应遵循的方法、程序、要求及标准所作的规定。成本的制度管理就是通过制定成本管理制度，对成本管理作出具体规定，作为行动准则，约束管理人员和工人，达到管理成本的目的。如成本管理责任制度、技术组织措施制度、成本管理制度、定额管理制度、材料管理制度、劳动工资管理制度、固定资产管理制度等，都与成本管理关系非常密切。在施工项目管理中，上述手段是同时综合使用的，不应孤立地使用某一种成本控制手段。

（四）施工项目成本管理责任

项目经理部是成本管理的中心。首先，项目经理部应成立以项目经理为中心的成本管理体系；其次，应按内部各岗位和作业层进行成本目标分解；再次，应明确各管理人员和作业层的成本责任、权限及相互关系。项目经理部应对施工过程中发生的各种消耗和费用进行责任成本控制，并承担成本风险。

企业对项目经理部的成本管理进行服务。首先应通过《项目管理目标责任书》明确项目经理部应承担的成本责任和风险；其次，为成本管理创造优化配置生产要素和实施动态管理的环境和条件。企业不是项目成本管理的直接责任者，但是企业是项目经理部进行成本管理的支持者。企业的赢利目标有赖于项目成本的降低。

二、施工项目成本预测与计划

施工项目的成本预测与计划是施工项目成本的事前控制，它的任务是通过成本预测估计出施工项目的成本目标，并通过成本计划的编制作出成本控制的安排。因此施工项目成本的预测与计划的目的是提出一个可行的成本管理实施纲领和作业设计。

（一）施工项目成本预测

1. 施工项目成本预测的依据

（1）施工项目成本目标预测的首要依据是施工企业的利润目标对企业降低工程成本的要求。企业根据经营决策提出经营利润目标后，便对企业降低成本提出了总目标。每个施工项目的降低成本率水平应等于或高于企业的总降低成本率水平，以保证降低成本总目标的实现。在此基础上才能确定施工项目的降低成本目标和成本目标。

（2）施工项目的合同价格。施工项目的合同价格是其销售价格，是所能取得的收入总额。施工项目的成本目标就是合同价格与利润目标之差。这个利润目标是企业分配到该项目的降低成本要求。根据目标成本降低额，求出目标成本降低率，再与企业的目标成本降低率进行比较，如果前者等于或大于后者，则目标成本降低额可行，否则，应予调整。

（3）施工项目成本估算（概算或预算）。成本估算（概算或预算）是根据市场价格或定额价格（计划价格）对成本发生的社会水平作出估计，它既是合同价格的基础，又是成本决策的依据，是量入为出的标准。这是最主要的依据。

（4）施工企业同类施工项目的降低成本水平。这个水平，代表了企业的成本管理水平，是该施工项目可能达到的成本水平，可用以与成本管理目标进行比较，从而作出成本目标决策。

2. 施工项目成本预测的程序

第一步，进行施工项目成本估算，确定可以得到补偿的社会平均水平的成本。目前，主要是根据概算定额或工程量清单进行计算。

第二步，根据合同承包价格计算施工项目的承包成本，并与估算成本进行比较。一般承包成本应低于估算成本。如高于估算成本，应对工程索赔和降低成本作出可行性分析。

第三步，根据企业利润目标提出的施工项目降低成本要求，并根据企业同类工程的降低成本水平以及合同承包成本，作出降低成本决策；计算出降低成本率，对降低成本率水平进行评估，在评估的基础上作出决策。

第四步，根据降低成本率决策计算出决策降低成本额和决策施工项目成本额，在此基础上定出项目经理部责任成本额。

（二）施工项目成本计划

1. 成本计划的作用和编制程序

成本计划的作用是：作为成本控制的标准或依据；作为编制其他计划的基础；作为对生产消耗进行控制、分析和考核的依据。

成本计划的编制程序是：（1）企业根据项目施工合同确定项目经理部的责任目标成本，通过《项目管理目标责任书》下达给项目经理部；（2）项目经理部通过编制项目管理实施规划对降低成本的途径进行规划；（3）项目经理部编制施工预算，确定计划目标成本；（4）项目经理部对计划目标成本进行分解；（5）项目经理部编制目标成本控制措施表，落实成本控制责任。

2. 责任目标成本

由企业确定的项目经理的责任目标成本是根据合同造价分解出来的。合同造价减去应缴税额、企业的预期经营利润、企业管理费、企业承担的风险费用等，便可把项目经理的责任目标成本剥离出来。在向项目经理下达责任目标成本之前，必须同项目经理进行协商并作出交底，然后才可写进《项目管理目标责任书》中。

3. 施工预算

施工预算实际上是项目经理部的成本计划。该计划的编制依据是责任目标成本、施工方案、本企业的管理水平、消耗定额、作业效率、市场价格信息、类似工程施工经验、招标文件（和其中的工程量清单）。

施工预算的内容包括分部分项预算书、技术组织措施表和降低成本表。在编制施工预算时应首先设计降低成本的技术组织措施，再计算降低成本费用，最后形成分部分项工程预算书（直接成本）和间接成本预算书。施工预算应得出项目经理部的计划成本和计划成本降低额，这就是项目经理部的计划目标成本，是实现责任目标成本的策划结果，它应当比责任目标成本更积极可靠（更节约）。

4. 计划目标成本分解和责任落实

对计划目标成本分解的要求是既要按工程部位进行成本分解，为分部分项工程成本核算提供依据，又要按成本项目进行成本分解，为生产要素的成本核算提供依据。

为了落实成本控制责任，项目经理部应编制《目标成本控制措施表》，并将各分部分项工程成本控制目标和要求、各成本要素的控制目标和要求，连同控制措施，一并落实到责任者。

5. 降低施工项目成本的技术组织措施设计与降低成本计划

（1）降低成本的措施要从技术方面和组织方面进行全面设计。技术措施要从施工作业所涉及的生产要素方面进行设计，以降低生产消耗为宗旨。组织措施要从经营管理方面，尤其是从施工管理方面进行筹划，以降低固定成本、消除非生产性损失、提高生产效率和组织管理效果为宗旨。

（2）从费用构成的要素方面考虑，首先应降低材料费用。因为材料费用占工程成本的大部分，降低成本的潜力最大。而降低材料费用首先应抓住关键性的 A 类材料，因为它们的品种少，而所占费用比重大，故不但容易抓住重点，而且易见成效。降低材料费用最有效的措施是改善设计或采用代用材料，它比改进施工工艺更有效，潜力更大。而在降低材料成本措施的设计中，ABC 分类法和价值分析法是有效的科学手段。

（3）降低机械使用费的主要途径是设计出提高机械利用率和机械效率、以充分发挥机械生产能力的措施。因此，科学的机械使用计划和完好的机械状态是必须重视的。随着施工机械化程度的不断提高，降低机械使用费的潜力也越来越大，必须做好施工机械使用的技术经济分析。

（4）降低人工费用的根本途径是提高劳动生产率。提高劳动生产率必须通过提高生产工人的劳动积极性实现。提高工人劳动积极性则与适当的分配制度、激励办法、责任制及思想工作有关。要正确应用行为科学的理论，进行有效的"激励"。

（5）降低成本计划的编制必须以施工组织设计为基础

在施工项目管理实施规划中必须有降低成本措施。施工进度计划所设计的工期，应与成本优化相结合。施工总平面图无论对施工准备费用支出或施工中的经济性都有重大影响。因此，施工项目管理规划既要作出技术和组织设计，也要作出成本设计。只有在施工项目管理实施规划基础上编制的成本计划，才是有可靠基础的、可操作的成本计划，也是考虑缜密的成本计划。

三、施工项目成本控制运行

（一）控制要求

1. 坚持增收节支、全面控制、责权利相结合的原则，用目标管理方法进行有效控制。
2. 做好采购策划，优化配置、合理使用、动态管理生产要素。特别要控制好材料成本。
3. 加强施工定额管理和施工任务单管理，控制活劳动和物化劳动的消耗。
4. 加强调度工作克服可能导致成本增加的各种干扰。
5. 及时进行索赔，使实际成本支出真实。
6. 做好月度成本原始资料的收集和整理，正确计算月度成本，分析月度计划成本和实际成本的差异，充分注意不利差异，认真分析有利差异的原因。特别重视盈亏比例异常现象的原因分析，并采取措施尽快消除异常现象。
7. 在月度成本核算的基础上实行责任成本核算。即利用原有会计核算的资料，重新按责任部门或责任者归集成本费用，每月结算一次，并与责任成本进行对比，由责任者自己采取措施，纠正实际成本与责任成本之间的偏差。
8. 必须强调对分包工程成本的控制。分包工程成本管理由分包单位自己负责，它也应当编制成本计划并按计划实施。但是分包工程成本影响项目经理部的工程成本，故项目经理部应当协助分包单位进行成本控制，做好服务、监督和考核工作。

（二）质量成本管理

质量成本是指为达到和保证规定的质量水平所耗费的那些费用。其中，包括预防成本、鉴定成本、内部损失成本和外部损失成本。

预防成本是致力于预防故障的费用；鉴定成本是为了确定保持规定质量所进行的试验、检验和验证所支出的费用；内部故障成本是由于交货前因产品或服务没有满足质量要求而造成的费用；外部故障成本是交货后因产品或服务没有满足质量要求而造成的费用。

质量成本控制应抓成本核算，计算各科目的实际发生额，然后进行分析，根据分析找出的关键因素，采取有效措施加以控制。

（三）施工项目成本计划执行情况检查与协调

项目经理部应定期检查成本计划的执行情况，并在检查后及时分析，采取措施，控制成本支出，保证成本计划的实现。

1. 项目经理部应根据承包成本和计划成本，绘制月度成本折线图。在成本计划实施过程中，按月在同一图上打点，形成实际成本折线。该图不但可以看出成本发展动态，还可用以分析成本偏差。成本偏差有三种：

$$实际偏差 = 实际成本 - 承包成本 \tag{9-14}$$

$$计划偏差 = 承包成本 - 计划成本 \tag{9-15}$$

$$目标偏差 = 实际成本 - 计划成本 \tag{9-16}$$

应尽量减少目标偏差，目标偏差越小，说明控制效果越好。目标偏差为计划偏差与实际偏差之和。

2. 根据成本偏差，用因果分析图分析产生的原因，然后设计纠偏措施，制定对策，协调成本计划。对策要列成对策表，落实执行责任。最后，应对责任的执行情况进行考核。

四、施工项目成本核算

（一）施工项目成本核算制

施工项目成本核算制是施工项目管理的基本制度之一。成本核算是实施成本核算制的关键环节，是搞好成本控制的首要条件。项目经理部应建立成本核算制，明确成本核算的原则、范围、程序、方法、内容、责任及要求。这项制度与项目经理责任制同等重要。

（二）成本核算的基础工作

由于成本核算是一项很复杂的工作，故应当具备一定的基础，除了成本核算制以外，主要有以下几项：

1. 建立健全原始记录制度。
2. 制定先进合理的企业成本核算标准（定额）。
3. 建立企业内部结算体制。
4. 对成本核算人员进行培训，使其具备熟练的必要核算技能。

（三）对施工项目成本核算的要求

1. 每一月为一个核算期，在月末进行。
2. 核算对象按单位工程划分，并与责任目标成本的界定范围相一致。
3. 坚持形象进度、施工产值统计、实际成本归集"三同步"。
4. 采取会计核算、统计核算和业务核算"三算结合"的方法。
5. 在核算中做好实际成本与责任目标成本的对比分析、实际成本与计划目标成本的对比分析。
6. 编制月度项目成本报告上报企业，以接受指导、检查和考核。
7. 每月末预测后期成本的变化趋势和状况，制定改善成本管理的措施。
8. 搞好施工产值和实际成本的归集：

1）应按统计人员提供的当月完成工程量的价值及有关规定，扣减各项上缴税费后，作为当期工程结算收入。

2）人工费应按照劳动管理人员提供的用工分析和受益对象进行账务处理，计入人工成本。

3）材料费应根据当月材料消耗和实际价格，计算当期消耗，计入工程成本；周转材料应实行内部租赁制，按照当月使用时间、数量、单价计算，计入工程成本。

4）机械使用费按照项目当月使用台班和单价计入工程成本。

5）其他直接费应根据有关核算资料进行账务处理，计入工程成本。

6）间接成本应根据现场发生的间接成本项目的有关资料进行账务处理，计入工程成本。

五、施工项目成本分析与考核

（一）施工项目成本分析

施工项目成本分析是根据会计核算、统计核算和业务核算提供的资料，对项目成本的形成过程和影响成本升降的因素进行分析，寻求进一步降低成本的途径，增强项目成本的透明度和可控性，为实现成本目标创造条件。成本分析的方法有许多种，主要有对比分析法、因素分析法、差额计算法、比率法和挣值法。

1. 比率法

比率法是通过实际完成成本与计划成本或承包成本进行对比,找出差异,分析其原因,以便改进。这种方法简便易行,但应注意使比较的指标所含的内容一致。

2. 因素分析法

因素分析法也称为连环替代法,可用来分析各种因素对成本形成的影响。例如,某工程的材料成本资料如表 9-4 所示,用因素分析法分析各因素的影响时,可见表 9-5。分析的顺序是:先实物量指标,后货币量指标;先绝对量指标,后相对量指标。

表 9-4 材料成本情况表

项 目	单 位	计 划	实 际	差 异	差异率（100%）
工程量	m³	100	110	+10	+10.0
单位材料耗量	kg	320	310	-10	-3.1
材料单价	元/kg	400	420	+20	+5.0
材料成本	元	12800000	14322000	+1522000	+12.0

表 9-5 材料成本影响因素分析法

计算顺序	替换因素	影响成本的变动因素			成本（元）	与前一次之差异（元）	差异原因
		工程量（m³）	单位材料耗量（kg）	单价（元）			
①替换基数		100	320	400	12800000		
②一次替换	工程量	110	320	400	14080000	1280000	工程量增加
③二次替换	单耗量	110	310	400	13640000	-440000	单位耗量节约
④三次替换	单价	110	310	420	14322000	682000	单价提高
合 计						1522000	

3. 差额计算法

这是因素分析法的一种简化形式,仍按上例计算：

由于工程量增加使成本增加：

$$(110-100) \times 320 \times 400 = 1280000 （元）$$

由于单位耗料量节约使成本降低：

$$(310-320) \times 110 \times 400 = -440000 （元）$$

由于单价提高使成本增加：

$$(420-400) \times 110 \times 310 = 682000 （元）$$

4. 比率法

比率法指用两个以上指标的比例进行分析的方法,该法的基本特点是先把对比分析的数值变为相对数,再观察其相互之间的关系。该法所用的比率有三种：

(1) 相关比率。该比率用两个性质不同而又相关的指标加以对比,得出比率,用来考查成本的状况,如成本利润率就是相关比率。

(2) 构成比率。某项费用占项目总成本的比重就是构成比率,可用来考查成本的构成情况,分析量、本、利的关系,为降低成本指明方向。

(3) 动态比率。将同类指标不同时期的成本数值进行对比,就可求得动态比率,包括定比比率和环比比率两类。可用来分析成本的变化方向和变化速度。

5. 挣值法

挣值法主要用来分析成本目标实施与期望之间的差异,是一种偏差分析方法。其分析过程如下:

(1) 明确三个关键中间变量

第一,项目计划完成工作的预算成本(BCWS)。它是在成本估算阶段就确定的与项目活动时间相关的成本累积值,同成本绩效指标中的累积实际成本(CAC)是相同的含义,相同的数值。在项目的进度时间—预算成本坐标中,随着项目的进展,BCWS呈S状曲线不断增加,直到项目结束,达到最大值。其计算公式为:BCWS=计划工作量×预算单价。

第二,项目已完工作的实际成本(ACWP)。项目在计划时间内,实际完工投入的成本累积总额。它同样也随着项目的推进而不断增加。

第三,项目已完工作的预算成本(BCWP),即"挣值"。它是项目在计划时间内,实际完成工作量的预算成本总额,也就是说,以项目预算成本为依据,计算出的项目已创造的实际已完工作的计划支付成本。其计算公式为:BCWP=已完成工作量×该工作量的预算单价。

(2) 明确两种偏差的计算

第一,项目成本偏差CV。其计算公式为:

$$CV = BCWP - ACWP$$

这个指标的含义为已完成工作量的预算成本与实际成本之间的绝对差异。当CV大于零时,表明项目实施处于节支状态,完成同样工作所花费的实际成本少于预算成本;当CV小于零时,表明项目处于超支状态,完成同样工作所花费的实际成本多于预算成本。

第二,项目进度偏差SV。其计算公式为:

$$SV = BCWP - BCWS$$

这个指标的含义是截止到某一时点,实际已完工作的预算成本同截止到该时点计划完成工作的预算成本之间的绝对差异。当SV大于零时,表明项目实施超过计划进度;当SV小于零时,表明项目实施落后于计划进度。

(3) 明确两个指数变量

第一,进度绩效指数SCI。其计算公式为:

$$SCI = BCWP/BCWS$$

这个指标的含义为以截止到某一时点的预算成本的完成量为衡量标准,计算在该时点之前项目已完工作量占计划应完工作量的比例。当SCI大于1时,表明项目实际完成的工作量超过计划工作量;当SCI小于1时,表明项目实际完成的工作量少于计划工作量。

第二,成本绩效指数CPI。其计算公式为:

$$CPI = ACWP/BCWP$$

这个指标的含义为已完工作实际所花费的成本是已完工作计划花费的预算成本的多少倍。即用来衡量资金的使用效率。当CPI大于1时,表明实际成本多于计划成本,资金使用效率较低;当CPI小于1时,表明实际成本少于计划成本,资金使用效率较高。

(二) 成本考核

1. 施工项目成本考核的目的是通过衡量项目成本降低的实际成果,对成本指标完成情况进行总结和评价。

2. 施工项目成本考核应分层进行:企业对项目经理部进行成本管理考核;项目经理部对项目内部各岗位及各作业队进行成本管理考核。

3. 施工项目成本考核的内容是：既要对计划目标成本的完成情况进行考核，又要对成本管理工作业绩进行考核。

4. 施工项目成本考核的要求：

（1）企业对项目经理部进行考核时，以责任目标成本为依据；

（2）项目经理部以控制过程为考核重点；

（3）成本考核要与进度、质量、安全指标的完成情况相联系；

（4）应形成考核文件，为对责任人进行奖罚提供依据。

参 考 文 献

[1] 全国建筑业企业项目经理培训教材编写委员会. 施工项目管理概论（修订版）[M]. 北京：中国建筑工业出版社，2001.
[2] 建设工程项目管理实务丛书 [M]. 北京：中国建材工业出版社，1999.
[3] 《建设工程项目管理规范》编写委员会. 建设工程项目管理规范实施手册 [M]. 北京：中国建筑工业出版社，2006.
[4] 建筑施工手册编写组. 建筑施工手册 [M]. 第4版. 北京：中国建筑工业出版社，2004.
[5] 丛培经. 工程项目管理 [M]. 北京：中国建筑工业出版社，2006.
[6] 房屋建筑工程建造师与项目经理施工技术管理百科全书 [M]. 北京：中国知识出版社，2007.
[7] 徐家铮. 建筑工程施工项目管理 [M]. 武汉：武汉大学出版社，2005.
[8] 俞国凤. 施工项目管理 [M]. 上海：同济大学出版社，2003.
[9] 韩国平. 施工项目管理 [M]. 南京：东南大学出版社，2005.
[10] 丛培经. 建筑施工项目管理 [M]. 北京：中国环境科学出版社，1995.
[11] 浦建明. 《建筑工程施工项目管理丛书》编审委员会. 建筑工程施工项目管理总论 [M]. 北京：机械工业出版社，2002.
[12] 建设工程项目管理规范（GB/T 50326—2006）[S]. 北京：中国建筑工业出版社，2006.
[13] 泛华建设集团. 建筑工程项目管理服务指南 [M]. 北京：中国建筑工业出版社，2006.
[14] 鲁辉. 施工项目管理 [M]. 北京：高等教育出版社，2005.
[15] 桑培东. 建筑工程项目管理 [M]. 北京：中国电力出版社，2004.